THERMAL

热工学基础

ENGINEERING

任承钦 ◉ 主编

FOUNDATION

——参 编——

肖 志 罗宝军 马寅杰

秦光照 杨 洋

湖南大学出版社

·长沙·

图书在版编目（CIP）数据

热工学基础/任承钦主编. —长沙：湖南大学出版社，2022.5（2023.2重印）
ISBN 978-7-5667-2441-0

Ⅰ.①热…　Ⅱ.①任…　Ⅲ.①热工学　Ⅳ.①TK122

中国版本图书馆 CIP 数据核字（2022）第 009226 号

热工学基础
REGONGXUE JICHU

主　　编：任承钦	
责任编辑：张佳佳	
印　　装：广东虎彩云印刷有限公司	
开　　本：787 mm×1092 mm　1/16　印　张：20　字　数：438 千字	
版　　次：2022 年 5 月第 1 版　印　次：2023 年 2 月第 2 次印刷	
书　　号：ISBN 978-7-5667-2441-0	
定　　价：62.00 元	

出 版 人：李文邦
出版发行：湖南大学出版社
社　　址：湖南·长沙·岳麓山　　　邮　　编：410082
电　　话：0731-88822559（营销部），88820006（编辑室），88821006（出版部）
传　　真：0731-88822264（总编室）
网　　址：http://www.hnupress.com
电子邮箱：371771872@qq.com

前　言

　　本书为热科学基础知识与若干工程应用问题基本分析理论相结合的教材，内容涵盖热力学、传热学以及典型工程应用问题基本分析理论。热力学部分包括基本概念、热力学第一定律、纯物质气体热力学性质、理想气体热力过程、理想混合气体与湿空气和热力学第二定律。第二定律中包含了熵分析、㶲分析的简要介绍。传热学部分包括基本概念、导热、对流换热基本理论、辐射换热基本理论。对流换热基本理论包含了相似理论的基础知识。工程应用部分包括管内流动、动力循环、热泵循环和换热器等的基本理论。

　　本教材力图做到以下几点：基础知识内容精简、体系完整、逻辑连贯；基础知识阐述与应用问题的分析并重；典型工程应用问题的分析讨论注重知识面扩展和综合分析能力的提升，并且在逻辑连贯性方面没有相互制约关系。内容选择方面，主要以工程应用中必要的基础知识为主，避免过于深奥的理论分析。热力学部分精选了不同工程领域中常用的基础知识，传热学部分包含了所有基本热传递方式及基础理论的描述，工程应用部分包含了典型的工程应用问题分析。整个教材内容，除了必要的物理学、数学等先修知识外，自成体系、逻辑连贯，能够使读者比较轻松地按照循序渐进的方式进行学习。熵分析、㶲分析和相似理论等基础知识的简要介绍有助于读者了解一些理论发展方向，培养更高的科学素养，对热现象规律的认识更加科学全面。各章穿插的应用问题分析和例题，既可以加深读者对基础知识理论和意义的理解，又有助于培养思维能力、分析能力和计算能力。典型工程问题，如管内流动、动力循环、热泵循环、换热器等，以及相关理论的介绍，既可以有效地扩展读者的知识面，又可以有效地培养读者综合应用基础知识解决实际工程问题的能力。不同类型的典型工程问题分章或分节讨论，逻辑连贯性方面没有相互制约关系，方便读者或教育工作者根据自己感兴趣的问题或培养目标对学习内容进行灵活取舍，相关基础知识学习内容也可以根据需要进行灵活取舍。

　　总之，编写本教材既是为了尽可能提高读者的学习效率，也希望尽可能提供一套体系比较完整的学习内容，同时还具备方便内容取舍的灵活性，尽可能满足不同工程领域、不同学习目标或不同教学计划的需要，这也是我校在探索按照工科大类培养模式实施热工学基础教学过程中体会到的需要。

全书由任承钦统编，肖志、罗宝军、马寅杰、秦光照、杨洋在参编中做出了重要贡献。具体来说，肖志提供了第三、五章的初稿和第二、四、六章的修改建议，并且为第二、四、六章习题和答案的主要负责人。马寅杰提供了第十一章和第十二章内燃机循环部分的初稿，并且为第一、三、七、十二章的修改、习题和答案做出了重要贡献。罗宝军、秦光照、杨洋在其余章节的修改、习题和答案方面做出了重要贡献。

由于编者水平所限，问题在所难免，欢迎师生们和社会各界读者提出宝贵意见，以便本教材的进一步改进。

编　者

目 次

第一章　热力学基本概念

　　热力学是研究物质运动过程中能量转换规律的一门科学。它分为经典热力学和统计热力学两大类。经典热力学，又称宏观热力学，以宏观方法或黑箱方法和实验数据为基础，研究平衡系统热力性质参数之间的相互关系，揭示热力过程能量转换的规律。统计热力学，又称微观热力学，是从分析物质微观粒子动力学特性出发，应用统计方法来阐明物质宏观热力学性质的一门科学。

第一节　热力学的研究内容与目的

　　本书主要介绍经典热力学及其工程应用的基础理论，具体内容包括：物质的热力性质与状态方程；能量转换过程的基本规律及分析方法；典型工程问题的热力学分析。

　　所谓能量转换，是指能量形式的转换，比如，热能与机械能、电能与机械能、热能与光能之间的相互转换。能量的形式非常多，除了热能、机械能、电能、光能，还有核能、化学能、表面能等。所有形式的能量均可以转换为其他形式的能量，不过要遵循一定的规律。能量形式的转换必然伴随着物质热力性质或状态参数的变化。比如，热能转化为机械能的过程常常要借助气体的膨胀来实现，也可能导致气体压力或温度的变化；燃烧过程中，化学能转变为热能，物质结构发生了变化；核能转变成热能，元素性质发生了变化。热力学就是要研究物质热力性质或状态参数变化与能量转换的相互作用关系，揭示内在规律，为工程设计提供基础理论的支撑。

　　热力学的应用领域相当广泛，能源、电力、交通、机械、化工、建筑、生物、环保、材料等几乎所有工程领域均涉及与热力学相关的问题。比如，燃料裂解过程，从石油中提炼出各种柴油和汽油，需要服从热力学规律；火力发电过程中，燃料通过燃烧释放化学能，转变成热能加热循环工质——水，使之变成高温高压的水蒸气，水蒸气再进入汽轮机内膨胀做功，带动发电机运转发电；交通设备中的发动机，包括内燃机、航空发动机，通过燃料燃烧释放化学能，加热工作介质——空气，再通过空气的膨胀实现热变功的转换过程。另外，冶炼过程，机械制造过程，化学反应过程，建筑制造过程，空调、采暖、通风和其他电气设备的工作过程，生物体内的化学反应过程，排放治理过程等均与能量转换相关。掌握其中的规律，有助于实现过程或相关设备的合理与优化设计。

学习热力学的目的是掌握不同形式能量之间转换过程的共性规律以及能量的有效利用方法。因此，通过学习，不仅要掌握热力学的基本原理，还要掌握学习热力学的思维方式和分析方法。

第二节   热力系统基本概念

经典热力学中的一个重要思想是将研究对象视为一个系统，也就是热力系统，系统与系统的外部被边界隔开，外部的影响被边界条件所取代。同时，按照不同的特征还可以进行系统分类。系统分类的目的是简化分析，针对不同类型的系统适当地应用不同的方法。这样不仅有助于更快地求解分析问题，还有助于更好地理解热过程的内在规律。

按照与外界是否有物质交换的特征，可以将系统分为闭口系统和开口系统两种不同的类型。与外界没有物质交换的系统为闭口系统，反之则为开口系统。图 1-1 所示为不同的开口和闭口系统，其中，（a）（b）为闭口系统；（d）为开口系统；（c）充气过程中，储气罐内的控制体为开口系统，充气阀关闭后则为闭口系统。任何固定区域内的系统均可称为控制容积或控制体。

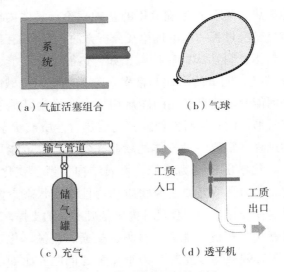

（a）气缸活塞组合   （b）气球

（c）充气   （d）透平机

图 1-1   闭口和开口系统示例

根据与外界是否有热交换的特征，可以将系统分为绝热系统和非绝热系统两种不同的类型。与外界无热交换的系统为绝热系统，反之则为非绝热系统。客观地说，绝对绝热的系统是不存在的。但如果采取了良好的隔热措施或其他因素致使传热量很小，传热对系统状态变化过程及能量转换关系的影响可以忽略不计时，则该系统可近似当成绝热系统。比如，小范围、保温良好的管道内控制体或流动工质；散热和摩擦耗散可以忽略不计的压气过程中，压缩机内的工作气体。

如果系统与外界既无热量交换、质量交换，也无其他任何形式的能量交换，则称该系统为孤立系统。客观上，绝对孤立的系统也是不存在的。孤立系统是一种假设状态，但也是热力学理论中的一个重要概念。在孤立系统假设条件下，可以通过理论分析发现重要的极限规律，也可以为实际过程的工作特性评价提供参照或比较标准。

系统边界可以是固定的、真实的，也可以是变化的、移动的或假想的。比如，图1-1(a)的部分边界是可以移动的，因为活塞可以移动；图1-1(b)的边界可以变化，因为气球的体积可以膨胀，也可以缩小；图1-1(c)(d)的边界是固定的。同时，图1-1(a)(b)的边界完全是真实的，而图1-1(c)(d)中工质出入口处的边界是假想的。尤其，如果充气过程当成闭口系统处理，则需要将输气管道中待充入的气体也划入系统内，那么系统的边界不仅包括储气罐的内壁，还将延伸到输气管道内。这样的边界不仅是移动的、变化的，还是假想的。所以，边界的选择不是唯一的。选择什么样的边界，取决于问题的性质以及是否便于进行分析，这需要在今后的学习过程中不断加深理解，灵活掌握边界选取的规则和技巧。

按照组成成分进行分类，则可以将系统分为单元系和多元系。由多种物质组成的系统称为多元系，比如空气、烟气、溶液等。纯物质系统则是单元系，比如氧气、水等。

如果系统内部的状态参数是均匀一致的，则属于均匀系。反之则属于非均匀系。

如果系统内部是单相的，比如纯液体状态、纯气体状态或者纯固体状态，则称为单相系。如果系统内部有多个物相，比如冰水混合物、多孔材料等，则属于多相系。

上述不同的分类还可以交叉组合。比如系统可以是绝热闭口系统、绝热开口系统、多元非均匀系等。

第三节　状态与状态公理

当系统内外同时建立了热力平衡时，系统内部的状态就不会再改变，除非与外界的平衡关系遭到破坏，这样的状态就是平衡状态。所谓系统内外同时建立了热力平衡，是指整个系统内部以及系统与环境之间没有温差、没有压差，也没有其他任何形式的势差，比如浓度差、电位差等。也就是说，这里的"力"是广义的，这种"力"的不平衡可以驱动状态变化，势差就是这种"力"之差。

客观上来说，没有绝对平衡的状态，势差永远是存在的，世界上的万事万物也总是处在不断的变化之中。所以，平衡只能是近似的、有限时空范围内的，不平衡是绝对的。但是，为了分析或阐述重要的内在规律，不得不引入平衡状态的概念。否则，系统内部的不均匀性将使得系统状态及变化过程无法用有限数目的变量和数学表达式来描述，重要规律也就无法分析和解释清楚。

描述系统所处热力状态的参数称为状态参数。热力学状态参数非常多，比如，温度、压力、比体积、密度、热力学能（内能）、焓、熵等。

下面先对常见的状态参数做一个系统性的概述。热力学中常见的温标有三种，一种是摄氏温度，用 t 表示，单位是℃。另一种是华氏温度，用 F 表示，单位是F。还有一种是热力学温标，也称绝对温标，用 T 表示，单位是 K。三者之间的换算关系如下：

$$F = 1.8t + 32 \qquad (1\text{-}1)$$
$$T = 273.15 + t \qquad (1\text{-}2)$$

热力学中，压强习惯称为压力，用 p 表示，基本单位是 Pa，即 N/m^2。其他压力单位，比如 bar、mmHg、mmH$_2$O，也比较常用，换算关系为

$$1 \text{ bar} = 10^5 \text{ Pa} \qquad (1\text{-}3)$$
$$1 \text{ mmHg} = 133.322\ 37 \text{ Pa} \qquad (1\text{-}4)$$
$$1 \text{ mmH}_2\text{O} = 9.806\ 65 \text{ Pa} \qquad (1\text{-}5)$$

地球表面的大气压力值随着地理位置的不同而改变。为了统一标准，1644 年物理学家托里拆利提出了标准大气压的定义，即在标准大气条件下海平面的气压，记作 atm。标准大气压在数值上和其他压力单位存在如下换算关系：

$$1 \text{ atm} = 101\ 325 \text{ Pa} = 760 \text{ mmHg} = 10.336 \text{ mmH}_2\text{O} \qquad (1\text{-}6)$$

更多的压力单位及其换算关系详见附表 1。

工程实践中，还经常会用到相对压力和真空度的概念。相对压力又称表压力，是绝对压力减环境压力，因为传统机械压力表的指针偏移度或读值是受相对压力控制的。设表压力用 p_g 表示，环境压力用 p_b 表示，则表压力与绝对压力 p 之间的关系可用下式表示：

$$p_g = p - p_b \qquad (1\text{-}7)$$

当被测压力低于环境压力时，普通压力表是无法读出实际压力的，需要使用真空表进行测量，测出的读值是真空度，也就是环境压力与被测压力之差。如果真空度用 p_v 表示，则

$$p_v = p_b - p \qquad (1\text{-}8)$$

通常大气压力用 B 表示。所以，当环境为大气时，式(1-7)和(1-8)也可表示为 $p_g = p - B$ 和 $p_v = B - p$。

【例题 1-1】使用 U 型水银压力计测量容器中的压力，如图 1-2 所示。图中，U 型压力计开口端处的压力 p_0 等于标准大气压。设水银的密度是 13 590 kg/m^3，U 型管两侧水银柱高差为 $H = 24$ cm。求容器内部的压力。

【解】如题意，水银压力计两侧的压力差可根据液柱的高度差求得，即

$$p_g = \rho g H$$
$$= 13\ 590\ \text{kg/m}^3 \times 9.8\ \text{m/s}^2 \times 0.24\ \text{m}$$
$$= 31\ 964\ \text{Pa} = 31.964\ \text{kPa}$$

水银压力计测量的是容器的表压力。由公式(1-7)可得容器内部的压力

$$p = p_0 + p_g$$
$$= 101.325\ \text{kPa} + 31.964\ \text{kPa}$$
$$= 133.289\ \text{kPa}$$

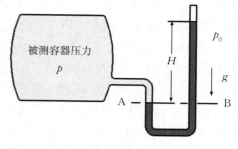

图 1-2　使用 U 型水银压力计测量容器压力

比体积，或称比容，是单位质量的物质所占有的体积，用 v 表示，$v = \dfrac{V}{m}$，常用单位是 m^3/kg。密度是比体积的倒数，是单位体积内物质的质量，用 ρ 表示，$\rho = \dfrac{1}{v}$，常用单位是 kg/m^3。

当一个系统仅有可能与外界进行热量和膨胀功的交换时，这个系统就是简单可压缩系统。所谓膨胀功就是系统体积发生变化的时候通过边界所传递的功，也可称为容积变化功。比如，气球膨胀时将通过薄膜推动外界大气做功，气缸内的工质膨胀时将通过活塞向外传递膨胀功。对于简单可压缩系统来说，由于只有两个可以驱动系统状态发生变化的驱动力——温差和压差，也就只可能有两个可以独立变化的状态变量，称为两个自由度。比如，上面的例子中，任一系统的 p、v、T 三者之间必然存在一个制约关系式，即 $F(p, v, T) = 0$，说明三个状态参数中，仅能任意给定其中两个的值，另一个则需由函数关系式决定。

从原理上来说，存在一个可以破坏平衡的驱动力，就对应一种形式的能量交换，也就对应一个独立的变量，或者说一个自由度。比如，当系统与外界之间存在温差时，系统与外界之间就会进行热量的交换，温差就是一个可以破坏平衡的驱动力。再比如，如果系统与外界之间存在压差，系统体积将会变化，系统将与外界之间实现膨胀功的交换。因此，压差也是一个可以破坏平衡的驱动力。有这两种形式的能量交换可能性，系统就有两个自由度。这个分析原则还可以进一步推广，得到更普遍的规则：系统独立状态变量的数目，或称自由度，等于可能实现的能量交换形式数目。这个规则称为状态公理，通常表示为 $f = n + 1$，f 代表自由度，1 代表热量交换引起的自由度，n 等于可能存在的功量交换形式数目，比如膨胀功交换、电磁功交换等的形式数目。

状态参数可以按照其是否与质量成比例分为两类：一类是广延性参数，一类是强度性参数。广延性参数正比于系统的质量，比如总体积 V、总热力学能 U、总熵 S、总焓 H 等。强度性参数与系统质量无关，比如温度、压力等。如果与物理学中的力和位移做一类比分析，强度性参数可以理解为一种广义的力，广延性参数的变化可以理解为一种广义的位移，传递的能量则可理解为广义的功。理由如下：按照物理学原理，如果一个物体在力 F 的作用下沿着力的方向产生的位移为 $\text{d}S$，则做功量 $\delta W = F \text{d}S$。

类似地，如果一个系统在温度为 T 的条件下通过吸热产生的熵增为 dS，则系统从外界吸收的热量为 $\delta Q = T dS$。因此，温度 T 可以理解为一种广义的力，熵增则可以理解为广义的位移。如果一个系统在压力为 p 的条件下通过膨胀产生的体积增量为 dV，则系统膨胀做功量为 $\delta W = p dV$。那么，压力 p 就可以理解为一种广义的力，体积膨胀则可以理解为广义的位移。关于吸热量、膨胀功这两个计算表达式的由来，暂不做进一步解释，后面将有更详细的分析和解释。广义力的差值或者不平衡，是系统状态变化的驱动力，也就是产生广义位移的根本原因。比如，温差是热量传递的驱动力，压差是体积膨胀的驱动力。广延性参数与系统质量的比值与系统的质量无关，如 $v = V/m$、$u = U/m$、$s = S/m$、$h = H/m$ 等，这类参数称为比参数。

第四节   热力过程基本概念

在很多情况下，要实现能量转换，系统需要经历一个变化过程，因为静止状态往往意味着系统与环境之间没有能量交换。平衡过程是一个理想的热力过程，在热力学的理论发展中发挥了重要的作用，其定义是：在系统所经历的变化过程中，任一瞬间，系统总是处于平衡状态。也就是说，平衡过程中，系统内部没有不均匀性，系统内部不同微团的状态变化过程可以用一条统一的轨迹线描述。所以，系统状态轨迹可以用有限个数的函数来描述，其中任意状态参数仅是时间的函数。或者，也可以选状态参数中的一个为自变量，其余的为函数。对于简单可压缩系统来说，平衡过程可以用 p-v 图上的一条曲线来表示，如图 1-3 所示。

客观上来说，平衡过程的定义是有内在矛盾的。根据前面的分析，平衡状态势差为零，意味着没有促使系统状态变化的驱动力存在。此时，系统状态只能是静止的，也就不可能真的经历一个过程。因此，过程意味着系统状态是不平衡的。过程中，不仅系统内外存在势差，系统内部边界附近与内部区域之间也会产生势差。否则，驱动力如何向系统内部区域传递？如何能导致系统内部区域状态的改变？所以，真正的平衡过程是不可能存在的。

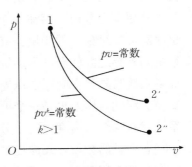

图 1-3   平衡过程的图示例

如果完全抛弃平衡状态的概念，则任何热力学过程中状态参数的变化规律都无法得到精确而清晰的分析，因为系统内部不均匀，可能存在无数个不同的状态参数。于是产生了一个问题，能否将平衡过程作为实际过程的一个理想模型呢？准静态（平衡）过程的定义可以很好地回答这个问题。

准静态过程的定义是：过程进行得非常缓慢，系统内部的不均匀性几乎可以忽略不计。也就是说，当系统平衡遭到破坏的时候，系统恢复平衡的速度很快，以至于任一瞬间，系统状态总是非常接近平衡状态。那么，"非常缓慢""非常接近"的标准是什么？理论上是无限缓慢、无限接近。实际应用中，只能是近似的，没有一个简单的判断准则，主要取决于过程中破坏平衡与恢复平衡的速度对比关系，以及分析精度的要求。当任意时刻，系统偏离平衡状态的程度不大，按照平衡过程分析满足误差要求时，可以近似认为过程是非常缓慢的，也就可以近似地当成准静态过程处理。比如说，一台如图 1-4 所示的活塞式压缩机，压缩过程中，活塞向缸盖方向移动。由于惯性作用，活塞端面附近的气体首先被压缩，形成高压气层。很短的时间内，由于压力波传播速度的限制，在远离活塞端面的区域，气体压力尚未受到影响，系统内部于是出现了压力差，内部平衡被破坏了。但是，活塞端面附近的高压气层形成的压力波会迅速传遍其他区域，

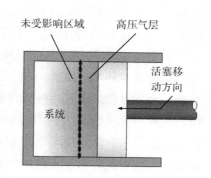

图 1-4　气体压缩过程系统内部的
非平衡状况示意图

传递的速度是音速。这种传递作用将会消减系统内部的压差，使系统趋近平衡。如果活塞端面移动速度远小于音速，那么恢复平衡的速度就远胜于破坏平衡的速度，系统始终偏离平衡状态不远，这个过程就可以近似看成是准静态过程。举例说明，假设活塞行程 $l = 100$ mm，活塞往复运动的频率是 $f = 50$ Hz，如果活塞位移与时间的关系可以近似按照正弦函数规律估算，则最大移动速度是 $\pi f l = 15.7$ m/s，远小于音速。那么，这样的压缩过程就可以近似看成是准静态过程。如果在压缩过程中向气缸内喷入一些油滴，油滴在气体压缩过程会被加热、汽化，并向周围扩散蒸气。由于油滴蒸发吸热，气缸内产生了浓度差、温度差，油滴附近温度低、油蒸气浓度高。通过扩散，这种差别也会逐渐减小。但是扩散的速度慢，系统状态偏离平衡状态较远，就不适合作为准静态过程对待。如果在油滴附近某处着火，火焰区与非火焰区存在更大的温度差，依靠火焰锋面的扩散更难迅速消除这种差别，该过程更不适合作为准静态过程处理。

　　通过以上分析，不难理解提出准静态过程这一概念的重要意义。第一，它既避免了平衡过程的逻辑矛盾，又可以实现相同的简化分析。因为准静态过程是可以实现的，只要过程无限缓慢。同时，按照准静态过程进行分析与按照平衡过程分析一样，系统状态变化轨迹比较容易描述，因为系统内部不同点的比参数和强度性参数是均匀的，可以按照统一的过程函数描述。第二，可以为实际过程特性分析提供比较标准或修正基础。准静态过程可以看成是实际过程的理论极限，其过程特性的分析结果可以作为实际过程的比较标准，具有参考价值。实际过程工作特性难以准确预测，在准静态过程工作特性的基础上采取适当的修正措施可以比较轻松地获得近似的预测结果。所以，准静态过程是为了解决平衡过程逻辑矛盾而提出的一个比较务实的概念。

　　比准静态过程更严格的一个概念是可逆过程。设有一热力学系统，从初始状态出发经历某一过程到达另一状态后，如果还存在另一过程，它不仅能使系统恢复到初始

状态，同时又能完全消除前一过程对外界所产生的一切影响，则这样的过程为可逆过程。反之，如果无论采用何种办法都不能同时完全消除原过程对系统和环境的影响，则原过程是不可逆的。注意，可逆过程强调的是一个过程对系统和外界的影响完全可以被另一过程同时抵消，而不是简单地使系统恢复到原过程的初始状态。比如，用电热水器对一密闭容器中的水进行加热，使水温由环境状态下的初始温度 25 ℃ 加热至 95 ℃，这个过程可通过一个冷却过程使水温重新回到 25 ℃，但是冷却过程无法完全抵消加热过程对环境造成的影响。为什么呢？因为加热过程消耗了电能，转变成了水的热能。冷却过程将水的热能释放给环境，水可以回到加热过程的初始状态，但流向环境的热能再也不能自发地变回电能了。反过来，水的自然冷却过程也不是可逆过程。比如高温的水在环境中自然冷却后，散失到环境中的热能不可能自动聚集起来把水重新加热。实际上，所有自发的传热过程均不是可逆过程，因为自发的热量传递过程只能从高温到低温。反方向的热量传递不可能自发地进行，是要付出其他代价的，比如采取热泵制冷或供热的方式，也就必然要对外界造成无法消除的影响。再比如，一个正在由电机带动进行高速运转的飞轮，如果失去电机的驱动，会在摩擦耗散的作用下逐渐减速，最终停止运转。如果重新启动电机，飞轮也可以恢复到原来的运转速度。但是，不能说飞轮减速过程是可逆的，因为减速过程耗散的动能已经转换成热能散失到环境中去了，不可能自动转换成飞轮的动能。为了恢复飞轮的运转动能，只有重新启动电机，消耗额外的电能。这样，对环境侧和供电侧均产生了不可逆转的影响。

　　那么实际过程中，有没有可逆过程呢？答案是否定的。既然实际过程没有可逆过程，提出可逆过程有何意义？其作用与准静态过程有类似之处：一是代表了一种理论极限，二是具有参照作用。如果一个准静态过程中没有任何耗散作用，比如摩擦耗散、温差耗散、压差耗散、浓差耗散等，这个过程就是一个可逆过程。举个例子，设有如图 1-5 所示的装置。如果气缸、活塞是刚性绝热的，活塞与气缸之间没有摩擦、没有泄露，连杆与轴承之间、飞轮与轴承之间没有摩擦，所

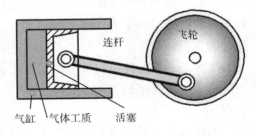

图 1-5　假想可逆过程：无泄漏、无温差传热、无压差、无摩擦

有运动部件与环境介质之间没有摩擦，压缩和膨胀过程可以认为是无限缓慢的，以至于气体工质内部没有任何温差、压差，那么转动的飞轮可以依靠惯性带动活塞持续不断地进行往复运动。压缩过程飞轮释放动能，膨胀过程飞轮又重新获得动能，膨胀过程与压缩过程的效应完全相互抵消，这样的过程就是可逆过程。但这样的可逆过程假设条件太苛刻，实际上是不能实现的，只能想办法尽量减少耗散，使实际过程尽可能接近可逆过程。

　　热力过程总是伴随着能量的转换，其中几个重要的概念必须掌握：膨胀功与热量、比热容和熵。前面已经说明，膨胀功就是系统体积发生变化的时候通过边界所传递的

功。为了直观理解，下面以图 1-6 所示活塞式膨胀机做功过程为例，对膨胀功的计算做一简单分析。图中，作用在活塞端面上的压力就是气缸内工质的压力，也就是系统的压力，因为工质就是系统。系统初始体积为 V，假设经过一个微元过程，活塞移动位置为 $\mathrm{d}S$，则系统体积增加 $\mathrm{d}V = A\mathrm{d}S$，$A$ 表示活塞端面面积，也是气缸断面面积。活塞移动过程中，推动活塞移动的力等于 pA，因此推动活塞的做功量为 $pA\mathrm{d}S = p\mathrm{d}V$。这个功实际上就是气体膨胀对外做的功，通过与活塞相接触的边界面传递给活塞，最终由连杆机构传递出去。所以，$p\mathrm{d}V$ 就是微元过程系统膨胀功的计算表达式，记为 $\delta W =$

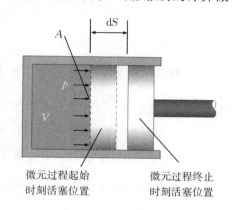

图 1-6　活塞式膨胀机做功过程分析

$p\mathrm{d}V$。该表达式虽然是以活塞式膨胀机为例经过分析推导获得的，但却是一个通式，适用于任意形状系统膨胀功的计算，气球在太阳底下晒热时的膨胀过程也可以用同样的表达式计算。读者可以自己思考一下其中的道理。

热量是指在温差的作用下通过系统边界传递的能量，是热能的传递量，用符号 Q 表示，单位质量系统吸收的热量用 q 表示。关于热量，约定吸热为正、放热为负。与热量传递相关的一个重要概念是比热容，亦可简称为比热，它是指单位质量的物体温度升高一度所吸收的热量，一般记为 c。所以，$c = \dfrac{\delta q}{\mathrm{d}T}$。熵也是与热量传递有关的一个重要概念，是一个状态参数，记为 S 或 s，前者代表任意质量系统的熵，后者代表单位质量系统的熵。熵的定义是，对于可逆过程，$\mathrm{d}S = \dfrac{\delta Q}{T}$ 或 $\mathrm{d}s = \dfrac{\delta q}{T}$。对于简单可压缩系统，可逆过程不仅可以用 p-V 图上的一条曲线表示，也可以用 T-S 图上的一条曲线表示，如图 1-7 所示。

还要提醒读者注意的是，微元过程中，微元量的表示有两种形式，按照热力学符号体系的约定，状态变化量以该状态变量符号前冠以 d 表示，如 $\mathrm{d}u$、$\mathrm{d}h$、$\mathrm{d}s$ 等；过程量则冠以 δ 表示，如 δq、δw 等。

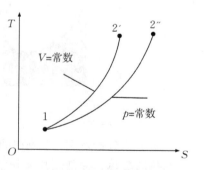

图 1-7　可逆过程的图表示

如果工质经历一个热力过程后，又回到了初始状态，这样的热力过程称为循环过程。工程中，许多能量转换过程是通过循环过程实现的，比如内燃机循环、燃气轮机循环、蒸汽动力循环、制冷和热泵循环等。在这些热力设备中，工质的循环过程可以用 p-V 图或 T-S 图上的一条封闭曲线来表示，如图 1-8 中的 $abcda$ 和 12341 所示。反过来，p-V 图或 T-S 图上任意一条封闭曲线也代表了一个循环。

如果是单连通域的简单循环，根据循环进行的方向，可以分为顺时针和逆时针两类，如图 1-8 中的箭头所示。顺时针循环又称正循环，逆时针循环又称逆循环。按照定义，整个循环对外输出的净功 $W_0 = \oint p\mathrm{d}V$，从外界吸收的净热量 $Q_0 = \oint T\mathrm{d}S$。进一步，按照图示标志，如果是顺时针循环，净功可以分解为两段积分之和，即 $W_0 = \int_{a\text{-}b\text{-}c} p\mathrm{d}V + \int_{c\text{-}d\text{-}a} p\mathrm{d}V$。其中，$a$-$b$-$c$ 为膨胀过程，对外做功 $\int_{a\text{-}b\text{-}c} p\mathrm{d}V$ 为正值，其大小可用曲边多边形 $abcfea$ 的面积表示；c-d-a 为压缩过程，实际上是消耗外界的功，则对外做功 $\int_{c\text{-}d\text{-}a} p\mathrm{d}V$ 为负值，其绝对值可用曲边多边形 $cdaefc$ 的面积表示。循环净功为两部分的代数和，因此等于封闭曲线 $abcda$ 的面积。类似地，净吸热量亦可以分解为两段积分之和，即 $Q_0 = \int_{1\text{-}2\text{-}3} T\mathrm{d}S + \int_{3\text{-}4\text{-}1} T\mathrm{d}S$。其中，1-2-3 为熵增过程，也就是吸热过程，吸热量 $\int_{1\text{-}2\text{-}3} T\mathrm{d}S$ 为正值，其大小可用曲边多边形 123651 的面积表示；3-4-1 为熵减过程，也就是放热过程，则吸热量 $\int_{3\text{-}4\text{-}1} T\mathrm{d}S$ 为负值，其绝对值可用曲边多边形 341563 的面积表示。因此，循环净吸热量等于封闭曲线 12341 的面积。如果是逆时针循环，则上述各项符号正好相反，请读者自行分析，本书不再赘述。

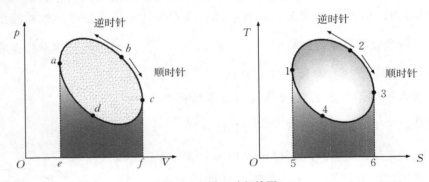

图 1-8　循环过程的图

从上述分析及图示特征中不难看出，正循环和逆循环的功能正好相反。正循环从高温热源吸热，向低温热源放热，并对外输出正的净功，因此属于将热能转变成功的循环，常称为做功循环或动力循环。逆循环则相反，消耗净功，从低温热源吸热，向高温热源放热，起到制冷或供热的作用，常称为制冷循环或供热循环。

做功循环的性能系数一般用热效率来衡量，定义为净输出功与从高温热源的吸热量之比，用 η_t 表示，其数学表达式为

$$\eta_\mathrm{t} = \frac{W_0}{Q_1} \tag{1-9}$$

式中，W_0 为净输出功，Q_1 为从高温热源吸收的热量。

制冷循环的性能系数一般用制冷系数来衡量，定义为从低温热源吸收的热量与循环净消耗的功之比，用 ε_c 表示，其数学表达式为

$$\varepsilon_c = \frac{Q_c}{|W_0|} \qquad (1\text{-}10)$$

式中，$|W_0|$ 为循环净消耗的功，Q_c 为从低温热源吸收的热量，即制冷量。

供热循环的性能系数一般用供热系数来衡量，定义为向高温热源放出的热量与循环净消耗的功之比，用 ε_h 表示，其数学表达式为

$$\varepsilon_h = \frac{Q_h}{|W_0|} \qquad (1\text{-}11)$$

式中，$|W_0|$ 为循环净消耗的功，Q_h 为向高温热源放出的热量，即供热量。

制冷循环和供热循环可以统称为热泵循环。

思考题

1. 请给出以下名词的定义：

(a)系统；(b)边界；(c)环境；(d)控制容积；(e)状态；(f)过程。

2. 以你熟悉的对象为例说明什么是闭口系统，什么是开口系统。你列举的闭口系统、开口系统除了在质量交换方面外，还有什么其他系统特征？

3. 空气、氧气、柴油、汽油分别属于单元系统还是多元系统？风机、水泵、气瓶、内燃机、压气机、气球、液化天然气罐分别属于开口系统还是闭口系统？这些系统什么情况下可以当成均匀系统看待？什么情况下可以当成绝热系统看待？它们是孤立系统吗？试回答上述问题并说明理由。

4. 有人认为，开口系统因为有物质的流进、流出，所以不可能是绝热系统，这种说法正确吗？

5. 热力平衡状态的引入为了解决热力分析中的什么问题？

6. 状态参数有什么性质？广延量(广延性参数)和强度量(强度性参数)有何区别？

7. 如果给定了压力和温度，氧气、氮气的比体积是否还有可能发生变化？

8. 准平衡(准静态)概念如何处理"平衡状态"与"状态变化"的矛盾？准平衡过程(准静态过程)与可逆过程有何区别？

9. 可逆过程需要什么条件？过程不可逆的原因有哪些？

10. 经历一个不可逆过程后，系统能否恢复原来的状态？

11. 试分析空气流过风机的过程、空气在活塞式压气机或内燃机内被压缩的过程能否当成平衡过程、准静态过程、可逆过程。说明理由或误差原因。

12. 判断以下过程属于可逆过程还是不可逆过程。若是不可逆过程，请说明原因。

(1)空气在无摩擦、刚性绝热的气缸系统中被无限缓慢地压缩；

(2)80 ℃热水和 10 ℃冷水绝热混合；

(3)燃气缓慢加热水壶中的冷水；

(4)在水冷内燃机中高温高压燃气随活塞迅速移动而膨胀。

13. 循环过程的基本特征是什么？

14. 什么是动力循环？什么是热泵循环？试举例说明之。

15. 系统经历一个不可逆循环后，状态是否会发生变化？

16. 你认为应该如何评价循环的热力性能。

练习题

1. 已知水银的密度 $\rho_{Hg}(kg/m^3)$ 和温度 t（℃）之间存在如下关系：

$$\rho_{Hg}=13\ 959-2.5t$$

在某地夏天 35 ℃时，使用如图 1-2 所示的 U 型水银压力计测量某气体容器内的压力为 100 kPa。在冬天－15 ℃时，假设容器内和环境的绝对压力均不变，使用相同水银压力计再次测量该容器内的压力。与夏天相比，水银压力计液面高度差是否改变？若改变，改变多少？

2. 水银温度计测温原理是基于水银的温胀效应。水银密度与温度的关系由上题给出，若测量温度由 10 ℃升高至 40 ℃，则水银的比体积相对变化量是多少？

3. 假定某地大气温度 T_{am}（K）与海拔高度 h（m）之间存在如下关系：

$$T_{am}=288-6\times10^{-3}h$$

当飞机升高至 12 000 m 高空时，飞机外部环境的温度是多少？请分别表达为摄氏温度温标、热力学温标。

4. 容器被分割成 A、B 两室，如图 1-9 所示，已知当地大气压 $p_b=0.101\ 3$ MPa，气压表 1 的读数为 $p_{g1}=0.294$ MPa，气压表 2 的读数为 $p_{g2}=0.04$ MPa，求气压表 3 的读数。

5. 如图 1-10 所示的一个圆筒形真空室，截面直径为 0.5 m，真空度为 99 kPa。圆筒形真空室内还设有隔离的密室Ⅰ及密室Ⅱ。密室壁面及分隔面上分别设有压力表 A、B、C。表 A 的读数为 300 kPa，表 B 读数为 200 kPa。已知大气压力为 1.013×10^5 Pa。求：(1)真空室、Ⅰ室及Ⅱ室的绝对压力；(2)表 C 读数；(3)圆筒顶面所受的作用力。

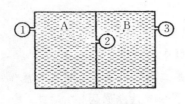

图 1-9　习题 4 附图

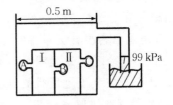

图 1-10　习题 5 附图

6. 如图 1-11 所示，容器中的真空度为 $p_v=600$ mmHg，大气压力计读数为 $p_b=755$ mmHg，求容器中的绝对压力（以 MPa 表示）。如果容器中的绝对压力不变，而大气压力读数为 $p_b'=770$ mmHg，求此时真空表上的读数（以 mmHg 表示）。

7. 如图 1-12 所示，油料输运管段连接着一根 U 型压力计，试根据图示数据确定管段内绝对压力的数值。

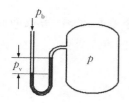

图 1-11　习题 6 附图

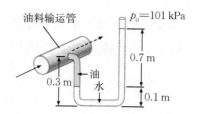

图 1-12　习题 7 附图

8. 氮气在气缸内经历了一个可逆膨胀过程，由状态 1($p_1 = 20$ bar、$V_1 = 0.5$ m³)变化到状态 2($V_2 = 2.75$ m³)。状态变化过程中，压力和体积关系为 $pV^{1.35} =$ 常数。求：(1)状态 2 时的气体压力；(2)容积变化功。

9. 如图 1-13 所示，气缸内的空气经历了 1-2-3 的压缩过程。已知气体压力首先随体积线性变化，随后保持定值。求这一系列过程中空气的容积变化功。

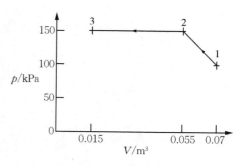

图 1-13　习题 9 附图

10. 气缸中密封有空气，初态为 $p_1 = 0.2$ MPa，$V_1 = 0.4$ m³，缓慢膨胀到 $V_2 = 0.8$ m³。(1)过程中 pV 保持不变；(2)过程中气体先沿过程线 $\{p\}_{MPa} = 0.4 - \{V\}_{m^3}$ 膨胀到 $V_m = 0.6$ m³，再维持压力不变，膨胀到 $V_2 = 0.8$ m³。分别求出两过程中气体做出的膨胀功。

11. 一气缸内的气体由初态 $p_1 = 0.3$ MPa，$V_1 = 0.1$ m³，缓慢膨胀到 $V_2 = 0.2$ m³，若过程中压力和体积间的关系为 $pV^n =$ 常数，试分别求出：(1) $n = 1.5$；(2) $n = 1.0$；(3) $n = 0$ 时的膨胀功。

12. 设有一杯水的质量为 0.5 kg，比热为 4.2 kJ/(kg·℃)，从 20 ℃ 加热至 100 ℃，加热过程吸收了多少热量？熵增加了多少？

13. 某热电厂每生产 1 kW·h 的电能，消耗标煤 350 g，若标煤的热值为 7 000 kcal/kg(1 cal≈4.185 85 J)，求该热电厂的热效率。

14. 一蒸汽动力厂，输出功率 60 000 kW，全厂耗标煤 5.5 kg/s。如果标煤的热值为 7 000 kcal/kg，求该动力厂的总热效率 η_t。

15. 夏天某空调房间得热包括：每秒通过墙壁和窗户等围护结构从外界传入的热量 4 kJ；2 个 60 W 的电灯散热；200 W 的其他电器散热；2 个人体的散热，平均每人发热量为 80 W。若所用空调器的制冷系数为 3，求为排除上述得热所需的空调器输入功率。

16. 上题中，如果是冬天，每秒通过墙壁和窗户等围护结构传向外界的热量为 6 kJ，其他条件不变。若所用空调器的供热系数为 2.5，求为保持房间热平衡所需的空调器输入功率。

17. 汽车发动机的热效率为 35%，车内空调器的制冷系数为 3，若汽油的热值为 44 000 kJ/kg，求汽车空调器每生产 1 kJ 的制冷量所需消耗的汽油量。

第二章　热力学第一定律

热力学第一定律就是能量守恒定律。根据应用领域和认知角度不同，热力学第一定律可以有不同的表述：

（1）热量可以从一个物体传递到另一个物体，也可以与机械能或其他形式能量互相转换，但是在传递和转换的过程中，能量的总量保持不变；

（2）物体热力学能的增加等于物体吸收的热量和对物体做功的总和；

（3）第一类永动机是制造不出来的，也就是不消耗任何能量，却可以源源不断对外做功的机器是制造不出来的；

（4）能量既不能被创造，也不能被消灭，只能从一种形态转化为另一种形态，在能量的转换过程中，能量的总量不变。

本章将基于热力学第一定律这一基本原理，分析建立典型闭口系统、开口系统的一般形式能量方程式，阐述相关的基本概念，并结合典型工程应用分析建立简化的能量方程式。

第一节　闭口系统能量方程式

压缩机、内燃机、储气罐、燃料电池、气球内的工质均可以当成闭口系统，前提是与外界没有质量交换。也就是说，当压缩机、内燃机、储气罐的进排气门全部关闭时，其内工质经历的过程可以当成闭口系统处理。闭口系统可以再细分为简单可压缩系统和非简单可压缩系统。燃料电池就不能当成简单可压缩系统，因为它可以与外界进行电能交换，这是一种不同于热量和膨胀功形式的能量交换。

系统的总储存能 E 包括了热力学能 U、工质因为宏观运动而具有的动能 E_k 和重力位能 E_p。闭口系统的形状可以是任意的。针对如图 2-1 所示任意形状简单可压缩系统，若忽略闭口系统的动能和重力位能，微元过程能量守恒关系式可写为

$$\delta Q = \mathrm{d}U + \delta W \tag{2-1}$$

式中，δQ 是微元过程系统从外界吸收的热量，$\mathrm{d}U$ 是微元过程系统热力学能的变化量，δW 是微元过程系统对外输出的功。上式适用于任意过程，而对可逆过程则有

$$\delta W = p\,\mathrm{d}V \tag{2-2}$$

对于任意过程，式（2-1）经积分后可改写为

$$Q = \Delta U + W \tag{2-3}$$

式中，$\Delta U = U_2 - U_1$，表示

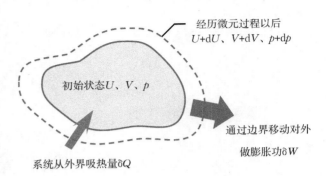

经历微元过程以后 $U+\mathrm{d}U$、$V+\mathrm{d}V$、$p+\mathrm{d}p$

初始状态 U、V、p

通过边界移动对外做膨胀功 δW

系统从外界吸热量 δQ

图 2-1　闭口系统状态变化与能量交换

系统初、终状态之间热力学能的增量。式（2-1）和（2-3）是热力学第一定律应用于闭口系统的解析式，或称闭口系统能量方程式，适用于任意的热力过程。闭口系统能量方程式表明，系统所吸收的热量，一部分用于增加系统的热力学能，储存于系统内部，另外一部分用于对外输出膨胀功。针对单位质量的简单可压缩系统，式（2-1）—（2-3）可分别改写成如下形式：

$$\delta q = \mathrm{d}u + \delta w \tag{2-4}$$

$$\delta w = p\,\mathrm{d}v \tag{2-5}$$

$$q = \Delta u + w \tag{2-6}$$

如果系统经历了一个循环，也就是说，系统内的工质从某一个初始状态点出发，经历一系列中间状态变化过程后，又回到初始状态点，则循环可以用 $p\text{-}V$ 图或 $T\text{-}S$ 图上的一条封闭曲线表示，如图 2-2 所示。这样的热力循环对外所做的净功 W_0 或净吸收的热量 Q_0 可以用环积分表示：

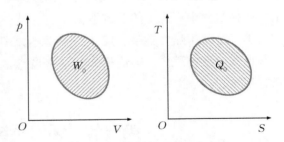

图 2-2　闭口系统循环过程示意图

$$W_0 = \oint \delta W = \oint p\,\mathrm{d}V \tag{2-7}$$

$$Q_0 = \oint \delta Q = \oint T\,\mathrm{d}S \tag{2-8}$$

也就是说，$p\text{-}V$ 图或 $T\text{-}S$ 图上循环过程封闭曲线内的面积就代表了一个循环的净功 W_0 或净吸热量 Q_0。对于单位质量的系统有

$$w_0 = \oint \delta w = \oint p\,\mathrm{d}v \tag{2-9}$$

$$q_0 = \oint \delta q = \oint T \, \mathrm{d}s \tag{2-10}$$

由于热力学能 U 为状态参数，因此 $\oint \mathrm{d}U = 0$。对式（2-1）进行环积分可得

$$\oint \delta Q = \oint \delta W \text{ 或 } Q_0 = W_0 \tag{2-11}$$

式（2-11）的物理意义就是：循环的净吸热量等于循环对外所做的净功。类似地，上式所对应的单位质量系统表达式为

$$\oint \delta q = \oint \delta w \text{ 或 } q_0 = w_0 \tag{2-12}$$

利用闭口系统能量方程式还可以方便地分析热力学能与定容比热容的关系。按照定容过程比热容的定义：

$$c_v = \left(\frac{\delta q}{\mathrm{d}T} \right)_v \tag{2-13}$$

下标 v 表示定容过程。对于定容过程，$\mathrm{d}v = 0$，$\delta w = 0$。再结合式（2-4），有 $\delta q = \mathrm{d}u$。因此

$$\mathrm{d}u = c_v \mathrm{d}T \tag{2-14}$$

严格来说，式（2-14）仅适用于工质的定容过程。但是，对于理想气体，因为热力学能 u 是状态参数并且是温度的单值函数，式（2-14）对于理想气体的任意过程均是适用的。

【例题 2-1】如图 2-3，一个闭口系统经历一个热力过程 1-2，从外界吸收热量 30 kJ，对外做功 50 kJ。然后系统经历另外一个热力过程 2-1，对外放出热量 15 kJ，求此过程中的容积变化功（即膨胀功）。

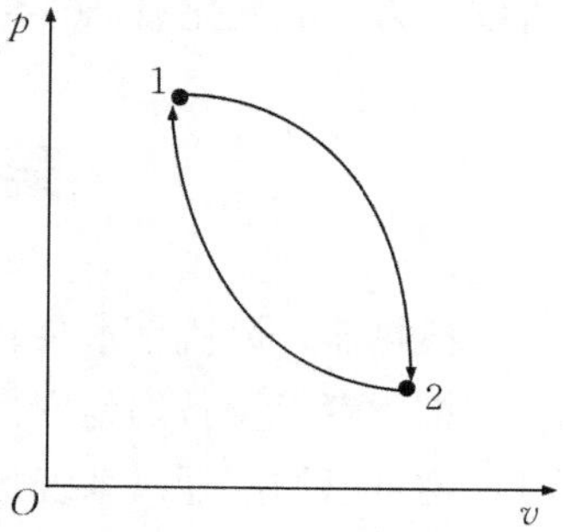

【解】对于第一个热力过程 1-2，由能量方程式 $Q = \Delta U + W$，

$$\Delta U_{1\text{-}2} = Q_{1\text{-}2} - W_{1\text{-}2} = 30 - 50 = -20 \text{(kJ)}$$

第二个过程的初始状态为第一个过程的最终状态，第二个过程的最终状态为第一个过程的初始状态。因此，两个过程的热力学能变化量大小相等，符号相反。即

$$\Delta U_{2\text{-}1} = U_1 - U_2 = -\Delta U_{1\text{-}2} = 20 \text{(kJ)}$$

则第二个过程膨胀功为

$$W_{2\text{-}1} = Q_{2\text{-}1} - \Delta U_{2\text{-}1} = -15 - 20 = -35 \text{(kJ)}$$

图 2-3　例题 2-1 附图

【例题 2-2】设有如图 2-4 所示的两个气缸装置，缸内盛有某理想气体，初始状态下气体体积为 0.001 m³，压力为 1 MPa。图 2-4(a) 中，气体进行可逆绝热膨胀，膨胀过程 $pV^{1.4}$ = 常数，膨胀后气缸内气体的体积为 0.002 m³，系统膨胀做功通过活塞连杆机构向外输出。图 2-4(b) 中，活塞最初由定位销固定，移去定位销以后，气缸内的气

体绝热自由膨胀，气体最终的体积也是 0.002 m³。假设活塞质量以及它的储能影响始终可以忽略不计，试通过计算回答以下问题：

(1)可逆绝热膨胀过程对外所做的功和气体热力学能的变化是多少？

(2)自由膨胀过程结束后气体热力学能的变化是多少？

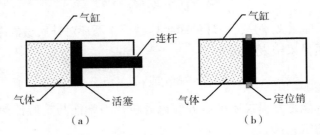

图 2-4   例题 2-2 中的可逆膨胀与自由膨胀装置示意图

【解】为书写简便，解题过程中用下标 1、2 分别表示初、终状态。图 2-4(a)的可逆膨胀过程中，膨胀做功

$$W = \int_{V_1}^{V_2} p\,\mathrm{d}V = \int_{V_1}^{V_2} \frac{p_1 V_1^{1.4}}{V^{1.4}}\,\mathrm{d}V = \frac{1}{-0.4} p_1 V_1^{1.4}\left(\frac{1}{V_2^{0.4}} - \frac{1}{V_1^{0.4}}\right) = 605.4(\mathrm{J})$$

又因为膨胀过程是绝热的，$Q = 0$，所以热力学能变化量

$$\Delta U = -W = -605.4(\mathrm{J})$$

图 2-4(b)的自由膨胀过程中，不对外输出功，$W = 0$。同时因为绝热膨胀，$Q = 0$，所以热力学能变化量 $\Delta U = 0$。

第二节   开口系统能量方程式

换热器、风机、水泵、汽轮机、离心式压缩机、涡轮增压器、燃烧器、锅炉、喷管、扩压管等设备均是现代工程中的重要设备。分析这些设备工作过程能量转换关系时，均可以按照开口系统进行处理。因为功能不同，上面提到的各种实用设备具体形状和结构不同，有的甚至很复杂。但是，从热力学的角度分析，可以采用简单、抽象的模型对重要的热力学特征进行概括，而不一定要过分关心这些设备的具体形状和结构细节。图 2-5 所示的开口系统就是一个概括性比较强的开口系统，包含了上述设备的所有特征。

首先，参照图 2-5 所示的开口系统，分析工质微团 $\mathrm{d}V_1$ 流动过程所传递的功。该微团流入系统的过程中，紧随其后的流体始终对它有一个推动作用，从而产生推动功(亦可称为流动功)，并通过微团 $\mathrm{d}V_1$ 传递给系统。设作用面上的压强为 p_1，入口截面的面积为 A_1，则总的推力为 $p_1 A_1$。当整个微团完全流入系统时，作用面移动的距离是该微团的微元段长度 $\mathrm{d}S_1$。于是，后面的流体推动微团 $\mathrm{d}V_1$ 所做的推动功就是 $p_1 A_1 \mathrm{d}S_1 = p_1 \mathrm{d}V_1$。将流体微团所获得的推动功除以微团的质量，可得单位质量流体的

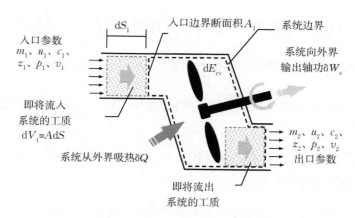

图 2-5　开口系统一般结构特征示意图

推动功为 $p_1 \mathrm{d} V_1 / \mathrm{d} m_1 = p_1 v_1$。通过以上分析不难理解，任何工质流过界面时，均会传递推动功。而且，对于单位质量的工质而言，推动功的通用计算表达式就是 pv。

从通用计算表达式还可以看出，推动功也是一个状态参数。工质流过系统边界时，不仅传递热力学能，也传递推动功，这两项能量的传递在开口系统进出口界面处总是如影随形般地同时出现，而且均属于状态参数，因此合成一个状态参数更有利于简化表达和分析计算。这两项之和就称为焓，用 h 表示，$h = u + pv$。需要注意的是，焓仅仅是热力学能和推动功之和，不能理解为物质含有的能量，热力学能才是物质含有的能量。对于闭口系统，由于没有工质穿过系统边界，焓不具有实际的物理意义。

现在分析整个开口系统能量平衡关系。分析开口系统能量平衡关系实质上就是分析一个控制区域或控制体内的能量平衡关系，图 2-5 用虚线示出了这个控制区域的边界，即系统边界。控制体内相关的物理量用下标 cv 标识，比如总储存能 E_{cv}。分析这个控制体的能量平衡关系时，习惯采用的分析思维方式是：任意选取一小段时间，或者说一个微元时间段 $\mathrm{d}\tau$，分析系统中所有能量的变化量以及导致这些变化的能量输入输出项，然后利用能量守恒原理建立平衡关系式。

质量平衡关系必然影响能量平衡关系，因为所有能量均需由物质所承载或传递。设控制体内的质量用 m_{cv} 表示，则 $\mathrm{d} m_{\mathrm{cv}}$ 代表微元时间段控制体内的质量增量。增量为正表示控制体内质量增加；反之则表示减小；等于零则表示储存质量稳定，没有变化。控制体内储存质量变化的原因是输入输出系统的质量不平衡(不相等)，针对图 2-5，就是入口截面质量流率(质量流量) $\dot{m}_1$ 不等于出口截面质量流率 $\dot{m}_2$。系统质量平衡关系式为

$$\mathrm{d} m_{\mathrm{cv}} = (\dot{m}_1 - \dot{m}_2)\,\mathrm{d}\tau \tag{2-15}$$

物质承载的能量包括热力学能、宏观动能和宏观位能，物质流过界面时还可以传递流动功。控制体内的总储存能包括控制体内物质的热力学能、宏观动能和宏观位能，设其总能用 E_{cv} 表示，则微元时间段控制体内的增量用 $\mathrm{d} E_{\mathrm{cv}}$ 表示。参照图 2-5，入口截面处，工质流入系统时传入的能量为 $\left(h_1 + \dfrac{c_1^2}{2} + g z_1\right)\dot{m}_1 \mathrm{d}\tau$。其中，$h_1$ 为入口截面工质

的比焓，$\dfrac{c_1^2}{2}$ 为入口截面工质的单位质量动能，gz_1 为入口截面工质的单位质量位能。对应的出口截面处，工质流出系统时传出的能量为 $\left(h_2 + \dfrac{c_2^2}{2} + gz_2\right)\dot{m}_2\mathrm{d}\tau$。其中，$h_2$ 为出口截面工质的比焓，$\dfrac{c_2^2}{2}$ 为出口截面工质的单位质量动能，gz_2 为出口截面工质的单位质量位能。

对于图 2-5 所示的开口系统，系统还从机械轴输出轴功 δW_s，从外界吸收热量 δQ。因此，控制体能量平衡关系式为

$$\mathrm{d}E_{cv} = \delta Q + \left(h_1 + \frac{c_1^2}{2} + gz_1\right)\dot{m}_1\mathrm{d}\tau - \left(h_2 + \frac{c_2^2}{2} + gz_2\right)\dot{m}_2\mathrm{d}\tau - \delta W_s \qquad (2\text{-}16)$$

这就是热力学第一定律应用于开口系统的解析式，或称开口系统能量方程式的一般形式。如果进出口截面上的流动参数稳定，而且系统能量输入输出达到稳定平衡关系，系统内部的状态也是稳定的，这种工况称为稳定流动。稳定流动情况下，$\dot{m}_1 = \dot{m}_2$，$\mathrm{d}m_{cv} = 0$，$\mathrm{d}E_{cv} = 0$，能量方程可以简化为

$$q = \left(h_2 + \frac{c_2^2}{2} + gz_2\right) - \left(h_1 + \frac{c_1^2}{2} + gz_1\right) + w_s \qquad (2\text{-}17)$$

式中，q、w_s 分别代表单位质量的工质流过开口系统的过程中吸入的热量和输出的轴功。重新排列组合后也可以写成

$$q = \Delta h + w_t \qquad (2\text{-}18)$$

式中，$\Delta h = h_2 - h_1$，$w_t = w_s + \dfrac{\Delta c^2}{2} + g\Delta z$，$\dfrac{\Delta c^2}{2} = \dfrac{c_2^2}{2} - \dfrac{c_1^2}{2}$，$\Delta z = z_2 - z_1$。因为 w_t 不仅包含了轴功 w_s，还包含了可以直接转化为功的动能增加量 $\dfrac{\Delta c^2}{2}$ 和位能增加量 $g\Delta z$，这些都是技术上可以利用的机械功，所以称之为技术功。当忽略进出口的动能差和位能差时，技术功就等于轴功。

如果将式(2-18)改写为微元过程方程式的形式，则有

$$\delta q = \mathrm{d}h + \delta w_t \qquad (2\text{-}19)$$

将式(2-18)与闭口系统能量方程式(2-6)相结合，可以导出

$$w_t = w - \Delta(pv) \qquad (2\text{-}20)$$

也就是说，膨胀功与技术功之差就是开口系统进、出口推动功之差。

针对可逆过程，因为 $w = \displaystyle\int p\,\mathrm{d}v$，可以得到技术功的解析式为

$$w_t = w - \Delta(pv) = \int p\,\mathrm{d}v - \int \mathrm{d}(pv) = \int -v\,\mathrm{d}p \qquad (2\text{-}21)$$

写成微元过程的形式，则有

$$\delta w_t = -v\,\mathrm{d}p \qquad (2\text{-}22)$$

与膨胀功一样，系统输出技术功为正，输入技术功则为负。由式(2-22)所示的技术功解析式可见，如果系统微元过程要对外输出技术功，则系统的压力必须下降。

下面借助 $p\text{-}v$ 图进一步解释技术功和膨胀功之间的关系和差别。如图 2-6，对于可逆过程 1-2，技术功可用面积 12651 表示，膨胀功可用面积 12431 表示。所以，技术功＝膨胀功＋面积 13O51－面积 24O62。其中，面积 13O51 代表通过开口系统入口截面传递进入系统的推动功，而面积 24O62 则代表通过开口系统出口截面传递出去的推动功。

定压条件下，$\mathrm{d}p = 0$，$\delta w_t = 0$，按照式(2-19)则有 $(\delta q)_p = \mathrm{d}h$。这里下标 p 代表定压过程。同时按照比热定义，有 $(\delta q)_p = c_p \mathrm{d}T$。所以，最终有

$$\mathrm{d}h = c_p \mathrm{d}T \tag{2-23}$$

应该注意，式(2-23)仅适用于定压过程。但是，对于理想气体，因为热力学能 u 是温度的单值函数，所以焓 $h = u + pv$ 也是温度的单值函数，式(2-23)对于理想气体的任意过程均是成立的。

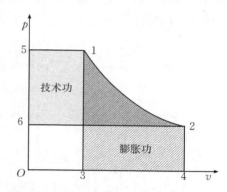

图 2-6　工质热力过程中技术功与膨胀功

【例题 2-3】 有一个刚性绝热储气罐，其内部为真空，现将其连接于输气管道进行充气。已知输气管内气体状态始终保持稳定，其比焓为 h_0。经过一定时间的充气后，储气罐内气体质量达到 m_1，而气体比内能达到 u_1。当充气过程中气体的流动动能和重力位能可不计时，试证明：$u_1 = h_0$。

【解】 以储气罐为研究对象，这是一个开口系统，由式(2-16)可知，其能量方程式为

$$\mathrm{d}E_{cv} = \delta Q + \left(h_i + \frac{c_i^2}{2} + gz_i\right)\dot{m}_i \mathrm{d}\tau - \left(h_0 + \frac{c_0^2}{2} + gz_0\right)\dot{m}_0 \mathrm{d}\tau - \delta W_s$$

由于忽略气体的动能和位能，充气过程罐内储存能的增量即为储气罐内气体热力学能的增量，即 $\mathrm{d}E_{cv} = \mathrm{d}U_{cv} = \mathrm{d}(mu)$。储气罐没有出口，不需要考虑出口项的影响。又由于储气罐是绝热的，也没有轴功输出，能量方程式可以简化为

$$\mathrm{d}U_{cv} = h_i \dot{m}_i \mathrm{d}\tau$$

式中，$\dot{m}_i \mathrm{d}\tau$ 表示微元时间段 $\mathrm{d}\tau$ 中充入的气体质量，也等于储气罐内气体的质量增加量 $\mathrm{d}m$。所以有

$$\mathrm{d}(mu) = h_0 \mathrm{d}m$$

对上式进行积分

$$\int \mathrm{d}(mu) = \int h_0 \mathrm{d}m$$

考虑到充气前储气罐为真空，所以

$$m_1 u_1 - 0 = h_0 m_1$$

进一步简化后得

$$u_1 = h_0$$

该算例说明：充气过程中充入的气体不仅带入热力学能 u_0，也传入推动功 $p_0 v_0$，因此充气后 $u_1 = h_0 = u_0 + p_0 v_0 > u_0$。

第三节　能量方程式的应用分析

不同的热力设备有不同的用途，其能量转化情况也各不相同。本节以一些有代表性的热力设备为例，分析其稳定工作时的能量方程式简化形式。图 2-7 展示了管道、压缩机、风机、泵、换热器、汽轮机、燃气轮机、水轮机等热力设备的功能示意图及能量输入输出特征。

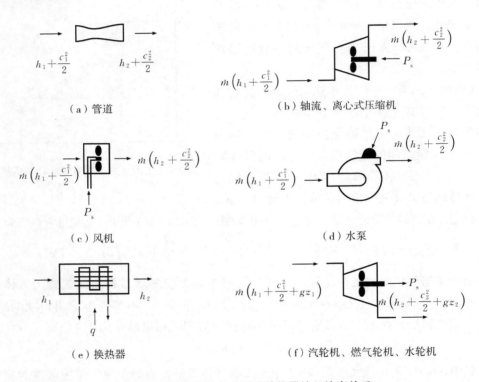

（a）管道　　　　　　　　　　（b）轴流、离心式压缩机

（c）风机　　　　　　　　　　（d）水泵

（e）换热器　　　　　　　　　（f）汽轮机、燃气轮机、水轮机

图 2-7　几种常见设备开口系统能量输入输出关系

1）管道

流体在输送管道、涵洞、隧道、喷管、发动机进气道、动脉血管内的流动均属于管道内的流动。管内流动的一个重要特征是工质与外界没有机械轴相连，因此没有轴功输入输出。对于稳定流动工况，公式(2-17)可以简化为

$$q = \left(h_2 + \frac{c_2^2}{2} + gz_2\right) - \left(h_1 + \frac{c_1^2}{2} + gz_1\right) \tag{2-24}$$

在上述工程应用中，很多情况下热交换和进出口位能变化量均可忽略不计。于是，公式可进一步简化为

$$h_2 + \frac{c_2^2}{2} = h_1 + \frac{c_1^2}{2} \quad \text{或} \quad h + \frac{c^2}{2} = \text{const.} \tag{2-25}$$

2）压缩机、风机、水泵

从热力学角度分析，连续工作的压缩机、风机、水泵具有共同的特征：消耗轴功、提高流体进出口的动能和压力差，或用于克服系统内的流动阻力，或用于压缩流体。这类设备工作时，进出口位能的变化量常可以忽略不计。此时，能量守恒方程式可简化为

$$-w_s = \left[\left(h_2 + \frac{c_2^2}{2} \right) - \left(h_1 + \frac{c_1^2}{2} \right) \right] - q \tag{2-26}$$

式中，$-w_s$ 代表消耗的轴功，$-q$ 代表散热量。注意，此处必有 $-w_s > 0$。如果散热量为零，消耗的轴功就等于流动工质焓和动能的增加量。对于不可压缩的流体，热力学能增量常可以忽略不计，此时如果散热量也可忽略不计，则能量方程式可进一步简化为

$$-w_s = \left[\left(p_2 + \frac{c_2^2}{2v} \right) - \left(p_1 + \frac{c_1^2}{2v} \right) \right] v \tag{2-27}$$

在工程界，$\left(p + \frac{c^2}{2v} \right)$ 习惯称为总压，用 p_0 表示；p 为静压；$\frac{c^2}{2v} = \frac{\rho c^2}{2}$ 为动压。因为压力也可以换算成水柱高度，总压差 $\Delta p_0 = \left(p_2 + \frac{c_2^2}{2v} \right) - \left(p_1 + \frac{c_1^2}{2v} \right)$ 有时也称为扬程。式（2-27）实际上表示了设备的单位理论功耗，如果乘以质量流率 $\dot{m}$，可得理论功率消耗

$$P_{s,\text{th}} = -\dot{m} w_s = \Delta p_0 \dot{V} \tag{2-28}$$

式中，$\dot{V} = \dot{m} v$ 代表体积流率。理论功耗总是忽略了摩擦和散热损失等不可逆因素的影响，所以实际功耗总是要大于理论功耗的。为此，可按照 $P_s = P_{s,\text{th}}/\eta$ 计算实际设备所需输入功率。这里，η 是效率，总是小于1。

3）换热器

使用换热器的目的是实现对流体的加热或冷却，进出口动能和位能变化量常可以忽略不计，同时也没有轴功输入输出，所以能量方程式的简化形式为

$$q = h_2 - h_1 \tag{2-29}$$

也就是说，1 kg 工质在换热器中吸收的热量等于工质流经换热器时比焓的增加量；或 1 kg 工质在换热器中放出的热量等于工质流经换热器时比焓的减少量。式（2-28）提醒我们注意一个重要规律，即换热器内工质吸收的热量等于流动工质焓的增量，而不是热力学能的增量。这点在工程计算中很重要，因为两者之间可能相差甚大。例如，当工质为空气时，两种计算结果相差约40％。错误的估计将导致设计失败，设备工作

能力不能满足要求。

4)动力机

工质流经汽轮机、燃气轮机、水轮机等动力机时，焓、动能或位能降低，对外输出轴功，实现热力学能、流动功、动能或位能向轴功的转化。不同的动力机，其内部结构和工作过程不同。但是，从整体能量平衡角度分析，却具有共同的规则。对于这类设备，如果可以忽略系统与外界的热交换（通常可以这样近似处理），则稳定工作能量方程式的简化形式为

$$w_s = \left(h_1 + \frac{c_1^2}{2} + gz_1\right) - \left(h_2 + \frac{c_2^2}{2} + gz_2\right) \tag{2-30}$$

或轴功率

$$P_s = \dot{m}\left[\left(h_1 + \frac{c_1^2}{2} + gz_1\right) - \left(h_2 + \frac{c_2^2}{2} + gz_2\right)\right] \tag{2-31}$$

针对汽轮机和燃气轮机，如果进气和排气的动能和位能均可忽略不计，则进一步简化能量方程式(2-30)和(2-31)可得

$$w_s = h_1 - h_2 \text{ 或 } P_s = \dot{m}(h_1 - h_2) \tag{2-32}$$

此时，1 kg工质流经动力机对外输出的轴功等于工质的焓降，或者动力机输出的轴功率等于流动工质的焓降功率。

对于水轮机，进出口水温变化小，进出口工质的热力学能变化可以忽略不计，则能量方程可以改写为

$$w_s = \left(p_1 + \frac{c_1^2}{2} + gz_1\right) - \left(p_2 + \frac{c_2^2}{2} + gz_2\right) \tag{2-33}$$

$$\text{或 } P_s = \dot{m}\left[\left(p_1 + \frac{c_1^2}{2} + gz_1\right) - \left(p_2 + \frac{c_2^2}{2} + gz_2\right)\right] \tag{2-34}$$

【例题 2-4】蒸汽进入汽轮机时的质量流率为 1.8 kg/s，速度为 20 m/s，比焓为 3 140 kJ/kg。在汽轮机中膨胀做功后，出口乏汽的流速为 38 m/s，比焓为 2 500 kJ/kg。如果忽略汽轮机的散热损失，输出的轴功率是多少？

【解】列出汽轮机稳定流动的能量方程式为

$$q = \left(h_2 + \frac{c_2^2}{2} + gz_2\right) - \left(h_1 + \frac{c_1^2}{2} + gz_1\right) + w_s$$

忽略蒸汽轮机散热损失、进出口气体的位能变化量，上式简化为

$$w_s = (h_1 - h_2) + \frac{(c_1^2 - c_2^2)}{2}$$

代入数据得

$$w_s = (3\ 140 - 2\ 500) + (20^2 - 38^2)/2\ 000 = 639.48 (\text{kJ/kg})$$

因此

$$P_s = \dot{m}w_s = 1.8 \times 639.48 = 1\ 151.06 (\text{kW})$$

【例题 2-5】设有如图 2-8 所示气水热交换器，空气质量流率 $\dot{m}_a = 1$ kg/s，入口温度

$t_{a1} = 25\ ℃$。欲采用热水将其加热至 $t_{a2} = 45\ ℃$，热水温度 $t_{w1} = 60\ ℃$，质量流率 $\dot{m}_w = 0.3\ kg/s$。换热器工作时，风机耗电功率为 $P_{s,f} = 300\ W$，水泵耗电功率为 $P_{s,p} = 250\ W$。工作温度范围内，空气与水的定压比热恒定，分别为 $c_{p,a} = 1.01\ kJ/(kg·℃)$、$c_{p,w} = 4.2\ kJ/(kg·℃)$。试问：水的出口温度是多少？水泵和风机出口处流体温度是多少？热交换器内交换的热量是多少？

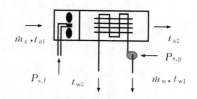

图 2-8　例题 2-5 中的气水
热交换器示意图

【解】设风机出口温度为 t_{a3}，水泵出口温度为 t_{w3}。针对水泵应用能量守恒原理有

$$\dot{m}_w c_{p,w}(t_{w3} - t_{w1}) = P_{s,p}$$

求解得水泵出口处温度

$$t_{w3} = t_{w1} + \frac{P_{s,p}}{\dot{m}_w c_{p,w}} = 60 + \frac{250}{0.3 \times 4\ 200} = 60.198(℃)$$

针对风机应用能量守恒原理有

$$\dot{m}_a c_{p,a}(t_{a3} - t_{a1}) = P_{s,f}$$

求解得风机出口处空气温度

$$t_{a3} = t_{a1} + \frac{P_{s,f}}{\dot{m}_a c_{p,a}} = 25 + \frac{300}{1 \times 1\ 010} = 25.297(℃)$$

热交换器内的换热量

$$Q = \dot{m}_a c_{p,a}(t_{a2} - t_{a3}) = 1 \times 1.01 \times (45 - 25.297) = 19.90(kW)$$

按照换热器能量平衡关系可得

$$\dot{m}_a c_{p,a}(t_{a2} - t_{a3}) = \dot{m}_w c_{p,w}(t_{w3} - t_{w2})$$

求解得水的出口温度

$$t_{w2} = t_{w3} - \frac{\dot{m}_a c_{p,a}(t_{a2} - t_{a3})}{\dot{m}_w c_{p,w}} = 60.198 - \frac{19.90}{0.3 \times 4.2} = 44.40(℃)$$

思考题

1. 热力学能和热量有什么区别？

2. 公式 $\delta q = \mathrm{d}u + \delta w$ 和 $\delta q = \mathrm{d}u + p\mathrm{d}v$ 的适用条件分别是什么？

3. 系统膨胀是否一定对外输出膨胀功？

4. 试回答以下问题：

(1)工质膨胀时是否必须对工质加热？

(2)工质可否边被压缩边吸入热量？

(3)工质吸热后，热力学能一定增加吗？

(4)加热工质，其温度是否有可能降低？

5. 一绝热刚性容器，用隔板分成两个部分，左边贮有高压理想气体，右边为真空。抽去隔板后，气体立即充满整个容器，试问：工质热力学能、温度将如何变化？

6. 有人想通过敞开冰箱门达到降低室内温度的目的，这种方法可行吗？

7. 什么是稳定流动？稳定流动能量方程式有什么特征？

8. 焓的物理意义是什么？在开口系统和闭口系统热力过程中，焓所发挥的作用是否相同？

9. 膨胀功、技术功、轴功和流动功的相互关系是什么？

10. 技术功主要针对什么系统而言？系统输出技术功需要满足什么条件？

11. 为什么开口系统能量方程式的一般形式中没有膨胀功？膨胀功在开口系统能量转换过程中是否发挥作用？

12. 利用开口系统稳定流动能量方程分析汽轮机、压气机内流动工质的能量转换特点，得出对其适用的简化能量方程。

练习题

1. 气体在某一过程中吸收热量 60 kJ，同时热力学能增加了 34 kJ，此过程是否为压缩过程？气体对外做功多少？

2. 一个闭口系统在从状态 1 到状态 2 的过程中，对外输出容积变化功 40 kJ，吸收热量 20 kJ，如果该系统又从状态 2 回到状态 1，过程中放出热量 12 kJ，求过程中的容积变化功。

3. 一个闭口系统经历了一个循环过程 1-2-3-1，试补充下表所缺失的数据，表中 Q、W、ΔU 单位相同。

过程	Q	W	ΔU
1-2		−200	1 200
2-3	−100		−1 150
3-1	−300		

4. 如图 2-9 所示，气缸内装有 0.1 kg 的氧气。氧气在气缸内经历了一个膨胀过程，初态温度为 20 ℃，终态温度为 200 ℃。膨胀过程中通过加热装置给缸内氧气提供的净热量 Q 是 30 kJ，通过搅拌器输入的功 N 是 20 kJ。如果忽略散热损失，且设氧气的定容比热为 0.74 kJ/(kg·K)，试求氧气通过活塞所做的功 W。

5. 某高压空气管道内的状态恒定，压力为 1.2 MPa，温度为 300 K。现用该管道内的高压气体对一个体积为 0.04 m³ 的绝热气罐进行充气，气罐内压力达到 0.3 MPa 时停止充气。若充气前气罐内为真空，充气后气罐内的温度是多少？（将空气视为理想气体，热力学能与温度的关系为 $u = 0.72T$ kJ/kg，焓与温度的关系为 $h = 1.005T$ kJ/kg，关系式中 T 的单位为 K。）

6. 空气在压气机中被压缩。压缩前空气的参数为 $p_1 = 1$ bar, $v_1 = 0.845$ m³/kg, 压缩后的参数为 $p_2 = 12$ bar, $v_2 = 0.125$ m³/kg, 设压缩机每分钟产生压缩空气 12 kg, 且在压缩过程中, 1 kg 空气的热力学能增加 163.9 kJ, 同时向外放出热量 76.2 kJ。如果忽略压缩机进出口空气动能和位能的变化量, 求：每生产 1 kg 压缩空气所需的技术功和带动此压缩机所需的电动机理论最小功率。

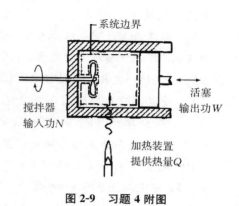

图 2-9　习题 4 附图

7. 蒸汽以流动速度 $c_1 = 30$ m/s、比焓 $h_1 = 3\ 350$ kJ/kg 的状态流入汽轮机, 质量流率为 $\dot{m} = 2.5$ kg/s。在汽轮机中膨胀做功之后, 乏汽的流速 $c_2 = 48$ m/s、比焓 $h_2 = 2\ 430$ kJ/kg。如果忽略工质与外界交换的热量, 求蒸汽轮机输出的理论轴功率。

8. 某蒸汽动力厂中, 锅炉向汽轮机提供质量流率为 40 000 kg/h 的蒸汽。汽轮机进口处压力表的读值是 8.9 MPa, 蒸汽比焓为 3 441 kJ/kg。汽轮机出口处真空表的读值是 730.6 mmHg, 蒸汽比焓为 2 248 kJ/kg。若当地大气压是 760 mmHg, 且汽轮机向环境散热为 6.81×10^5 kJ/h, 求：(1)进、出口处蒸汽的绝对压力；(2)不计进、出口动能差和位能差时汽轮机的理论轴功率；(3)当进、出口处蒸汽的速度分别为 70 m/s 和 140 m/s 时, 对汽轮机的轴功率有多大影响？(4)当汽轮机进、出口处的高度差为 1.6 m 时, 对汽轮机的轴功率又有多大影响？

9. 压缩机吸入 0.1 MPa、17 ℃ 的空气, 经过绝热压缩后输出的空气压力为 1.0 MPa、温度为 560 K, 已知压缩机每分钟可生产 38 kg 的压缩空气。求：(1)压缩 1 kg 空气所消耗的理论轴功；(2)带动压缩机工作所需的最小电机功率。(设空气比焓仅是温度的函数：$h = c_p T = 1.004T$ kJ/kg。)

10. 1 kg 空气从 $p_1 = 0.2$ MPa、$T_1 = 400$ K, 分别经可逆定容、定压过程, 温度升高至 $T_2 = 600$ K。设空气的比热力学能和比焓均为温度的单值函数, 且比热为定值, 其定容比热为 $c_v = 0.72$ kJ/(kg·K), 定压比热为 $c_p = 1.004$ kJ/(kg·K), 试求两个热力过程中, 空气的比热力学能变化量 Δu、比焓变化量 Δh、吸热量、膨胀功和技术功的大小。

11. 某大厦的供水主管道在地下 5 m, 管内压力为 600 kPa, 经水泵加压后, 在距离地面 150 m 高的大厦顶层, 水压为 200 kPa。假定水温为 10 ℃, 比体积为 0.001 m³/kg, 流量为 20 kg/s, 并忽略散热、水的热力学能变化和进出口动能差, 求水泵理论上消耗的功率。

12. 某台锅炉每小时可以生产水蒸气 20 t。已知该锅炉的给水比焓为 251 kJ/kg, 产汽比焓为 2 580 kJ/kg, 煤的发热量为 29 302 kJ/kg, 锅炉效率为 85%, 求锅炉每小时所需的耗煤量。

13. 温度为 120 ℃、压力为 0.198 48 MPa 的饱和水通过定压汽化为饱和干蒸汽，比体积从 0.001 m^3/kg 增大为 0.892 m^3/kg，过程中吸收的热量为汽化潜热 2 202.4 kJ/kg。求 1 kg 水在这个定压汽化过程中的容积变化功、热力学能的变化量。

14. 有两股空气通过汇合三通绝热混合成一股空气。汇合前，一股空气的状态为 30 ℃，质量流率为 2 kg/s；另一股的状态为 250 ℃，流率为 4 kg/s。设空气的比焓为 $h = c_p T$，其中 T 为热力学温度，且 c_p 为定值，试求汇合后空气的温度。

15. 温度 $t_1 = 10$ ℃的冷空气进入锅炉空气预热器，用烟气放出来的热量对其加热。已知 1 kg 烟气放出 245 kJ 的热量，烟气每小时的质量流率是空气的 1.09 倍，空气比焓为 $h = c_p T = 1.004T$ kJ/kg。若空气预热器没有热损失，且可以忽略进出口动能和位能的变化量，试求：(1)不计空气在预热器中的压力损失时，预热器出口空气温度 t_2；(2)空气在预热器中的压力损失为 50 Pa 时，预热器出口空气温度 t_2。

16. 在冬季，当满足采暖设定温度的要求时，某房间将通过门窗和墙壁等围护结构对外界散热 8 000 kJ/h。使用期间，室内开着 2 个功率为 100 W 的电灯，其他电器消耗的功率为 500 W。同时，房间内有 2 个人，平均每人散发的热量为 120 W。假设使用期间房间消耗的电能最终全部转化为热量散发在房间内，试分析：为满足采暖要求，是否需要开启取暖器供热？

17. 一个密封绝热的刚性容器被一块隔板分成容积相等的两部分，一部分内有压强为 0.2 MPa、温度为 350 K 的某种理想气体，另一部分为真空。现抽去隔板，气体充满整个容器。将气体视为热力系统，求气体内能的变化量和最终温度。

18. 便携式吹风机以 18 m/s 吹出冷空气，流量为 0.2 kg/s。设空气为理想气体，若吹风机前后的空气压力和温度均无显著变化，求吹风机的最小功率。

第三章　纯物质气体热力学性质

　　气体是能量转换装置和生产过程中的重要物质，如动力、热泵、气力输送和气动设备中的工质，化工过程的反应物或产物，天然气，生产工艺过程所需的压缩气体，等等。气体还与我们的生活息息相关，大气是我们赖以生存的环境，氧气、氮气、二氧化碳和水蒸气是生命周期中不可或缺的物质。因此，掌握气体的性质在提高生产技术和改善生活环境的过程中可以发挥重要的作用。实际上，气体可以分为混合气体和纯物质气体两类。本章重点介绍纯物质气体的热力学性质，必要时也会涉及纯物质液、固状态下的热力学性质，因为它们之间具有紧密的关联性。同时还因为，所有物质的状态均可理解为一种广义的气体状态，可以按照某种统一的热力学状态函数关系理论进行描述。

第一节　理想气体的性质

　　理想气体是一种经过科学抽象的气体模型。按照理想气体模型，可以建立简单的状态参数关系式，便于理论分析。当压力较低、温度较高时，实际气体的性质会接近理想气体的性质。以理想气体为工质，有可能获得比较理想的热力循环性能。以理想气体性质为基础，采取适当的修正方法，可以获得实际气体的性质参数，简化工程计算。下面将从模型、比热、热力学能、焓、熵等方面介绍理想气体的性质。

一、模型与状态方程式

　　理想气体模型假设气体分子是一些弹性的、不占有容积的质点，分子相互之间没有排斥力和引力。也就是说，该模型假设气体分子本身的体积为零，分子之间的非接触作用力为零，分子之间的碰撞视为完全弹性的碰撞，气体分子在整个气体空间内做随机运动，气体对容器壁面产生的压力是气体分子随机碰撞的结果，符合统计学的规

律。在该模型假设条件下，通过统计热力学的分析方法，可以获得理想气体状态方程式的形式为

$$pv = R_g T \tag{3-1}$$

式中，p 为气体压力，单位为 Pa；v 为气体比容，单位为 $\mathrm{m^3/kg}$；T 为热力学温度，单位为 K；R_g 为气体常数，或称质量气体常数，单位为 $\mathrm{J/(kg \cdot K)}$，与状态无关，但与气体的种类有关。

实际气体性质总会偏离理想气体模型，只不过偏离的程度不同。如果偏离的程度不大，物质状态参数之间的关系就近似符合理想气体状态方程式。那么，理想气体的近似条件是什么呢？先找出几个可以近似当成理想气体的常见例子。大气状态下的氧气、氮气可以近似当成理想气体，大气中的水蒸气也可以近似当成理想气体，低压管道内的天然气可以近似当成理想气体。但是，高压锅里的水蒸气、接近液化的超低温或高压状态下的氮气和氧气以及压缩天然气等就会偏离理想气体模型比较远。这是因为前者压力相对较低，或者温度相对较高，导致气体分子之间的距离较大，分子本身的体积以及分子之间的非接触作用力小到可以忽略不计，而后者刚好相反。所以，温度越高，压力越低，气体的性质就越接近理想气体的性质。但什么温度和压力条件下，气体的性质就可以近似当成理想气体呢？客观地讲，这个没有统一的标准。不同种类的物质性质有很大差别，适用理想气体的温度、压力条件也不相同。但可以肯定的是，相对液化状态来说，气体温度越高，压力越低，离液化状态越远，越接近理想气体。总的来说，理想气体的近似条件是当气体温度不是太低、压力不是太高，气体分子之间的距离很大，以至于气体分子本身的体积相对于气体所占有的空间体积来说小到可以忽略不计，分子之间的非接触作用力也可以忽略不计。因此，理想气体的近似条件不仅与状态有关，还与气体性质有关。如空气在室温下压力达 10 MPa 时，按理想气体状态方程式计算的比体积误差在 1% 左右。但是，火力发电厂装置中采用的水蒸气，当温度为 400 ℃、压力为 10 MPa 时，按理想气体状态方程式计算的比体积误差约为17.6%。还要说明的是，在工程计算中，究竟什么情况下可以当成理想气体处理，也与可以接受的误差有关。

理想气体状态方程式可以有不同的表现形式。如果式(3-1)两侧同时乘以气体的质量，则理想气体状态方程式可以表示成如下形式：

$$pV = mR_g T \tag{3-2}$$

式中，V 为气体体积，单位为 $\mathrm{m^3}$；m 为气体质量，单位为 kg。

除质量之外，物质的多少还可以用物质的量来衡量，其单位为 mol 或 kmol。1 mol 物质的质量称为摩尔质量，用符号 M 表示，单位是 g/mol，或 kg/kmol。摩尔质量数值上等于物质的相对分子质量(或简称分子量)。物质的量与质量之间的关系为

$$n = \frac{m}{M \times 10^{-3}} \tag{3-3}$$

1 mol 物质的体积称为摩尔体积，用符号 V_m 表示，单位为 $\mathrm{m^3/mol}$ 或 $\mathrm{m^3/kmol}$。

如果摩尔体积的单位采用 $m^3/kmol$，则

$$V_m = Mv \tag{3-4}$$

那么，式(3-1)两侧同时乘以摩尔质量以后可得

$$pV_m = RT \tag{3-5}$$

根据阿伏加德罗定律，同温、同压下任何理想气体的摩尔体积 V_m 都相等。标准状态下(101 325 Pa，273.15 K)，任何理想气体的摩尔体积都是 22.414 $m^3/kmol$，由此可得 $R = 8.314$ J/(mol·K)或 8 314 J/(kmol·K)。可见 R 是一个与气体种类无关的常数，称为通用气体常数。式(3-5)两侧同乘以物质的量，则可得

$$pV = nRT \tag{3-6}$$

注意上式中两侧的单位要保持一致。如果压力、体积、温度均采用基本单位，R 选用 J/(kmol·K)的单位，则 n 要选用 kmol 为单位；如果 R 选用 J/(mol·K)的单位，则 n 要选用 mol 为单位。

【例题 3-1】某管道煤气表上读得煤气消耗量为 68 m^3，使用期间煤气表的平均表压力是 44 mmH_2O，平均温度为 17 ℃，大气平均压力为 751.4 mmHg。设该管道煤气可以近似当成理想气体处理，问：消耗了多少标准立方米的煤气？(标准状态下的压力为101 325 Pa，温度为 273.15 K。)

【解】本例计算中，实际状态下的参数用下标 1 标明，标准状态下的参数用下标 0 标明。则实际状态下，煤气的状态方程式

$$p_1V_1 = mR_gT_1$$

标准状态下，煤气的状态方程式

$$p_0V_0 = mR_gT_0$$

以上两式等号两边分别相除，得到

$$\frac{p_0V_0}{p_1V_1} = \frac{T_0}{T_1}$$

于是，标准状态下煤气消耗量为

$$V_0 = \frac{p_1}{p_0}\frac{T_0}{T_1}V_1 = \frac{(751.4 \times 133.32 + 44 \times 9.81)}{101\ 325} \times \frac{273.15}{273.15 + 17} \times 68 = 63.56\,(m^3)$$

由上例计算结果可以看出，实际状态和标准状态下的压力和温度不同，导致同样质量的煤气体积不同。因此，以容积作煤气计量基准时，需要换算成标准状态下的体积。

二、比热容和热量的计算

物体温度升高一度所需吸收的热量称为热容，以 C 表示，单位可以是 J/K、J/℃或 J/F 等。单位物量的物质温度升高一度所需吸收的热量则称为比热容，或简称为比热。如果物量的多少是以质量单位计的，则对应的比热容称为质量比热，以 c 表示，定义式为

$$c = \frac{\delta q}{\mathrm{d}T} \text{ 或 } c = \frac{\delta q}{\mathrm{d}t} \tag{3-7}$$

质量比热的基本单位是 $J/(kg \cdot K)$，但也可以采用其他单位，比如 $J/(kg \cdot ℃)$、$J/(kg \cdot F)$、$kJ/(kg \cdot K)$ 等。

如果物量的多少是以物质的量计算的，则对应的比热容称为摩尔比热，以 c_m 表示，基本单位为 $J/(mol \cdot K)$。标准状态下，单位体积物质的热容称为容积比热，以 c' 表示，基本单位为 $J/(m^3 \cdot K)$。三者之间的关系为

$$c_m = Mc = V_{m0} c' \tag{3-8}$$

式中，V_{m0} 是理想气体标准状态下的摩尔体积，其值等于 $0.022\ 414\ m^3/mol$。

热量是过程量，因此比热容也与过程特性有关。不同的热力过程，比热容不同。其中，定容过程和定压过程的比热容最常见。按照第二章的分析，定容比热和定压比热分别与热力学能和焓的变化量之间存在如下关系：$c_v = \left(\frac{\partial u}{\partial T}\right)_v$ 和 $c_p = \left(\frac{\partial h}{\partial T}\right)_p$。对于理想气体，按照统计热力学的分析理论，分子间不存在作用力，无内位能，热力学能只包括内动能，而内动能仅由温度决定，因此理想气体热力学能 u 是温度的单值函数。再由关系式 $h = u + pv$，易知理想气体焓值 h 也是温度的单值函数。那么，对于理想气体，就有全微分表达式 $c_v = \frac{\mathrm{d}u}{\mathrm{d}T}$ 和 $c_p = \frac{\mathrm{d}h}{\mathrm{d}T}$。可见，理想气体定容比热和定压比热也仅仅是温度的单值函数。结合理想气体状态方程式 $pv = R_g T$，可得 $c_p = \frac{\mathrm{d}(u + R_g T)}{\mathrm{d}T} = c_v + R_g$，或

$$c_p - c_v = R_g \tag{3-9}$$

上式即为迈耶公式，对于理想气体的所有状态都适用。式(3-9)两边同时乘以摩尔质量 M，还可得

$$c_{p,\ m} - c_{v,\ m} = R \tag{3-10}$$

定压比热与定容比热的比值称为比热容比，以 γ 表示，即

$$\gamma = \frac{c_p}{c_v} = \frac{c_{p,\ m}}{c_{v,\ m}} \tag{3-11}$$

由式(3-9)和(3-11)可得

$$c_p = \frac{\gamma}{\gamma - 1} R_g, \quad c_v = \frac{1}{\gamma - 1} R_g \tag{3-12}$$

真实的理想气体比热随温度的变化关系可以表示成泰勒级数的形式，如 $c = a_0 + a_1 T + a_2 T^2 + a_3 T^3 + \cdots$ 或 $c = a_0 + a_1 t + a_2 t^2 + a_3 t^3 + \cdots$。泰勒级数包含了无穷多项，不便于工程计算。实际应用中，一般取泰勒级数的前面四项，如

$$c_p = C_0 + C_1 \theta + C_2 \theta^2 + C_3 \theta^3 \tag{3-13}$$

式中，$\theta = T/1\ 000$，C_0、C_1、C_2、C_3 是随气体种类而异的经验常数。表 3-1 列出了几种常见气体的经验常数值，专业数据库中有更全面的数据。

表 3-1　几种理想气体真实定压比热容公式中的常数值

气体	分子式	C_0	C_1	C_2	C_3
空气		1.05	−0.365	0.85	−0.39
氦气	He	5.193	0	0	0
氢气	H_2	13.46	4.6	−6.85	3.79
氧气	O_2	0.88	−0.000 1	0.54	−0.33
氮气	N_2	1.11	−0.48	0.96	−0.42
一氧化碳	CO	1.10	−0.46	1.9	−0.454
二氧化碳	CO_2	0.45	1.67	−1.27	0.39
二氧化硫	SO_2	0.37	1.05	−0.77	0.21
水蒸气	H_2O	1.79	0.107	0.586	−0.20
甲烷	CH_4	1.2	3.25	0.75	−0.71
乙烯	C_2H_4	1.36	5.58	−3.0	0.63
乙烷	C_2H_6	0.18	5.92	−2.31	0.29

适用范围：250～1 000 K。

工程上，当温度不是很高且变化范围不大时，理想气体的比热可近似当成定值处理，称为定值比热容。按照分子运动论的学说，1 mol 理想气体的热力学能 $u_m = \frac{i}{2}RT$，或质量比热力学能 $u = \frac{i}{2}R_gT$。式中，i 表示分子运动的自由度。因此，可以得出：

$$定容比热容\ c_{v,m} = \frac{du_m}{dT} = \frac{i}{2}R\ 或\ c_v = \frac{du}{dT} = \frac{i}{2}R_g$$

$$定压比热容\ c_{p,m} = c_{v,m} + R = \frac{i+2}{2}R\ 或\ c_p = c_v + R_g = \frac{i+2}{2}R_g$$

$$比热容比\ \gamma = \frac{i+2}{i}$$

对于单原子气体，分子被看成一个简单的质点，在空间上的运动自由度就是 3 个坐标方向上的平移自由度，因此 $i=3$。双原子气体可以看成哑铃状结构，5 个自由度，即 $i=5$。其中，3 个质心平移自由度，2 个线轴转角自由度。多原子气体比双原子气体多 2 个自由度：1 个是绕自身轴线的自旋自由度，还有 1 个是考虑分子内部原子的振动自由度，因此 $i=7$。所以，单原子、双原子和多原子气体的摩尔定容比热容 $c_{v,m}$ 分别等于 $3R/2$、$5R/2$ 和 $7R/2$，摩尔定压比热容 $c_{p,m}$ 分别等于 $5R/2$、$7R/2$ 和 $9R/2$，而比热容比 γ 则分别等于 1.67、1.40 和 1.29。

【例题 3-2】以空气为例，检验一下定值比热的计算精度。已知空气的定压比热约为 1.01 kJ/(kg·K)，折合分子量为 28.97。

【解】空气的主要成分是氮气和氧气，为双原子气体，按照定值比热模型，取自由度 $i=5$。那么

$$c_v = \frac{5}{2}R_g, \; c_p = c_v + R_g = \frac{7}{2}R_g$$

按照空气的折合分子量 $M=28.97$，有

$$R_g = \frac{R}{M} = \frac{8\,314}{28.97} \approx 287[\text{J}/(\text{kg} \cdot \text{K})]$$

所以

$$c_p = \frac{7}{2}R_g = 3.5 \times 287 = 1\,004.5 \approx 1.005[\text{kJ}/(\text{kg} \cdot \text{K})]$$

误差 $\frac{(1.01-1.005)}{1.01} \times 100 < 0.5\%$。可见，某些情况下，定值比热的计算精度还是比较高的。

基于比热的数值可以计算热力过程中系统与外界交换的热量。前文已经指出，系统与外界交换的热量以代数量表示时，约定吸热为正，放热为负。因此，所有热交换量均可称为吸热量。当吸热量为负值时，实际上就是放热。按照比热的定义，所有热量的计算均遵从下式的计算原理：

$$q = \int_{T_1}^{T_2} c\,\mathrm{d}T \tag{3-14}$$

根据比热的计算方法不同，热量的计算方法也有所不同。如果是定值比热，或已知给定温度范围内的平均比热，则积分式(3-14)可以转换成简单的代数式：

$$q = c(T_2 - T_1) \tag{3-15}$$

式中，c 为定值比热或 $T_1 \sim T_2$ 温度范围内的平均比热。

如果比热随温度变化，并且已知真实比热的计算表达式，比如像式(3-13)那样的表达式，按照式(3-14)积分是最基本的方法，可以获取过程中热交换量的准确值。积分方法比较烦琐，因此学术界提出了各种基于平均比热的计算方法，可以简化计算。限于篇幅，本书仅给出常见平均比热的定义如下：

$$\bar{c} \,\big|_0^t = \frac{1}{t} \int_0^t c\,\mathrm{d}t \tag{3-16}$$

按照式(3-16)的定义，$t_1 \sim t_2$ 温度范围内的吸热量可按下式计算：

$$q = \bar{c} \,\big|_0^{t_2} t_2 - \bar{c} \,\big|_0^{t_1} t_1 \tag{3-17}$$

随着数值计算技术的发展，事先编制计算程序，使用时随时可以调用，则积分方法或许是更合理的选择。

三、热力学能和焓的变化量

热力学能和焓的变化量是能量转换过程中重要的物理量，所以掌握它们的计算方法具有重要的理论和实用意义。按照第二章的分析理论可知，对于微元定容过程，有

$$\mathrm{d}u = c_v \mathrm{d}T \tag{3-18}$$

对于微元的定压过程，则有

$$\mathrm{d}h = c_p \mathrm{d}T \tag{3-19}$$

由于理想气体的热力学能和焓值均为温度的单值函数，式(3-18)和(3-19)实际上适用于理想气体的任意过程。

按照式(3-18)和(3-19)进行积分可得任意温度范围内比热力学能和焓的变化量。因此，如果已知 $t_1 \sim t_2$ 区段内的真实比热，比热力学能和焓值变化量可按如下积分表达式计算：

$$\Delta u = \int_{t_1}^{t_2} c_v \mathrm{d}t \tag{3-20}$$

$$\Delta h = \int_{t_1}^{t_2} c_p \mathrm{d}t \tag{3-21}$$

如果比热为定值，或已知 $t_1 \sim t_2$ 区段内的平均比热，则比热力学能和焓值变化量的计算表达式可以改写为

$$\Delta u = c_v (t_2 - t_1) \tag{3-22}$$

$$\Delta h = c_p (t_2 - t_1) \tag{3-23}$$

此处，c_v、c_p 为定值比热或 $t_1 \sim t_2$ 温度范围内的平均比热。

四、熵的变化量计算

熵的数学定义式为 $\mathrm{d}s = \dfrac{\delta q_{re}}{T}$，式中 δq_{re} 为单位物量物质在微元可逆过程中与外界交换的热量，T 为物质的热力学温度，$\mathrm{d}s$ 为比熵的变化量。对于理想气体可逆过程，根据热力学第一定律 $\delta q = \mathrm{d}h - v\mathrm{d}p = c_p \mathrm{d}T - v\mathrm{d}p$ 和理想气体状态方程式 $pv = R_g T$，可得

$$\mathrm{d}s = c_p \frac{\mathrm{d}T}{T} - R_g \frac{\mathrm{d}p}{p} \tag{3-24}$$

结合理想气体状态方程式，上式还可改写成如下的两种形式：

$$\mathrm{d}s = c_v \frac{\mathrm{d}T}{T} + R_g \frac{\mathrm{d}v}{v} \tag{3-25}$$

$$\mathrm{d}s = c_v \frac{\mathrm{d}p}{p} + c_p \frac{\mathrm{d}v}{v} \tag{3-26}$$

式(3-24)积分后可得

$$\Delta s = \int_{T_1}^{T_2} c_p \frac{\mathrm{d}T}{T} - R_g \ln \frac{p_2}{p_1} \tag{3-27}$$

如果温度变化范围不大，可以按照定值比热容进行简化，于是

$$\Delta s = c_p \ln \frac{T_2}{T_1} - R_g \ln \frac{p_2}{p_1} \tag{3-28}$$

在定值比热假设前提下，对式(3-25)和(3-26)积分，可分别得到

$$\Delta s = c_v \ln \frac{T_2}{T_1} + R_g \ln \frac{v_2}{v_1} \qquad (3\text{-}29)$$

$$\Delta s = c_v \ln \frac{p_2}{p_1} + c_p \ln \frac{v_2}{v_1} \qquad (3\text{-}30)$$

式(3-28)—(3-30)虽然是以可逆过程为前提经过分析推导建立的,但适用于定值比热理想气体的任一过程。这是因为熵是一个状态参数,熵的变化量 Δs 完全取决于初态和终态,与经历的过程(或路径)无关。

第二节　相图与水蒸气

相图反映了物质状态变化的共性规律,是理解物质性质参数变化规律的重要基础。水蒸气是工程和生活中的重要物质,掌握水蒸气性质具有重要意义。通过水蒸气性质的学习还可以对其他纯物质性质变化规律的理解起到触类旁通的作用,因为不同的纯物质虽然性质参数各异,但规律有相似性。

一、相图

一般来说,纯物质有三种不同的相态:气相、液相、固相。单相状态的纯物质就是一个简单可压缩系统,具有两个独立的强度性状态参数。如果选择压力和温度分别为纵、横坐标,一个不同的状态就对应压力-温度坐标图中的一点。为叙说简便,常将压力-温度坐标图简称为 $p\text{-}t$ 图。如果两相共存并处于平衡状态,相当于多了个约束条件,自由度就会减少一,也就是独立变量的数目就会减少一个。所以,单相状态的集合可以在 $p\text{-}t$ 图上形成一个片区,而两相共存状态的集合在 $p\text{-}t$ 图上只能形成一条线。下面以气液平衡共存为例,按照分子运动论的学说对这一相平衡约束条件的机理做一简单解释。如图 3-1 所示,两相共存时,液面上活化能比较大的分子将可能逃逸进入气相空间,而气相空间的分子做随机运动时如果触碰液面将可能被液

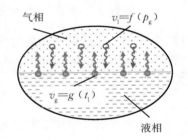

**图 3-1　纯物质气液界面
平衡共存机理分析**

面捕捉而液化。所以,从微观的角度来分析,液化和汽化是同时存在的。假设单位面积界面上分子液化的速度为 v_1,汽化的速度为 v_g,那么两相平衡就意味着 $v_g = v_1$。按照分子运动论的观点,汽化速度取决于液面上满足逃逸活化能条件的分子数密度,也就是取决于液体的温度。所以,汽化速度的一般函数关系为 $v_g = g(t_1)$,而且是随液体温度 t_1 单调上升的函数。同时,分子液化的速度与分子触碰液面的概率成正比,因而与气相压力成正比。所以,液化速度的一般函数关系为 $v_1 = f(p_g)$,而且是随气相压力 p_g 单调上升的函数。按照平衡条件,于是有 $g(t_1) = f(p_g)$,这样就形成了液体温度和气相压力之间的一个约束条件。热力平衡条件下,系统内部的温度和压力是均匀

的，因此气相和液相的温度和压力是相同的，所以纯物质气液平衡时液体温度和气相压力之间的约束条件也就是两相温度和压力之间的约束条件。

类似的道理，如果是三相共存，自由度还要减少一个，因为三相共存相当于是增加了两个约束条件。所以，纯物质三相共存时自由度为零，状态集合仅包含一个点，也就是三相点。或者说，纯物质的三相点是唯一的，与物质所处的地理位置、海拔等其他因素无关。三相点的这一性质为标准温度计的生产提供了比较标准。

自由度的计算也可以套用吉布斯相律。1875年，吉布斯在状态公理的基础上导出了著名的相律，称为吉布斯相律，即

$$f = C - \varphi + 2 \tag{3-31}$$

式中，f 为独立强度量的数目，即自由度；C 为组元数，对于纯物质，$C=1$；φ 为平衡相数。

按照上面的分析，不难理解，纯物质状态的 $p\text{-}t$ 图应该有三个相区、三条两相共存线或分界线、一个三相点，如图 3-2 所示。这三个相区分别是气相区、液相区和固相区。因此，纯物质状态的 $p\text{-}t$ 图也常称为相图。这三条两相共存线分别是气固分界线、液固分界线和气液分界线。图中的 A 点便是三相点，即三相共存的点。如果压力低于三相点的压力，在定压的条件下冷却气态物质，当温度降低至气固分界线所对应的温度时，将出现凝华现象，即气体物质直接转变为固体物质；反之，在定压条件下对固态物质加热，当温度升高至气固分界线所对应的温度时，将出现升华现象，即固态物质直接转变为气态物质。所以，气固分界线又可称为升华线或凝华线。如果压力高于三相点的压力，在定压条件下对固体物质加热至温度等于液固分界线所对应的温度时，固体将融化；反之，在定压条件下对液体物质冷却至温度等于液固分界线所对应的温度时，液体将凝固。所以，液固分界线又可称为融化线或凝固线。在压力高于三相点压力的定压条件下，如果对液态物质加热，使其温度升高至气液分界线所对应的温度时，液体将汽化；反之，如果冷却气态物质，使其温度降低至气液分界线所对应的温度时，气态物质将液化。因而，气液分界线又可称为汽化线或液化线。工程上，习惯将汽化线或液化线称为饱和线。图 3-2 显示了两种不同类型的三相图，也就是 $p\text{-}t$ 图。图 3-2(a)代表了液体凝固时体积膨胀的物质类型，比如水结冰时体积就会膨胀。图 3-2(b)代表了液体凝固时体积缩小的物质类型。(a)类型物质在液固分界线附近的一个重要特点是：提高固体压力可能使之液化，而降低液体压力则可能使之固化。溜冰场正是利用了水的这一特点，既可实现冰刀与冰面之间的良好润滑作用，又可自动修复冰面的平整性。冰面上，当冰鞋划过时，冰刀产生的压强使冰液化，充当润滑剂作用，降低摩擦阻力。当冰刀划过后，压力降低，液态的水又自动凝固，恢复冰面的平整性。

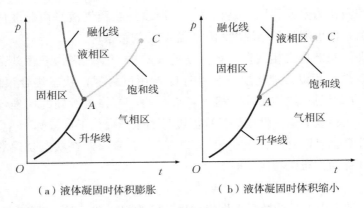

（a）液体凝固时体积膨胀   （b）液体凝固时体积缩小

图 3-2   两种不同类型的三相图

二、水蒸气

为便于理解水蒸气的性质，首先分析水蒸气的定压发生过程特征是有益的。从形象直观的角度出发，设想如图 3-3 所示的水蒸气定压发生装置。其中，气缸与活塞组成了一个密闭空间，其内盛有纯物质水。活塞上面的 W 代表一个固定的重物。假设活塞与气缸之间无摩擦，并忽略工质内部的静压强差，则不管是加热还是冷却过程，气缸内的工质水总是处于定压条件下。在定压条件下，通过加热使水汽化，就可以实现水蒸气的定压发生过程。假定气缸内的工质最初为纯液态水，水的温度比较低，即便加入一定的热量，仍可以保持液态，则说明这时候水的状态未达到汽化的条件，称为未饱和水状态。接下来设想的定压加热实验中，假设过程无限缓慢，而且气缸与外界之间采取了充分的隔热措施，使得系统经历的是一个准静态过程，系统内部始终无限接近平衡状态。从未饱和状态开始加热，水的温度将上升，比体积亦有所增加。因为液体的膨胀性比较小，所以加热过程中未饱和水比体积的增加不是很大。如果持续

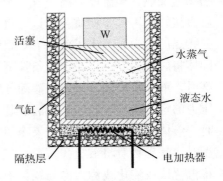

图 3-3   水蒸气定压发生装置示意图

加热直至气缸内的水开始汽化，这时候水的状态称之为饱和水状态。饱和水状态下，再继续加热，一部分饱和水则变成蒸汽，汽液两相共存。汽液两相共存的状态下，加热过程的温度保持不变，这是因为汽液两相平衡共存时只有一个自由度，压力不变的条件下温度就不可能再变化，正如相图中饱和线的单值性特性所示。这种状态下的水蒸气和液体水分别属于饱和水和饱和蒸汽。饱和水和饱和蒸汽的混合物也可以称为湿蒸汽。湿蒸汽状态下继续加热，直至最后一滴水刚刚汽化完，则为干饱和蒸汽状态。干饱和蒸汽已经不再是两相共存状态，如果再继续加热，温度会升高，成为过热蒸汽。

按照上述定压发生过程特征，可以在 p-v 图上定性地绘出一条定压过程曲线，如图 3-4 中的 a_0-a'-a''-a。其中，a_0 是未饱和水状态，a' 是饱和水状态，a'' 是干饱和蒸汽状态，a 是过热蒸汽状态，a'-a'' 之间是湿蒸汽状态。如果改变压力重复定压发生过程试验，可以获得不同的定压过程曲线，如 b_0-b'-b''-b、c_0-c'-c''-c。随着压力升高，饱和温度亦升高。由于液体的可压缩性小，蒸汽的可压缩性大，压力对蒸汽比体积影响大，对液体比体积的影响很小。但是，液体的热膨胀性效应比压缩性效应大，尤其是高温下的热膨胀性更大。因此，随着压力的升高，饱

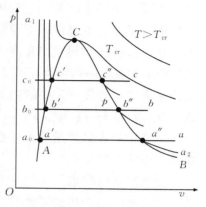

图 3-4　水蒸气 p-v 示意图

和水状态点 a'、b' 和 c' 的比体积逐渐增大，饱和蒸汽状态点 a''、b'' 和 c'' 的比体积逐渐减小。当压力升高至 22.064 MPa 时，$T_s = 373.99$ ℃、$v' = v'' = 0.003\ 16$ m³/kg，如图中 C 点所示。此时，饱和水和干饱和蒸汽已经不再有区别，该点为水的临界点，其压力、温度和比体积分别称为临界压力、临界温度和临界比体积，用 p_{cr}、T_{cr} 和 v_{cr} 表示。如果将饱和水状态点连起来，则连线如 A-C 线所示，称为饱和水线。如果将干饱和蒸汽状态点连起来，则连成的线如 B-C 所示，称为干饱和蒸汽线。饱和水线与干饱和蒸汽线在临界点 C 处汇合。上述定性规律不仅适用于水，也适用于许多其他纯物质。

如果在 p-v 图上绘出等温线，在未饱和区，随着压力的降低，水的比体积略有增加，如 a_1-a' 所示。在湿蒸汽区，压力不变，温度亦不变，等温线与等压线重合，如 a'-a'' 所示。在过热蒸汽区，压力下降，比体积增加，如 a''-a_2 所示。温度升高，等温线位置发生移动，但基本规律是类似的。当温度升高至临界温度时，则等温线中的水平段消失，但在临界点处的切线仍然为水平的，该点是曲线中的一个拐点，如图中 T_{cr} 线所示。温度高于临界温度时，随着温度的升高，等温线逐渐接近双曲线规律，说明物质的性质越来越接近理想气体性质。因此，在临界温度以上，物质始终是气体状态，不管对物质进行什么样的压缩，均不能将其液化。

在能量转换过程的定性规律分析中，温-熵（T-s）图是一个非常有用的辅助工具，其示意图如图 3-5 所示。图中，a_0-a'-a''-a、b_0-b'-b''-b、c_0-c'-c''-c 是定压线，A-C 为饱和液体线，B-C 为饱和蒸汽线，与图 3-4 中的符号是一致的。还需要说明的是，图 3-5 是一个示意图，与实际性质不成比例，尤其是实际上的未饱和水定压线段 a_0-a'、b_0-b'、c_0-c' 与饱和液体线（A-C）没有示意图中看起来的差距那么大，两者几乎贴近。但是为了区分，示意图中特意增加了差距。为什么温-熵图上未饱和水定压线几乎和饱和液体线重合？原因是液体的可压缩性很小，同温度下，液态水的内能、焓、熵几乎不受压力的影响。

按照熵的定义式，可逆过程中的吸热量可以按照积分式 $q = \int T\mathrm{d}s$ 进行计算。所

以，单位物量的水在某一过程中所吸收的热量就可以用 T-s 图上该过程线下面的面积来表示。比如，从饱和水 b' 加热至饱和蒸汽 b'' 的过程中，单位物量的水吸收的热量就可以用矩形 $b'_sb'b''b''_s$ 的面积来表示，如图 3-5 中的阴影面积所示。类似地，定压加热过程 a_0-a'-a''-a、b_0-b'-b''-b 或 c_0-c'-c''-c 中吸收的热量均可分别用这些定压过程曲线下面的面积来表示。

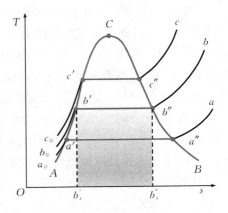

图 3-5　水蒸气 T-s 示意图

湿蒸汽是饱和水与干饱和蒸汽的混合物，混合比例不同，则物质的平均比体积、比内能、比焓和比熵也不相同。反映饱和水与干饱和蒸汽混合比例的性质参数是湿蒸汽干度，定义为

$$x = \frac{m_v}{m_w + m_v} \tag{3-32}$$

式中，m_v 为湿蒸汽中的蒸汽质量，m_w 为湿蒸汽中的液态水质量。利用湿蒸汽干度计算物质的平均比体积、比内能、比焓和比熵的公式如下：

$$v = xv'' + (1-x)v' \tag{3-33}$$

$$u = xu'' + (1-x)u' \tag{3-34}$$

$$h = xh'' + (1-x)h' \tag{3-35}$$

$$s = xs'' + (1-x)s' \tag{3-36}$$

式中，v'、u'、h'、s' 分别代表饱和液体的比体积、比内能、比焓和比熵，而 v''、u''、h''、s'' 代表干饱和蒸汽的比体积、比内能、比焓和比熵。

水蒸气的性质参数需要借助实验确定。由于工质水的应用领域很广，其性质参数的实验数据已经比较完备，这些数据通常列成数据表或图，以供工程计算使用。

水蒸气表分为饱和水和干饱和蒸汽热力性质表、未饱和水和过热蒸汽热力性质表两种。饱和水和干饱和蒸汽热力性质表又可以分为两种，一种是按温度排列的，见附表 6，依次列出不同温度对应的饱和压力 p_s，饱和水的比体积 v'、比焓 h' 和比熵 s'，干饱和蒸汽的比体积 v''、比焓 h'' 和比熵 s''，以及汽化潜热 r；另一种是按照压力排列的，见附表 7，依次列出不同压力对应的饱和温度 T_s，饱和水的比体积 v'、比焓 h' 和比熵 s'，干饱和蒸汽的比体积 v''、比焓 h'' 和比熵 s''，以及汽化潜热 r。热力学能则按照 $u = h - pv$ 计算得到，因此表中未列出。

未饱和水和过热蒸汽热力性质表以压力和温度为独立状态参数，见附表 8，表中列出未饱和水和过热蒸汽的 v、h 和 s，同样依据 $u = h - pv$ 计算得到比热力学能。

【例题 3-3】已知水的压力 $p = 1$ MPa，试确定当温度分别为 $t = 100$ ℃和 200 ℃时，各处于哪种相态，各自的比焓 h 是多少。

【解】查附表 6，用插值法计算可得压力 $p = 1$ MPa 时，饱和温度 $t_s = 179.916$ ℃。

所以，当温度 $t = 100$ ℃ 时，$t < t_s$，为未饱和水；当 $t = 200$ ℃时，$t > t_s$，为过热蒸汽。

查附表 8，可得

当压力 $p = 1$ MPa，温度 $t = 100$ ℃时，$h = 419.74$ kJ/kg；

当压力 $p = 1$ MPa，温度 $t = 200$ ℃时，$h = 2\,827.3$ kJ/kg。

【例题 3-4】 已知 $t = 250$ ℃，5 kg 蒸汽占有 0.15 m³的容积，试问：蒸汽所处状态是什么？h 为多少？

【解】 按照题目给定条件可以求得比体积：

$$v = 0.15/5 = 0.03 (\text{m}^3/\text{kg})$$

按照 $t = 250$ ℃查附表 6 可得：

饱和水比容 $v' = 0.001\,25$ m³/kg

饱和干蒸汽比容 $v'' = 0.050\,01$ m³/kg

因为 $v' < v < v''$，所以蒸汽处于湿饱和蒸汽状态。按照式(3-33)可得湿蒸汽干度：

$$x = (v - v')/(v'' - v') = (0.03 - 0.001\,25)/(0.050\,01 - 0.001\,25) = 0.59$$

再按照 $t = 250$ ℃查附表 6 可得

饱和水比焓 $h' = 1\,085.3$ kJ/kg

饱和干蒸汽比焓 $h'' = 2\,800.66$ kJ/kg

所以，

$$h = xh'' + (1-x)h' = 0.59 \times 2\,800.66 + 0.41 \times 1\,085.3 = 2\,097.36 (\text{kJ/kg})$$

应该注意，借助 $T\text{-}s$ 图和 $p\text{-}v$ 图进行热力过程的定量分析并不方便。由开口系统稳态稳流能量方程式可知：定压过程的吸热量等于工质的进出口焓差，绝热过程的技术功也等于工质的进出口焓差。同时，在蒸汽动力循环中，工质水经历的过程常可近似看成是定压过程或绝热过程。比如，水在锅炉中的加热过程、水蒸气在冷凝器中的冷凝过程均可以近似看作等压过程，水蒸气在汽轮机内的膨胀过程、水在水泵内的加压过程均可以近似看作绝热过程。所以，进行热力循环的定量分析时，采用 $h\text{-}s$ 图更方便。水蒸气的 $h\text{-}s$ 图也称莫里尔图，是由德国人莫里尔在 1904 年提出的。

水蒸气的 $h\text{-}s$ 示意图如图 3-6 所示。图中 $x = 1$ 对应的界线上方是过热蒸汽区，下方是湿饱和蒸汽区。湿饱和蒸汽区有定压线、定温线和定干度线，其中定干度线为曲线，如图中标记 x_1、x_2、x_n 所示。湿蒸汽区，定压线与定温线重合，为斜直线。在过热蒸汽区，不仅绘有定压线、定温线，还绘有定容线，分别如标记 p_1、p_2、p_n、t_1、t_2、t_n 和

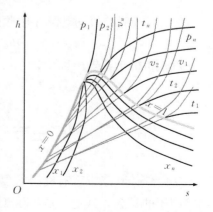

图 3-6 水蒸气 $h\text{-}s$ 示意图

v_1、v_2、v_n 所示。

下面基于热力学原理对 h-s 图中的一些定值线趋势做一简单分析解释。由热力学第一定律解析式 $T\mathrm{d}s = \mathrm{d}h - v\mathrm{d}p$ 可得

$$\left(\frac{\partial h}{\partial s}\right)_n = T + v\left(\frac{\partial p}{\partial s}\right)_n \tag{3-37}$$

对于定压过程，$\left(\dfrac{\partial p}{\partial s}\right)_n = 0$，所以定压线斜率为 $\left(\dfrac{\partial h}{\partial s}\right)_n = T$。因此，在过热蒸汽区，定压线为曲线，而且随着温度的升高，定压线越来越陡。在湿饱和蒸汽区，由于定压过程也是定温过程，T 不变，定压线斜率为常数。所以，湿蒸汽区的定压线均为斜直线。在 $x = 1$ 的界线处，定压曲线和定压直线的斜率相等，因此定压直线为定压曲线的切线。在过热蒸汽区，如果温度不变，随着压力的降低，过热度不断增加，水蒸气逐渐接近理想气体性质。理想气体比焓是温度的单值函数，因此，随着过热度的增加，等温线渐趋水平。

【例题 3-5】稳定工况下，压力为 15 bar、干度为 0.95 的湿蒸汽进入过热器，在定压条件下被加热至 450 ℃，然后进入汽轮机经历可逆绝热膨胀至 0.16 bar。设水蒸气的进出口动能和位能变化量均可忽略不计，试求单位质量的水蒸气在过热器内的吸热量以及汽轮机的理论输出轴功。

【解】水蒸气经历的热力过程如图 3-7 所示，其中 1-2 对应过热器中的加热过程，2-3 对应汽轮机中的膨胀过程。查附表 5 得

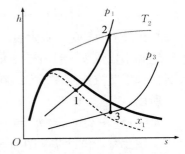

图 3-7　h-s 图上水蒸气的定压加热与可逆绝热膨胀过程

$$h_1 = 2\,694 \text{ kJ/kg}$$
$$h_2 = 3\,356 \text{ kJ/kg}$$
$$h_3 = 2\,422 \text{ kJ/kg}$$

因此，水蒸气在过热器中吸收的热量为

$$q = h_2 - h_1 = 3\,356 - 2\,694 = 662\,(\text{kJ/kg})$$

汽轮机的理论输出轴功为

$$w_s = h_2 - h_3 = 3\,356 - 2\,422 = 934\,(\text{kJ/kg})$$

第三节　实际气体状态方程式

实际气体状态方程有时是很复杂的。为了简化描述方式，寻找规律，人们引入了压缩因子的概念，其定义是实际气体比体积与理想气体比体积之比，记为 Z，即

$$Z = \frac{v}{v_{\mathrm{id}}} \tag{3-38}$$

式中，v、v_{id} 分别为实际气体和理想气体比体积。鉴于 $v_{id} = RT/p$，式(3-38)又可表示成

$$Z = \frac{pv}{R_g T} = \frac{pV_m}{RT} \tag{3-39}$$

对于理想气体，因为 $pv = R_g T$，$Z = 1$。实际气体的 Z 值可以大于1，也可以小于1。Z 值的大小与气体种类有关，并且随着压力和温度而变化，因此，Z 是状态的函数。临界点的压缩因子 $Z_c = \dfrac{p_c v_c}{R_g T_c}$ 称为临界压缩因子。Z 值偏离1的大小，反映了实际气体偏离理想气体的程度。产生这种偏离的原因是理想气体忽略了分子间的非接触作用力(引力和斥力)和气体分子本身所占的体积。在较低的压力范围内，当气体被压缩，分子间平均距离缩短，分子间引力的影响增大，气体的比体积比不考虑引力作用时小。此时，压缩因子 Z 值小于1，且随着压力的增加而减小。随着压力的进一步增大，分子间的距离也进一步减小，分子间的斥力影响逐渐增大，同时分子本身占有的体积不容忽视。因此，超过某一压力时，气体的 Z 值将大于1，且随着压力的增大而增大。如

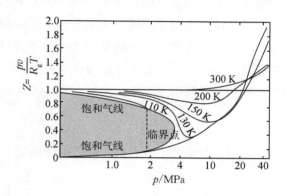

图 3-8　氮气压缩因子图

图 3-8 所示的氮气压缩因子图就是一个典型的示例。

压缩因子也可以展开成幂级数的形式。1901 年，奥尼斯提出的幂级数形式为

$$Z = \frac{pv}{R_g T} = 1 + \frac{B}{v} + \frac{C}{v^2} + \frac{D}{v^3} + \cdots \tag{3-40}$$

这种形式的方程称为维里方程，式中的 B、C、D…… 分别称为第二、第三、第四……维里系数。维里方程也可以用压力的幂级数来表示：

$$Z = \frac{pv}{R_g T} = 1 + B'p + C'p^2 + D'p^3 + \cdots \tag{3-41}$$

上式中，B'、C'、D'…… 也称为维里系数。两组维里系数存在一定的换算关系。如果已知维里系数，便可方便地计算出压缩因子，也就可以方便地确定状态参数之间的关系。

通常，纯物质均属于简单可压缩系统，有两个独立的变量。所以，Z 也是两个独立变量的函数，这两个独立变量可以选择 p、v、T 中任意两个。式(3-40)中显式地展开成 $1/v$ 的幂函数，那就意味着 B、C、D…… 也可能是 p 或 T 的函数。同理，B'、C'、D'…… 也可能是 v 或 T 的函数。维里方程(3-40)中，v 也可以用 V_m 代替，不过维里系数会发生变化。使用维里方程式时，应该注意维里系数对应的维里方程形式。如果不

一致，维里系数需要换算。

为了得出实际气体精确的状态方程式，研究者们得出成百上千个不同形式的方程，至今仍在不断地探索和改进。这些方程中，通常准确度较高的适用范围较小，通用性强的则准确度差。范德瓦尔方程是各种实际气体的状态方程式中常用的一种。

1873 年范德瓦尔针对理想气体模型的两个假定，考虑了分子自身占有的体积和分子间的相互作用力，对理想气体状态方程进行了修正。分子自身占有的体积使其自由活动空间减小。在相同温度下，分子撞击容器壁的频率增加，因而压力相应增大。如果用 $V_m - b$ 表示每摩尔气体分子自由活动的空间，参照理想气体状态方程，气体压力应为 $p = RT/(V_m - b)$。另外，分子间的相互吸引力使分子撞击容器壁面的力量减弱，从而使气体压力减小。压力减小量与一定体积内的分子数成正比，又与吸引它们的分子数成正比，这两个分子数都与气体的密度成正比。因此，压力减小量应与密度的平方成正比，也就是与摩尔体积的平方成反比，用 a/V_m^2 表示。于是，在考虑了分子自身的体积和分子间的相互作用力后，气体的压力为

$$p = \frac{RT}{V_m - b} - \frac{a}{V_m^2} \text{ 或} \left(p + \frac{a}{V_m^2} \right)(V_m - b) = RT \quad (3\text{-}42)$$

这就是范德瓦尔方程式。对于单位质量的气体，上式也可写成

$$p = \frac{R_g T}{v - b} - \frac{a}{v^2} \quad (3\text{-}43)$$

式(3-42)和(3-43)中的常数 a、b 是不相同的，要注意换算。

范德瓦尔方程式中的常数 a、b 需要通过数值拟合确定，确保临界点参数与实测参数一致。并且，在临界点处等温线的一阶导数和二阶导数均为零，即 $\left(\frac{\partial p}{\partial v} \right)_{T_c} = 0$ 和 $\left(\frac{\partial^2 p}{\partial v^2} \right)_{T_c} = 0$，符合临界等温线在临界点的特性。按照上述拟合规则，可以获得范德瓦尔常数及临界点比体积为

$$a = \frac{27 (RT_c)^2}{64 \, p_c}, \ b = \frac{RT_c}{8 \, p_c}, \ v_c = 3b \quad (3\text{-}44)$$

部分气体的临界参数和范德瓦尔常数列于表 3-2 中。

表 3-2　临界参数和范德瓦尔常数

物质	T_c /K	p_c /MPa	$V_{m,c} \times 10^3$ /(m³·mol⁻¹)	$Z_c = \frac{p_c V_{m,c}}{RT_c}$	a /(m⁶·Pa·mol⁻²)	$b \times 10^{-3}$ /(m³·mol⁻¹)
空气	132.5	3.77	0.088 3	0.302	0.135 8	0.036 4
一氧化碳	133.0	3.50	0.093 0	0.294	0.146 3	0.039 4
正丁烷	425.2	3.80	0.254 7	0.274	1.380 0	0.119 6
氟利昂 12	384.7	4.01	0.217 9	0.273	1.078 0	0.099 8

续表

物质	T_c /K	p_c /MPa	$V_{m,c} \times 10^3$ /$(m^3 \cdot mol^{-1})$	$Z_c = \dfrac{p_c V_{m,c}}{RT_c}$	a /$(m^6 \cdot Pa \cdot mol^{-2})$	$b \times 10^{-3}$ /$(m^3 \cdot mol^{-1})$
甲烷	191.1	4.64	0.099 3	0.290	0.228 5	0.042 7
氮气	126.2	3.39	0.089 9	0.291	0.136 1	0.038 5
乙烷	305.5	4.88	0.148 0	0.284	0.557 5	0.065 0
丙烷	370.0	4.26	0.199 8	0.277	0.931 5	0.090 0
二氧化硫	430.7	7.88	0.121 7	0.268	0.683 7	0.056 8

范德瓦尔方程式的准确性究竟如何？以 CO_2 为例进行数据对比分析。根据实验数据，CO_2 的临界温度和压力分别为 $T_c = 304.2$ K，$p_c = 73.869\ 6$ bar，按式（3-44）计算得 $a = 188.605\ 2$ bar·m^6/kg^2，$b = 0.000\ 972$ m^3/kg，$v_c = 0.002\ 916$ m^3/kg。实测值 $v_c = 0.002\ 138\ 58$ m^3/kg，计算值与实测值之间存在比较大的误差。为了进一步对比范德瓦尔方程式的计算结果与实际性质，压力变化范围选择为 $5 \sim 120$ bar，比体积变化范围选择为 $0.001 \sim 0.0137$ m^3/kg。同时，选择 7 个不同的温度，273.16 K、286 K、294.5 K、304 K、313 K、323 K 和 350 K。然后按照式（3-43）进

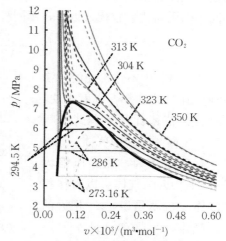

图 3-9　CO_2 实际数据与范德瓦尔
计算数据对比

行计算，计算结果经单位转换后绘制成 p-v 图上的等温线，如图 3-9 中的虚线所示。图中同时给出了按照从 NIST（National Institute of Standards and Technology）[①] 网站获取的 CO_2 数据绘制的等温线，以实线表示。对比发现，湿蒸汽区误差较大，过热蒸汽区和液体区总体趋势比较接近。同时还可以看出，在过热蒸汽区，随着压力的降低和温度的升高，摩尔体积增大，实测值与范德瓦尔方程计算值的差别减小。这是因为实际气体的性质更接近理想气体性质，范德瓦尔方程式也更接近理想气体方程。如果将计算范围进一步扩大，有可能出现负的压力计算值，实际上是不可能的，说明范德瓦尔方程式的局限性也很大。

尽管范德瓦尔方程式并不是很准确，但又有其合理性，特别是它能在一定程度上定性地反映出物质气-液相变的特征。而且，范德瓦尔方程的引出，是从理论分析出发导出气体状态方程的一个典型例子，为用理论方法研究状态方程式提供了重要的启示。

———————

① 网址为 https://www.nist.gov/

对比态方程是研究实际气体状态方程的另一种常见方法。其中，对比态参数的定义是

$$T_r = \frac{T}{T_c}, \quad p_r = \frac{p}{p_c}, \quad v_r = \frac{v}{v_c} \tag{3-45}$$

式中，T_r、p_r、v_r 分别称为对比温度、对比压力、对比比体积。引入对比参数后，状态方程式的一般形式可以表示为

$$F(T_r, \; p_r, \; v_r) = 0 \tag{3-46}$$

有实验数据分析表明，在接近各自临界点的位置，各种物质的热力性质存在一定的相似性，称为热力学相似。如果若干种不同的气体可以用同一个对比态方程式表示，则这些气体为相似气体。比如，所有符合范德瓦尔方程式的气体，虽然常数 a、b 可能不同，但用对比参数代入以后，不同种类气体的状态方程式转变成同一个方程：

$$\left(p_r + \frac{3}{V_r^2}\right)(3v_r - 1) = 8T_r \tag{3-47}$$

式(3-47)中不包含任何与物质种类有关的常数。也就是说，所有符合范德瓦尔方程式的气体均属于同一类相似气体。

有理论认为，临界压缩因子 Z_c 值相近的气体可以看作相似气体。也就是说，Z_c 相近的一切气体，只要它们的 p_r、T_r 彼此相等，则其压缩因子 Z 基本相同。曾经有人用多种 Z_c 相近的气体做实验，将所得结果的平均值绘制成以 T_r 为参变数，以 p_r 为横坐标的压缩因子线图，如图 3-10 所示，称为通用压缩因子图。通用压缩因子图中取 $Z_c = 0.27$，实际气体临界压缩因子一般分布在 $0.23 \sim 0.33$ 之间。所以，实际计算中

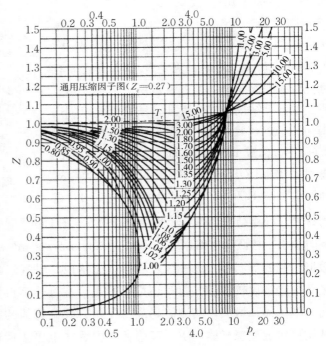

图 3-10　通用压缩因子图

会有一定误差，并且因气体种类不同有不同的误差。

【例题 3-6】 容积 $0.015 \; m^3$ 的钢瓶内乙烷压力 13.8 MPa，温度 62 ℃。试求：(1)瓶内乙烷质量；(2)瓶内压力升到 20.7 MPa 时的乙烷温度。已知乙烷临界参数和气体常数分别为：$T_c = 305.4 \; K$，$p_c = 48.2 \; atm$，$R_g = 0.189 \; kJ/(kg \cdot K)$。

【解】(1)丙烷的对比态参数为

$$p_r = \frac{p}{p_c} = \frac{13.8 \times 10}{48.2 \times 1.013\,25} = 2.826$$

$$T_r = \frac{T}{T_c} = \frac{62 + 273.15}{305.4} = 1.097$$

查询通用压缩因子图可得压缩因子

$$Z = 0.445$$

进而可求得质量

$$m = \frac{pV}{Z R_g T} = \frac{13.8 \times 10^6 \times 0.015 \times 30}{0.445 \times 8\,314 \times (62 + 273)} = 5.01(\text{kg})$$

（2）当钢瓶内压力升到 20.7 MPa 后

$$p_r = \frac{p}{p_c} = \frac{20.7}{48.2 \times 0.101\,3} = 4.24$$

由 $T_r = T / T_c$，可推得 $T = T_c T_r = 305.4\,T_r$。因此，压缩因子

$$Z = \frac{pV}{m R_g T} = \frac{20.7 \times 10^6 \times 0.015 \times 30}{5.01 \times 8\,314 \times 305.4 \times T_r} = \frac{0.732}{T_r}$$

用试差法，设 $T_r = 1.2$，查通用压缩因子图得 $Z = 0.625$，再代入上式求得

$$T_r = 1.17$$

T_r 的估计算误差为 $(1.2 - 1.17)/1.2 = 2.5\%$，两者十分接近，故瓶内乙烷温度近似为

$$T = T_c T_r = 305.4 \times 1.17 = 357.3(\text{K}) = 84.15(℃)$$

思考题

1. 摩尔体积是否因气体的种类而异？是否因所处状态不同而异？理想气体任意状态下摩尔体积是否都是 0.022\,414 m^3/mol？

2. 容器内盛有一定状态的理想气体，如果将气体放出一部分后恢复了新的平衡状态，问放气前、后两个平衡状态之间的参数关系能否按状态方程表示如下？

① $\dfrac{p_1 v_1}{T_1} = \dfrac{p_2 v_2}{T_2}$；

② $\dfrac{p_1 V_1}{T_1} = \dfrac{p_2 V_2}{T_2}$。

3. 纯物质气体有两个独立的参数，u（或 h）可以表示为 p 和 v 的函数，即 $u = f(p, v)$。但又有结论，理想气体的热力学能（或焓）只取决于温度。这两点是否矛盾？为什么？

4. 迈耶公式 $c_p - c_v = R_g$ 是否适用于动力工程中的高压水蒸气？是否适用于地球大气中的水蒸气？

5. 理想气体的定压比热容 c_p 和定容比热容 c_v 之比是否在任何温度下都等于一个常数？

6. 有人认为，理想气体的熵变化量计算公式，如 $ds = c_p \dfrac{dT}{T} - R_g \dfrac{dp}{p}$ 是从可逆过程推导出来的，因此只能用于计算理想气体可逆过程的熵变化量。这个说法是否正确？为什么？

7. 某氢气特性表显示，氢气在 0.1 bar、30 K 和 1 bar、75 K 两状态下的密度分别是 0.160 4 kg/m³ 和 0.640 7 kg/m³，这些数值与理想气体状态方程是否相符？

8. 理想气体状态方程、范德瓦尔方程、维里方程、对比态方程各有什么特点？它们之间有何区别？

9. 请判断以下说法是否正确，并说明理由：

(1) $t < t_{tp}$（三相点温度）时，不存在水的液相；

(2) $t = 0\ ℃$ 时，存在水的两相区；

(3) $t > 400\ ℃$ 时，不再存在水的液相；

(4) $v > 0.004\ m^3/kg$ 时，不再存在水的液相。

10. 只要是定压过程，$dh = c_p dT$ 对任何工质都适用。如果将此式应用于水蒸气的定压发生过程，由于汽化时 $dT = 0$ 而得到 $dh = 0$ 的结论。这一推论是错误的，试分析原因。

11. 二氧化碳在温度 280 K 时可具有几种相态？请给出每种相态的压力范围。

12. 在常温下对氢气进行压缩，能够使它液化吗？为什么？

练习题

1. 1 m³ 的容器里充满某种理想气体，气体温度为 20 ℃、压力为 100 kPa。试求：当气体分别是(1)空气、(2)氢气、(3)二氧化碳时，容器内气体的质量。

2. 一柴油机采用压缩空气启动，所用压缩空气瓶的容积为 $V = 0.3\ m^3$。柴油机启动前，瓶内空气状态为 $p_1 = 9\ MPa$、$T_1 = 313\ K$。启动过程结束后，瓶中空气状态为 $p_2 = 6\ MPa$、$T_2 = 300\ K$。求柴油机启动过程所消耗的压缩空气质量。

3. 一个刚性密闭容器内，某理想气体的温度为 10 ℃、压力为 120 kPa。如果气体从外界吸热，使温度上升到 30 ℃，求此时气体的压力。

4. 利用压缩氢气给一气球充气。设氢气瓶容积为 0.05 m³，氢气压力 10 MPa、温度 300 K。当气瓶内压力下降至 105 kPa 时，气球和气瓶压力正好达到平衡，此时停止充气过程。假设充气结束后气球和气瓶内氢气温度相同，均为 300 K，求气球体积。

5. 空气压缩机每分钟从大气中吸入温度为 17 ℃、压力等于当地大气压力 760 mmHg 的空气 0.2 m³，充入体积为 1 m³ 的储气罐中。储气罐中原有空气的温度为 27 ℃，表压力为 20 kPa。问经过多长时间储气罐内气体压力才能提高到 0.5 MPa，温度为 60 ℃？

6. 电厂有三台锅炉合用一个烟囱，每台锅炉每秒产生标准状态下的废气 80 m³，烟囱出口处废气温度 90 ℃，压力近似为大气压力，平均流速 24 m/s。假设烟气可近似按照理想气体空气对待，求烟囱的出口直径。

7. 常压下，空气从 100 ℃ 变化至 1 000 ℃。试采用(1)定值比热容、(2)平均比热容直线、(3)平均比热容表，分别计算过程中空气比热力学能和比焓的变化量。

8. 依据下列假设，求温度从 600 K 上升至 1 200 K 后二氧化碳比热力学能和比焓的变化量。

(1)定容比热容取定值；

(2)定容比热容按照真实比热多项式计算。

9. 已知某理想气体的定容比热容 c_v 可用绝对温度 T 表示为 $c_v = a + bT + cT^2$，其中 a、b 和 c 为常数，试导出该理想气体比热力学能、比焓和比熵变化量的计算公式。

10. 5 kg 的空气从初始状态 120 kPa、327 ℃ 经定压过程，温度降低到 27 ℃，求：(1)空气热力学能和焓的变化量；(2)空气放出的热量；(3)空气熵的变化量。

11. 2 kg 氦气经过定压加热过程从 67 ℃ 升高到 237 ℃，接着又经过定容过程降低至 27 ℃，按照定值比热容计算两个过程的热交换量？

12. 10 kg 氮气的初始状态为 $p_1 = 0.6$ MPa、$T_1 = 600$ K，经历一个热力学能不变的过程膨胀到体积 $V_2 = 3V_1$，氮气可作为理想气体，且比热容可视为定值，求终温 T_2、终压 p_2 及总熵变 ΔS。

13. 1 kg 某理想气体从相同的初态出发，分别经历定容和定压加热两个过程，吸收相同的热量，试比较两过程的终态温度和熵变量大小。

14. 绝热刚性容器中有一个隔板将其分为体积相等的两部分，左侧有温度 300 K、压力 1.0 MPa 的高压空气 3 kg，右侧为真空。若忽略隔板厚度，求抽出隔板后容器中空气的总熵变。

15. 一个刚性绝热的容器分隔为左、右两部分，容积分别为 $V_1 = 0.3$ m³ 和 $V_2 = 0.5$ m³。左侧填充空气状态为 $T_1 = 400$ K、$p_1 = 0.12$ MPa，右侧填充空气状态为 $T_2 = 300$ K、$p_2 = 0.65$ MPa。设空气比热容为定值，求移去隔板且充分混合后容器内的温度和压力。

16. 已知水的压力为 0.5 MPa、比体积为 0.20 m³/kg，(1)判断其处于哪个相态；(2)求出其温度、比焓、比熵。

17. 如图 3-11 所示，刚性容器 A 中装有一氧化碳 0.2 kg，压力为 0.07 MPa，温度为 77 ℃；刚性容器 B 中装有一氧化碳 8 kg，压力为 0.12 MPa，温度为 27 ℃。A 和 B 之间用管道和阀门相连。现打开阀门，使一氧化碳由 B 流向 A，直至两容器之间建立热力平衡。设一氧化碳为理想气体，气体常数 $R_{g, CO} = 297$ J/(kg·K)，定容比热容 $c_v = 0.745$ kJ/(kg·K)，若平衡时气体的温度为 42 ℃，试求：(1)平衡时的终压力 p_2；(2)过程的吸热量 Q。

18. 已知水的初始状态为 1 MPa、170 ℃，现对其进行定压加热，(1)若加热量为 1 500 kJ/kg，此时处于哪个相态？如果是湿蒸汽状态，求出其干度；如果是过热蒸汽状态，求出其温度。(2)若加热量为 2 200 kJ/kg，情况又如何?

19. 某核电厂蒸汽发生器内产生的蒸汽压力为 6.53 MPa，干度为 0.995 6，流量为 608.47 kg/s。试求：(1)蒸汽的焓；(2)若要求蒸汽管内流速不大于 20 m/s，蒸汽管的内径。

20. 压力为 1.0 MPa 的干饱和水蒸气，经历一个定温放热过程，放热量为 550 kJ/kg。求水的终态参数(t、h''、v'')和过程的容积变化功。

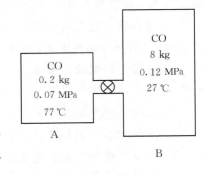

图 3-11　习题 17 附图

21. 某汽水混合式热水器将 $p_1 = 95$ kPa、$x_1 = 0.90$ 的湿蒸汽与 $t_2 = 20$ ℃、$p_2 = 95$ kPa 的水进行混合。试问：欲得到 20 kg 开水，分别需要多少蒸汽和水?

22. 使用通用压缩因子图确定氧气在 160 K、20 MPa 时的比体积。已知氧气临界参数为 $T_c = 154.58$ K，$p_c = 50.43 \times 10^5$ Pa，$v_c = 0.002\ 293$ m³/kg。

23. 体积为 0.25 m³ 的容器中，储存有 10 MPa、−70 ℃的氮气。若加热到 37 ℃，使用通用压缩因子图估算氮气的比容和终态压力。

24. 测得某储气罐中丙烷(C_3H_8)的压力为 5.6 MPa，温度为 135 ℃，此时丙烷的比体积为多少? 若使储气罐储存 10 kg 这种状态的丙烷，储气罐的体积需多大? 已知丙烷临界参数和气体常数分别为 $T_c = 369.8$ K，$p_c = 4.25$ MPa，$v_c = 0.203 \times 10^{-3}$ m³/mol，$R_g = 0.189$ kJ/(kg·K)。

25. 容积为 0.3 m³ 的储罐内装有丙烷，已知储罐爆破压力为 2.76 MPa。安全起见，要求在 126 ℃时储罐内所装丙烷压力不超过爆破压力的一半，罐内能装多少丙烷? 已知丙烷临界参数和气体常数分别为 $T_c = 369.8$ K，$p_c = 4.25$ MPa，$v_c = 0.203 \times 10^{-3}$ m³/mol，$R_g = 0.189$ kJ/(kg·K)。

第四章　理想气体热力过程

　　能量的转换与传递是通过热力过程来实现的，系统可以通过热力过程来实现不同的目的，如：从高温热源吸热、向低温热源放热、对外做功、压缩增压等。许多实际能量转换装置，比如换热器、压缩机、内燃机、航空发动机、燃气轮机等均涉及一些气体的热力过程，而且其中的气体性质常常比较接近理想气体性质。本章主要介绍几种基本的理想气体热力过程，分析这些热力过程中工质的状态变化、能量转换和传递情况，并以此为基础讨论压缩机工作过程特性。

第一节　理想气体基本热力过程

　　理想气体基本热力过程包括可逆的定压、定容、定温和绝热过程。热力过程计算的基本任务是以热力学第一定律和理想气体性质为理论依据，根据初、终状态中的已知量及过程特征，通过分析计算确定初、终状态中的未知量以及过程中的能量转换和传递情况，比如热量、膨胀功、轴功或技术功。

　　由于内能 u、焓 h、熵 s 是状态参数，对于理想气体，无论热力过程如何进行，过程中内能和焓的变化量可以分别采用积分式 $\Delta u = \int_{T_1}^{T_2} c_v \mathrm{d}T$ 和 $\Delta h = \int_{T_1}^{T_2} c_p \mathrm{d}T$ 来进行计算，而熵的变化量 Δs 可以选择第三章列出的不同公式进行计算。对于可逆过程，可以采用积分 $q = \int_{s_1}^{s_2} T \mathrm{d}s$，$w = \int_{v_1}^{v_2} p \mathrm{d}v$，$w_t = -\int_{p_1}^{p_2} v \mathrm{d}p$ 分别计算热力过程的热量、膨胀功和技术功。能量方程式也能够适用于各个热力过程。

一、可逆定容过程

　　当理想气体从状态 1（p_1，v_1，T_1）经历一个可逆定容过程到达状态 2（p_2，v_2，T_2），必有 $v =$ 常数，$\mathrm{d}v = 0$。所以，在 p-v 图上的过程线为一条竖直线，如图 4-1 中的左图所示。再由理想气体状态方程式 $pv=R_g T$ 可知：过程中 $p/T=$ 常数。因此初、终态基本状态参数之间的关系式为

$$\frac{p_1}{T_1}=\frac{p_2}{T_2} \qquad (4\text{-}1)$$

进一步，由理想气体微元过程的熵变化量计算式(3-23)，即 $ds=c_v\dfrac{dT}{T}+R_g\dfrac{dv}{v}$，可得 $ds=c_v\dfrac{dT}{T}$，$\dfrac{dT}{ds}=\dfrac{T}{c_v}$，表明 $T\text{-}s$ 图上的过程线斜率为 $\dfrac{T}{c_v}$。此时，如果比热容 c_v 取定值，熵的变化量则为

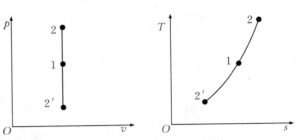

图 4-1 $p\text{-}v$ 图和 $T\text{-}s$ 图上理想气体可逆定容过程曲线

$$\Delta s=s_2-s_1=c_v\ln\frac{T_2}{T_1} \qquad (4\text{-}2)$$

所以，在 $T\text{-}s$ 图上，理想气体可逆定容过程线为一条对数曲线，如图 4-1 中的右图所示。

还因为 $v=$ 常数，理想气体可逆定容过程膨胀功和技术功分别为

$$w=\int_{v_1}^{v_2}p\,dv=0 \qquad (4\text{-}3)$$

$$w_t=-\int_{p_1}^{p_2}v\,dp=-v(p_2-p_1)=-R_g(T_2-T_1) \qquad (4\text{-}4)$$

结合能量方程式 $q=\Delta u+w$，有

$$q=\Delta u=u_2-u_1=\int_{T_1}^{T_2}c_v\,dT \qquad (4\text{-}5)$$

综上可知，在图 4-1 中，过程 1-2 是一个升压、升温、吸热($q>0$)、输入技术功($w_t<0$)的过程。相反地，过程 1-2′ 则是降压、降温、放热($q<0$)、输出技术功($w_t>0$)的过程。

二、可逆定压过程

当理想气体从状态 1(p_1，v_1，T_1)经历一个可逆定压过程到达状态 2(p_2，v_2，T_2)，过程中必然有 $p=$ 常数，$dp=0$。所以，$p\text{-}v$ 图上的过程线为一条水平线，如图 4-2 中的左图所示。再由理想气体状态方程式 $pv=R_g T$ 可知：定压过程 $v/T=$ 常数，因此初、终态基本状态参数之间的关系式为

$$\frac{v_1}{T_1}=\frac{v_2}{T_2} \qquad (4\text{-}6)$$

进一步，由理想气体微元过程熵变化量的计算表达式 $ds=c_p\dfrac{dT}{T}-R_g\dfrac{dp}{p}$ 可知，

$\mathrm{d}p = 0$ 时，$\mathrm{d}s = c_p \dfrac{\mathrm{d}T}{T}$，$\dfrac{\mathrm{d}T}{\mathrm{d}s} = \dfrac{T}{c_p}$，即 $T\text{-}s$ 图上的理想气体可逆定压过程线斜率为 $\dfrac{T}{c_p}$。此时，如果比热容 c_p 取定值，熵的变化量则为

$$\Delta s = s_2 - s_1 = c_p \ln \frac{T_2}{T_1} \tag{4-7}$$

所以，在 $T\text{-}s$ 图上，理想气体可逆定压过程线为一条对数曲线，如图 4-2 中的右图所示。

还因为 $p = $ 常数，可逆定压过程的膨胀功和技术功分别为

$$w = \int_{v_1}^{v_2} p \,\mathrm{d}v = p(v_2 - v_1) = R_\mathrm{g}(T_2 - T_1) \tag{4-8}$$

$$w_\mathrm{t} = -\int_{p_1}^{p_2} v \,\mathrm{d}p = 0 \tag{4-9}$$

结合能量方程式 $q = \Delta h + w_\mathrm{t}$，则有

$$q = \Delta h = h_2 - h_1 = \int_{T_1}^{T_2} c_p \,\mathrm{d}T \tag{4-10}$$

综上可知，在图 4-2 中，过程 1-2 是一个膨胀、升温、吸热（$q > 0$）、输出膨胀功（$w > 0$）的过程。相反地，过程 1-2′ 则是压缩、降温、放热（$q < 0$）、输入压缩功（$w < 0$）的过程。

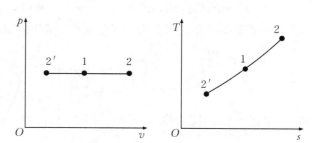

图 4-2　$p\text{-}v$ 图和 $T\text{-}s$ 图上理想气体
可逆定压过程曲线

三、可逆定温过程

当理想气体从状态 1（p_1，v_1，T_1）经历一个可逆定温过程到达状态 2（p_2，v_2，T_2），过程中必然有 $T = $ 常数。所以，$T\text{-}s$ 图上的过程线为一条水平线，如图 4-3 中的右图所示。由理想气体状态方程式 $pv = R_\mathrm{g}T$ 可知定温过程中 $pv = $ 常数，因此可得初、终态基本状态参数之间的关系式为

$$p_1 v_1 = p_2 v_2 \tag{4-11}$$

因为 $pv = $ 常数，在 $p\text{-}v$ 图上，理想气体可逆定温过程线为一条等轴双曲线，其斜率为 $-\dfrac{p}{v}$，如图 4-3 中的左图所示。

因为 $\mathrm{d}T = 0$，由理想气体微元过程熵的变化量计算表达式 $\mathrm{d}s = c_v \dfrac{\mathrm{d}T}{T} + R_\mathrm{g} \dfrac{\mathrm{d}v}{v} = c_p \dfrac{\mathrm{d}T}{T} - R_\mathrm{g} \dfrac{\mathrm{d}p}{p}$ 可得

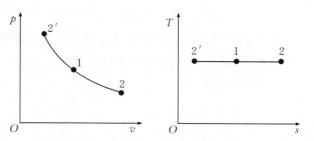

图 4-3　$p\text{-}v$ 图和 $T\text{-}s$ 图上理想气体
可逆定温过程曲线

$$\mathrm{d}s = R_\mathrm{g}\frac{\mathrm{d}v}{v} = -R_\mathrm{g}\frac{\mathrm{d}p}{p}。\quad 因此，整个过程熵的变化量为$$

$$\Delta s = s_2 - s_1 = R_\mathrm{g}\ln\frac{v_2}{v_1} = -R_\mathrm{g}\ln\frac{p_2}{p_1} \tag{4-12}$$

因为 $T = $ 常数，所以有 $\Delta u = \Delta h = 0$。同时，

$$q = T\Delta s = R_\mathrm{g}T\ln\frac{v_2}{v_1} = -R_\mathrm{g}T\ln\frac{p_2}{p_1} = p_1 v_1 \ln\frac{v_2}{v_1} \tag{4-13}$$

再结合能量方程式 $q = \Delta u + w$ 和 $q = \Delta h + w_\mathrm{t}$，可知

$$w = w_\mathrm{t} = q \tag{4-14}$$

综上可知，在图 4-3 中，过程 1-2 是一个膨胀、降压、吸热（$q>0$）、输出膨胀功和技术功（$w>0$，$w_\mathrm{t}>0$）的过程。相反地，过程 1-2′ 则是压缩、升压、放热（$q<0$）、输入压缩功和技术功（$w<0$，$w_\mathrm{t}<0$）的过程。

四、可逆绝热过程

对于可逆绝热过程，$\delta q = 0$，$\mathrm{d}s = 0$。所以，可逆绝热过程也是一个定熵（等熵）过程，该过程线在 T-s 图上为一条竖直线，如图 4-4 中的右图所示。由式(3-24)可得

$$\mathrm{d}s = c_v\frac{\mathrm{d}p}{p} + c_p\frac{\mathrm{d}v}{v} = 0 \tag{4-15}$$

根据比热容比的定义 $\gamma = \dfrac{c_p}{c_v}$，上式变为

$$\frac{\mathrm{d}p}{p} + \gamma\frac{\mathrm{d}v}{v} = 0 \tag{4-16}$$

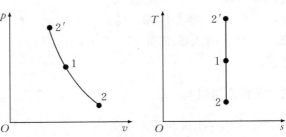

图 4-4　p-v 图和 T-s 图上理想气体可逆绝热过程曲线

理想气体定容比热容 c_v 取定值，不随温度变化，比热容比 γ 也为定值。此时，对式(4-16)积分可得：

$$\ln p + \gamma\ln v = 常数 \quad 或 \quad pv^\gamma = 常数 \tag{4-17}$$

结合理想气体状态方程式还可得 $Tv^{\gamma-1} = $ 常数、$Tp^{-\frac{\gamma-1}{\gamma}} = $ 常数。这几个表达式和式(4-17)的本质是一样的，均属于绝热过程方程式。因此，初终态的基本状态参数之间满足下面的关系式：

$$\frac{p_2}{p_1} = \left(\frac{v_1}{v_2}\right)^\gamma \tag{4-18}$$

$$\frac{T_2}{T_1} = \left(\frac{v_1}{v_2}\right)^{\gamma-1} \tag{4-19}$$

$$\frac{T_2}{T_1} = \left(\frac{p_2}{p_1}\right)^{\frac{\gamma-1}{\gamma}} \tag{4-20}$$

由 $pv^{\gamma}=$ 常数可知，在 $p\text{-}v$ 图上，理想气体可逆绝热过程线为一条高次双曲线，其斜率为 $-\gamma\dfrac{p}{v}$，如图 4-4 中的左图所示。

绝热过程中，系统与外界没有热量交换，$q=0$，所以

$$w=q-\Delta u=-\Delta u=u_1-u_2=\int_{T_2}^{T_1}c_v\mathrm{d}T \tag{4-21}$$

$$w_\mathrm{t}=q-\Delta h=-\Delta h=h_1-h_2=\int_{T_2}^{T_1}c_p\mathrm{d}T \tag{4-22}$$

即系统输出的膨胀功等于热力学能的减少量，输出的技术功等于焓降。当理想气体的比热容为定值，以上两式又可以写为

$$w=c_v(T_1-T_2)=\frac{1}{\gamma-1}R_\mathrm{g}(T_1-T_2)=\frac{1}{\gamma-1}R_\mathrm{g}(p_1v_1-p_2v_2) \tag{4-23}$$

$$w_\mathrm{t}=c_p(T_1-T_2)=\frac{\gamma}{\gamma-1}R_\mathrm{g}(T_1-T_2)=\frac{\gamma}{\gamma-1}R_\mathrm{g}(p_1v_1-p_2v_2) \tag{4-24}$$

比较以上两式可以看出，$w_\mathrm{t}=\gamma w$。

像定容和定压基本热力过程一样，也可以从积分表达式 $w=\int p\mathrm{d}v$ 和 $w_\mathrm{t}=\int v\mathrm{d}p$ 出发，得到理想气体可逆绝热过程中膨胀功和技术功的计算式，结果与式（4-23）和式（4-24）是相同的，其推导过程不在此赘述。

综合以上分析亦可得出一般性规律，在图 4-4 中，过程 1-2 是一个膨胀、降压、降温、输出膨胀功和技术功（$w>0$，$w_\mathrm{t}>0$）的过程。相反地，过程 1-2′ 则是压缩、升压、升温、输入压缩功和技术功（$w<0$，$w_\mathrm{t}<0$）的过程。

第二节　理想气体多变过程

如果热力过程服从 $pv^n=$ 常数的规律，其中 n 为任意常数，则称这种热力过程为多变过程，n 为多变指数。实际上，上节中讨论的四种理想气体基本热力过程均可概括为多变过程。当 $n=0$ 时，$p=$ 常数，多变过程即定压过程；当 $n=1$ 时，$pv=$ 常数，多变过程为等温过程；当 $n=\gamma$ 时，$pv^{\gamma}=$ 常数，多变过程为绝热过程；当 $n=\pm\infty$ 时，$v=$ 常数，多变过程为定容过程。为便于对比，将四个基本热力过程同时表示在图 4-5 中的 $p\text{-}v$ 图和 $T\text{-}s$ 图上，并且四个基本热力过程相交于 $p\text{-}v$ 图和 $T\text{-}s$ 图上的同一初始状态。

将过程方程 $pv^n=$ 常数与理想气体状态方程式相结合，可得 $Tv^{n-1}=$ 常数、$Tp^{\frac{n-1}{n}}=$ 常数。因此，理想气体多变过程初终态的基本状态参数之间满足下面的关系式：

$$\frac{p_2}{p_1}=\left(\frac{v_1}{v_2}\right)^n \tag{4-25}$$

$$\frac{T_2}{T_1}=\left(\frac{v_1}{v_2}\right)^{n-1} \tag{4-26}$$

$$\frac{T_2}{T_1} = \left(\frac{p_2}{p_1}\right)^{\frac{n-1}{n}} \tag{4-27}$$

由式(4-25)—(4-27)，可以在已知多变过程初终态基本状态参数的前提下，求出过程的多变指数 n。比如，对式(4-25)等号两边分别求对数，可以得出

$$n = \frac{\ln(p_2/p_1)}{\ln(v_1/v_2)} \tag{4-28}$$

按照多变过程方程式进行积分，可以导出理想气体可逆多变过程的膨胀功为

$$w = \int_{v_1}^{v_2} p\,\mathrm{d}v = \int_{v_1}^{v_2} \frac{p_1 v_1^n}{v^n}\,\mathrm{d}v$$

$$= \frac{1}{1-n}(p_2 v_2 - p_1 v_1) = \frac{1}{1-n} R_g (T_2 - T_1) \tag{4-29}$$

类似地，也可以导出理想气体可逆多变过程的技术功为

$$w_t = -\int_{p_1}^{p_2} v\,\mathrm{d}p = \frac{n}{1-n}(p_2 v_2 - p_1 v_1) = \frac{n}{1-n} R_g (T_2 - T_1) \tag{4-30}$$

比较式(4-29)和式(4-30)，可得

$$w_t = nw \tag{4-31}$$

当理想气体的比热容取定值时，则 $\Delta u = \int_{T_1}^{T_2} c_v \mathrm{d}T = c_v(T_2 - T_1)$。于是，多变过程吸热量为

$$q = \Delta u + w = c_v(T_2 - T_1) + \frac{1}{1-n} R_g(T_2 - T_1) = \frac{n-\gamma}{n-1} c_v(T_2 - T_1) \tag{4-32}$$

因此，多变过程的比热容为

$$c_n = \frac{n-\gamma}{n-1} c_v \tag{4-33}$$

显然，c_n 与过程有关。当过程为定压过程时，$n=0$，$c_n = c_p$；当过程为等温过程时，$n=1$，$c_n \to \infty$；当过程为绝热过程时，$n=\gamma$，$c_n = 0$；当过程为定容过程时，$n=\infty$，$c_n = c_v$。

多变过程的过程线在 p-v 图和 T-s 图上确定后，就可以判断过程中状态参数

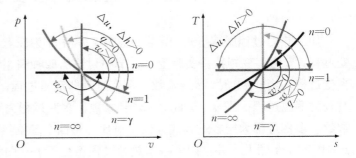

图 4-5 p-v 图和 T-s 图上基本热力过程曲线对比

变化趋势和能量转换方向。如图 4-5 所示，膨胀功的正负以等容线为界，p-v 图上往定容线右侧进行的过程和 T-s 图上往定容线右下侧进行的过程，$\Delta v > 0$，$w > 0$；反之则 $\Delta v < 0$，$w < 0$。技术功的正负以定压线为界，p-v 图上往定压线下侧进行的过程和

T-s 图上往定压线右下侧进行的过程，$\Delta p < 0$，$w_t > 0$；反之则 $\Delta p > 0$，$w_t < 0$。热量的正负以定熵线为界，p-v 图上往定熵线右上侧进行的过程和 T-s 图上往定熵线右侧进行的过程，$\Delta s > 0$，$q > 0$；反之则 $\Delta s < 0$，$q < 0$。Δu 和 Δh 的正负以定温线为界，p-v 图上往定温线右上侧进行的过程和 T-s 图上往定温线上侧进行的过程，$\Delta T > 0$，$\Delta u > 0$，$\Delta h > 0$；反之则 $\Delta T < 0$，$\Delta u < 0$，$\Delta h < 0$。

热力过程分析没有一个统一的模式，学习热力过程分析的目的是理解问题的特点、掌握思维方式和分析技巧。一般来说，给定的条件应该是独立的、没有冲突的，而且具有确定性。下面将通过两个例题介绍热力过程分析的方法和技巧。

【例题 4-1】已知压缩空气初始状态 $T_1 = 350$ K，$p_1 = 3$ bar。现进入透平机膨胀做功，假设膨胀过程为可逆绝热过程，膨胀以后的背压 $p_2 = 1$ bar。设空气的折合分子量为 28.97，比热按照定值比热计算，忽略工质进出口动能和位能的变化量，试计算：(1)进出口工质的比体积、出口工质温度；(2)进出口工质热力学能、焓和熵的变化量；(3)单位质量空气的膨胀功和轴功。

【解】空气的气体常数为 $R_g = \dfrac{R_0}{M_a} = \dfrac{8\,314}{28.97} = 286.99[\mathrm{J/(kg \cdot K)}]$

(1)根据理想气体状态方程式，入口空气的比体积为

$$v_1 = \frac{R_g T_1}{p_1} = \frac{286.99 \times 350}{3 \times 10^5} = 0.334\,8\,(\mathrm{m^3/kg})$$

按照定值比热的计算方法，$c_p = \dfrac{7}{2} R_g = 1\,005\ \mathrm{J/(kg \cdot K)}$，$c_v = c_p - R_g = 718.01[\mathrm{J/(kg \cdot K)}]$，$\gamma = \dfrac{c_p}{c_v} = 1.4$。出口比体积则为

$$v_2 = v_1 \left(\frac{p_1}{p_2}\right)^{\frac{1}{\gamma}} = 0.334\,8 \times \left(\frac{3}{1}\right)^{\frac{1}{1.4}} = 0.733\,8\,(\mathrm{m^3/kg})$$

出口温度

$$T_2 = T_1 \frac{p_2 v_2}{p_1 v_1} = 350 \times \frac{1 \times 0.733\,8}{3 \times 0.334\,8} = 255.70\,(\mathrm{K})$$

(2)热力学能变化量

$$\Delta u = c_v (T_2 - T_1) = 718.01 \times (350 - 255.70) = -67.71\,(\mathrm{kJ/kg})$$

焓变化量

$$\Delta h = c_p (T_2 - T_1) = \gamma \Delta u = -94.71\,(\mathrm{kJ/kg})$$

可逆绝热过程熵的变化量等于零，即 $\Delta s = 0$。

(3)因为是绝热过程，且忽略工质进出口动能和位能的变化，膨胀功就是热力学能的减少量，轴功即技术功，也就是焓的减少量。所以，$w = -\Delta u = 67.71\ \mathrm{kJ/kg}$；$w_s = w_t = -\Delta h = 94.71\ \mathrm{kJ/kg}$。

【例题 4-2】氦气流过一加热器，入口状态为 $T_1 = 450$ K，$p_1 = 20$ bar，加热器出口

温度为 1 000 K。将氦气近似当成理想气体，其气体常数为 2 077.1 J/(kg·K)，定压比热为 5 177.9 J/(kg·K)。忽略氦气进出口动能和位能变化量、流动过程的阻力，试计算：（1）进出口状态下的比体积；（2）进出口比热力学能、比焓和比熵的变化量；（3）单位质量氦气吸收的热量、所做的膨胀功和技术功。

【解】（1）因为忽略流动过程的阻力，整个加热过程是等压过程，$p_2 = p_1$。那么，进出口状态下的比体积分别为

$$v_1 = \frac{R_g T_1}{p_1} = \frac{2\ 077.1 \times 450}{20 \times 10^5} = 0.467\ 3\,(\text{m}^3/\text{kg})$$

$$v_2 = \frac{R_g T_2}{p_2} = \frac{2\ 077.1 \times 1\ 000}{20 \times 10^5} = 1.038\ 6\,(\text{m}^3/\text{kg})$$

（2）比热力学能变化量

$$\Delta u = c_v (T_2 - T_1) = (c_p - R_g)(T_2 - T_1)$$
$$= (5\ 177.9 - 2\ 077.1) \times (1\ 000 - 450) = 1\ 075.4\,(\text{kJ/kg})$$

比焓变化量

$$\Delta h = c_p (T_2 - T_1) = 5\ 177.9 \times (1\ 000 - 450) = 2\ 847.8\,(\text{kJ/kg})$$

比熵变化量

$$\Delta s = c_p \ln \frac{T_2}{T_1} - R_g \ln \frac{p_2}{p_1} = 5\ 177.9 \times \ln \frac{1\ 000}{450} = 4\ 134.6\,[\text{J/(kg·K)}]$$

（3）定压过程技术功为零，所以吸热量等于焓的变化量

$$q = \Delta h = 2\ 847.8\,(\text{kJ/kg})$$

按照能量守恒方程，膨胀功 $w = q - \Delta u = 1\ 772.4\,(\text{kJ/kg})$。

第三节　压缩机工作过程分析

本节以活塞式压缩机工作过程为例，介绍理想气体压缩过程工作特性。设想如图 4-6 所示的活塞式压缩机。首先分析一下压缩机的工作过程及其在 $p\text{-}V$ 图上的表示方法。

活塞式压缩机缸盖上安装有进气管和排气管，分别与低压侧气源和高压侧容器相连。活塞式压缩机通过进气管吸入气体，缸盖内表面进气阀孔处安装有一个弹性阀片以覆盖阀孔。在进气阀片两侧压差的控制下，通过阀片的弯曲或复位实现进气阀开关状态的切换。当活塞朝着离开缸盖的方向运动，气缸内容积增加、压力下降。当压力降至低于进气管内压力时，进气阀自动打开，压缩机进入吸气过程。压缩和排气过程中，缸内压力高于进气管内压力，进气阀自动关闭，防止倒流。类似地，缸盖外表面排气阀孔处也安装有一个覆盖阀孔的弹性阀片。压缩过程中，当气缸内的压力上升至超过排气管内压力时，排气阀自动打开，进入排气过程；否则，排气阀保持关闭状态。

要掌握压缩机的实际工作特性，一种最简便的方式是先分析理论工作特性，再考虑制造工艺限制等实际因素造成的影响。那么，什么是理论工作特性呢？它包含了几条重要的假设：第一，压缩气体为理想气体；第二，气缸内的余隙容积为零；第三，压缩过程为多变过程；第四，忽略进排气过程流动阻力和热交换；第五，所有过程没有摩擦损失。所谓余隙容积，就是当活塞向缸盖方向运行至最高点时，活塞端面与缸盖之间的间隙容积。那么，理论工作过程可用图4-6 中 p-V 图上所示的过程线表示。图中，p 表示缸内压力，V 表示缸内容积，4-1 为吸气过程，1-2 为压缩过程，2-3 为排气过程。根据假设，吸气过程中，压力保持不变，与进气管内的压力一致。排气过程中，压力也保持不变，与排气管内的压力一致。压缩过程

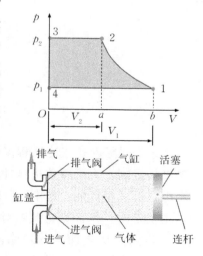

图 4-6　活塞式压缩机及其工作过程

初始压力为进气压力，终态压力为排气压力，因为只有压力达到排气压力时，排气阀才会自动打开。

现在分析一个吸排气周期内通过活塞连杆输入输出的功量。理论上来说，一个周期内，活塞背面的环境压力所产生的能量输入输出作用是可以相互抵消的。所以，分析过程不妨假设环境压力为零。吸气过程，气缸内的工质推动活塞移动做功，做功量等于 $W_{4\text{-}1} = p_1 V_1$，这是流动功，进气带入的流动功。压缩过程的膨胀功按照多变过程计算，即

$$W_{1\text{-}2} = \int_{V_1}^{V_1} p \, dV = -\frac{1}{n-1}(p_2 V_2 - p_1 V_1) \tag{4-34}$$

排气过程消耗功，所以流动功 $W_{2\text{-}3} = -p_2 V_2$。整个周期内流动功与膨胀功的代数和就是净轴功，也就是通过活塞连杆输出的功

$$W_{\text{s}} = W_{4\text{-}1} + W_{1\text{-}2} + W_{2\text{-}3} = -\frac{n}{n-1}(p_2 V_2 - p_1 V_1) \tag{4-35}$$

从表达式（4-35）可以看出，轴功是一个负值，因为压缩机工作时实际上是消耗功。上面的分析也揭示了轴功与膨胀功之间的联系和差异。

轴功、膨胀功、流动功之间的关系还可以直观地用 p-V 图上的面积关系表示。$W_{4\text{-}1}$ 即面积 $41bO4$，$-W_{2\text{-}3}$ 即面积 $32aO3$，$-W_{1\text{-}2}$ 为面积 $12ab1$。轴功 $W_{\text{s}} =$ 面积 $12341 =$ 面积 $41bO4 -$ 面积 $12ab1 -$ 面积 $32aO3$。

压缩机生产单位质量的压缩气体所对应的理论轴功为

$$w_{\text{s}} = -\frac{n}{n-1}(p_2 v_2 - p_1 v_1) \tag{4-36}$$

结合理想气体状态方程式和多变过程方程式，上式还可以改写成不同的形式，如

下所示：

$$w_s = \frac{n}{n-1} p_1 v_1 \left[1 - \left(\frac{p_2}{p_1} \right)^{\frac{n-1}{n}} \right] \tag{4-37}$$

$$w_s = \frac{n}{n-1} R_g T_1 \left[1 - \left(\frac{p_2}{p_1} \right)^{\frac{n-1}{n}} \right] \tag{4-38}$$

$$w_s = \frac{n}{n-1} R_g (T_1 - T_2) \tag{4-39}$$

由于不同部件热胀冷缩程度不同，再加上机械加工精度的限制，为了避免机械冲撞事故，实际压缩机的余隙是不可避免的。如图 4-7 所示，V_c 就是余隙容积，也就是 V_3。下面分析余隙对压缩机工作特性的影响。在定量分析之前，先对余隙的作用做一定性分析。排气过程结束后，活塞到达上止点位置。由于余隙的存在，缸内高压气体不可能排除干净，残留的体积就是余隙容积 V_c。此后，活塞将在连杆的带动下朝着离开缸盖的方向运动，气缸内的容积增加、气体压力开始下降，排气阀自动关闭。残留气体膨胀过程中，如果缸内压力仍然高于进气压力，进气阀会一直保持关闭状态，直至缸内压力下降到进气压力为止，如图 4-7 中的状态点 4。所以，每一个循环，压缩机的有效吸气容积是 $V_e = V_1 - V_4$，而不是气缸的工作容积

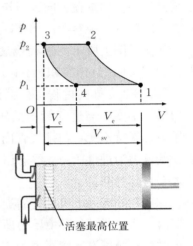

**图 4-7　有余隙时活塞式
压缩机工作过程**

（又称活塞的扫气容积）$V_{sv} = V_1 - V_3$。余隙容积的存在，使活塞式压缩机每一压缩循环的产气量下降。

衡量实际压缩机工作特性的两个重要指标是余隙比和容积效率，分别定义为

$$c = \frac{V_c}{V_{sv}} = \frac{V_3}{V_1 - V_3} \tag{4-40}$$

$$\eta_v = \frac{V_e}{V_{sv}} = \frac{V_1 - V_4}{V_1 - V_3} \tag{4-41}$$

这两个参数之间有关联。假设残留气体的膨胀过程也是多变过程，且与压缩过程有相同的多变指数 n，则

$$\eta_v = \frac{V_e}{V_{sv}} = \frac{V_1 - V_3 + V_3 - V_4}{V_1 - V_3} = 1 + \frac{V_3 - V_4}{V_1 - V_3} = 1 + \frac{V_3 \left(1 - \frac{V_4}{V_3} \right)}{V_1 - V_3} = 1 + c \left(1 - \frac{V_4}{V_3} \right)$$

进一步利用多变过程关系式 $\frac{V_4}{V_3} = \left(\frac{p_2}{p_1} \right)^{\frac{1}{n}}$，可得

$$\eta_v = 1 + c (1 - \beta^{\frac{1}{n}}) \tag{4-42}$$

其中，$\beta = \dfrac{p_2}{p_1}$ 为升压比。由式(4-42)可见，余隙比和升压比增大时，容积效率下降。

有余隙时，每个循环的理论轴功也会发生变化，计算公式应该修正为

$$W_s = -\frac{n}{n-1}(p_2V_2 - p_1V_1) + \frac{n}{n-1}(p_2V_3 - p_1V_4) \qquad (4\text{-}43)$$

也就是说，有余隙时，一个循环内总的理论耗功量会减少，这是因为高压残留气体膨胀时可以回收一部分功，即式（4-43)中的第二项所表达的部分。但是，单位产气量的理论轴功消耗不会发生变化，原因是耗功量的减少量与产气量的减少量成比例。值得进一步解释的是，尽管考虑余隙的存在，这里仍然将上述轴功称为理论轴功，是因为分析中仍然采用了前面理论压缩循环中提到的第一和第三至第五条假设。

任何一台压缩机，升压比不是固定的，取决于进气压力和排气压力。也就是说，任何一台压缩机均可能工作在不同的升压比环境下。但是，由式(4-42)可知，升压比增大，活塞式压缩机容积效率下降。当容积效率下降为零时，压缩机的升压比即达到上限 $\beta_{max} = \left(1 + \dfrac{1}{c}\right)^n$。这是理论上限，实际上限有可能更低。所以，合理使用压缩机应该使它工作在远低于极限升压比的条件下。如果实际生产中所需升压比接近或超过单台压缩机的升压比上限时，应采用多台压缩机串联，称为多级压缩。

图 4-8(a)为一个两级压缩示意图。由于余隙容积不会对单位产气量的理论功耗产生影响，从单位产气量的能耗角度分析，可以不考虑压缩机的余隙容积。图 4-8(b)表示了一个理想的两级压缩过程。其中，$c\text{-}1$ 为低压气缸的吸气过程，$1\text{-}2$ 为低压气缸内的压缩过程，$2\text{-}b$ 为低压气缸的排气过程，$b\text{-}2'$ 为高压气缸吸入冷气的过程，$2'\text{-}3'$ 为高压气缸内的气体压缩过程，$3'\text{-}a$ 为高压气缸的排气过程。从低压气缸到高压气缸，工质体积从 V_2 变化到 $V_{2'}$，这是缘于中间冷却器的冷却作用。

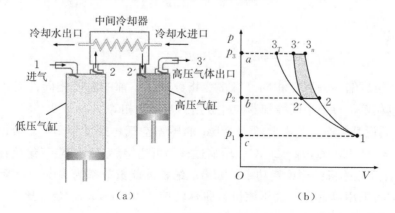

图 4-8 两级气体压缩示意图

两级压缩所需要的轴功等于低压压缩机和高压压缩机的轴功之和，用面积表示时，为 $p\text{-}V$ 图中面积 $c12bc$ 与面积 $b2'3'ab$ 之和。采用单级压缩，所需轴功等于面积 $c13_nac$。

因此，采用带中间冷却的两级压缩过程，可以节省出大小等于面积 $2'23_n3'2'$ 的轴功，如 p-V 图中阴影面积所示。假定两级压缩过程的多变指数相等，中间冷却器能有效地使气体温度冷却到 $T_{2'} = T_1$，由式(4-38)可以计算出两级压缩轴功为

$$w_s = w_{s1} + w_{s2} = \frac{n}{n-1} R_g T_1 \left[2 - \left(\frac{p_2}{p_1} \right)^{\frac{n-1}{n}} - \left(\frac{p_3}{p_2} \right)^{\frac{n-1}{n}} \right] \tag{4-44}$$

此处，由于压缩过程输入轴功，w_s 计算结果将为负值。

由式(4-44)可以看出，中间冷却、两级气体压缩所需的轴功不仅与初始压力 p_1 和最终压力 p_3 有关，也与中间压力 p_2 有关。为求得最优的中间压力，使消耗的轴功最少，令 w_s 对中间压力 p_2 的导数等于零，可得到

$$p_2 = \sqrt{p_1 p_3} \tag{4-45}$$

则每一级的升压比 β 相等，为

$$\beta = \frac{p_2}{p_1} = \frac{p_3}{p_2} = \sqrt{\frac{p_3}{p_1}} \tag{4-46}$$

并且每一级的轴功相等，为

$$w_{s1} = w_{s2} = \frac{n}{n-1} R_g T_1 (1 - \beta_1^{\frac{n-1}{n}}) \tag{4-47}$$

从理论上来说，如果是 m 级的多级压缩过程，总的升压比是 β_t，则每一级压缩的升压比都取 $\sqrt[m]{\beta_t}$ 是最优的，即最佳升压比

$$\beta = \frac{p_2}{p_1} = \frac{p_3}{p_2} = \cdots = \frac{p_m}{p_{m-1}} = \frac{p_{m+1}}{p_m} = \sqrt[m]{\frac{p_{m+1}}{p_1}} = \sqrt[m]{\beta_t} \tag{4-48}$$

此时，每一级的轴功为

$$w_{s1} = w_{s2} = \cdots = w_{s(m-1)} = w_{sm} = \frac{n}{n-1} R_g T_1 (1 - \beta^{\frac{n-1}{n}}) \tag{4-49}$$

总的轴功为

$$w_s = m \frac{n}{n-1} R_g T_1 (1 - \beta^{\frac{n-1}{n}}) \tag{4-50}$$

由于每一级压缩的升压比相同，且多变指数和压缩前的温度相同，因此各级压缩的最终温度也相等，每个中间冷却器向外放出的热量也相等。

【例题 4-3】 设某生产工艺需要压力 7 bar 的压缩空气，排量为 280 L/min。假设进气状态为 $p_1 = 101\ 325\ \text{Pa}$，$t_1 = 20\ \text{℃}$；压缩过程为可逆绝热过程，空气绝热指数近似取 $\gamma = 1.4$。试计算压缩机的理论耗功率。如果压缩机的能量效率为 70%，实际功率是多少？假设压缩机采用单缸活塞式压缩机，曲轴转速 1 400 r/min，余隙比 3%，按照理论计算压缩机所需工作容积。

【解】 所需压缩空气质量流量为

$$\dot{m}_a = \frac{p_1 V_1}{R T_1} = \frac{101\ 325 \times 280}{286.98 \times (273.15 + 20) \times 1\ 000 \times 60} = 0.005\ 6 (\text{kg/s})$$

因压缩过程多变指数 $n = \gamma = 1.4$，单位质量压缩空气消耗的理论功为

$$-w_s = -\frac{n}{n-1}RT_1\left[1 - \left(\frac{p_2}{p_1}\right)^{\frac{n-1}{n}}\right]$$

$$= -\frac{1.4}{1.4-1} \times 286.98 \times (273.15 + 20)\left[1 - \left(\frac{700\ 000}{101\ 325}\right)^{\frac{1.4-1}{1.4}}\right] \approx 217(\text{kJ/kg})$$

所以，压缩机消耗的理论功率为

$$P_{th} = -\dot{m}_a w_s = 0.005\ 6 \times 217 = 1.215\ 2(\text{kW})$$

能量效率为70%时，实际耗功率 $P = P_{th}/0.7 = 1.736(\text{kW})$。

根据题目条件，压缩机的容积效率

$$\eta_v = 1 + c(1 - \beta^{\frac{1}{n}}) = 1 + 0.03 \times \left[1 - \left(\frac{700\ 000}{101\ 325}\right)^{\frac{1}{1.4}}\right] = 0.911$$

因此，单缸活塞式压缩机的工作容积应该满足要求

$$V_{sv} = \frac{280}{n_r \eta_v} = \frac{280}{1\ 400 \times 0.911} = 0.22(\text{L})$$

注意，实际压缩机的工作特性可能要比上述理论分析特性更复杂，影响因素更多。比如压缩过程并非可逆绝热过程，可能连多变过程也不是，压缩过程和残留气体的膨胀过程也可能不遵循相同的规律，进排气过程阻力也可能产生较大影响，等等。所以，如果要从事压缩机的专业设计，则需在本节理论分析的基础上进一步研究更多实际因素的影响规律，对理论计算结果进行修正。

思考题

1. 在【例题 4-1】中，计算发现膨胀功和轴功不相同，这是为什么？透平设备输出的功是轴功，那么膨胀功起什么作用？如果没有膨胀功，有没有轴功输出？

2. 在【例题 4-2】中，计算发现膨胀功大于零，但是加热器并没有轴功输出，膨胀功到哪里去了？

3. 理想气体的定温过程中，膨胀功、技术功和过程热量三者相等，这个规律能否推广到实际气体？

4. 理想气体定压加热膨胀时，热力学能的增加量和膨胀功的大小关系是怎样的？

5. $\Delta u = \int_{T_1}^{T_2} c_v \mathrm{d}T$ 和 $\Delta h = \int_{T_1}^{T_2} c_p \mathrm{d}T$ 的适用范围是什么？$q = \int_{T_1}^{T_2} c_v \mathrm{d}T$ 和 $q = \int_{T_1}^{T_2} c_p \mathrm{d}T$ 的适用范围又是什么？

6. 理想气体首先经历一个可逆定容过程，压力增加一倍，再经历一个可逆等温过程，使最终压力与定容过程初始压力相等。在 p-v 图上表示出这两个热力过程。

7. 如何根据多变指数的大小定性分析状态参数变化、能量转换和传递的方向？

8. 多变过程比热容如何确定，其数值取决于什么？

9. 在 p-v 图和 T-s 图上，先定性标绘四个基本热力过程，再以此为参考定性绘出

以下几个热力过程，并指出对应过程多变指数的取值范围：(1)工质膨胀、降温、吸热；(2)工质压缩、升温、放热；(3)工质压缩、升温、吸热；(4)工质压缩、降温、降压；(5)工质放热、降温、升压；(6)工质膨胀、降温、放热。

10. 余隙容积对压缩机工作特性有什么影响？

11. 设压缩机的其他结构参数完全相同，且压缩和膨胀过程的多变指数也相同，试问余隙百分比对压缩机单位产气量的理论轴功消耗有什么影响？请用理论分析证明你的结论。

12. 活塞式压缩机的升压比过大时，可能会带来什么问题？

13. 采用活塞式压缩机的多级压缩、级间冷却方法生产高压气体，具有哪些优点？

练习题

1. 3 kg 氧气从 $p_1 = 1$ MPa、$V_1 = 0.45$ m³，可逆绝热膨胀到 $p_2 = 0.2$ MPa。设比热容为定值，$c_v = 0.667$ kJ/(kg·K)，绝热指数 $\gamma = 1.4$，求：(1)终态参数 T_2 和 V_2；(2)膨胀功和技术功；(3)ΔU 和 ΔH。

2. 空气的初态为 $p_1 = 150$ kPa、$t_1 = 27$ ℃，使其容积变为原来的 1/4，若分别进行可逆定温压缩和可逆绝热压缩，试通过计算或分析解答下列问题：(1)两种情况下空气的终态参数 t 和 p；(2)两种情况下单位质量空气在压缩过程中的吸热量、技术功和内能的变化量；(3)比较两种压缩过程技术功的大小，并说明原因。空气的定压比热容 $c_p = 1.004$ kJ/(kg·K)，气体常数 $R_g = 0.287$ kJ/(kg·K)。

3. 1 kg 空气从状态 1(0.5 MPa、27 ℃)，经可逆定压过程吸热 200 kJ，再连续经历一个可逆定容过程和一个可逆定温过程，回到状态 1，完成一个循环。在 p-v 图和 T-s 图上画出这个循环，并求循环中净吸热量的大小。

4. 甲烷的初始状态 $p_1 = 0.47$ MPa、$T_1 = 393$ K，经可逆定压冷却对外放出热量 4 110.76 J/mol，试确定其终温及 1 mol 甲烷的热力学能变化量 ΔU_m、焓变化量 ΔH_m。设甲烷的比热容近似为定值 $c_p = 2.329\,8$ kJ/(kg·K)。

5. 质量为 2 kg 的氮气，初始压力 $p_1 = 0.1$ MPa、温度 $T_1 = 300$ K，经过一个多变过程，压力变为 $p_2 = 0.5$ MPa，体积变为初始状态的 1/4。求：(1)该多变过程的多变指数；(2)最终状态下氮气的体积 V_2 和温度 T_2；(3)过程的膨胀功 W 及吸热量 Q。

6. 质量为 1 kg 的空气在多变过程中吸收热量 $q = 50$ kJ 时，其初态和终态容积之比是 $v_1/v_2 = 1/10$，初态和终态压力之比是 $p_1/p_2 = 8$，求该多变过程中空气的初态温度 T_1 与终态温度 T_2 之比、热力学能变化量 Δu、空气对外所做的膨胀功 w 及技术功 w_t。

7. 某气缸中，气体初态 $p_1 = 7$ MPa、$t_1 = 1\,500$ ℃，经可逆多变膨胀过程变化到终态 $p_2 = 0.4$ MPa、$t_2 = 500$ ℃。已知该气体的气体常数 $R_g = 0.287$ kJ/(kg·K)，试判断该过程中气体是放热还是吸热。设气体比热容为常数 $c_v = 0.716$ kJ/(kg·K)。

8. 一体积为 0.15 m³ 的气罐，内装有 $p_1 = 0.55$ MPa、$t_1 = 38$ ℃的氧气。今对氧气

加热，其温度、压力都将上升。罐上装有压力控制阀，当压力超过 0.7 MPa 时阀门自动打开，放走部分氧气，使罐中维持最大压力 0.7 MPa。设氧气的比热容为定值，定容比热 $c_v = 0.667$ kJ/(kg·K)，定压比热 $c_p = 0.917$ kJ/(kg·K)，并且假设散热损失可以忽略不计，试问：当罐中氧气温度上升至 285 ℃时，共给氧气加入多少热量？

9. 某气缸内充有温度 $t_1 = 25$ ℃、表压力 $p_{g1} = 80$ mmHg 的氮气 0.01 m³。首先，在定压条件下对氮气进行加热，加热量为 8 kJ；随后，氮气经过一个多变指数为 1.25 的多变过程，其绝对压力变为 20 kPa。已知环境大气压力为 0.1 MPa，氮气物性为 $R_g = 296$ J/(kg·K)，$c_p = 1038$ J/(kg·K)，$c_v = 742$ J/(kg·K)，$\gamma = 1.4$。试确定下列各量，并按要求绘图：

(1)各过程中，氮气的热力学能变化量、对外所做的膨胀功；

(2)多变过程中气体与外界交换的热量；

(3)定性地将两个过程描绘在 p-v 图和 T-s 图上，正确体现与四个基本热力过程的相对位置关系。

10. 设初始状态为 $p_1 = 10$ bar、$T_1 = 300$ K 的空气，经历多变指数为 $n = 1.2$ 的膨胀过程至终态压力 $p_2 = 5$ bar，空气的气体常数为 $R_g = 287$ J/(kg·K)，绝热指数 $\gamma = 1.4$，膨胀过程吸收的热量全部来自环境，且环境温度为 $T_0 = 300$ K。试求：(1)单位质量的空气膨胀过程中的膨胀功和吸热量；(2)膨胀过程的熵产（膨胀过程所引起的环境与工质总熵变）。

11. 如图 4-9 所示，刚性密闭绝热的气缸内部空间被可移动、无摩擦、绝热的活塞分隔为体积相同的 A、B 两部分，其中各装有同种理想气体 1 kg。开始时，活塞两边的压力、温度都相同，为 0.3 MPa、20 ℃。通过一个加热线圈对 A 腔气体缓慢加热，则活塞向右缓慢移动，直至 $p_{A2} = p_{B2} = 0.5$ MPa。设气体的比热容为定值，$c_p = $

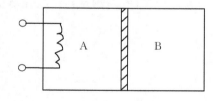

图 4-9 习题 11 附图

1.01 kJ/(kg·k)，$c_v = 0.72$ kJ/(kg·k)，试回答以下问题，并按要求绘图：

(1)A、B 腔内气体的终态容积和温度各是多少？

(2)过程中供给 A 腔气体的热量是多少？

(3)A、B 腔内气体的熵变化量各是多少？

(4)在 p-V 图、T-S 图上分别表示出 A、B 腔内气体经过的过程。

12. 一刚性密闭绝热容器被绝热隔板一分为二，$V_A = V_B = 28 \times 10^{-3}$ m³，A 中装有 0.7 MPa、65 ℃的氧气，B 为真空，见图 4-10。打开安装在隔板上的阀门，使氧气缓慢地自 A 流向 B，两侧压力相同时关闭阀门。设氧气的 $c_p = 0.920$ kJ/(kg·K)，试求：(1)终压 p_2 和两侧终温 T_{A2} 和 T_{B2}；(2)过程前后氧气的熵变 ΔS_{12}。

13. 容积为 0.2 m³ 的钢瓶内盛有氧气，初始状态为 $p_1 = 1.4$ MPa、$t_1 = 27$ ℃。由

于气焊用去部分氧气，压力降至 $p_2 = 1.0$ MPa。假设氧气与外界无热量交换，氧气物性参数为 $R_g = 0.26$ kJ/(kg·K)、$c_p = 0.917$ kJ/(kg·K)，试计算气焊过程用去多少质量的氧气以及瓶内剩余气体的温度。若气焊后瓶内氧气从周围环境吸热，其温度又恢复为 27 ℃，试计算此时瓶内的压力 p_3。

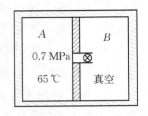

图 4-10　习题 12 附图

14. 单级活塞式压缩机工作时，吸入的空气状态 $p_1 = 0.1$ MPa、$t_1 = 27$ ℃。按 $n = 1.3$ 的多变过程进行压缩，压力升高到 $p_2 = 0.5$ MPa。若不考虑压缩机的余隙容积，求压缩 1 kg 空气所需的理论轴功。

15. 单级活塞式压缩机工作时，吸入的空气状态 $p_1 = 0.1$ MPa、$t_1 = 27$ ℃。按 $n = 1.3$ 的多变过程进行压缩，压力升高到 $p_2 = 0.5$ MPa。设压气机排量为 6 L，余隙比为 0.06，试求：(1)容积效率；(2)每一个循环生产的压缩空气质量和理论功耗；(3)生产 1 kg 压缩气体的理论功耗。

16. 初态为 $p_1 = 0.1$ MPa、$t_1 = 20$ ℃ 的空气，经过带有级间冷却的两级压缩后，压力提高到 3.6 MPa。假定两级压缩的进口温度和升压比相同，且多变指数均为 $n = 1.25$。试求：(1)生产 1 kg 压缩空气的理论功耗；(2)各级气缸的出口温度；(3)采用单级压缩代替两级压缩时生产 1 kg 压缩空气的理论功耗及出口温度。

17. 某活塞式空气压缩机每分钟吸入 $p = 1$ atm、$t = 21$ ℃ 的空气 14 m³，压缩到 0.52 MPa 时输出，此时容积效率 $\eta_v = 0.95$，设压缩过程可视为等熵压缩，求：(1)余隙容积比；(2)压缩机的理论耗功功率。

第五章　理想混合气体与湿空气

　　许多工程问题中，气体往往不是纯物质，而是由几种气体组成的混合物。例如，空气的主要成分是 N_2 和 O_2，也包含了少量的 CO_2、H_2O 和其他组成气体；天然气的主要成分是 CH_4，也含有少量 N_2、CO_2 和 H_2O。在化工反应过程中，反应釜内同时有不同的反应物和产物；在空调、干燥等设备的工作过程中，空气又可理解为干空气和水蒸气的混合物，称之为湿空气。那么，这些混合气体的热力学性质如何计算呢？本章主要讨论无化学反应、成分稳定的理想混合气体和湿空气热力学性质的计算方法，并适当结合工程应用问题分析相关过程能量转换的规律及分析计算方法。

第一节　理想混合气体基本性质和基本定律

　　概括地说，由多种理想气体所组成，并且符合理想气体特性的混合气体称为理想混合气体。描述理想混合气体特性的基本定律包括分压力和分容积定律。

一、理想混合气体基本性质

　　混合气体性质取决于各组成气体的热力学性质及成分。为以后叙说简便，各组成气体也可简称为组分。如果各组分均为理想气体，相互之间均匀混合、无化学反应，而且混合物也具有理想气体的特性，即可以把混合气体等效地看作是平均摩尔质量为 M_{eq}、气体常数为 $R_{g,\,eq}$ 的一种理想气体，这样的混合气体就是理想混合气体。有时，人们也习惯地将 M_{eq}、$R_{g,\,eq}$ 称为折合分子量和气体常数。具体地，理想混合气体具有如下特性：

　　①遵循理想气体状态方程式 $pv = R_{g,\,eq}T$ 或 $pV = nRT$。

　　②同温同压下，混合气体摩尔体积与任何单一理想气体的摩尔体积相等，标准状态时的摩尔体积等于 $0.022\ 414\ \mathrm{m^3/mol}$。

③混合气体的摩尔气体常数等于通用气体常数，即 $R = M_{eq}R_{g,eq} = 8.3145\,\text{J/(mol·K)}$。

④混合气体比热力学能和焓的变化量也可以按照关系式 $\Delta u = \int_{T_1}^{T_2} c_v \mathrm{d}T$ 和 $\Delta h = \int_{T_1}^{T_2} c_p \mathrm{d}T$，或关系式 $\Delta u = c_v \big|_{T_1}^{T_2}(T_2 - T_1)$ 和 $\Delta h = c_p \big|_{T_1}^{T_2}(T_2 - T_1)$ 计算确定，视比热是否为定值而定。并且，定压比热容 c_p 与定容比热容 c_v 之间的关系也满足迈耶公式 $c_p - c_v = R_g$。

二、理想混合气体基本定律

1)分压力定律

如图 5-1，设混合气体有 k 种组分，总压力、总体积和热力学温度分别为 p、V 和 T。在与混合气体具有相同的温度 T 条件下，任一组成气体 i 单独占据总体积 V 时所产生的压力称为分压力，用 p_i 表示。对于理想混合气体，任一组分均属于理想气体，因此有状态方程式

$$p_i V = n_i RT \qquad (5\text{-}1)$$

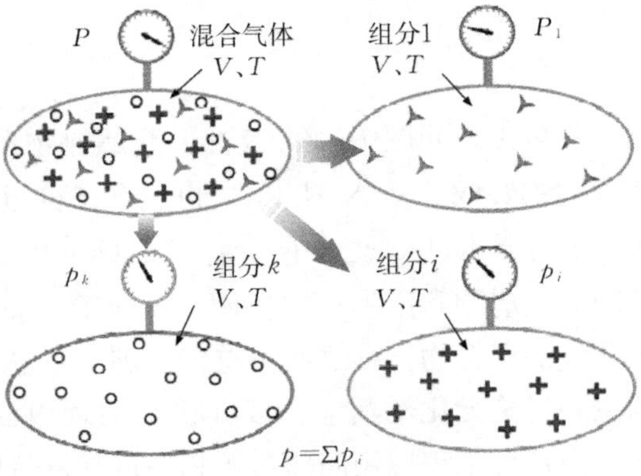

式中，$i = 1, 2, 3, \cdots, k$。针对所有组分的状态方程式求和，可得

图 5-1 混合气体分压力定律示意图

$$\sum_{i=1}^{k}(p_i V) = \sum_{i=1}^{k}(n_i RT) \qquad (5\text{-}2)$$

因为每一组成气体单独占据总体积 V，且温度均为 T，则上式可进一步改写为

$$V\sum_{i=1}^{k} p_i = nRT \qquad (5\text{-}3)$$

式中，$n = \sum n_i$，为混合气体的总物质的量。对比理想混合气体状态方程式可知，混合气体的总压力 p 等于组成气体的分压力 p_i 之和，即

$$p = \sum_{i=1}^{k} p_i \qquad (5\text{-}4)$$

这就是理想混合气体分压力定律，也称为道尔顿定律(Dalton's law of partial pressure)，于 1801 年由英国科学家约翰·道尔顿(J. Dalton)通过实验观察提出。

2)分容积定律

所谓分容积是指，在保持与混合气体相同压力 p 和温度 T 的情况下，任一组成气体单独分离出来时所占有的体积，如图 5-2 所示，分容积用 V_i 表示。对于理想混合气体，任一组分 i 均属于理想气体，因此有状态方程式

$$pV_i = n_i RT \qquad (5\text{-}5)$$

与前相同，式中，$i=1,2,$
$3,\cdots,k$。针对所有组分的状态方
程式求和，可得

$$\sum_{i=1}^{k}(pV_i)=\sum_{i=1}^{k}(n_iRT)$$

$$(5\text{-}6)$$

因为每一组成气体单独分离出
来后的压力与温度仍为 p 和 T，则
上式可进一步改写为

$$p\sum_{i=1}^{k}V_i=nRT \qquad (5\text{-}7)$$

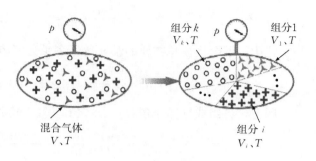

图 5-2　混合气体分容积定律示意图

对比理想混合气体状态方程式可知，混合气体的总容积 V 等于组成气体的分容积
V_i 之和，即

$$V=\sum_{i=1}^{k}V_i \qquad (5\text{-}8)$$

这就是理想混合气体分容积定律。

第二节　混合气体的成分表示法

混合气体的性质与各组分的含量比例有关。一般把组成气体的含量与混合气体总
量的比值称为混合气体的组分成分。混合气体的成分有三种表示法：质量分数、摩尔
分数和体积分数。

一、质量分数

设混合气体由 k 种气体组成，则组分 i 的质量分数 w_i 为组分 i 的质量 m_i 与混合气
体总质量 m 之比，即

$$w_i=\frac{m_i}{m}\,(\,i=1,2,3,\cdots,k\,) \qquad (5\text{-}9)$$

式中，混合气体总质量 m 等于各组分气体质量 m_i 之和，即

$$m=m_1+m_2+m_3+\cdots+m_k=\sum_{i=1}^{k}m_i \qquad (5\text{-}10)$$

因此，各组成气体质量分数 w_i 之和为 1，其数学表达式如下：

$$\sum_{i=1}^{k}w_i=\sum_{i=1}^{k}\frac{m_i}{m}=\frac{m_1+m_2+m_3+\cdots+m_k}{m}=1 \qquad (5\text{-}11)$$

二、摩尔分数

组分 i 的摩尔分数 x_i 为组分 i 的物质的量 n_i 与混合气体总物质的量 n 之比，即

$$x_i = \frac{n_i}{n} \ (\ i = 1,\ 2\ ,\ 3\ ,\cdots,\ k\ ) \tag{5-12}$$

式中，混合气体总物质的量 n 等于各组分气体物质的量 n_i 之和，即

$$n = n_1 + n_2 + n_3 + \cdots + n_k = \sum_{i=1}^{k} n_i \tag{5-13}$$

因此，各组成气体摩尔分数 x_i 之和为 1，其数学表达式如下：

$$\sum_{i=1}^{k} x_i = \sum_{i=1}^{k} \frac{n_i}{n} = \frac{n_1 + n_2 + n_3 + \cdots + n_k}{n} = 1 \tag{5-14}$$

三、体积分数

组分 i 的体积分数 φ_i 为组分 i 的分体积 V_i 与混合气体总体积 V 之比，即

$$\varphi_i = \frac{V_i}{V} \ (i = 1,\ 2\ ,\ 3\ ,\cdots k\ ) \tag{5-15}$$

式中，混合气体总体积 V 等于各组分气体分体积 V_i 之和，即

$$V = V_1 + V_2 + V_3 + \cdots + V_k = \sum_{i=1}^{k} V_i \tag{5-16}$$

因此，各组成气体体积分数 φ_i 之和为 1，其数学表达式如下：

$$\sum_{i=1}^{k} \varphi_i = \sum_{i=1}^{k} \frac{V_i}{V} = \frac{V_1 + V_2 + V_3 + \cdots + V_k}{V} = 1 \tag{5-17}$$

四、三种成分的换算关系

根据体积分数的定义有

$$\varphi_i = \frac{V_i}{V} = \frac{V_{m,\ i} n_i}{V_m n} \tag{5-18}$$

式中，$V_{m,\ i}$ 为组分 i 的摩尔体积，V_m 为混合气体的摩尔体积。

再根据阿伏加德罗定律，同温、同压时，任何气体的摩尔体积都相等，即 $V_{m,\ i} = V_m$，所以

$$\varphi_i = \frac{V_i}{V} = \frac{n_i}{n} = x_i \tag{5-19}$$

因此，混合气体中，各组成气体的体积分数等于其摩尔分数。

质量分数 w_i 和摩尔分数 x_i 之间的换算关系为

$$x_i = \frac{n_i}{n} = \frac{m_i / M_i}{m / M_{eq}} = \frac{M_{eq}}{M_i} w_i \tag{5-20}$$

考虑到 $R = M_i R_{g,\ i} = M_{eq} R_{g,\ eq}$，所以还有

$$x_i = \frac{R_{g,\ i}}{R_{g,\ eq}} w_i \tag{5-21}$$

根据式 (5-1) 和混合气体状态方程式 $pV = nRT$，还可得出

$$x_i = \frac{p_i}{p} \tag{5-22}$$

也就是说，组成气体的分压力等于混合气体的总压力与该气体摩尔分数（或体积分数）的乘积。

第三节　理想混合气体的性质计算

本节将讨论的理想混合气体性质包括摩尔质量、气体常数、比热容、热力学能、焓和熵。所谓性质计算，就是依据组成气体的性质参数和成分计算混合气体的性质参数。

一、理想混合气体的摩尔质量和气体常数

工程上把理想混合气体看作是某种等效的理想气体，混合气体的摩尔质量是混合气体质量 m 与物质的总物质的量 n 之比，用 M_{eq} 表示。因此有

$$M_{eq} = \frac{m}{n} = \frac{\sum_{i=1}^{k} m_i}{n} \tag{5-23}$$

因为 $m_i = n_i M_i$，当已知混合气体中各组分的摩尔分数 x_i 和摩尔质量 M_i 时，上式可改写如下：

$$M_{eq} = \frac{\sum_{i=1}^{k} n_i M_i}{n} = \sum_{i=1}^{k} x_i M_i \tag{5-24}$$

即混合气体的摩尔质量可以表示为各组分摩尔分数 x_i 与摩尔质量 M_i 的乘积之和。

由于 $n = n_1 + n_2 + n_3 + \cdots + n_k$，所以又有

$$\frac{m}{M_{eq}} = \frac{m_1}{M_1} + \frac{m_2}{M_2} + \frac{m_3}{M_3} + \cdots + \frac{m_k}{M_k} \tag{5-25}$$

因此，当已知混合气体中各组分的质量分数 w_i 时，混合气体的摩尔质量又可表示为

$$M_{eq} = \frac{1}{\sum_{i=1}^{k} w_i / M_i} \tag{5-26}$$

基于关系式 $R = M_{eq} R_{g,\,eq}$，当已知混合气体摩尔质量 M_{eq} 时，混合气体常数可按下式计算

$$R_{g,\,eq} = R / M_{eq} \tag{5-27}$$

二、理想混合气体的比热容

根据比热容的定义，理想混合气体的比热容就是单位物量的理想混合气体温度升高一度所需吸收的热量。理想混合气体的比热容同样有质量比热容、摩尔比热容或容

积比热容之分。温度也可以取不同的单位，如℃、K、F 等。

若各组成气体的质量比热分别为 c_1、c_2、$\cdots$、c_k，则温度升高 $\mathrm{d}T$ 时，各组成气体所需吸收的热量为

$$\delta Q_i = c_i m_i \mathrm{d}T \ (\ i = 1,\ 2,\ 3,\ \cdots,\ k\ ) \tag{5-28}$$

理想混合气体的总吸热量实际上就是各组成气体吸热量之和，因此

$$\delta Q = \sum_{i=1}^{k} c_i m_i \mathrm{d}T \tag{5-29}$$

所以，理想混合气体的质量比热容为

$$c = \frac{\delta Q}{m \mathrm{d}T} = \sum_{i=1}^{k} c_i \frac{m_i}{m} \mathrm{d}T = \sum_{i=1}^{k} c_i w_i \tag{5-30}$$

按照类似的分析过程，也可得出理想混合气体摩尔比热和容积比热的计算关系式如下：

$$c_\mathrm{m} = \sum_{i=1}^{k} c_{\mathrm{m},\,i} x_i \tag{5-31}$$

$$c' = \sum_{i=1}^{k} c'_i \varphi_i \tag{5-32}$$

式中，$c_{\mathrm{m},\,i}$ 和 c'_i 分别为组分 i 的摩尔比热和容积比热。国际单位制中，质量比热、摩尔比热和容积比热的单位分别是 J/(kg·K)、J/(mol·K) 和 J/(m³·K)。如果采用不同的能量、物量和温度单位，应该注意数值的换算。理想混合气体定压比热和定容比热之间的关系也遵循迈耶公式。

三、理想混合气体的热力学能、焓和熵

总热力学能、焓和熵均是广延性参数，具有可加性。因此，混合气体的总热力学能 U 等于各组成气体的热力学能 U_i 之和，即

$$U = \sum_{i=1}^{k} U_i \tag{5-33}$$

混合气体的质量比热力学能 u 和摩尔比热力学能 u_m 则为

$$u = \frac{U}{m} = \sum_{i=1}^{k} \frac{m_i u_i}{m} = \sum_{i=1}^{k} w_i u_i \tag{5-34}$$

$$u_\mathrm{m} = \frac{U}{n} = \sum_{i=1}^{k} \frac{n_i u_{\mathrm{m},\,i}}{n} = \sum_{i=1}^{k} x_i u_{\mathrm{m},\,i} \tag{5-35}$$

式中，u_i、$u_{\mathrm{m},\,i}$ 分别为组分 i 的质量与摩尔比热力学能。

同样地，混合气体的总焓 H 或总熵 S 也等于各组成气体的焓 H_i 或熵 S_i 之和，即

$$H = \sum_{i=1}^{k} H_i \tag{5-36}$$

$$S = \sum_{i=1}^{k} S_i \tag{5-37}$$

因此，混合气体的质量比焓 h 和摩尔比焓 h_m 分别为

$$h = \frac{H}{m} = \sum_{i=1}^{k} \frac{m_i h_i}{m} = \sum_{i=1}^{k} w_i h_i \tag{5-38}$$

$$h_{\mathrm{m}} = \frac{H}{n} = \sum_{i=1}^{k} \frac{n_i h_{\mathrm{m}, i}}{n} = \sum_{i=1}^{k} x_i h_{\mathrm{m}, i} \qquad (5\text{-}39)$$

式中，h_i、$h_{\mathrm{m}, i}$ 分别为组分 i 的质量与摩尔比焓。混合气体的质量比熵 s 和摩尔比熵 s_{m} 分别为

$$s = \frac{S}{m} = \sum_{i=1}^{k} \frac{m_i s_i}{m} = \sum_{i=1}^{k} w_i s_i \qquad (5\text{-}40)$$

$$s_{\mathrm{m}} = \frac{S}{n} = \sum_{i=1}^{k} \frac{n_i s_{\mathrm{m}, i}}{n} = \sum_{i=1}^{k} x_i s_{\mathrm{m}, i} \qquad (5\text{-}41)$$

式中，s_i、$s_{\mathrm{m}, i}$ 分别为组分 i 的质量与摩尔比熵。

值得注意的是，对于理想气体，比热力学能和比焓都是温度的单值函数，而比熵则不是。因此，在计算理想混合气体中各组分气体的比热力学能和比焓时，不必考虑混合气体压力和成分变化的影响。然而，在计算理想混合气体中各组分的比熵时，虽然第三章给出的公式仍然适用，但气体压力应取组分的分压力，比体积则应按组分占混合气体总体积计算。因此，理想混合气体的比热力学能和比焓仅仅是温度和组成成分的函数，而比熵则还是混合气体总压力的函数。

【例题 5-1】O_2、N_2 和 CO_2 组成的混合气体，三种气体的分体积之比是 $5:3:2$，总压力为 0.1 MPa，试计算混合气体的摩尔质量、气体常数和各组成气体的分压力。

【解】由三种气体的体积之比是 $5:3:2$，可知三种气体的摩尔分数分别为 50%、30% 和 20%。则混合气体的摩尔质量为

$$
\begin{aligned}
M_{\mathrm{eq}} &= \sum_{i=1}^{k} x_i M_i \\
&= 0.5 \times 32.000 + 0.3 \times 28.014 + 0.2 \times 44.011 \\
&= 33.206 (\mathrm{g/mol})
\end{aligned}
$$

气体常数为

$$R_{\mathrm{g, eq}} = \frac{R}{M_{\mathrm{eq}}} = \frac{8.314}{33.206 \times 10^{-3}} = 250.38 [\mathrm{J/(kg \cdot K)}]$$

由式(5-22)可知 $p_i = x_i p$。因此，各组成气体的分压力为

$$p_{O_2} = x_{O_2} p = 0.5 \times 0.1\ \mathrm{MPa} = 0.05\ \mathrm{MPa}$$

$$p_{N_2} = x_{N_2} p = 0.3 \times 0.1\ \mathrm{MPa} = 0.03\ \mathrm{MPa}$$

$$p_{CO_2} = x_{CO_2} p = 0.2 \times 0.1\ \mathrm{MPa} = 0.02\ \mathrm{MPa}$$

【例题 5-2】已知某烟气中含有 CO_2、O_2、H_2O 和 N_2，质量分数分别为 16%、6%、6% 和 72%，试计算混合气体的摩尔质量、气体常数和摩尔分数。

【解】由式(5-26)求摩尔质量

$$
\begin{aligned}
M_{\mathrm{eq}} &= \frac{1}{\sum_{i=1}^{k} w_i / M_i} = \frac{1}{w_{CO_2} / M_{CO_2} + w_{O_2} / M_{O_2} + w_{H_2O} / M_{H_2O} + w_{N_2} / M_{N_2}} \\
&= \frac{1}{0.16/44.011 + 0.06/32.000 + 0.06/18.016 + 0.72/28.014} = 28.952\ (\mathrm{g/mol})
\end{aligned}
$$

由式(5-27)求气体常数

$$R_{g,eq} = R/M_{eq}$$
$$= 8.314/28.952 \times 10^{-3}$$
$$= 287.16 \times 10^{-3} [J/(kg \cdot K)]$$

由式(5-20)得各组分摩尔分数为

$$x_{CO_2} = \frac{M_{eq}}{M_{CO_2}} w_{CO_2} = \frac{28.952 \times 10^{-3}}{44.011 \times 10^{-3}} \times 0.16 = 0.105$$

$$x_{O_2} = \frac{M_{eq}}{M_{O_2}} w_{O_2} = \frac{28.952 \times 10^{-3}}{32.000 \times 10^{-3}} \times 0.06 = 0.054$$

$$x_{H_2O} = \frac{M_{eq}}{M_{H_2O}} w_{H_2O} = \frac{28.952 \times 10^{-3}}{18.016 \times 10^{-3}} \times 0.06 = 0.096$$

$$x_{N_2} = \frac{M_{eq}}{M_{N_2}} w_{N_2} = \frac{28.952 \times 10^{-3}}{28.014 \times 10^{-3}} \times 0.72 = 0.744$$

【例题 5-3】质流率为 3 mol/s 的 CO_2、2 mol/s 的 N_2 和 4.5 mol/s 的 O_2 三股气流稳定地流入总管道混合。设：混合前后压力和温度相同，均为 0.7 MPa 和 76.85 ℃，对应状态下 CO_2、N_2 和 O_2 的摩尔比焓分别为 11 399.75 J/mol、10 182.15 J/mol、10 223.1 J/mol，且混合前后流体的动能和位能变化量可以忽略不计，试计算：（1）混合气流中各组分的分压力；（2）混合气流的焓流率 $\dot{H}$、混合过程焓流率变化量 $\Delta\dot{H}$；（3）混合过程熵流率的变化量 $\Delta\dot{S}$；（4）若三股气流为同种气体，混合过程熵流率的变化量。

【解】(1)根据给定条件可求得混合物的质流率为

$$\dot{n} = \sum \dot{n}_i = \dot{n}_{CO_2} + \dot{n}_{N_2} + \dot{n}_{O_2} = 3 + 2 + 4.5 = 9.5 (mol/s)$$

因此，混合气流中各组分气体的摩尔分数分别为

$$x_{CO_2} = \frac{\dot{n}_{CO_2}}{\dot{n}} = \frac{3}{9.5} = 0.315\,8$$

$$x_{N_2} = \frac{\dot{n}_{N_2}}{\dot{n}} = \frac{2}{9.5} = 0.210\,5$$

$$x_{O_2} = \frac{\dot{n}_{O_2}}{\dot{n}} = \frac{4.5}{9.5} = 0.473\,7$$

于是，可求得混合气流中各组分的分压力为

$$p_{CO_2} = x_{CO_2} p = 0.315\,8 \times 0.7 \text{ MPa} = 0.221\,1 \text{ MPa}$$
$$p_{N_2} = x_{N_2} p = 0.210\,5 \times 0.7 \text{ MPa} = 0.147\,4 \text{ MPa}$$
$$p_{O_2} = x_{O_2} p = 0.473\,7 \times 0.7 \text{ MPa} = 0.331\,6 \text{ MPa}$$

(2)混合过程，热交换量和轴功均为零，即 $Q=0$，$W_s=0$。又忽略进出口动能和位能差，则进出口总焓流率差为零，即

$$\Delta\dot{H} = 0 \text{ 或 } \dot{H} = \sum \dot{H}_i$$

因此，混合气流的摩尔比焓为

$$h_m = \frac{\dot{H}}{\dot{n}} = \sum_{i=1}^k \frac{\dot{n}_i h_{m,i}}{\dot{n}} = \sum_{i=1}^k x_i h_{m,i}$$

$$= 0.315\ 8 \times 11\ 399.75 + 0.210\ 5 \times 10\ 182.15 + 0.473\ 7 \times 10\ 223.1$$

$$= 10\ 586.07 (J/mol)$$

则总的焓流率为

$$\dot{H} = \dot{n} h_m = 9.5\ mol/s \times 10\ 586.07\ J/mol = 100\ 567.67\ J/s$$

（3）因为混合后温度不变，混合前后各组成气体的摩尔比熵变化量为 $\Delta s_{m,i} = -R \ln \frac{p_i}{p} = -R \ln x_i$。混合前后总熵流率的变化量为各组成气体熵流率的变化量之和，因此有

$$\Delta \dot{S} = -R \sum \dot{n}_i \ln x_i$$

$$= -8.314 \times (3 \times \ln 0.315\ 8 + 2 \times \ln 0.210\ 5 + 4.5 \times \ln 0.473\ 7)$$

$$= 82.64 [kJ/(k \cdot s)]$$

（4）若为三股同种气体混合，混合前后气体的压力和温度均不发生变化，则 $\Delta s_{m,i} = 0$，总的熵流率变化量也为零，即 $\Delta \dot{S} = 0$。

第四节　湿空气性质

大气运动、空气调节、物料干燥、蒸发冷却过程中，不仅空气的温度和压力可能发生变化，水蒸气含量也可能发生变化。所有这些变化将显著影响过程中的能量转换关系。要掌握这些关系，首先需要理解湿空气的性质。本节将介绍湿空气的概念和性质。

一、湿空气的概念

湿空气是含有水蒸气的空气，而干空气则不含有水蒸气。地球上干空气的成分通常是一定的，但也会随时间、地理位置、海拔、环境污染等因素而产生微小的变化。为便于工程计算，约定标准化干空气摩尔分数（体积分数）如表 5-1 所示。标准化的干空气可以近似当成一种单一气体。按照理想混合气体计算规则，可得干空气的摩尔质量 $M_a = 28.97\ kg/mol$，气体常数 $R_{g,a} = R/M_a = 8\ 314/28.97 = 287 [J/(kg \cdot k)]$。

表 5-1　标准化干空气的摩尔分数

成分	相对分子量	摩尔分数
O_2	32.000	0.209 5
N_2	28.014	0.780 9
Ar	39.948	0.009 3
CO_2	44.011	0.000 3

由于湿空气中的水蒸气分压力很低（约 $0.000\ 3\sim0.004$ MPa），可以近似当作理想气体。因此，湿空气可以近似当作理想气体混合物，遵循相应的计算规则。

为了描述方便，后面分别以下标 a、v、s 表示干空气、水蒸气和饱和状态的含义。

二、饱和与未饱和湿空气

根据理想混合气体分压力定律，湿空气总压力 p 等于干空气分压力 p_a 和水蒸气分压力 p_v 之和，即

$$p = p_a + p_v \tag{5-42}$$

如果湿空气来自环境大气，总压力就是大气压力 B。

湿空气中的水蒸气，由于温度及含量不同，或者处于饱和状态，或者处于过热状态，因此湿空气有饱和与未饱和之分。干空气与饱和水蒸气组成饱和湿空气，干空气与过热水蒸气则组成未饱和湿空气。对于温度为 t 的湿空气，当水蒸气分压力 p_v 低于干空气温度 t 所对应的饱和水蒸气压力 $p_{v,s}$ 时，湿空气中的水蒸气处于过热状态，如图 5-3 中的 a 点所示。此时，水蒸气密度 ρ_v 也小于饱和水蒸气密度 $\rho_{v,s}$，说明湿空气中的水蒸气含量未达到最大可能的含量。因此，未饱和湿空气具有进一步吸纳水蒸气的能力。

对于未饱和湿空气，如果保持温度不变而增加水蒸气含量，比如向湿空气中注入相同温度的水蒸气，则水蒸气的分压力 p_v 增大。例如，如图 5-3 所示，在 $p\text{-}v$ 图上，水蒸气状态点将沿着定温线 $a\text{-}b$ 向左上方移动，在 $T\text{-}s$ 图上则沿水平线向左移动。当水蒸

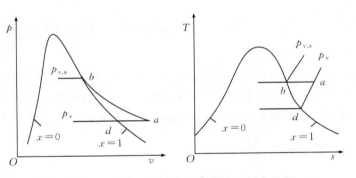

图 5-3　湿空气中水蒸气状态 $p\text{-}v$ 图和 $T\text{-}s$ 图

气分压力 p_v 增大到湿空气温度 t 所对应的饱和水蒸气压力 $p_{v,s}$ 时，如图 5-3 中 b 点所示，水蒸气达到饱和状态，湿空气变成饱和湿空气。此时，湿空气中容纳的水蒸气量已经达到最大，不能再吸纳更多的水蒸气。

对于未饱和湿空气，如果维持水蒸气分压力 p_v 不变而对其进行冷却降温，其状态也将逐渐接近饱和湿空气状态，如图 5-3 中的定压线 $a\text{-}d$ 所示。定压条件下，达到饱和湿空气状态时，如果继续冷却，就会有水蒸气凝结析出，常称为结露。因此，d 点也可称为露点，对应的温度称为露点温度，用 t_d 表示。

对于饱和湿空气，如果保持水蒸气分压力不变而提高其温度，比如对湿空气进行简单的加热，将使对应的水蒸气饱和压力提高，湿空气又将变为未饱和湿空气，重新

获得吸湿能力。相反地，如果降低饱和湿空气温度，将使对应的水蒸气饱和压力降低。此时，湿空气中不断会有水蒸气凝结析出。同时，水蒸气分压力不断下降，但湿空气始终保持为饱和湿空气状态。

三、湿空气的绝对湿度和相对湿度

1 m^3湿空气中所含的水蒸气质量称为绝对湿度，也就是水蒸气密度：

$$\rho_\text{v} = \frac{m_\text{v}}{V} = \frac{1}{v_\text{v}} \tag{5-43}$$

式中，v_v表示水蒸气比容。

绝对湿度并不能完全反映湿空气的潮湿程度或干物能力。例如，对于同样的绝对湿度$\rho_\text{v} = 0.009 \text{ kg/m}^3$，当温度为$25 \text{ ℃}$时，湿空气的饱和水蒸气密度$\rho_\text{v, s} = 0.024\ 4 \text{ kg/m}^3$，远大于$\rho_\text{v}$。此时，湿空气远远没有达到饱和，具有较强的吸湿能力。当温度等于10 ℃，湿空气的饱和水蒸气密度$\rho_\text{v, s} = 0.009\ 4 \text{ kg/m}^3$，非常接近$\rho_\text{v}$，因而吸湿能力非常弱。

相对湿度是绝对湿度与同温度下饱和湿空气的绝对湿度之比，用φ表示，其定义如下：

$$\varphi = \frac{\rho_\text{v}}{\rho_\text{v, max}} = \frac{\rho_\text{v}}{\rho_\text{v, s}} \tag{5-44}$$

若$\varphi = 0$，表明空气中水蒸气含量为零，此时空气为纯粹的干空气；若$\varphi = 1$，则空气为饱和湿空气。相对湿度φ越小，表示空气越干燥，吸湿能力越强。

如果湿空气中水蒸气也符合理想气体性质，则有

$$\varphi = \frac{p_\text{v}/(R_\text{g, v}T)}{p_\text{s}/(R_\text{g, v}T)} = \frac{p_\text{v}}{p_\text{s}} \tag{5-45}$$

也就是说，相对湿度也可以表示成湿空气中水蒸气分压力与同温度下水蒸气饱和压力的比值。

四、含湿量

在某些实际过程中，湿空气常被加湿或除湿。此时，干空气的质量不变，发生变化的仅仅是其中水蒸气的质量。因此，为方便分析计算，工程中引入含湿量的概念。含湿量指单位物量的干空气中所含水蒸气的量，以d来表示，可以定义为

$$d = \frac{m_\text{v}}{m_\text{a}} \tag{5-46}$$

式中，m_v和m_a分别为水蒸气和干空气的质量。含湿量可以看成是无量纲量。但在工程领域中，含湿量的单位习惯性地表示成 kg 水蒸气/kg 干空气，或 g 水蒸气/kg 干空气。为了书写简便，又可简记为 kg/kg(a)或 g/kg(a)。

根据理想气体状态方程式，有

$$m_v = \frac{p_v V}{R_{g,v} T} \text{ 和 } m_a = \frac{p_a V}{R_{g,a} T} \tag{5-47}$$

式中，$R_{g,v} = \dfrac{R}{M_v} = \dfrac{8\ 314}{18.02} = 461[\text{J}/(\text{kg} \cdot \text{k})]$。将式(5-47)代入式(5-46)中，经整理后可得

$$d = 0.622 \times \frac{p_v}{p_a} = 0.622 \times \frac{p_v}{p - p_v} \text{ kg/kg(a)} \tag{5-48}$$

如果湿空气的总压力 p 等于大气压力 B，则上式也可写成

$$d = 0.622 \times \frac{p_v}{B - p_v} \text{ kg/kg(a)} \tag{5-49}$$

该式表明，当大气压力 B 一定时，含湿量和水蒸气的分压力有单值的对应关系。再将式(5-45)代入式(5-48)中，可得

$$d = 0.622 \times \frac{p_v}{p_a} = 0.622 \times \frac{\varphi p_{v,s}}{p - \varphi p_{v,s}} \text{ kg/kg(a)} \tag{5-50}$$

式(5-50)建立了含湿量 d 和相对湿度 φ 之间的关系。

五、湿空气比焓

湿空气比焓定义为单位物量干空气所对应的湿空气总焓值。通常，干空气的物量单位以 kg 记。此时，湿空气比焓等于 1 kg 干空气及所含水蒸气的焓值总和，以 h 表示，即

$$h = \frac{H}{m_a} = \frac{m_a h_a + m_v h_v}{m_a} = h_a + d h_v \tag{5-51}$$

式中，h_a 为 1 kg 干空气的焓，h_v 为 1 kg 水蒸气的焓，d 的单位为 kg/kg(a)。如果 d 的单位是 g/kg(a)，则上式应该修改为 $h = h_a + 0.001 d h_v$。

温度变化范围不大时，可近似取干空气和水蒸气的比热容为常数。同时，如果取 0 ℃ 为干空气和液态水焓值的参考零点，式(5-51)又可写成如下表达式：

$$h = c_{p,a} t + d(r + c_{p,v} t) \tag{5-52}$$

式中，$c_{p,a}$、$c_{p,v}$ 分别为干空气和水蒸气的定压比热容；r 为 0 ℃ 时水的汽化潜热。通常，近似有 $c_{p,a} = 1.005 \text{ kJ}/(\text{kg} \cdot \text{K})$，$c_{p,v} = 1.86 \text{ kJ}/(\text{kg} \cdot \text{K})$，$r = 2\ 501 \text{ kJ/kg}$。

六、比体积

湿空气比体积定义为含有单位物量干空气的湿空气体积，仍然用 v 表示，单位为 m³/kg(a)，计算表达式为

$$v = (1 + d) \frac{R_g T}{p} \tag{5-53}$$

式中，R_g 为湿空气的气体常数。根据混合气体折合气体常数的计算方法，有

$$R_g = \sum w_i R_{g,i} = \frac{1}{1+d} R_{g,a} + \frac{d}{1+d} R_{g,v} = \frac{R_{g,a} + d R_{g,v}}{1+d} \tag{5-54}$$

七、湿球温度与干湿球温度计

相对湿度可以借助干湿球温度计测量确定。干湿球温度计含有两支普通温度计，其中一支的感温球直接和湿空气接触，测得的是干球温度；另一支用湿纱布包扎感温球，测得的温度为湿球温度。干湿球温度计的工作原理简图如图 5-4 所示。如果将湿球温度计置于未饱和湿空气流中，湿球表面水分会不断蒸发，蒸发时吸收汽化潜热，从而使湿球的温度降低。湿球表面的湿空气可以认为是湿球温度下的饱和湿空气。所以，即便湿球表面温度低于主流湿空气温度，湿球表面的水蒸气分压力仍有可能高于未饱和主流湿空气中的水蒸气分压力。因此，水蒸气仍有可能从湿球表面向主流湿空气中扩散传播。随着与主气流之间建立的温度差，主流湿空气也会向湿球表面传热。当这种温差增加到一定程度，主流湿空气传给湿球的热量正好等于湿球表面水分蒸发所吸收的汽化潜热时，湿球温度便稳定下来，这个稳定的温度即湿球温度，常记为 t_{wb}。近似的分析理论证明：稳定工况下，湿球表面湿空气焓值与主流湿空气焓值相等。限于篇幅，不在此详解。基于这种近似等焓假

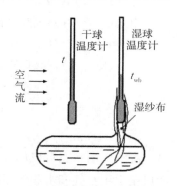

图 5-4　干湿球温度计原理图

设的湿球温度也可称为热力学湿球温度，可通过湿空气焓值及其计算表达式确定。

从上面的分析可知，湿球温度只可能低于干球温度，两者之差称为干湿球温度差。相对湿度越低，干湿球温度差越大。如果湿空气是饱和的，不能容纳更多的水蒸气，湿球上的水分就不能蒸发。这时，稳定情况下的湿球温度和干球温度是相等的，干湿球温度差为零。所以，φ、t_{wb} 和 t 之间有一定的函数关系，依据这些关系可以绘制关系线图或者表格。计算时，再依据 t_{wb} 和 t 查取 φ。气流速度对蒸发和传热过程有影响，因此也会对 φ、t_{wb} 和 t 之间的实际函数关系产生影响。如果不考虑这样的影响，将导致一定的计算误差，比如热力学湿球温度就没有考虑这样的影响。实验表明，当气流速度在 2～10 m/s 范围内时，气流速度的变化对湿球温度计读数的影响很小，计算误差也就很小，甚至可以忽略不计。所以，正确使用干湿球温度计的前提是将其置于通风良好的地方。

【例题 5-4】已知湿空气总压 $p = 0.1$ MPa、温度 $t = 30\ ℃$、水蒸气分压力 $p_v = 1.2$ kPa，求相对湿度、含湿量、湿空气密度和比焓。

【解】查附表 6 得 $t = 30\ ℃$时的饱和水蒸气分压力为

$$p_{v,s} = 4.245\ 1\ \text{kPa}$$

因此，相对湿度

$$\varphi = \frac{p_v}{p_{v,s}} = \frac{1.2}{4.245\ 1} \times 100\% = 28.3\%$$

由式(5-48)可得含湿量

$$d = 0.622 \times \frac{p_v}{p - p_v} = 0.622 \times \frac{1.2}{100 - 1.2} = 0.007\ 555[\text{kg/kg}(a)]$$

由式(5-54)可得湿空气气体常数为

$$R_g = \frac{R_{g,\ a} + dR_{g,\ v}}{1 + d} = \frac{287 + 0.007\ 555 \times 461}{1 + 0.007\ 555} = 288.3[\text{J/(kg} \cdot \text{K)}]$$

由式(5-53)可得湿空气密度

$$\rho = \frac{p}{(1 + d)R_g T} = \frac{0.1 \times 10^6}{(1 + 0.007\ 555) \times 288.3 \times (273.15 + 30)} = 1.135\ 6(\text{kg/m}^3)$$

由式(5-52)可得湿空气比焓

$$h = c_{p,\ a}t + d(r + c_{p,\ v}t) = 1.005 \times 30 + 0.007\ 555 \times (2\ 501 + 1.86 \times 30)$$
$$= 49.41[\text{kJ/kg}(a)]$$

第五节　湿空气焓湿图

　　湿空气的状态可以用 p、t、t_d、t_{wb}、φ、d、p_v 等不同参数表示。因为湿空气被看成是由干空气和水蒸气组成的二元混合物，按照相律，有三个独立的状态参数。选定三个独立参数，再用解析关系可以确定湿空气的其他热力性质参数。当总压力一定时，比如标准大气压下的湿空气，独立参数的个数仅剩两个。利用参数之间的解析关系，也可以绘制出便于工程计算用的线图。利用线图进行工程计算，虽然精度略差，但是比解析法更简便、直观，有助于理解湿空气的性质规律，还有助于启发思维、概念设计和方案的定性比较。线图有焓湿图（h-d 图）、温湿图（t-d 图）、焓温图（h-t 图）等，但最受工程界欢迎的还是焓湿图。本节将介绍焓湿图的绘制规则、等值线簇及其使用方法。

　　通用焓湿图一般以 1 kg 干空气为基准，湿空气的总压力 $p = 0.101\ 325$ MPa，即标准大气压。焓湿图的一个坐标是湿空气的比焓 h，单位为 kJ/kg(a)，另一个坐标是含湿量 d，单位是 g/kg(a)，即 g 水蒸气/(kg 干空气)。为使焓湿图上各曲线簇不至于过分拥挤，两坐标轴的夹角为 $135°$，而不是常见的 $90°$。但是，靠近 d 轴的 $0°\sim45°$ 扇形区范围内几乎没有有效的等值线簇。所以，工程上通用的焓湿图截去了该部分扇形区，仅保留了靠近焓坐标轴的 $90°$ 扇形区范围，使焓湿图看起来像是常见的直角笛卡儿坐标图，方便使用。下面的等值线规律和焓湿图特征描述会有助于进一步理解这种绘图的规则。

　　通用焓湿图由下列四种线簇组成，现对照示意图 5-5 分述如下：

　　1）等湿线与等水蒸气分压力线

　　等湿线，即等含湿量线，由一组平行于纵坐标的直线组成。标准大气压下，含湿量不变，意味着水蒸气分压力不变，这一关系可由式(5-48)看出。因此，等湿线即等水蒸气分压力线。由前面的分析可知，含湿量 d 相同的湿空气也具有相同的露点温度

t_d。所以，等湿线也是等露点温度线。

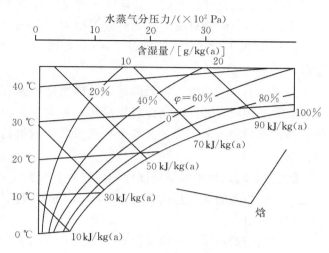

图 5-5　湿空气焓湿图

2）等焓线

等焓线簇是一组与纵坐标轴成 135°夹角的平行直线。

3）等温线

由焓的计算表达式(5-52)可知，当湿空气的干球温度为定值时，h 和 d 之间成线性关系。温度 t 越高，焓的计算表达式中 d 的系数越大，说明等温线斜率越大。因此，等温线是一组互不平行的直线。常用的湿空气图范围内，因为 d 的系数随温度变化不大，所以看起来像平行线。

4）等相对湿度线

等相对湿度线的变化趋势比较复杂，是一组上凸形的曲线。下面给出了定性的分析解释。

参照式(5-50)不难理解，在给定相对湿度的前提下，如果温度不变，含湿量也不会变化，因为水蒸气饱和压力是温度的单值函数，如 $p_{v,s}(t)$。也就是说，在给定相对湿度的前提下，含湿量是温度的单值函数。再参照式(5-52)可知，当含湿量与温度均不发生变化时，焓也不会发生变化。所以，当需要分析等相对湿度线的变化规律时，不妨以温度为参变数，因为此时焓和含湿量均是温度的单值函数。

仔细分析式(5-52)还可以发现：常温范围内，湿空气的焓近似由两个线性部分构成，一部分为干空气的焓，与温度成线性关系；另一部分为水蒸气的焓，与含湿量成线性关系。常温范围内，水蒸气的显热 $1.86t$ 是远远小于水蒸气的汽化潜热（2 501 kJ/kg）的。因此，常温范围内，焓的计算表达也可近似表示为两个线性部分之和，即 $h=1.005t+2\,501d$。

需要注意的是，随着温度的升高，饱和水蒸气压力增加的速度是越来越快的，不是线性关系，是近似的幂函数关系。由式(5-50)可知，随着温度的升高，含湿量增加的速度也是越来越快的。再按照上面的分析，湿空气焓的构成中，仅有一部分与含湿量成正比，另一部分是与温度成正比的。所以，随着温度的升高，焓的增加速度逐渐滞后于含湿量的增加速度，造成等相对湿度线向含湿量坐标轴方向弯曲，形成向上凸起的曲线。

$\varphi=100\%$ 的曲线是饱和湿空气线，它将 h-d 图分成了两个区域：饱和线上面的区域是未饱和湿空气区域，$\varphi<1$；饱和线下面的区域没有实际意义。因为 $\varphi=100\%$ 时，

湿空气已经达到饱和。此时，如果冷却湿空气，其中的水蒸气将凝结为水析出，含湿量减少，湿空气的相对湿度 φ 始终会保持为 100%。

$\varphi = 0$，即干空气状态，这时 $d = 0$。所以，$\varphi = 0$ 时的等相对湿度线和纵坐标轴线重合。

注意：不同的国家，焓湿图的纵、横坐标设置有不同的习惯。欧美习惯于将焓轴设置成横坐标，含湿量轴设置成纵坐标，我国和其他某些国家的习惯则相反。无论如何，两种不同的习惯不会改变各个物理量之间的解析关系，也不会影响工程计算结果的正确性。

【例题 5-5】已知干湿球湿度计的读数为干球温度 $t = 28\ ℃$，湿球温度 $t_{wb} = 19\ ℃$。又已知当时当地的大气压力为 $p = 1\ atm$，用查湿空气图的方法求含湿量、露点温度、相对湿度和焓值。

【解】当干球温度 $t = 28\ ℃$、湿球温度 $t_{wb} = 19\ ℃$ 时，查附图 1 得含湿量 $d = 0.010$ $1\ kg/kg(a)$，露点温度 $t_d = 14.2\ ℃$，相对湿度 $\varphi = 44\%$，比焓 $h = 54\ kJ/kg(a)$。

第六节　湿空气基本热力过程分析

湿空气基本热力过程包括简单加热和冷却过程、绝热加湿过程、等温加湿过程、冷却除湿过程、绝热混合过程、冷却塔工作过程等。掌握这些基本热力过程的分析计算有助于解决更加复杂的工程计算问题，也可为进一步深入学习和研究分析奠定基础。

一、简单加热和冷却过程

湿空气的简单加热或冷却过程中，水蒸气分压力与含湿量均保持不变。因此，在 h-d 图上，过程沿着等湿线方向进行。加热过程中，湿空气温度升高，焓增大，相对湿度减小，如图 5-6 中的过程线

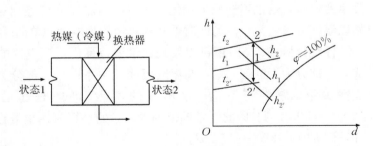

图 5-6　湿空气的简单加热（冷却）过程

1-2 所示。冷却过程中，温度降低，焓减小，相对湿度增大，如图 5-6 中的过程线 1-2′所示。

根据稳定流动能量方程式，对于等压加热或冷却过程，吸热量等于焓差，即

$$q = h_2 - h_1 \tag{5-55}$$

式中，h_1、h_2 分别是初、终态湿空气的焓值。

需要注意的是，要实现等湿冷却，必须确保冷却物体表面的温度高于湿空气的露点温度。否则，湿空气中的部分水蒸气将在低温物体表面结露，湿空气的含湿量会

降低。

【例题 5-6】初态 $t_1 = 6$ ℃、$\varphi_1 = 60\%$、$p = 0.1$ MPa 的湿空气以 $\dot{V}_a = 15$ m³/s 的体积流率进入加热装置，加热到出口温度 $t_2 = 30$ ℃。设流动阻力可以忽略不计，求加热器出口相对湿度 φ_2 和加热装置提供的加热量 Q。

【解】根据 $t_1 = 6$ ℃查附表 6 得

$$p_{s1} = 0.935\ 2\ \text{kPa}、h_{v1} = h''(t_1) = 2\ 511.55\ \text{kJ/kg}$$

由式(5-50)可得进口湿空气含湿量

$$d_1 = 0.622 \times \frac{\varphi_1 p_{s1}}{p - \varphi_1 p_{s1}} = 0.622 \times \frac{0.6 \times 0.935\ 2}{100 - 0.6 \times 0.935\ 2} = 0.003\ 51\ [\text{kg/kg(a)}]$$

加热过程是等含湿量过程，所以

$$d_2 = d_1 = 0.003\ 51\ \text{kg/kg(a)}$$

再根据 $t_2 = 30$ ℃查附表 6 得

$$p_{s2} = 4.245\ 1\ \text{kPa}$$

由式(5-50)解得加热器出口湿空气相对湿度

$$\varphi_2 = \frac{d_2 p}{(0.622 + d_2) p_{s2}} = \frac{0.003\ 51 \times 0.1 \times 10^6}{(0.622 + 0.003\ 51) \times 4.245\ 1 \times 10^3} = 13.22\%$$

根据计算所得含湿量，湿空气的折合气体常数为

$$R_g = \frac{R_{g,\ a} + R_{g,\ v} d}{1 + d} = \frac{287 + 461 \times 0.003\ 51}{1 + 0.003\ 51} = 287.6\ [\text{J/(kg·K)}]$$

再按照理想气体状态方程可得湿空气质量流率

$$\dot{m} = \frac{p \dot{V}_a}{R_g T_1} = \frac{1 \times 10^5 \times 15}{287.6 \times (273.15 + 6)} = 18.683\ 8\ (\text{kg/s})$$

其中，干空气的质量流率

$$\dot{m}_a = \frac{\dot{m}}{1 + d} = \frac{18.683\ 8}{1 + 0.003\ 51} = 18.618\ 4\ (\text{kg/s})$$

又因加热过程是等湿过程，可得加热量

$$Q = \dot{m}_a (h_2 - h_1) = \dot{m}_a (c_{p,\ a} + d c_{p,\ v})(t_2 - t_1) = 452.2\ (\text{kW})$$

二、绝热加湿过程

如图 5-7 所示，在绝热条件下向湿空气流中淋水，以增加其含湿量。此时，水分蒸发所需要的热量完全由湿空气提供。因此，经淋水加湿后，湿空气的温度下降，但是焓值近似不变。绝热条件下的淋水加湿也称为绝热加湿。但要注意，要实现绝热加湿，淋水必须是循环水。通常，淋水量需要远大于蒸发水量，因为淋水中仅有一小部分蒸发，大部分将沉降到淋水室底部的水池中。沉降至水池中的水将由循环泵再次吸入，通过循环水管输送至布水器进行循环喷淋。实际上，绝热加湿过程中，要严格地使用循环水是不可能的，因为有一部分水分蒸发，就必须要补充一部分新鲜的水，才能维

持水量平衡。而且，随着
循环水在喷淋过程中的不
断蒸发，矿物质离子等杂
质浓度不断增加，水池底
部会沉淀淤泥。为避免淤
泥沉淀过多，补水量需要
大于水分蒸发量，起到稀
释作用，污泥及剩余的水
量需要通过排污管排出。

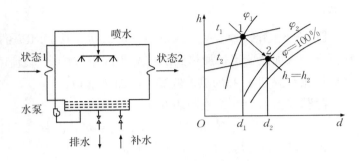

图 5-7　湿空气的绝热加湿过程

由质量守恒定律可知，淋水过程蒸发的水量等于湿空气流中所含水分的增加量

$$W = m_a(d_2 - d_1) \tag{5-56}$$

式中，W 代表淋水过程蒸发的水量，m_a 为干空气质量流量，d_1、d_2 分别为加湿前后湿空气的含湿量。

事实上，绝热加湿过程中，湿空气的焓不是严格不变的，因为增加了水量，会带入水的焓。所以，加湿以后，湿空气的焓略有增加，可以按照下式计算

$$h_2 = h_1 + (d_2 - d_1)h_w \tag{5-57}$$

式中，含湿量差 $d_2 - d_1$ 代表了 1 kg 干空气中增加的水量，h_w 则表示循环水的比焓。$(d_2 - d_1)h_w$ 对湿空气焓的贡献很小，因此

$$h_1 \approx h_2 \tag{5-58}$$

【例题 5-7】例题 5-6 中的出口空气再经淋水装置加湿，使其相对湿度提高到 $\varphi_3 = 40\%$。设淋水加湿过程为绝热加湿，求淋水蒸发量。

【解】绝热加湿过程近似为等焓过程，$h_3 \approx h_2 = 39.12$ kJ/kg。加湿装置出口状态参数（t_3、d_3）满足下列关系式

$$h_3 = c_{p,a}t_3 + d_3 h_3'' \tag{a}$$

$$d_3 = 0.622 \times \frac{\varphi_3 p_{s3}}{p - \varphi_3 p_{s3}} \tag{b}$$

上述方程组需要试算求解（或迭代求解）。首先，试设定 t_3，可查饱和水和水蒸气热力性质参数表（附表 6）得 h_3''、p_{s3}；然后，将已知条件 $\varphi_3 = 40\%$、查表数据或计算结果依次代入式（b）和（a），可得 h_3 的计算结果；最后检查 h_3 的计算结果与已知条件 39.12 kJ/kg 是否相等，如果不相等，则调整 t_3 的假设值，重复上述试算步骤，直至计算结果与已知条件一致为止。通过试算得到 $t_3 = 22.0$ ℃。下面校核试算结果并计算淋水蒸发量。

由 $t_3 = 22.0$ ℃查附表 6 得

$$p_{s3} = 2.644\ 4\ \text{kPa}、h_{v3} = h_3'' = 2\ 540.84\ \text{kJ/kg}$$

由式（b）可得出口湿空气含湿量

$$d_3 = 0.622 \times \frac{\varphi_3 p_{s3}}{p - \varphi_3 p_{s3}} = 0.622 \times \frac{0.4 \times 2.644\ 4\ \text{kPa}}{100\ \text{kPa} - 0.4 \times 2.644\ 4\ \text{kPa}} = 0.006\ 649\ 6\ [\text{kg/kg(a)}]$$

将之代入式（a）可得 h_3 的计算值

$$h_3 = 1.005 \times 22 + 0.006\ 649\ 6 \times 2\ 540.84 = 39.01\ (\text{kJ/kg})$$

与已知值 39.12 kJ/kg 近似相等，说明试算得到了正确解。基于 d_3 的解可进一步求得淋水蒸发量

$$W = \dot{m}_a(d_3 - d_2) = 18.618\ 4 \times (0.006\ 649\ 6 - 0.003\ 51) = 0.058\ 5\ (\text{kg/s})$$

三、等温加湿过程

在湿空气流中，如果不是淋水，而是注入蒸汽，也可以起到加湿作用。比如，通过电蒸汽加湿器，事先将水加热汽化为蒸汽，再通过连接管道送入湿空气流中。由于加湿过程 1 kg 干空气所注入的蒸汽量 $d_2 - d_1$ 很小，即便蒸汽的温度可能远高于湿空气的温度，只要没有冷凝，也就是说，只要湿空气没有达到过饱和，对空气的温度影响就可以忽略不计。因此，注入蒸汽加湿常被当成等温加湿过程处理，如图 5-8 中的过程 1-2 所示。像淋水加湿过程一样，等温加湿过程中所需注入的蒸汽量等于湿空气中水蒸气增量，即

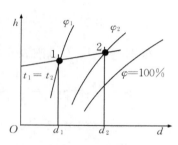

图 5-8　湿空气的等温加湿过程

$$m_v = m_a(d_2 - d_1) \tag{5-59}$$

等温加湿过程中，湿空气的焓是增加的。加湿以后，湿空气的焓可由下式计算：

$$h_2 = h_1 + (d_2 - d_1) h_v \tag{5-60}$$

式中，h_v 则表示水蒸气的比焓，可以按照 $(2\ 501 + 1.86t)$ kJ/kg 进行计算。

四、冷却除湿过程

当冷却湿空气的低温物体表面温度 t_w，比如通有冷媒的换热器表面温度，低于湿空气露点温度 t_d 时，湿空气中的部分水蒸气将在低温物体表面凝结析出，湿空气在冷却过程中不仅温度降低，含湿量也会降低，如图 5-9 中的过程线 1-2 所示，这样的过程就是冷却除湿过程。湿空气冷却除湿过程凝结的水量

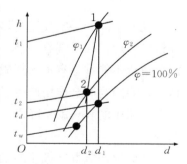

图 5-9　冷却除湿过程

$$-W = m_a(d_1 - d_2) \tag{5-61}$$

冷却除湿过程中，湿空气失去的热量包括显热和潜热两部分，总散热量可按照焓差计算，即 $-Q = m_a(h_1 - h_2)$。但是，这部分热量不是全部由冷媒带走，冷凝水也会带走一部分。冷凝水带走的部分为 $m_a(d_1 - d_2)h_1$，其中 h_1 为冷凝水比焓。因此，冷媒要承担的冷负荷为

$$Q = m_a \left[(h_1 - h_2) - (d_1 - d_2) h_1 \right] \tag{5-62}$$

通常的工程实践中，计算精度要求并不是很高，冷凝水带走的热量往往可以忽略不计。那么，冷媒承担的冷负荷就可近似按照湿空气的总焓差计算。

【例题 5-8】 $p = 0.1$ MPa、$\varphi_1 = 60\%$、$t_1 = 32$ ℃的湿空气，以 $\dot{m}_a = 1.5$ kg(a)/s 的质量流率进入制冷设备的蒸发盘管，被冷却去湿，以 15 ℃的饱和湿空气状态离开。求每秒钟的凝水量及放热量。

【解】 $t_1 = 32$ ℃，查附表 6 并用插值法计算得

$$p_{s1} = 4.757\ 4 \text{ kPa}、h_{v1} = h''_1 = 2\ 558.96 \text{ kJ/kg}$$

由式(5-50)可得进口湿空气含湿量

$$d_1 = 0.622 \times \frac{\varphi_1 p_{s1}}{p - \varphi_1 p_{s1}} = 0.622 \times \frac{0.6 \times 4.757\ 4}{100 - 0.6 \times 4.757\ 4} = 0.018\ 28 [\text{kg/kg(a)}]$$

根据 $t_2 = 15$ ℃查附表 6 得

$$p_{s2} = 1.705\ 3 \text{ kPa}、h_{v2} = h''_2 = 2\ 528.07 \text{ kJ/kg}$$

由式(5-50)可得出口湿空气含湿量

$$d_2 = 0.622 \times \frac{\varphi_2 p_{s2}}{p - \varphi_2 p_{s2}} = 0.622 \times \frac{1 \times 1.705\ 3}{100 - 1 \times 1.705\ 3} = 0.010\ 79 [\text{kg/kg(a)}]$$

再由式(5-51)可得进、出口湿空气比焓分别为

$$h_1 = c_{p,a} t_1 + d_1 h_{v1} = 1.005 \times 32 + 0.018\ 28 \times 2\ 558.96 = 78.94 (\text{kJ/kg})$$

$$h_2 = c_{p,a} t_2 + d_2 h_{v2} = 1.005 \times 15 + 0.010\ 79 \times 2\ 528.07 = 42.35 (\text{kJ/kg})$$

于是，由式(5-61)可得冷却过程除去的水量

$$-W = \dot{m}_a (d_1 - d_2) = 1.5 \times (0.018\ 28 - 0.010\ 79) = 0.011\ 2 (\text{kg/s})$$

而冷却过程总散热量则为

$$-Q = \dot{m}_a (h_1 - h_2) = 1.5 \times (78.94 - 42.35) = 54.9 (\text{kW})$$

五、绝热混合过程

几股不同的湿空气流绝热混合时，混合过程服从能量守恒以及干空气和水分质量守恒的原理。如果混合过程没有水蒸气凝结析出，混合前后总的水蒸气量是相等的。混合过程不能排除有水蒸气凝结析出的可能，比如大气中热湿气流与寒冷的空气流相遇时，会因为混合作用产生过饱和现象，从而伴随过饱和水蒸气的凝结析出，这种现象在气象中的表现就是降雨。限于篇幅，本书不讨论混合过程中有水蒸气凝结析出的情况。

下面以两股湿空气流的绝热混合为例，如图 5-10(a)所示，介绍绝热混合的计算规则。工程上，湿空气混合的目的是调节湿空气的状态。因此，混合器进出口动能和位能的变化量均可忽略不计，轴功交换为零，混合前后湿空气的总焓不变、干空气的总质量不变，水蒸气的总质量也不变。于是，有以下守恒方程：

$$m_{a3} = m_{a1} + m_{a2} \tag{5-63}$$

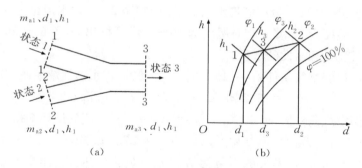

图 5-10　绝热混合过程

$$m_{a3}d_3 = m_{a1}d_1 + m_{a2}d_2 \tag{5-64}$$

$$m_{a3}h_3 = m_{a1}h_1 + m_{a2}h_2 \tag{5-65}$$

联立以上三式，可得

$$\frac{h_3 - h_1}{d_3 - d_1} = \frac{h_2 - h_3}{d_2 - d_3} \tag{5-66}$$

上式左侧代表了在 h-d 图上过程线 1-3 的斜率，右侧代表了过程线 2-3 的斜率。两个过程的斜率相等，可以判定状态 1、2 和 3 在同一条直线上。上式还可以写成

$$\frac{m_{a1}}{m_{a2}} = \frac{d_2 - d_3}{d_3 - d_1} = \frac{h_2 - h_3}{h_3 - h_1} = \frac{\overline{23}}{\overline{31}} \tag{5-67}$$

由此可见，点 3 将线段 $\overline{12}$ 按照比例 $\overline{23} : \overline{31} = m_{a1} : m_{a2}$ 进行分割。

六、冷却塔的工作过程

工业生产过程中会产生废热，常需要用冷却水来带走。冷却水吸热后温度升高，为节约水资源，需要降温后循环利用。一般采用冷却塔对吸热后的冷却水进行降温处理，其工作原理是：在冷却塔中，水与来自大气环境的未饱和湿空气直接接触，致使部分水分蒸发，蒸发后的水分被湿空气带走，排向大气。水分蒸发时，吸收汽化潜热，使冷却水降温。同时，如果湿空气的温度低于水温，还有显热从冷却水传递至湿空气，加强水的

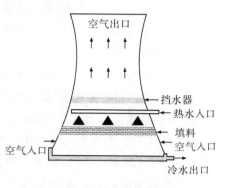

图 5-11　冷却塔示意图

冷却效果。图 5-11 为一自然通风冷却塔示意图。水通过布水系统自上而下进行喷淋，与自下而上的未饱和湿空气直接接触，实现热质交换。冷却塔中的填料用以增大湿空气和水的接触面积及接触时间，增强热质交换效果。热质交换过程中，湿空气升温、增湿、焓值增大，出口湿空气或可接近饱和状态。冷却塔的形式和种类繁多，限于篇幅，在此不一一列举。下面通过一个例题介绍冷却塔的计算原理。

【例题 5-9】 如图 5-11，冷却塔将水从 38 ℃冷却至 23 ℃，水流量为 10^5 kg/h。从塔底进入的湿空气温度为 15 ℃，相对湿度为 50%。塔顶排出 30 ℃的饱和湿空气。求需要送入的湿空气流量和蒸发的水量。

【解】 按照进口湿空气条件 $t_1 = 15$ ℃，$\varphi_1 = 50\%$ 查水蒸气焓熵图[①]得：

$$h_1 = 28.2 \text{ kJ/kg(a)}, d_1 = 5.2 \text{ g/kg(a)}$$

按照出口湿空气条件 $t_2 = 30$ ℃，$\varphi_2 = 100\%$，查水蒸气焓熵图得：

$$h_2 = 99.0 \text{ kJ/kg(a)}, d_1 = 27.3 \text{ g/kg(a)}$$

设所需空气量为 m_a，蒸发的水量为 W，水流量、比热及进出口水温分别用 m_w、$c_{p,w}$、t_{w1}、t_{w2} 表示，则湿空气流量计算结果为

$$m_a = \frac{m_w c_{p,w}(t_{w1} - t_{w2})}{h_2 - h_1} = \frac{10^5 \times 4.2 \times (38-23)}{(99.0 - 28.2)}$$
$$= 8.90 \times 10^4 [\text{kg(a)/h}]$$

蒸发水量为

$$W = m_a(d_2 - d_1) = 8.90 \times 10^4 \times (27.3 - 5.2) \times 10^{-3} = 1.97 \times 10^3 (\text{kg/h})$$

思考题

1. 凡质量分数较大的组成气体，其摩尔分数是否也一定较大？试举例说明之。

2. 分体积定律和分压力定律适用于实际气体吗？为什么？

3. 理想混合气体处于平衡状态时，各组成气体的温度是否相同？分压力是否相同？

4. 理想混合气体中某组成气体的摩尔质量小于混合气体的摩尔质量，该组成气体在混合气体中的质量分数是否一定小于容积分数？为什么？

5. 迈耶公式 $c_p - c_v = R_g$ 是否适用于理想混合气体？

6. 理想混合气体中，如果已知两种组分 A 和 B 的摩尔质量关系是 $M_A > M_B$，能否断定质量分数 $w_A > w_B$？

7. 绝对湿度大的湿空气，是不是相对湿度也一定大？为什么？

8. 能不能用绝对湿度衡量湿空气的吸湿能力？

9. 相对湿度越大含湿量越高，这种说法正确吗？

10. 湿空气可以近似看成理想混合气体。因此，湿空气含湿量（比湿度）越大，湿空气的折合分子量（摩尔质量）也越大。请问这个结论正确吗？为什么？

11. 在我国南方地区，春季里很多时候气温比秋冬之交时节的气温高。可是，秋冬之交时节，湿衣物往往容易自然晾干，而春季很多时候则不容易晾干，这是为什么？

12. 请结合湿空气露点温度的定义解释降雾、结露、结霜现象，说明它们的发生条件。

13. 要用吹风机吹干湿头发，为什么要先加热空气呢？不加热空气会是什么效果？

---

① 详见严家騄等著的《水和水蒸气热力性质图表》（第 4 版），高等教育出版社，2021。

14. 针对未饱和湿空气与饱和湿空气，分别判断干球温度、湿球温度、露点温度三者的相对大小关系。

练习题

1. 某理想混合气体含有 7 mol 的 N_2 和 3 mol 的 O_2，压力为 0.2 MPa，温度为 320 K，试计算该混合气体的：(1)总质量；(2)两种组分气体的摩尔分数和质量分数；(3)折合分子量和质量气体常数；(4)体积。

2. 假设天然气可当成理想混合气体，并已知天然气中各组分的体积分数：$\varphi_{CH_4} = 97\%$，$\varphi_{C_2H_6} = 0.5\%$，$\varphi_{CO_2} = 0.5\%$，$\varphi_{N_2} = 2\%$。求：(1)天然气在标准状态下的密度；(2)各组分气体在标准状态下的分压力。

3. 已知混合气体中 CO_2、N_2、O_2 的摩尔分数分别为 $x_1 = 0.35$、$x_2 = 0.45$、$x_3 = 0.2$，混合气体温度 $T = 330$ K，压力 $p = 1.4$ bar。试求：(1)$V = 5$ m^3 的混合气体质量；(2)标准状态下混合气体的体积。

4. 若某理想混合气体中各组分气体的体积分数分别为 $\varphi_{CO_2} = 0.4$，$\varphi_{N_2} = 0.2$，$\varphi_{O_2} = 0.4$。混合气体温度 $t = 50$ ℃，表压力 0.4 MPa，当地大气压力计上水银柱高度为 750 mmHg，求：(1)各组分的分压力；(2)该种混合气体体积为 6 m^3 时的质量；(3)混合气体在标准状态下的比体积。

5. 设由 N_2 和 O_2 构成的混合气体，在温度和压力分别为 300 K 和 1 MPa 时，密度为 12 kg/m^3。求 N_2 的质量分数。

6. 已知锅炉烟气进入一管束时的温度为 1 500 ℃，出口温度为 1 000 ℃。又已知烟气的体积分数为 $\varphi_{CO_2} = 0.18$，$\varphi_{H_2O} = 0.06$，其余为 N_2。并且假设烟气可以当成理想混合气体，求 1 kmol 烟气经过所述管束时的放热量。

7. N_2 与 O_2 稳定地流过如图 5-12 所示的绝热混合装置。已知 N_2 的摩尔质量为 28 g/mol、进口温度 $t_1 = 25$ ℃、质量流量 $m_1 = 3$ kg/s；O_2 的摩尔质量为 32 g/mol、进口温度 $t_2 = 35$ ℃、质量流量 $m_2 = 2$ kg/s。设 O_2、N_2 及其混合物均可视为理想气体，比热按定值比热计算，求混合气流的摩尔质量和温度。

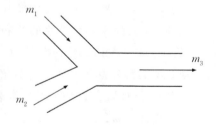

图 5-12　习题 7 附图

8. 大气压下，质量 $m_1 = 45$ kg 的烟气和质量 $m_2 = 55$ kg 的空气进行混合。已知烟气中 N_2、O_2、CO_2、H_2O 的质量分数分别为 $w_1 = 76\%$、$w_2 = 4\%$、$w_3 = 14\%$、$w_4 = 6\%$，空气中 N_2、O_2 的质量成分分别为 $w_1' = 77\%$、$w_2' = 23\%$。试求混合气体的：(1)质量分数；(2)摩尔分数；(3)折合分子量；(4)折合气体常数。

9. 设空气由 N_2 和 O_2 构成，且各组分气体的体积分数为 $\varphi_{N_2} = 0.79$，$\varphi_{O_2} = 0.21$。

若初始压力为 1 bar、温度为 30 ℃、体积为 0.032 m³，经多变过程压缩至压力为 32 bar、体积为 0.002 1 m³。试求：(1)多变指数；(2)压缩机理论耗功；(3)压缩终了空气温度；(4)压缩过程散热量。

10. N_2 和 Ar 的理想混合气体以 50 kg/min 的流量流经一个加热器，混合气体流入加热器时的状态为 40 ℃、1.013×10^5 Pa，流出时为 260 ℃、1.003×10^5 Pa。如果混合气体中 N_2 的摩尔分数为 40%，加入的热流量为多少？

11. 密闭、绝热的刚性容器内部被一绝热隔板分成两部分。一部分装有 200 mol 的 O_2，压力为 0.5 MPa，温度为 300 K；另一部分装有 300 mol 的 N_2，压力为 0.3 MPa，温度为 400 K。现将隔板抽去，使 O_2 与 N_2 均匀混合。设隔板体积可以忽略，O_2 和 N_2 均可视为理想气体，比热容按定值比热计算，求混合后气体的温度与压力，以及混合前后熵的变化量。

12. 设湿空气的温度为 36 ℃，压力为 100 kPa，测得露点温度为 26.5 ℃，求湿空气的相对湿度、含湿量和热力学湿球温度。

13. 设当地大气压力为 0.1 MPa，空气温度为 30 ℃，相对湿度为 80%，试结合查表和解析法求湿空气的含湿量 d、水蒸气分压力 p_v、焓 h 及露点温度 t_d。

14. 两股湿空气在绝热流动过程中混合，一股为 $t_1 = 20$ ℃、$\varphi_1 = 20\%$、干空气质量流量 $m_{a1} = 25$ kg(a)/min，另一股为 $t_2 = 30$ ℃、$\varphi_2 = 60\%$、干空气质量流量 $m_{a2} = 40$ kg(a)/min。如所处压力为标准大气压，试分别用解析法和图解法求混合空气的相对湿度、温度和含湿量。

15. $t_1 = 10$ ℃、$\varphi_1 = 60\%$ 的湿空气，以 $m_1 = 1$ kg(a)/s 的质量流量进入加热器中加热到 $t_2 = 40$ ℃，然后送入喷淋室绝热加湿至 $\varphi_2 = 90\%$。假设压力为标准大气压，求：(1)加热器的加热量；(2)空气在喷淋室中吸收的水分。

16. $t_1 = 40$ ℃、$\varphi_1 = 10\%$ 的湿空气，以 $m_1 = 1$ kg(a)/s 的质量流量进入喷蒸汽加湿段进行加湿至 $\varphi_2 = 25\%$。假设压力为标准大气压，喷蒸汽加湿过程近似为等温过程，求：(1)空气在喷蒸汽加湿段中吸收的水蒸气量；(2)当注入的蒸汽是用电加热器将大气压力下 10 ℃的水加热产生的饱和蒸汽时，电蒸汽加湿器的耗电功率。

17. $p = 0.1$ MPa、$\varphi_1 = 60\%$、$t_1 = 40$ ℃的湿空气，以 $m_{a1} = 4$ kg(a)/s 的质量流量进入制冷设备的蒸发盘管中被冷却除湿。冷却除湿后，离开蒸发盘管的湿空气状态为温度 $t_2 = 20$ ℃，相对湿度 $\varphi_2 = 95\%$。求蒸发盘管内湿空气每秒的冷凝水量 W_{cn} 及放热量 Q_c。

18. 压力为 0.2 MPa、温度为 37 ℃、相对湿度为 50%的湿空气在压缩机内压缩后，压力升至 0.25 MPa。假设湿空气为理想混合气体，压缩过程为等熵绝热过程，求：(1)压缩后湿空气的相对湿度与含湿量；(2)如果经过的是等熵绝热膨胀过程，而不是压缩过程，且膨胀后的压力为 0.16 MPa，试讨论膨胀后湿空气的相对湿度与含湿量的计算方法。

19. 冷却塔将流量为 10^5 kg/h 的冷却水从 38 ℃冷却至 32 ℃。从塔底进入的空气温度为 35 ℃，相对湿度为 50%，塔顶排出的是 33 ℃的饱和湿空气。求需要送入的空气流量和蒸发的水量。

第六章 热力学第二定律

　　热力学第一定律指明了热力过程中能量守恒的规律。但是，能量守恒的规律不是热力过程唯一要遵循的自然规律。换句话说，服从能量守恒规律的过程不一定总是能够实现。比如，热量可以自发地从高温物体向低温物体传递，反之则不可能。因此，仅仅依据能量守恒的原理，有时也难以判断热力过程会朝什么方向进行。实际上，相同量的能量，形式不同，做功能力也不同，这可以理解为能量的品质不同，或简称为能质不同。比如，相同量的机械能和热能，做功能力就不相同。迄今为止，人类的实践发现：相互作用的物体中，总的能质是不断减少的，或者说是不断退化的。热力学第二定律，和热力学第一定律一样，描述了自然规律，但是进一步指明了实际过程的方向性与不可逆性，区分了能量的品质。只有同时服从热力学第一定律和热力学第二定律的热力过程才是有可能实现的过程。本章将分析热力学第二定律的经典表述和实质，阐述相关的理论，包括克劳修斯积分等式和不等式、熵、熵产、㶲、㶲损失，以及相关物理量的分析计算方法。

第一节　热力学第二定律的实质

　　热力学第二定律的实质就是指客观过程的不可逆性。比如，转动的飞轮，如果没有外力的持续推动，最终会停止下来，原因是存在摩擦耗散效应，动能被不断消耗并转换成热能散失到环境中去。相反地，散失到环境中的热能不可能再自发地汇聚起来并且转变成机械能，并重新推动飞轮恢复转动。热量能自发地由高温物体传向低温物体。如果没有其他因素的影响，这种热传递将导致高、低温物体之间的温差不断减少。相反地，热量不可能自发地从低温物体传向高温物体而使高、低温物体之间的温差进一步加大。在无温差扩散条件下，物质总是自发地从高浓度或高分压力区域向低浓度或低分压力区域扩散。如果没有其他因素影响，这种扩散将导致不同区域浓度差或分压力差不断减小。相反地，在无温差扩散条件下，物质不会自发地从低浓度区域或低分压力区域向高浓度区域或高分压力区域扩散而使不同区域的浓度差或分压力差不断增大。上述这些方向性也就说明了客观过程的不可逆性。

热力学第二定律的实质也可以解释为孤立系统内有用能不断耗散、总量不断减少，或者说能质不断退化。有用能是可以百分之百转化为功的能量，不仅包括机械功，也包括电能，因为电能理论上也可以百分之百地转化为机械功。但是，并非所有能量都是有用能。比如，环境大气中蕴藏的热能，人类无法利用它们来做功而不需要消耗其他有用能资源。人们谈到的能源，往往是指有用能资源，比如煤炭、石油、天然气、水力资源、核燃料、生物质能、风能、太阳能、潮汐能、温差能等，也就是其中蕴藏了可以做功的能量资源。但是，有用能的总量是不会增加的，只会不断耗散。比如，煤炭、石油、天然气、生物质等的热值是一定的，如果没有外界有用能的输入，热值不会随着时间的推移而增加。这些能源，如果自燃、风化，热值还会不断减小。水力资源如果任其自由流失，水力能将最终转化为热能散失到环境中，无法实现做功的目的。核燃料裂变过程释放的热能如果不能加以有效利用，也将散失到环境中。风能、太阳能、潮汐能如果不能及时加以利用，最终还是会以热能的形式散失到环境中。地热与环境大气之间的温差如果不能及时加以利用，其做功能力也会因自发的热传递而不断耗散掉。所有这些耗散的有用能均是一去不复返的。总之，大量的自然现象均给了人们非常清楚的启示，有用能只会不断耗散，总量不断减少。

客观过程的不可逆性和有用能的不断耗散规律均体现了热力学第二定律的实质，是热力学第二定律的不同表现形式。历史上，关于热力学第二定律，有不同的表述，下面给出两种经典的表述：

（1）克劳修斯说法（Clausius expression）：热量不能自发地从低温物体向高温物体传递。

（2）开尔文-普朗克说法（Kelvin-Planck expression）：不可能仅从单一热源取热并使之全部转换为有用功而不产生其他的影响。

这两种说法需要进一步分析，方可深入理解。

关于克劳修斯说法，自发的过程意味着没有以消耗其他有用能为代价，或者说不需要其他的自发过程作为补偿。比如，两个温度不同的物体相互接触，热量从高温物体向低温物体传递，是自发的过程。热量可以从低温物体转移至高温物体，但不是自发的过程。要实现这样的非自发过程，需要付出有用能代价，或者说，需要以另一个自发过程作为补偿。比如，制冷、空调领域中的热泵可以实现从低温物体吸热向高温物体放热，但要实现这样的过程，必须消耗电能。消耗的电能最终转化成热能，有用能减少，这就是补偿过程。

开尔文-普朗克说法的含义是：一个热机，如果要做功，不仅要从一个热源吸热，还要向另一个热源放热。更确切地说，有一个高温热源，还需要一个低温热源，热机从高温热源取热，一部分转化为功，但另一部分必须以"废热"的形式释放给低温热源。

否则，热功转换过程是无法实现的。历史上有人想发明永动机：一类不需要消耗能量而又可以持续做功的机器，这是第一类永动机，违反了热力学第一定律。另一类是可以从环境中吸取热能，然后转换为功，功耗散以后转换成热能又回到环境中，如此反复、持续工作的机器。这类永动机设想不违反热力学第一定律，但是违反了热力学第二定律，属于第二类永动机。事实上，两类永动机均无法实现。因此，开尔文-普朗克说法也可以通俗地解释成第二类永动机是造不出来的。

　　克劳修斯说法和开尔文-普朗克说法是热力学第二定律两种不同的表述，可以通过逻辑分析证明其本质是相同的。分析证明之前，先区分一下热机和热泵的功能。热机是从高温热源取热，将其一部分转化为功，另一部分释放给环境或低温热源。比如，内燃机循环中，将燃料燃烧过程释放的一部分热能转换为功，另一部分则通过排气、冷却水散失到环境中。还有热力发电机组、燃气轮机、斯特林发动机等的功能也是一样的。热泵与热机的功能正好相反，热泵是从低温热源取热，向高温热源放热，但是要消耗净功，所以向高温热源的放热量要大于从低温热源的吸热量。像空气能热泵热水器、冰箱、空调、冷库、生物标本低温冷藏箱以及冷链物流中的其他冷藏设施均属于热泵设备，均要服从热泵设备的工作特性。

　　下面结合图 6-1 证明克劳修斯说法与开尔文-普朗克说法的等价性。证明过程需要用到反证法。参照图 6-1（a），热机 E 从高温热源取热 Q_1，向低温热源放热 Q_2，对外做功 W。假设克劳修斯说法不正确，热量就有可能自发地从低温热源传递至高温热源。令这样的传热量为 Q_2，那么热机 E 向低温热源

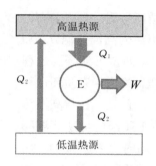
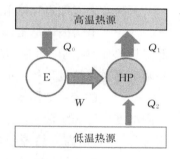

(a)假设克劳修斯说法不正确　　　　(b)假设开尔文-普朗克说法不正确

图 6-1　热力学第二定律的等价性分析

放出的热量就完全被这样的传热方式"送回"高温热源。因此，自发的传热过程与热机联合工作的效果就相当于仅从高温热源取热 Q_1-Q_2，并将其全部转换为功。这样的结论是违反开尔文-普朗克说法的。也就是说，如果克劳修斯说法不正确，则开尔文-普朗克说法也必然不正确。反过来，再假设开尔文-普朗克说法不正确。那么，参照图 6-1（b），热机 E 可将其从高温热源取得的热量 Q_0 全部转化为功 W。如果利用这个热机的输出功驱动一台热泵 HP，使之从低温热源取热 Q_2，向高温热源放热 Q_1。根据能量守恒原理有 $Q_1=Q_2+W$、$W=Q_0$、$Q_1-Q_0=Q_2$。因此，热机 E 和热泵 HP 联合工作的效果是：热量 Q_2 从低温热源传递给高温热源而对外界没有造成任何影响。也就是说，如果开尔文-普朗克说法不正确，热量就可能自发地从低温物体传递给高温物体，违法克劳修斯说法。

上述两个反证过程证明：克劳修斯说法与开尔文-普朗克说法是等价的，违反其中任何一种说法，就必然违反另一种说法。

第二节　卡诺循环与卡诺定理

卡诺循环的性质和定理是热力学第二定律演绎逻辑中的重要理论基础。在此基础上，通过推理可以证明熵参数的存在、熵产与不可逆性的内在联系，进一步可以导出㶲和㶲损失的概念。熵产和㶲损失反映了热力学第二定律的实质和客观过程的方向性。利用熵产和㶲损失分析，有时比利用能量平衡分析更有效地发现热力设备的设计缺陷，从而更有助于提出改进的措施。有一个重要的逻辑问题必须指出：既然卡诺循环的性质和定理是证明熵参数及其性质的基础，那么在分析卡诺循环性质或证明卡诺定理时，就不能以熵及其性质为基础进行分析推导，否则，整个逻辑就没有客观基础。事实上，卡诺循环与卡诺定理的提出时间更早。

一、卡诺循环

下面首先以理想气体卡诺循环为例，介绍卡诺循环的性质。卡诺循环是工作在恒温的高温热源 T_1 和低温热源 T_2 之间的可逆循环，由两个可逆等温过程和两个可逆绝热过程所组成。理想气体卡诺循环过程在 $p\text{-}v$ 图上的表示如图 6-2 所示。首先，在与高温热源同温度（T_1）的条件下，气体工质经历可逆等温膨胀过程 1-2，从高温热源吸热，同时也膨胀做功；然后，气体工质将经历一个可逆绝热膨胀过程 2-3，膨胀做功的同时降低温度，直至与低温热源温度 T_2 相同；接着，气体工质再经历可逆等温压缩过程 3-4，过程中一边被压缩一边释放热能至其温度等于低温热源温度；最后，气体工质经历可逆绝热压缩过程 4-1，至其温度上升至高温热源温度而完成一个循环。

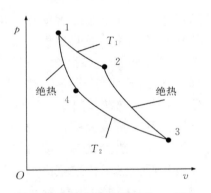

图 6-2　理想气体卡诺循环 $p\text{-}v$ 图

按照理想气体性质，单位质量的工质等温膨胀过程所做膨胀功为

$$w_{1\text{-}2}=\int_{v_1}^{v_2}p\,\mathrm{d}v=\int_{v_1}^{v_2}\frac{R_gT_1}{v}\mathrm{d}v=R_gT_1\ln\frac{v_2}{v_1} \tag{6-1}$$

单位质量的工质等温压缩过程所做膨胀功为

$$w_{3\text{-}4}=\int_{v_3}^{v_4}p\,\mathrm{d}v=\int_{v_3}^{v_4}\frac{R_gT_2}{v}\mathrm{d}v=R_gT_2\ln\frac{v_4}{v_3} \tag{6-2}$$

因为理想气体的热力学能仅仅是温度的单值函数，所以等温过程热力学能变化量为零，即 $\Delta u=0$。再根据能量守恒方程式 $q=\Delta u+w$ 可知，等温过程膨胀功就是过程

的吸热量，即 $q_{1\text{-}2}=w_{1\text{-}2}$，$q_{3\text{-}4}=w_{3\text{-}4}$。因为 2-3、4-1 过程均为绝热过程，与外界无热量交换。所以，单位质量的工质完成一个循环对外输出的净功 $w_0=\oint\delta w=\oint\delta q=q_{1\text{-}2}+q_{3\text{-}4}=w_{1\text{-}2}+w_{3\text{-}4}$。也就是

$$w_0=R_{\mathrm{g}}T_1\ln\frac{v_2}{v_1}+R_{\mathrm{g}}T_2\ln\frac{v_4}{v_3} \tag{6-3}$$

于是，卡诺循环热效率为

$$\eta_{\mathrm{c}}=\frac{w_0}{q_{1\text{-}2}}=\frac{R_{\mathrm{g}}T_1\ln\dfrac{v_2}{v_1}+R_{\mathrm{g}}T_2\ln\dfrac{v_4}{v_3}}{R_{\mathrm{g}}T_1\ln\dfrac{v_2}{v_1}}=1-\frac{T_2\ln\dfrac{v_3}{v_4}}{T_1\ln\dfrac{v_2}{v_1}} \tag{6-4}$$

因为过程 2-3、4-1 均为可逆绝热过程，有 $T_1v_2^{\gamma-1}=T_2v_3^{\gamma-1}$，$T_1v_1^{\gamma-1}=T_2v_4^{\gamma-1}$。结合这两式可得 $\dfrac{v_3}{v_4}=\dfrac{v_2}{v_1}$，再代入公式(6-4)可得卡诺循环热效率为

$$\eta_{\mathrm{c}}=\frac{w_0}{q_{1\text{-}2}}=\frac{R_{\mathrm{g}}T_1\ln\dfrac{v_2}{v_1}+R_{\mathrm{g}}T_2\ln\dfrac{v_4}{v_3}}{R_{\mathrm{g}}T_1\ln\dfrac{v_2}{v_1}}=1-\frac{T_2}{T_1} \tag{6-5}$$

可见卡诺循环热效率与工质无关，仅取决于高、低温热源的温度。热源的温差越大，卡诺循环热效率越高。当高、低温热源的温度相等时，卡诺循环热效率等于 0，说明热动力机不能从单一温度热源取热并将其全部转化为机械功。

卡诺循环是可逆循环，也可以逆向进行。卡诺循环如果逆向进行，称为逆卡诺循环，整个循环过程为：气体工质在与高温热源同温度（T_1）的条件下经历可逆等温压缩放热过程 2-1，然后经历可逆绝热膨胀过程 1-4 至低温热源温度 T_2，再经历低温下的可逆等温膨胀过程 4-3，最后经历可逆绝热压缩过程 3-2 至高温热源温度状态而完成一个循环。逆卡诺循环是制冷循环或热泵循环。卡诺循环和逆卡诺循环均属于可逆循环，卡诺循环的效果完全可以由逆卡诺循环的效果抵消掉。换句话说，在相同的高温热源和低温热源之间，如果卡诺热机的输出功用来驱动卡诺热泵，那么卡诺热机从高温热源取得的热量将由卡诺热泵完全返回，卡诺热机向低温热源放出的热量将由卡诺热泵完全吸走，两者的联合工作对外界不留下任何影响。

二、卡诺定理

卡诺定理阐明了卡诺循环、可逆循环、不可逆循环之间的热效率关系，是热力学中的重要理论基础。卡诺定理包括两个分定理：（1）工作在相同的高温热源和相同的低温热源之间的一切热机，可逆热机的热效率最高，不可逆热机的热效率均低于可逆热机的热效率；（2）工作在相同的高温热源和相同的低温热源之间的所有可逆热机，热效率均相等，均等于卡诺热机的热效率。

卡诺定理的证明如下。首先证明可逆热机与不可逆热机的热效率关系，证明过程需要采用反证法。首先，参照图 6-3 (a)，假设不可逆热机 E_{ir} 的热效率

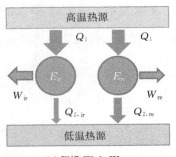
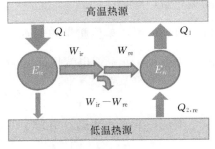

(a)假设 $W_{ir} \geqslant W_{re}$　　　　　(b)设想的联合工作模式

图 6-3　可逆热机与不可逆热机的效率关系分析

高于可逆热机 E_{re} 的热效率。那么，当两个热机从高温热源获取相同热量 Q_1 时，不可逆热机的输出功 W_{ir} 大于可逆热机的输出功 W_{re}，不可逆热机向低温热源的放热量 $Q_{2,ir}$ 小于可逆热机的放热量 $Q_{2,re}$。现在令可逆热机逆向工作，即按照热泵方式工作，并且由不可逆热机的输出功驱动，如图 6-3(b)所示。因为热泵是可逆热机的逆向工作，所以当驱动功为 W_{re} 时，热泵 E_{re} 向高温热源的放热量恰好等于按热机方式工作时从高温热源的吸热量 Q_1，可以抵消不可逆热机 E_{ir} 从高温热源的吸热量。那么，热泵-热机联合工作对高温热源不产生任何净效应。因为 $W_{ir} \geqslant W_{re}$，不可逆热机 E_{ir} 在驱动可逆热泵 E_{re} 的同时，还有机械功的富余，富余量为 $W_{ir} - W_{re}$，这是联合热机工作时的净输出功。由于高温热源的吸热和放热相互抵消，联合热机净输出功的能量来源只可能是低温热源，也就是 $W_{ir} - W_{re} = Q_{2,re} - Q_{2,ir}$。相当于联合热机从单一温度热源取热，并将其全部转化为功。很显然，这违反了热力学第二定律的开尔文-普朗克说法。可见，假设不可逆热机的热效率高于可逆热机的热效率是不成立的。

那么，在相同的条件下，不可逆热机的热效率是否可以等于可逆热机的热效率呢？为了回答这个问题，不妨假设等效率关系成立再进行逻辑推理。如果两个热效率相等，则必然有 $W_{ir} - W_{re} = Q_{2,re} - Q_{2,ir} = 0$，即联合热机工作的最终效果对外界没有留下任何影响。也就是说，不可逆热机工作产生的效应完全可以由一台可逆热泵的工作效应所抵消。因此，等效率假设也不成立，因为推论不符合不可逆热机的定义。所以，最后的结论是：工作在相同的高温热源和相同的低温热源之间的一切热机，可逆热机的热效率最高，不可逆热机的热效率均低于可逆热机的热效率。

现在证明可逆热机之间的热效率关系，证明过程同样需要采用反证法。参照图 6-4 (a)，假设可逆热机 E_{re1} 的热效率高于可逆热机 E_{re2} 的热效率。那么，当两个热机从高温热源获取相同的热量 Q_1 时，可逆热机 E_{re1} 的输出功 W_{re1} 大于可逆热机 E_{re2} 的输出功 W_{re2}，可逆热机 E_{re1} 向低温热源的放热量 $Q_{2,re1}$ 小于可逆热机 E_{re2} 向低温热源的放热量 $Q_{2,re2}$。现在令可逆热机 E_{re2} 逆向工作，即按照热泵方式工作，并且由可逆热机 E_{re1} 的输出功驱动，如图 6-4(b)所示。所以，当驱动功为 W_{re2} 时，可逆热泵 E_{re2} 向高温热源的放热量和按热机方式工作时的吸热量 Q_1 是完全等量的，可以抵消可逆热机 E_{re1} 从高

温热源的吸热量。那么，联合热机工作对高温热源不产生任何效应。因为 W_{re1} $\geqslant W_{re2}$，可逆热机 E_{re1} 在驱动可逆热泵 E_{re2} 工作的同时，还有机械功的富余，富

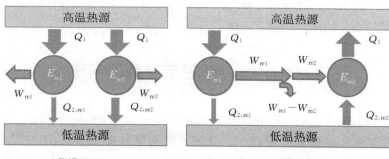

(a)假设 $W_{re1} \geqslant W_{re2}$　　　　　(b)设想的联合工作模式

图6-4　可逆热机的效率关系分析

余量为 $W_{re1} - W_{re2}$，这是联合热机工作时的净输出功。由于高温热源的吸热和放热相互抵消，联合热机净输出功的能量来源只可能是低温热源，也就是 $W_{re1} - W_{re2} = Q_{2, re2} - Q_{2, re1}$。也就是说，联合热机从单一温度热源取热，并将其全部转化为功。很显然，这违反了热力学第二定律的开尔文－普朗克说法。所以，假设可逆热机 E_{re1} 的热效率高于可逆热机 E_{re2} 的热效率是不成立的。同理，假设可逆热机 E_{re2} 的热效率高于可逆热机 E_{re1} 的热效率也是不成立的。所以，最后的结论只能是：工作在相同的高温热源和相同的低温热源之间的所有可逆热机热效率均相等。因为卡诺热机也是可逆热机，可以推断：工作在两个恒温热源之间的任何可逆热机，其热效率均等于卡诺热机的热效率。

【例题6-1】设有一个工作在 $T_H = 1\,500$ K 的高温热源和 $T_L = 500$ K 的低温热源间的热机，从高温热源取热 150 kJ，求以下两种情况下热机的热效率和向低温热源的放热量：(1)热机按卡诺循环工作；(2)传热过程中，工质与热源之间存在传热温差，吸热时温差恒定为 200 K，放热时温差恒定为 100 K。除此之外，循环过程没有其他不可逆因素。

【解】(1)卡诺循环热效率：

$$\eta_c = 1 - \frac{T_L}{T_H} = 1 - \frac{500}{1\,500} = 66.67\%$$

输出的功为 $W_{net} = \eta_c Q_1 = 0.666\,7 \times 150 = 100$(kJ)

放热量为 $|Q_2| = Q_1 - W_{net} = 150 - 100 = 50$(kJ)

(2)按照题设条件，工质吸热时的温度为 $T'_H = T_H - 200 = 1\,300$(K)，工质放热时的温度为 $T'_L = T_L + 100 = 600$(K)。因此，循环可视为在 $T'_H = 1\,300$ K 和 $T'_L = 600$ K 的两个恒温热源之间工作的可逆循环，其热效率为

$$\eta'_c = 1 - \frac{T'_L}{T'_H} = 1 - \frac{600}{1\,300} = 53.85\%$$

输出的功为 $W'_{net} = \eta'_c Q'_1 = 0.538\,5 \times 150 = 80.78$(kJ)

放热量为 $|Q'_2| = Q'_1 - W'_{net} = 150 - 80.78 = 69.22$(kJ)

由【例题6-1】可见，由于第二种情况传热时有温差，存在不可逆因素，其热效率低

于第一种情况时的效率。事实上，所有不可逆的因素，包括温差、摩擦均会导致机械功的损失，使循环的效率下降。

第三节　熵的导出

设有如图 6-5 所示的任意可逆循环 $abcda$，将其封闭曲线内的面积分隔成多个彼此紧密相邻而又互不重叠的微元卡诺循环封闭曲线所包围的面积，任意微元卡诺循环 i 等温吸热过程的温度 T_{1i} 与可逆循环 $abcda$ 对应区域内吸热过程的平均温度相等，任意微元卡诺循环等温放热过程的温度 T_{2i} 与可逆循环 $abcda$ 对应区域内放热过程的平均温度相等。当所有微元卡诺循环封闭曲线内的面积趋于零时，全部微元卡诺循环封闭曲线内的面积集合正好与可逆循环 $abcda$ 封闭曲线内的面积吻合，任意微元卡诺循环吸

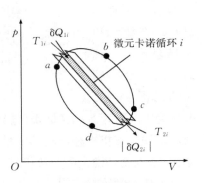

图 6-5　可逆循环分析

热过程温度与可逆循环 $abcda$ 对应微元吸热过程温度完全相同，任意微元卡诺循环放热过程温度与可逆循环 $abcda$ 对应微元放热过程温度也完全相同。那么，取极限时，从总的净做功量、总的净吸热量和总的能量转换效率角度分析，微元卡诺循环集合的性质与可逆循环 $abcda$ 是完全等效的，因而可以借助微元卡诺循环的性质来分析任意可逆循环的性质。也就是说，每一个微元循环就是可逆循环 $abcda$ 中对应吸热和放热过程的等效卡诺循环。

假设微元卡诺循环共有 n 个，对于其中任意微元循环 i，其热效率 $\eta_{ci} = \dfrac{\delta W_{0i}}{\delta Q_{1i}} = \dfrac{\delta Q_{0i}}{\delta Q_{1i}} = \dfrac{\delta Q_{1i} - |\delta Q_{2i}|}{\delta Q_{1i}}$。式中，$\delta W_{0i}$、$\delta Q_{0i}$、$\delta Q_{1i}$ 和 $|\delta Q_{2i}|$ 分别是任意微元循环 i 的净做功量、净吸热量、吸热过程的吸热量和放热过程的放热量。放热过程中，按照热量的代数约定规则，δQ_{2i} 是小于零的，所以放热量的绝对值 $|\delta Q_{2i}| = -\delta Q_{2i}$。

针对任意微元卡诺循环，有

$$\eta_{ci} = 1 - \frac{|\delta Q_{2i}|}{\delta Q_{1i}} = 1 - \frac{T_{2i}}{T_{1i}} \tag{6-6}$$

考虑到热量的符号，改写公式(6-6)可得

$$\frac{\delta Q_{1i}}{T_1} + \frac{\delta Q_{2i}}{T_2} = 0 \tag{6-7}$$

上式针对所有微元卡诺循环求和可得

$$\sum_{i=1}^{n}\left(\frac{\delta Q_{1i}}{T_1} + \frac{\delta Q_{2i}}{T_2}\right) = 0 \tag{6-8}$$

然后令 $n \to \infty$ 和每个微元循环面积趋于零，求极限可得

$$\oint \frac{\delta Q}{T} = 0 \tag{6-9}$$

这就是著名的克劳修斯积分等式(Clausius equality)。

假设循环 $abcda$ 是不可逆循环，则必定有一部分过程是不可逆的，也就对应一部分等效微元循环是不可逆的，其热效率低于微元卡诺循环的热效率，即

$$\eta = 1 - \frac{-\delta Q_{2i}}{\delta Q_{1i}} < 1 - \frac{T_{2i}}{T_{1i}} \tag{6-10}$$

仿照式(6-6)—(6-9)的推导过程可得

$$\oint \frac{\delta Q}{T} < 0 \tag{6-11}$$

这就是克劳修斯积分不等式(Clausius inequality)。为表述简便，式(6-9)和式(6-11)可以合写成一个不等式

$$\oint \frac{\delta Q}{T} \leqslant 0 \tag{6-12}$$

式中，等号适用于可逆循环，不等号适用于不可逆循环。式(6-12)是热力学第二定律的表达式之一，可以用来判断循环是否可逆。

克劳修斯积分等式和不等式均是对热力学理论的重要贡献，下面的分析将带来更多的发现。参照图 6-5，针对可逆循环 $abcda$，可以将克劳修斯积分等式(6-9)改写如下：

$$\oint \frac{\delta Q}{T} = \int_{a\text{-}b\text{-}c} \frac{\delta Q}{T} + \int_{c\text{-}d\text{-}a} \frac{\delta Q}{T} = 0 \tag{6-13}$$

因为 $a\text{-}b\text{-}c$、$c\text{-}d\text{-}a$ 两个过程均是可逆的，调换积分顺序可得

$$\int_{a\text{-}b\text{-}c} \frac{\delta Q}{T} = \int_{a\text{-}d\text{-}c} \frac{\delta Q}{T} \tag{6-14}$$

上式说明积分 $\int \frac{\delta Q}{T}$ 与热力过程的路径无关，因而 $\frac{\delta Q}{T}$ 是一个状态量的全微分，这个状态量称为系统熵，用 S 表示。这就证明了熵参数的存在。因此，对任意可逆过程，有

$$\Delta S_{ac} = \int \frac{\delta Q}{T} \tag{6-15}$$

如果循环过程是不可逆的，则克劳修斯不等式成立。如图 6-6，假设 $a\text{-}b\text{-}c$ 为不可逆过程，$c\text{-}d\text{-}a$ 为可逆过程，那么，克劳修斯不等式(6-11)可改写成

$$\oint \frac{\delta Q}{T} = \int_{a\text{-}b\text{-}c} \frac{\delta Q}{T} + \int_{c\text{-}d\text{-}a} \frac{\delta Q}{T} < 0 \tag{6-16}$$

更改可逆过程 $c\text{-}d\text{-}a$ 的积分顺序后，上式可改写成

$$\int_{a\text{-}b\text{-}c} \frac{\delta Q}{T} < \int_{a\text{-}d\text{-}c} \frac{\delta Q}{T} = \Delta S_{ac} \tag{6-17}$$

因此，针对不可逆过程有

$$\Delta S > \int \frac{\delta Q}{T} \qquad (6\text{-}18)$$

说明不可逆过程的熵变大于克劳修斯积分。结合可逆过程的熵变公式(6-15)，综合得到

$$\Delta S \geqslant \int \frac{\delta Q}{T} \qquad (6\text{-}19)$$

该式也可称为克劳修斯积分不等式。式中，等号适用于可逆过程，不等号适用于不可逆过程。式(6-19)也是热力学第二定律的表达式之一，可以用来判断过程是否可逆。

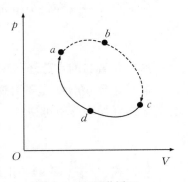

图6-6　不可逆循环

对于微元过程，式(6-19)应改写成微分形式

$$\mathrm{d}S \geqslant \frac{\delta Q}{T} \qquad (6\text{-}20)$$

该式可称为克劳修斯不等式。同样地，式中等号适用于可逆过程，不等号适用于不可逆过程。

系统熵是一个广延性参数，与系统质量的多少成正比。对于单位质量的系统，克劳修斯不等式可以改写成

$$\mathrm{d}s \geqslant \frac{\delta q}{T} \qquad (6\text{-}21)$$

式中，$s = \dfrac{S}{m}$，称为比熵。

第四节　熵方程与熵增原理

由式(6-20)可知，闭口系统经历可逆过程的熵增为 $\mathrm{d}S = \dfrac{\delta Q}{T}$。又因该熵增系统由热流所引起，不妨称为热熵流，或简称为熵流，记为 $\mathrm{d}S_\mathrm{f}$。当闭口系统经历不可逆过程时，根据克劳修斯不等式，有 $\mathrm{d}S > \dfrac{\delta Q}{T} = \mathrm{d}S_\mathrm{f}$，说明系统熵增大于熵流，系统内部有熵产。可见，任何不可逆过程都会带来熵产，而且熵产只能大于零，只有可逆过程的熵产才为零。所以，熵产的大小也是判断过程不可逆程度的一种度量。熵产越大，过程不可逆的程度也越大。

设熵产记为 S_g，则闭口系统微元过程的熵方程可写成

$$\mathrm{d}S = \mathrm{d}S_\mathrm{f} + \delta S_\mathrm{g} \qquad (6\text{-}22)$$

式中，δS_g 表示微元过程熵产。对于整个热力过程，闭口系统的熵方程则为

$$\Delta S = \int \frac{\delta Q}{T} + S_g \tag{6-23}$$

对于绝热闭口系统，熵流为零，则

$$dS = \delta S_g \geqslant 0 \quad \text{或} \quad \Delta S = S_g \geqslant 0 \tag{6-24}$$

因此，绝热闭口系统的熵变等于熵产。

对于开口系统，除了热熵流，还有物质交换造成的熵流，不妨称为质熵流。如图 6-7 所示，假设开口系统有一个进口和一个出口，δm_{in} 和 δm_{out} 分别表示微元过程中流入和流出系统的质量，s_{in}、s_{out} 分别表示进、出口工质的比熵。那么，微元过程中，入口质熵流为 $\delta m_{in} s_{in}$，出口质熵流为 $\delta m_{out} s_{out}$。如果微元过程中系统热熵流为 δS_f，熵产为 δS_g，则开口系统的熵方程为

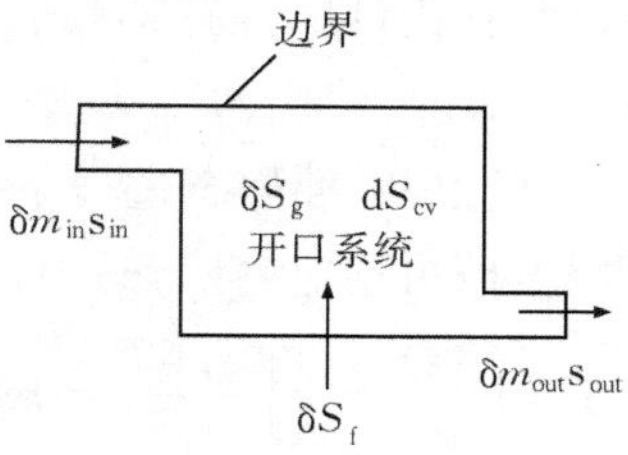

$$dS_{cv} = (\delta m_{in} s_{in} - \delta m_{out} s_{out}) + \delta S_f + \delta S_g \tag{6-25}$$

图 6-7 开口系统熵平衡关系

上式中，dS_{cv} 代表了开口系统控制体内的熵变或熵增量。也就是说，微元过程中，开口系统控制体内的熵变等于质熵流、热熵流和熵产的代数和。

对于稳态稳流的开口系统，系统内部的状态参数不随时间变化，控制体内的熵保持不变，$dS_{cv} = 0$。同时，进、出口的质量流量也不随时间变化，并且相等，即 $\delta m_{in} = \delta m_{out} = \delta m$。于是有

$$\delta m (s_{in} - s_{out}) + \delta S_f + \delta S_g = 0 \tag{6-26}$$

式(6-26)两侧同时除以 δm，得

$$s_{in} - s_{out} + s_f + s_g = 0 \tag{6-27}$$

上式中，s_f、s_g 分别代表了单位质量的工质流过开口系统时的热熵流和熵产。对于绝热的稳定流动，热熵流等于零，则

$$s_{out} - s_{in} = s_g \tag{6-28}$$

孤立系统也是绝热闭口系统，因此孤立系统也满足式(6-24)，即

$$dS_{iso} = \delta S_g \geqslant 0 \quad \text{或} \quad \Delta S_{iso} = S_g \geqslant 0 \tag{6-29}$$

式(6-29)是热力学第二定律的另外一种表达式。式中，等号适用于可逆过程，不等号适用于不可逆过程。因此，孤立系统的熵增就是熵产。由于熵产不可能小于零，孤立系统的熵只能增加，不能减少，这就是孤立系统的熵增原理，简称熵增原理。孤立系统的熵增越大，不可逆程度越大。

孤立系统可以包括多个子系统。此时，系统总熵变等于各个子系统熵变之和。子系统的熵变可以大于零，也可以小于零，但是孤立系统的总熵变不可能小于零，可逆情况下等于零，不可逆的情况下是大于零的。实际过程总是不可逆的，因此实际孤立系统的熵总是增大的。

有熵产，就意味着有做功能力损失，而且与熵产成正比。因此，如果用 L 表示做功能力损失，则有

$$L = T_0 S_g = T_0 \Delta S_{iso} \qquad (6\text{-}30)$$

式中，T_0 为环境温度，单位为 K。

【例题 6-2】刚性容器贮有 0.5 kg 的空气，其初始压力 $p_1 = 2$ bar，温度 $T_1 = 300$ K，若想要使其温度升高到 $T_2 = 350$ K，求以下两种情况下刚性容器内空气的熵变 ΔS 和熵产 S_g：（1）状态的变化经过准静态过程从外部吸热来完成；（2）状态的变化只通过装在内部的搅拌器搅拌来完成。设空气为理想气体，比热为定值 $c_v = 0.717$ kJ/（kg·K）。

【解】（1）准静态过程系统内部可以看成是可逆的，$S_g = 0$。刚性容器内的吸热过程可以按照可逆定容吸热过程处理。因此，由式(6-23)得

$$\Delta S = \int \frac{\delta Q}{T} = m \int \frac{c_v \mathrm{d}T}{T} = mc_v \ln(T_2/T_1) = 500 \times 0.717 \times \ln(350/300) = 55.26 (\mathrm{kJ/K})$$

（2）这个过程中，系统不从外界吸收热量，热熵流 $\int \dfrac{\delta Q}{T} = 0$。因为熵是状态参数，而且第二种情况的初、终热力状态与第一种情况的完全相同。因此，熵变仍然为 $\Delta S = mc_v \ln(T_2/T_1) = 55.26$ kJ/K。由于没有熵流，闭口绝热系统的熵产 $S_g = \Delta S = 55.26$ kJ/K。

【例题 6-3】如图 6-8，高温热源 A 与低温热源 B 之间有一热机 E 在工作，高温热源的温度为 $T_A = 700$ K，低温热源的温度与环境温度相等，为 $T_B = 300$ K。已知热机从高温热源吸热 $Q_1 = 5\,000$ kJ，向外界输出功 $W = 2\,000$ kJ。试分析：（1）该热机是可逆热机，还是不可逆热机？（2）该热机工作时所造成的熵产是多少？做功能力损失是多少？两者之间有什么联系？

【解】（1）依据能量守恒原理，可得热机向低温热源 B 的放热量

$$Q_2 = 3\,000 \text{ kJ}$$

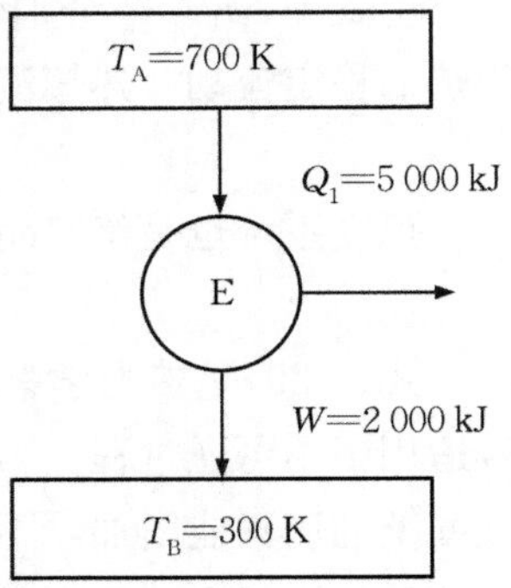

取高温热源、低温热源、热机和环境组合为孤立系统，每个子系统的熵变分别为：

$\Delta S_A = -Q_1/T_A = -5\,000/700 = -7.143 (\mathrm{kJ/K})$

$\Delta S_B = Q_2/T_B = 3\,000/300 = 10 (\mathrm{kJ/K})$

$\Delta S_{热机} = 0$

$\Delta S_{外界} = 0$

于是，孤立系统的熵增为

$$\Delta S_{iso} = \Delta S_A + \Delta S_B + \Delta S_{热机} + \Delta S_{外界}$$
$$= -7.143 + 10 + 0 + 0 = 2.857 (\mathrm{kJ/K}) > 0$$

可见，循环是不可逆的。

（2）孤立系统的熵增就是热机工作所造成的熵产，即

$$S_g = \Delta S_{iso} = 2.857 (\mathrm{kJ/K})$$

图 6-8　例题 6-3 附图

如果按照可逆循环进行工作，热机理论上可以输出的功应该为

$$W_{\max} = \eta_c\, Q_1 = \left(1 - \frac{T_B}{T_A}\right) Q_1 = \left(1 - \frac{300}{700}\right) \times 5\,000 = 2\,857.1 \ (\text{kJ})$$

因此，做功能力损失

$$L = W_{\max} - W = 2\,857.1 - 2\,000 = 857.1 (\text{kJ})$$

该损失正好与 $T_0 S_g = 300 \times 2.857 = 857.1(\text{kJ})$ 相等。说明做功能力损失与熵产成正比，且符合 $L = T_0 S_g$ 的关系。

第五节　能量的㶲

能量的做功能力就是㶲，或称为有用能，常记为 Ex（单位质量工质的㶲称为比㶲，记为 ex）取 exergy 的前两个字母。㶲和有用能是同义词。电能、机械能是百分之百可以用来做功的能量，所以电能㶲、机械能㶲就是电能或机械能本身。热量不可能百分之百地转化为功，工质的做功能力也不一定等于工质的热力学能或焓。有用能包括热量㶲、闭口系统工质㶲和流动工质㶲等。

一、热量㶲

热量中有用能的比例与释放热能的热源温度有关，还与环境温度有关。热量中的有用能就是在不消耗其他有用能资源的前提下，通过热功转换可以获得的最大有用功，也就是利用可逆热机进行热功转换时可以获得的功。所以，如果热源温度为 T，环境温度为 T_0，从热源获取的热量为 δQ，则热量㶲 δEx_Q 为

$$\delta Ex_Q = \left(1 - \frac{T_0}{T}\right) \delta Q \tag{6-31}$$

对于恒温热源，上式积分可得 $Ex_Q = \left(1 - \dfrac{T_0}{T}\right) Q$。对于变温热源，则需要掌握热源温度 T 与放热量 δQ 之间的关系方可积分。

二、闭口系统工质㶲

闭口系统工质的㶲是指工质本身所储存的有用能资源。设工质状态为 p、v、T、u、s，环境状态为 p_0、T_0。在不消耗外界任何有用能资源的前提下，如果闭口系统经历一可逆过程后与环境之间建立了热力平衡，则该过程中系统对外所输出的有用能是最大的，这个最大的有用能输出是由闭口系统工质本身所储存的有用能资源转化而来的，称为闭口系统工质的㶲，也可称为热力学能㶲或内能㶲。

为了分析闭口系统工质的㶲，设想系统经历如图 6-9 所示的可逆过程。其中，系统终状态为 p_0、v_0、T_0、u_0、s_0，是与环境之间建立了热力平衡时的状态，不再具备有用能资源。为简便起见，首先分析单位质量闭口系统能量方程式 $q = \Delta u + w$。该式可

以改写成 $w=q-\Delta u$。式中，w 是膨胀功而不是有用功，因为系统膨胀时有一部分膨胀功是用于推开环境介质（比如大气）而必须付出的代价，不能成为有用功输出。所以，有用功应该是

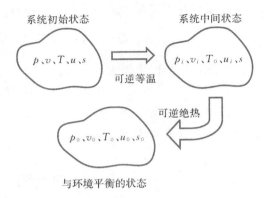

系统初始状态　　　　系统中间状态

p、v、T、u、s　　　p_i、v_i、T_0、u_i、s

可逆等温

可逆绝热

p_0、v_0、T_0、u_0、s_0

与环境平衡的状态

$$w_a = w - p_0\Delta v = q - \Delta u - p_0\Delta v \tag{6-32}$$

图 6-9　闭口系统工质㶲分析路线

上式中，$\Delta v=v_0-v$，是整个过渡过程中系统比体积的变化量，$\Delta u=u_0-u$ 是比热力学能的变化量，q 是吸热量，而 $p_0\Delta v$ 就是工质膨胀过程推开环境介质必须付出的代价。还有两点值得注意：（1）要求整个过渡过程是可逆的，就不允许存在有温差的传热过程；（2）要求过渡过程不能利用外界的有用能资源，就不能允许系统与不同于环境温度的热源进行热交换。那么，必有

$$q = T_0\Delta s = T_0(s_0 - s) \tag{6-33}$$

因此，闭口系统工质的㶲为

$$ex_u = w_{a,\ max} = u - u_0 - T_0(s - s_0) - p_0(v_0 - v) \tag{6-34}$$

三、流动工质㶲

流动工质的㶲是指通过流动工质所传递的有用能，也就是当工质流过开口系统边界时所传递的有用能。流动工质的㶲包括与热力状态相关的有用能，也可以包括动能㶲和位能㶲。由于动能和位能是百分之百的有用能，不存在㶲分析计算上的困难。因此，为了简便，下面仅讨论与热力状态相关的流动工质㶲，也有人称为焓㶲。为分析这样的流动工质㶲，可以设想工质以给定的入口状态（T、

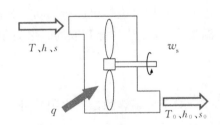

T、h、s　　　　w_s

q　　　　T_0、h_0、s_0

图 6-10　流动工质㶲分析

h、s）经历如图 6-10 所示的开口系统过渡到与环境处于热力平衡的状态（T_0、h_0、s_0）后排出。并且，进、出口工质的动能和位能均为零。此时，排出的工质不再具备有用能资源。在不消耗任何其他有用能资源的同时，如果流动工质在该开口系统内经历的是可逆过程，则过程中所输出的轴功便是入口流动工质的㶲。考虑单位质量的工质流过开口系统时的能量平衡关系式 $q=\Delta h+w_s$，可得轴功为

$$w_s = q - \Delta h \tag{6-35}$$

式中，$\Delta h=h_0-h$。与闭口系统工质㶲分析的共同点是，同样有 $q=T_0(s_0-s)$。所以，流动工质的㶲

$$ex_h = (h - h_0) - T_0(s - s_0) \tag{6-36}$$

闭口系统工质的㶲和流动工质的㶲均与工质的热力状态相关，也与工质的质量成正比。所以，工质的㶲也是广延性参数。

四、㶲方程

㶲是不守恒的，孤立系统㶲的总量只可能减少，不可能增加。这和熵增原理是一致的，因为孤立系统的熵增就是熵产，只能为正，不能为负，而有用能损失又与熵产成正比。对于能量转换系统，㶲损失越小，则能量转换效率越高。那么，㶲分析的目的就是要找出系统中的㶲损失，从中寻找启发，探索减少㶲损失的途径或方法。这样，就必须建立㶲平衡方程。因为㶲不是守恒量，㶲方程中必须包含㶲损失，用文字表述为

$$输入系统的㶲＝系统㶲的增量＋系统输出的㶲＋㶲损失 \tag{6-37}$$

不同的系统，输入㶲、输出㶲以及㶲损失各不相同。遇到实际问题时，需要灵活地应用上式的基本原理建立模型、展开分析。下面通过例题介绍㶲分析方法，并讨论损失机理。

【**例题 6-4**】在例题 6-2 的基础上，假设环境温度为 $T_0 = 290\text{ K}$，试分析通过搅拌实现升温过程的做功能力损失以及与熵产之间的关系。

【**解**】依题意可知，搅拌过程消耗的机械能等于空气热力学能的增加量，即

$$-W_s = \Delta U = m\int c_v \mathrm{d}T = mc_v(T_2 - T_1) = 500 \times 0.717 \times (350 - 300) = 17\ 925(\text{kJ})$$

又依据公式（6-34）可得搅拌过程空气内能㶲的增加量为

$$\begin{aligned}\Delta Ex_u &= m(ex_{u2} - ex_{u1}) = m\left[(u_2 - u_1) - T_0(s_2 - s_1) + p_0(v_2 - v_1)\right]\\ &= \Delta U - T_0\Delta S + p_0\Delta V\end{aligned}$$

因为容器是刚性的，升温过程空气的体积不变，$\Delta V = 0$。所以

$$\Delta Ex_u = \Delta U - T_0\Delta S = 17\ 925 - 290 \times 55.26 = 1\ 899.6(\text{kJ})$$

因此，做功能力损失

$$L = -W_s - \Delta Ex_u = T_0\Delta S = 16\ 025.4(\text{kJ})$$

可见，做功能力损失与熵产成正比，也等于 $T_0 S_g$。

【**例题 6-5**】设有如图 6-11 所示的两套装置。装置(a)由刚性绝热气缸与活塞所组成。一开始，假设活塞被定位销所固定，将气缸分割为左右两个气腔，且 $V_A = V_B = 0.001\text{ m}^3$；左腔 A 盛有高压氧气，压力 $p_A = 2\text{ bar}$，温度与环境温度相同，为 27 ℃；右腔 B 为真空。装置(b)则由透热气缸与活塞-连杆机构所组成，初始状态与装置(a)相同。如果移去装置(a)中的定位销，让活塞自由移动，气缸内的高压气体将做自由膨胀。作为对照，令装置(b)内的工质经历可逆等温膨胀过程，最终与装置(a)有相同的

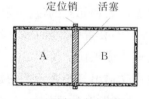

(a)可实现自由膨胀

(b)可实现可逆等温膨胀

图 6-11 例题 6-5 附图

终态体积。针对两套装置内的热力过程：（1）试计算确定工质的最终状态、有用功输出、烟损失、熵增和熵产；（2）从热力学第二定律角度简要分析上述能量转换过程的特点。设氧气可当成理想气体，活塞与气缸之间无泄漏。

【解】（1）首先计算系统内氧气的质量：

$$m = \frac{p_A V_A}{R T_A} = \frac{2 \times 10^5 \times 0.001 \times 32}{8\ 314 \times (27 + 273.15)} = 2.565 \times 10^{-3} (\text{kg})$$

①装置（a）

工质经历绝热自由膨胀过程，没有对外输出功，热力学能不发生变化，理想气体的温度也不变，终态温度仍为 27 ℃。又因为体积增加一倍，工质终态压力为

$$p_{a,\ f} = \frac{p_A}{2} = 1\ \text{bar}$$

绝热膨胀过程熵流为零，熵增即为熵产，其值为

$$\Delta S = m \left(c_v \ln \frac{T_2}{T_1} + R \ln \frac{v_2}{v_1} \right) = m R \ln \frac{v_2}{v_1} = 2.56 \times 10^{-3} \times \frac{8\ 314}{32} \times \ln 2 = 0.461 (\text{J/K})$$

工质绝热自由膨胀过程不做任何有用功，烟的减少量即为烟损失

$$L = -\Delta Ex_u = -m \cdot \Delta ex_u = -m \cdot \Delta [u - u_0 + T_0(s_0 - s) - p_0(v_0 - v)]$$
$$= m T_0 \Delta s = T_0 \Delta S$$
$$= (27 + 273.15) \times 0.461 = 138.4 (\text{J})$$

②装置（b）

因为背压为真空，膨胀功即有用功输出，按照可逆等温膨胀过程计算为

$$W_u = m w = m \int_{v_1}^{v_2} p \mathrm{d}v = m \int_{v_1}^{v_2} \frac{RT}{v} \mathrm{d}v = m R T \ln \frac{v_2}{v_1}$$
$$= 2.56 \times 10^{-3} \times \frac{8\ 314}{32} \times (27 + 273.15) \times \ln 2 = 138.4 (\text{J})$$

等温膨胀过程中，装置（b）与装置（a）有相同的终态温度和终态体积，导致相同的终态压力和相同的过程熵增。可逆过程中，不存在熵产和烟损失。

（2）装置（a）经历一个不可逆过程，没有有用功输出，烟损失等于系统烟的减少量，与熵产成正比，符合 $L = T_0 S_g$ 的关系。装置（b）经历可逆过程，不存在熵产和烟损失，有用功输出等于系统烟的减少量。

【例题 6-6】如图 6-12 所示的节流管段，管子是绝热的。设管内流过的是氮气，可以当成理想气体，入口状态参数为 $p_1 = 10$ bar、$t_1 = 27$ ℃，出口压力 $p_2 = 2$ bar，且环境温度与入口温度相同。如果忽略氮气进出口动能和位能，试计算节流过程中单位质量氮气的熵增、熵产和烟损失，并分析它们之间的关系。

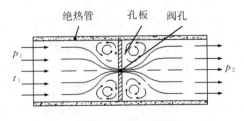

图 6-12　例题 6-6 附图

【解】该绝热节流过程前后焓不变。理想气体焓是温度的单值函数，所以节流前后温度也不变，$t_2 = t_1$。根据已知参数计算熵的增加量为

$$\Delta s = c_p \ln \frac{T_2}{T_1} - R \ln \frac{p_2}{p_1} = -\frac{8\,314}{28.014} \ln \frac{2}{10} = 477.6 \left[J/(kg \cdot K) \right]$$

因为绝热节流过程没有热交换量，熵流为零，所以熵增即为熵产。按照流动工质㶲方程可以计算单位质量工质的㶲变化量为

$$\Delta ex_h = \Delta \left[(h - h_0) - T_0(s - s_0) \right] = -T_0 \Delta s = -300.15 \times 477.6 = -143.4 (kJ/kg)$$

绝热节流没有对外输出有用功，㶲减少了，说明是损失了，㶲减少量就是㶲损失。从该题计算结果也可以发现，㶲损失与熵产成正比，仍然符合 $L = T_0 S_g$ 的关系。

思考题

1. 电阻通电，电能很容易自动转换成热能。反过来，对电阻加热，热能会自动转换成电能吗？为什么？

2. 如果失去外力的驱动，飞轮将逐渐减速，直至停止转动。反过来，飞轮自动加速却无法实现。这说明了什么规律？

3. 循环效率的计算公式 $\eta = 1 - \dfrac{Q_2}{Q_1}$ 和 $\eta = 1 - \dfrac{T_2}{T_1}$ 各适用于什么情况？

4. 理想气体和实际气体可逆循环的热效率有没有不同？为什么？

5. 不管热源温度是否相同，可逆循环的热效率总是高于不可逆循环的热效率。这一说法正确吗？为什么？

6. 非自发过程不能实现吗？为什么？

7. 下列过程中，哪些是可逆的？哪些是不可逆的？为什么？

(1)空气在无摩擦、不导热的气缸中被缓慢压缩；

(2)100 ℃的蒸汽流与 25 ℃的水流绝热混合；

(3)水冷气缸中的热燃气随活塞的迅速移动而膨胀。

8. 一个热机在温度为 1 000 K 和 400 K 的两个恒温热源之间工作。这个热机从高温热源吸收 1 500 kJ 热量时，会对外输出 1 000 kJ 的功。这个热机是可逆热机、不可逆热机，还是不能实现的？

9. 判断下列说法的正确性：

(1)经历不可逆过程，系统的熵一定增大；

(2)经历不可逆过程，系统的熵产一定大于零；

(3)只有在可逆过程中，才能计算出系统熵的变化量。

10. 对于不可逆的热力过程，如何计算过程中熵的变化量？

11. 循环净功越大，循环热效率越高吗？为什么？

12. 绝热过程是等熵过程吗？为什么？

13. 系统熵增大的过程必然是不可逆过程吗？为什么？

14. 闭口系统经历一个不可逆绝热过程后，能否再通过一个可逆绝热过程回到初始状态？为什么？

15. 系统经历一个不可逆过程后，是否再也无法恢复到初始状态？为什么？

16. 系统从相同的初态出发，分别经历不可逆过程 A 和可逆过程 B 达到相同的终态，两个过程熵变 ΔS_A 和 ΔS_B 的大小关系如何？两个过程所引起的外界环境熵变 $\Delta S_{s,A}$ 和 $\Delta S_{s,B}$ 的大小关系又如何？

17. 系统经历一个不可逆循环，试分析下列等式和不等式哪些是正确的，哪些是不正确的。

(a) $\oint dS = 0$; (b) $\oint dS > 0$; (c) $\oint \dfrac{\delta Q}{T} = 0$; (d) $\oint \dfrac{\delta Q}{T} > 0$; (e) $\oint \dfrac{\delta Q}{T} < 0$。

18. 判断下列几种情况下的熵变情况：(a)正；(b)负；(c)等于零；(d)可正可负。

(1)工质经历一可逆过程，从外界吸热 10 kJ，工质的熵变；

(2)工质经历一不可逆过程，与外界交换功量 10 kJ，热量—10 kJ，工质的熵变；

(3)工质经历一可逆过程稳定地流过某开口系统，对外做功 10 kJ，放热 5 kJ，工质流动过程的熵变；

(4)工质经历一不可逆绝热过程稳定地流过某开口系统，该开口系统控制体内的熵变。

19. 能量是守恒的，为什么还要节约能源？

20. 从任何具有一定温度的热源取热，都能进行热变功的循环吗？为什么？

21. 从高于环境温度的热源取热，可以将其一部分转化为功，说明高温热源储存了一定的有用能。而且，温度越高，储存的热能有用能比例越大。那么，低于环境温度的热源是不是没有储存有用能，甚至可以说储存的有用能为负值？为什么？

22. 理想气体经历可逆定温膨胀过程时，对外输出的膨胀功等于吸收的热量，这是否与热力学第二定律的开尔文-普朗克说法相矛盾？

23. 高温高压的气体工质进入燃气轮机之前，流经一调节阀。调节阀产生了一定的节流效应——使工质的压力有所降低，但调节阀前后的焓值不变。试问：与没有调节阀的情况相比，燃气轮机的理论输出功率会变化吗？为什么？

练习题

1. 一个卡诺热机在温度为 1 000 K 和 400 K 的两个恒温热源之间工作。如果热机对外输出的功为 1 000 kJ，计算：(1)热机效率；(2)热机从高温热源吸收的热量和向低温热源放出的热量。

2. 设计一个制冷机，工作在 283 K 的低温热源和 323 K 的高温热源之间。当制冷机制取冷量 800 kJ 时，最少需要消耗多少功？

3. 有一热机按照卡诺循环工作在温度为 1 000 K 的高温热源和 293 K 的环境之间，输出功 20 kJ。试回答以下问题：(1)卡诺循环从高温热源吸收的热量是多少？(2)在相同的吸热量情况下，如果热机工作时工质的等温吸热过程和等温放热过程均与外界存在 50 K 的平均传热温差，即热机等效于工作在 950 K 和 343 K 之间的卡诺热机，此时热机的输出功是多少？孤立系统的熵增是多少？

4. 有一制冷循环工作在温度为 253 K 的低温热源和 293 K 的环境之间，制取冷量 800 kJ。如果制冷循环在吸热和放热过程中工质与热源和环境之间的平均传热温差均为 20 K，即制冷循环等效于工作在 313 K 和 233 K 之间的逆卡诺循环，试问：制冷循环消耗的功率是多少？㶲损失是多少？孤立系统熵增是多少？

5. 已知 A、B、C 三个热源的温度分别为 500 K、400 K 和 300 K，有可逆热机在这三个热源间工作。若可逆热机从热源 A 净吸入 $Q_A = 3\ 000$ kJ 的热量，输出净功 $W_{net} = 400$ kJ 的功，试求可逆机与热源 B、热源 C 的换热量 Q_B、Q_C。

6. 将 100 kg 温度为 20 ℃的水与 200 kg 温度为 80 ℃的水在绝热容器中混合，求混合前后水的熵变及做功能力损失。设水的比热容为定值，$c = 4.187$ kJ/(kg·K)，环境温度 $t_0 = 20$ ℃。

7. 环境温度为 300 K，求下列四种有温差传热造成的㶲损失：(1)100 kJ 的热量从 400 ℃的热源传递到环境；(2)100 kJ 的热量从环境传递到 −20 ℃的冷源；(3)100 kJ 的热量从 400 ℃的热源传递到 380 ℃的热源；(4)100 kJ 的热量从 0 ℃的冷源传递到 −20 ℃的冷源。

8. 1 kg 温度为 0 ℃的冰，在 20 ℃大气环境中融化为 0 ℃的水。已知冰的融化热为 335 kJ/kg，求融化过程水的熵变和㶲损失。

9. 在温度为 300 K 的环境中，某刚性容器内贮有 5 kg 的空气，其初始状态为 $p_1 = 2$ bar，$T_1 = 300$ K，如果通过以下两种不同的过程使空气温度升高到 $T_2 = 350$ K，求过程中的㶲损失：(1)从 450 K 的热源吸热；(2)通过搅拌器消耗功。

10. 2 kg 温度为 80 ℃的水向环境放出热量，温度降低到环境温度 $t_0 = 27$ ℃。设水的比热容 $c = 4.187$ kJ/(kg·K)，求水释放的热量㶲 Ex_Q 和放热过程的㶲损失。

11. 1 kg 的空气由初态 $p_1 = 10^5$ Pa、$T_1 = 300$ K 被等温压缩到终态 $p_2 = 10^6$ Pa、$T_2 = 300$ K。设环境温度亦为 300 K。若系统(1)经历一可逆过程；(2)经历一不可逆过程，实际耗功比可逆过程多 20%。试计算这两种情况下的气体熵变、环境熵变及做功能力损失。

12. 温度为 800 K、压力为 5.5 MPa 的燃气进入稳定工作的燃气轮机，并在其中进行绝热膨胀。燃气轮机出口的温度为 495 K、压力为 0.7 MPa。环境压力为 0.1 MPa、温度为 27 ℃。假设燃气可当成理想气体，并且与空气性质相同，$c_p = 1.004$ kJ/(kg·K)，$R_g = 0.287$ kJ/(kg·K)，试分析膨胀过程中：(1)1 kg 燃气输出的技术功；(2)1 kg 燃气的㶲降；(3)输出的技术功和工质的㶲降是否相等？为什么？

13. 1 kg 空气组成的闭口系统，由状态 $p_1 = 5$ bar，$t_1 = 20$ ℃，膨胀到 $p_2 = 2$ bar，$t_2 = 20$ ℃。已知环境状态为 $p_0 = 1$ bar，$t_0 = 20$ ℃，求膨胀过程中闭口系统对外输出的

最大有用功。

14. 1 kg 的空气在压缩机中自进口经不可逆绝热过程压缩到出口。已知：进口空气压力 0.1 MPa、温度 27 ℃，出口空气压力 0.45 MPa、温度 240 ℃，环境压力 0.1 MPa、温度 27 ℃。求：(1)压气机的耗功；(2)熵产和㶲损失。

15. 1 kg 氧气经历一放热过程，从初态 0.1 MPa、170 ℃等压降温到 50 ℃。如果某发动机以该氧气释放的热量作为它的热输入，并向 25 ℃的大气释放热量，求这个热机最大可能的输出功。

16. 体积 $V = 0.1$ m³ 的刚性真空容器打开阀门时，$p_0 = 10^5$ Pa、$T_0 = 303$ K 的环境空气充入容器。充气结束时，容器内的压力达到环境压力。分别按绝热充气和等温充气两种情况求：(1)终温和充气量；(2)充气过程的熵产；(3)充气过程的㶲损失。

17. 有两个物体，质量分别为 m_1 和 m_2，温度分别为 T_1 和 T_2，且 $T_1 > T_2$，比热容均为 c。有一个可逆热机以这两个物体为高、低温热源，对外输出功。问：(1)这个可逆热机对外最大能输出多少功？(2)如果低温热源的质量为无穷大，最大对外输出功又是多少？

18. 设有如图 6-13 所示的一种冷空气生产装置，从高温热源吸收热量 Q_H，向低温热源放出热量 Q_L。当热量 $Q_H = 1.0$ kJ，求最多能够生产多少冷空气。

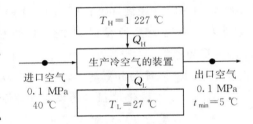

图 6-13　习题 18 附图

19. 燃气经过燃气轮机，由 0.8 MPa、420 ℃绝热膨胀到 0.1 MPa、130 ℃。设燃气可当成理想气体，比热为定值，$c_p = 1.01$ kJ/(kg·K)，$c_v = 0.732$ kJ/(kg·K)，环境温度为 27 ℃。问：(1)1 kg 燃气输出的技术功和有用能损失各是多少？(2)如果膨胀过程是可逆绝热过程，在燃气进口状态和出口压力不变的条件下，出口温度应该是多少？1 kg 燃气输出的技术功又是多少？(3)可逆过程与不可逆过程的技术功之差是否等于不可逆过程的有用能损失？为什么？

20. 有隔板将一密闭、刚性、绝热的容器分割为容积相等的左右两部分，左侧充有 0.05 kmol、300 K、2.8 MPa 的空气，右侧为真空。假设空气可视为理想气体，且隔板不占体积。试求移去隔板并建立了新的平衡后，容器内空气的熵变及做功能力损失。(设环境温度为 300 K。)

第七章　传热学基本概念

传热学与热力学形成相互补充的关系。热力学研究能量转换过程中量与质的关系——量的守恒性和能质不断退化的方向性问题，传热学研究的是有限时间、有限空间范围内的传热能力。热力学常常不关心设备的具体尺寸与设备功率之间的关系，而传热学关心热量传递的速度，也就是关心设备尺寸与功率之间的关系。

第一节　传热学的研究内容与目的

传热学的研究内容包括热量传递的方式和速度，影响因素和机理，传递规律及工程应用。也就是说，热量的传递按照什么方式进行？速度有多快？都有哪些影响因素？依靠什么样的机理？遵循什么样的规律？如何设计传热过程？如何增强或削弱传热？

不同的热量传递过程有不同的方式，这是传热学的研究内容之一。热量传递的方式有时比较简单，有时比较复杂，需要区别对待。比如，流体主要以对流方式传递热能，太阳能或其他热辐射能以电磁波方式传递，固体内部常以简单的导热方式传递热能。凝固或融化的时候，导热和对流的方式同时存在；沸腾、冷凝、水分蒸发或大气降雨的时候伴随着相变换热；流体在以对流方式传递热量的同时，也伴随着导热；透明介质内部也可以传递热辐射。不同的热量传递方式有不同的速度。当各种热传递方式交织在一起时，热传递过程的规律和描述方式就会变得更复杂。

影响热传递速度的因素和机理也是传热学的重要研究内容。影响热传递速度的因素很多，有时机理也很复杂。比如，为什么冬天人们在冷风中比在冷水中能坚持的时间长很多？为什么吹风和不吹风的冷却效果差别很大？为什么木头和金属的传热速度不一样？夏日里的阳光下，为什么穿黑衣服和穿白衣服的热感不一样？冬雪过后，为什么树叶和草地上的雪融化得比较慢？某些地区秋冬之交时节，为什么晚上在树叶上比较容易结露？为什么激光可以轻松、精密地切割不锈钢，而切割塑料却很困难？为什么泡沫塑料的保温性能比密实塑料的保温性能好？为什么穿湿衣服会感觉冷一些？这一系列问题均引人联想到：影响热传递速度的因素众多且机理复杂。

从工程应用角度来说，学习传热学的目的有两个：一是掌握规律和计算方法，满足工程设计的需要；二是能动地改善传热过程。从设计角度来说，任何一台与能量转换相关的设备均有特定的功率要求，不宜过大，也不宜过小。过大则浪费成本，过小则不能满足任务要求。掌握热量传递的规律和计算方法，就可实现准确的设计。能动地改善传热过程包括两个方面：一是增强传热，二是削弱传热。当需要尽量降低传热设备成本或增强对发热设备的冷却效果时，应该尽量增强传热。相反地，当需要保温时，就应该尽量削弱传热。所以，传热学的应用范围和热力学的应用范围一样广泛，需要热力学知识的地方，往往就需要传热学的知识。

第二节　热量传递的基本方式

尽管热量传递的组合方式复杂多样，目前普遍认同的热传递基本方式仅有三种：热传导、热对流和热辐射。

一、热传导

热传导又称导热，是在物体内部各部分之间没有宏观上的相对位移时，依靠物质微观粒子热运动传递热量的方式。比如从建筑物墙体一侧表面向另一侧表面的热量传递过程，通过管壁、机箱壳体传递热量的过程，通过冰层的热量传递过程，固体工件内部的热量传递过程，静止流体内部的热量传递过程等均属于导热过程。

19 世纪初，兰贝特、毕渥和傅立叶都从固体一维导热的实验研究入手开展了研究。针对如图 7-1(a)所示的大平板导热过程，1804 年毕渥根据实验提出了一个公式，他认为单位时间通过单位面积的导热热量与两侧表面温差成正比，与平板厚度成反比，即

$$Q = A\lambda \frac{t_{w1} - t_{w2}}{\delta} \text{ 或 } q = \lambda \frac{t_{w1} - t_{w2}}{\delta} \quad (7-1)$$

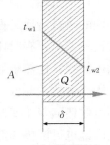

（a）　物理描述

这个公式为导热理论的发展做出了重要贡献。式中，A 为导热面积，单位为 m^2；δ 为平板厚度，单位为 m；λ 为导热系数，单位为 $W/(m \cdot K)$ 或 $W/(m \cdot ℃)$；t_{w1}、t_{w2} 分别为平板两侧表面温度，单位为℃；Q 为导热量，单位为 W；q 为单位面积内的导热量，也可称为热流密度或热流通量，单位为 W/m^2。式中各物理量还可以采用其他单位，但是要注意等式两侧的一致性以及相关物

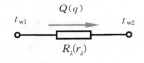

（b）　热阻单元

图 7-1　通过大平板的稳定导热

理量数值上的变化。严格地说，这个公式仅适用于无限大平板一维稳定导热问题，即平板内的温度仅随厚度变化，与时间和其他方向空间坐标无关。实际应用中，当平板长宽尺寸大于厚度的 10 倍以上时，就可以近似当成无限大平板处理。

公式(7-1)可改写成与欧姆定律相同的形式，即

$$Q = \frac{t_{w1} - t_{w2}}{R_\lambda} \text{ 或 } q = \frac{t_{w1} - t_{w2}}{r_\lambda} \tag{7-2}$$

式中，$R_\lambda = \dfrac{\delta}{A\lambda}$ 称为导热热阻，而 $r_\lambda = \dfrac{\delta}{\lambda}$ 是单位面积内的导热热阻。所以，为了便于直观分析复杂导热过程和建立数学模型，图 7-1(a)所示的单层大平板导热过程也可以用图 7-1(b)所示的热阻单元图表示。

二、热对流

热对流是依靠流体的运动将热量从一处传递到另一处的热传递方式。举例说明，设有如图 7-2 所示的某一任意流场，流场中不同位置的流体质点运动轨迹及方向如图中的曲线箭头所示。假设流场中 A、B、C 三个位置处的流体温度各不相同，且 $T_B > T_A > T_C$。根据所示流体运动轨迹不难理解，B 处流体的热能将随流体运动传递至 A 处，A 处流体的热能将随

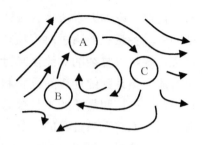

图 7-2　热对流示意图

流体运动传递至 C 处，而 C 处流体的热能则将随流体运动传递至 B 处。这种可以起到热能传输作用的流体运动就是热对流。热对流可以实现空间上的热交换。比如，上述 A、B、C 三处流体的温度将因热对流而发生变化，T_A、T_C 将上升，而 T_B 将下降，体现了热交换的效果。热对流可以发生在流场内任意位置。有流动、有温差就会产生热对流作用。不同的流场，会有不同的热对流运动规律，也就会产生不同的热交换效果。但是，只要是依靠流体运动传递热量的方式，均属于热对流。流场的运动规律有时很复杂，此时，热对流传递热量的规律也会很复杂。要对热对流进行准确的描述，必须全面掌握流场、温度场以及相关物理量场(比如物性参数)的信息。本书在第九章对流换热基本理论中，将针对热对流问题做进一步深入的分析讨论。

工程中最关心的是对流传热(或对流换热)问题的计算方法。对流传热是指流体与壁面之间的热交换过程。壁面可以是固体壁面，也可以是相界面，比如气液交界面。注意区分，对流传热与热对流是两个不同的概念。对流传热是工程中常见的热交换过程，如图 7-3(a)所示，而热对流是热传递的基本方式，也是对流传热中的重要机理。事实上，对流传热过程中，不仅依靠热对流传递热量，导热的机理也同时发生作用，因为流场内的微观粒子也在做热运动，也会产生热量传递的作用。对流换热问题的计算公式如下：

$$Q = Ah(t_w - t_f) \text{ 或 } q = h(t_w - t_f) \tag{7-3}$$

这个公式称为牛顿公式，式中，h 为表面传热系数或对流换热系数，单位为 W/(m²·K) 或 W/(m²·℃)；t_w 为壁面温度，单位为 K 或℃；t_f 为流体主流区温度或平均温度，单位为 K 或℃；A 为对流换热面积，单位为 m³；Q 为对流换热热流量，单位为 W；q 为对流换热热流密度或热流通量，单位为 W/m²。式中各物理量还可以采用其他单位，但是要注意单位换算。

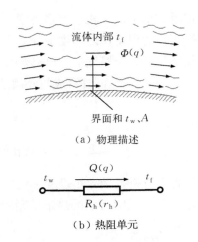

（a）物理描述

（b）热阻单元

图7-3 对流传热示意图

牛顿公式的最大优点是简洁，特别适用于工程计算，也深受工程师们的欢迎。正如前面的分析指出，对流换热的影响因素众多、规律复杂。因此，所有复杂的影响关系只能通过对流换热系数得到体现。也就是说，要解决复杂的对流换热计算问题，关键在于解决对流换热系数的计算问题。利用牛顿公式可以将科学问题与工程问题分开处理。工程中，可以按照简单的牛顿公式实现复杂系统的工程计算；科学研究中，则可专注于解决对流换热系数计算的问题。

牛顿公式也可以改写成与欧姆定律相同的形式，即

$$Q = \frac{t_w - t_f}{R_h} \text{ 或 } q = \frac{t_w - t_f}{r_h} \tag{7-4}$$

式中，$R_h = \dfrac{1}{Ah}$ 称为对流换热热阻，而 $r_h = \dfrac{1}{h}$ 是单位面积内的对流换热热阻。图 7-3(b)给出了对流换热热阻单元图。

三、热辐射

热辐射依靠电磁波传递热量，是非接触式的。两个物体之间，即便隔着真空，也能相互发射热辐射。黑体，也就是能将投射到其表面上的所有热辐射全部吸收的物体，发射热辐射的能力也最强，其单位面积上发射的辐射能，或称辐射力，可用下式计算

$$E_b = \sigma_b T^4 = C_b \left(\frac{T}{100} \right)^4 \tag{7-5}$$

这个公式就是斯蒂芬-玻尔兹曼定律的表达式，式中，E_b 为黑体辐射力，单位为 W/m²；σ_b 为黑体辐射常数，其值为 5.67×10^{-8} W/(m²·K⁴)；C_b 为黑体辐射系数，其值为 5.67 W/(m²·K⁴)。

辐射力不代表物体表面上净失去的热量。任何一个物体，在向外发射辐射能的同时，也在吸收外界投射到该物体上的辐射能。至于发射多少、吸收多少，与物体和外界的温度、几何关系、表面特性等诸多因素有关。两个物体相互之间通过热辐射交换能量的过程称为辐射换热。下面以两块无限大平行平板之间的辐射换热为例，介绍辐

射换热量计算的基本方法。所谓两块无限大平行平板，并不真正需要平板的尺寸无限大，只要平板尺寸相对于平板之间的距离大得多，以至于从平板间开口处泄露的辐射热可以忽略不计就可以了。设有如图 7-4 所示的两块平行平板，面积为 A。设平板间距很小，可以近似当成两块无限大平行平板，且平板表面均为黑体表面，各自温度分别为 T_{w1}、T_{w2}。那么，按照斯蒂芬-玻尔兹曼定律，每一块平板各自向对面平板发射的辐射能分别为 AE_{b1}、AE_{b2}。又因两块平板表面均为黑体表面，两块平板之间的辐射换热量为

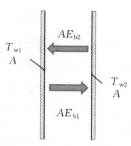

图 7-4　两块黑体表面无限大平行平板之间的辐射换热

$$Q_{12} = AE_{b1} - AE_{b2} = AC_b \left[\left(\frac{T_{w1}}{100} \right)^4 - \left(\frac{T_{w2}}{100} \right)^4 \right] \tag{7-6}$$

实际物体的辐射力要小于同温度下黑体的辐射力，可用下式计算

$$E = \varepsilon \sigma_b T^4 = \varepsilon C_b \left(\frac{T}{100} \right)^4 \tag{7-7}$$

式中，ε 称为黑度或发射率，总是小于 1，只有黑体的发射率才等于 1。

实际物体之间的辐射换热规律非常复杂，本书第十章辐射换热基础理论中将有进一步深入的讨论。某些特殊情况下，经过分析简化，实际物体之间的辐射换热计算也可以用简单的计算公式表示。比如，一个被内包的凸面物体与大封闭空腔之间的辐射换热量就可以用下式进行计算：

$$Q_{12} = A\varepsilon C_b \left[\left(\frac{T_{w1}}{100} \right)^4 - \left(\frac{T_{w2}}{100} \right)^4 \right] \text{ 或 } q_{12} = \varepsilon C_b \left[\left(\frac{T_{w1}}{100} \right)^4 - \left(\frac{T_{w2}}{100} \right)^4 \right] \tag{7-8}$$

式中，T_{w1} 为内包凸面物体表面热力学温度，单位为 K；T_{w2} 为大封闭空腔内表面温度，单位为 K；ε 为内包凸面物体表面黑度；Q、q 为热流量、热流通量，单位为 J。

所谓凸面物体，是指表面任何地方均是外凸形的物体。这里的大封闭空腔是指将内包凸面物体完全封闭在内的封闭表面，其内表面积远大于内包凸面物体的外表面积。

公式(7-8)虽然简单，却可以用来实现许多实际工程问题的近似计算，关键是要掌握好近似适用的条件。比如，一根管道穿过一个房间，管道就可以看成是内包凸面物体，而房间内表面就可以近似看成是大封闭空腔。一台设备设置在室外，环境就是大封闭空腔，设备可以用凸形的包络面代替，当成内包凸面物体处理。

【例题 7-1】为了测量某种材料的导热系数，制成了厚 30 mm 的平板试件。稳定工况下，实验测得两侧表面温度分别为 $t_{w1} = 50$ ℃和 $t_{w2} = 25$ ℃，通过平板的导热通量为 $q = 360$ W/m²。试依据测量值数据计算材料的导热系数 λ。

【解】由导热公式(7-1)得

$$\lambda = \frac{q\delta}{t_{w1} - t_{w2}}$$

代入试验数据得

$$\lambda = \frac{q\delta}{t_{w1} - t_{w2}} = \frac{360 \times 0.03}{50 - 25} = 0.432[\text{W/(m·K)}]$$

【例题 7-2】半径为 0.5 m 的球状航天器在太空中飞行，其表面发射率为 0.8。航天器内电子元件的散热总功率为 175 W。假设航天器没有从宇宙空间接收任何热辐射能量，试估算其表面的平均温度。

【解】由能量守恒原理可知：航天器的辐射散热量为 $Q_r = 175$ W。由公式（7-7）可得，

$$T = \sqrt[4]{\frac{Q_r}{\varepsilon\sigma_b A}} = \sqrt[4]{\frac{Q_r}{4\pi r^2 \varepsilon\sigma_b}}$$

代入数值可得，

$$T = \sqrt[4]{\frac{175}{4 \times 3.14 \times 0.5^2 \times 0.8 \times 5.67 \times 10^{-8}}} = 187.22(\text{K})$$

第三节　传热过程

传热过程一般是指冷热两种流体通过中间间壁进行热量交换的过程。中间间壁可以是平板、肋板、圆管、翅片管等。本节仅对以大平板为中间间壁的传热过程进行分析，介绍传热量的计算方法和公式。对于以大平板为间壁的传热过程，温度分布如图 7-5 所示。该传热过程实际上是三个过程的串联，包含两个对流换热过程，一个中间导热过程，每一个过程传递的热量是相同的，因此有

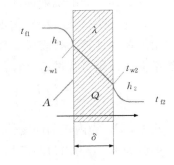

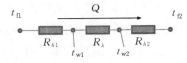

图 7-5　通过大平板的传热过程

$$Q = \frac{t_{f1} - t_{w1}}{R_{h1}} \tag{7-9}$$

$$Q = \frac{t_{w1} - t_{w2}}{R_\lambda} \tag{7-10}$$

$$Q = \frac{t_{w2} - t_{f2}}{R_{h2}} \tag{7-11}$$

式中，$R_{h1} = \frac{1}{Ah_1}$，$R_\lambda = \frac{\delta}{A\lambda}$，$R_{h2} = \frac{1}{Ah_2}$。因为上述三个分式的值相等，所以三个热阻可以直接叠加，因此有

$$Q = \frac{t_{f1} - t_{f2}}{R_{h1} + R_\lambda + R_{h2}} \tag{7-12}$$

这就是通过大平板的传热公式。该公式所描述的关系也可用如图 7-5 下面所示的热阻网络图表示。如果将热阻的具体表达式代入上式，则可得

$$Q = A \frac{t_{f1} - t_{f2}}{\dfrac{1}{h_1} + \dfrac{\delta}{\lambda} + \dfrac{1}{h_2}} \tag{7-13}$$

或简写为

$$Q = AK\Delta t \text{ 或 } q = K\Delta t \tag{7-14}$$

式中, $K = \dfrac{1}{\dfrac{1}{h_1} + \dfrac{\delta}{\lambda} + \dfrac{1}{h_2}}$, 称为传热系数, $\Delta t = t_{f1} - t_{f2}$ 称为传热温差。

【例题 7-3】有一个双层玻璃窗,玻璃宽 1.1 m、高 1.2 m、厚 3 mm、导热系数为 1.05 W/(m·K),空气间隙层厚 10 mm。设空气间隙仅起导热作用,导热系数为 0.026 W/(m·K);室内空气温度为 25 ℃,表面传热系数为 5 W/(m²·K);室外空气温度为 −10 ℃,表面传热系数为 10 W/(m²·K)。试计算通过双层玻璃窗的散热量,并与单层玻璃窗相比较。

【解】单层玻璃情形,由传热过程计算公式可得

$$Q_{\text{单层}} = A \frac{t_{f1} - t_{f2}}{\dfrac{1}{h_1} + \dfrac{\delta}{\lambda} + \dfrac{1}{h_2}} = 1.1 \times 1.2 \times \frac{25 - (-10)}{\dfrac{1}{5} + \dfrac{0.003}{1.05} + \dfrac{1}{10}} = 152.5 (\text{W})$$

使用双层玻璃时,要考虑多层导热热阻,即

$$Q_{\text{双层}} = A \frac{t_{f1} - t_{f2}}{\dfrac{1}{h_1} + \sum_{i=1}^{3} \dfrac{\delta_i}{\lambda_i} + \dfrac{1}{h_2}} = 1.1 \times 1.2 \times \frac{25 - (-10)}{\dfrac{1}{5} + \dfrac{0.003}{1.05} + \dfrac{0.010}{0.026} + \dfrac{0.003}{1.05} + \dfrac{1}{10}} = 66.9 (\text{W})$$

$\dfrac{152.5 - 66.9}{152.5} = 56\%$ 。可见,增加一层玻璃可使窗户的总散热量下降约 56%。为了节能,现代建筑常常采用双层玻璃窗加强房间的保温效果。

思考题

1. 三种基本热传递方式的主要区别是什么?

2. 试分析照明灯的主要散热途径。

3. 试分析暖气片内热水至暖气片内表面、内表面至外表面、外表面至室内空气的散热途径。

4. 对流换热与热对流有何区别与联系?

5. 某夏热冬冷地区,如果夏季和冬季维持相同的室内温度 22 ℃,夏季衣着单薄却能感觉舒适,而冬季需要穿保暖衣才有相同的温适感,试从传热的观点分析其原因。

6. 在寒冷的冬天,挂上布窗帘以后,房间顿觉暖和。原因何在?

7. 某地秋冬之交时节,人们常发现夜间树叶上会容易结霜,而地面却不容易,试从传热的角度解释其原因。

8. 降雪后,为什么草地上的雪融化得慢些?

9. 保温瓶胆或保温杯夹层内一般被抽成真空，这是为什么？为了增强保温效果，夹层内表面的发射率越高越好，还是越低越好？为什么？

10. 为什么冰箱要持续通电才能维持食品的冷藏或冷冻温度？为了节约用电，设计冰箱外壳时应该注意采取什么措施？

11. 红外电热器和电热暖风机加热人体的热传递途径主要有什么区别？

12. 太阳和地球之间传递热量的方式是什么？

练习题

1. 通过精密测量发现，某 1 mm 厚的铜板一侧温度为 45.2 ℃，另一侧温度为 45 ℃。设铜的热导率为 398 W/(m·℃)，试计算通过此铜板的导热热流通量。

2. 某隔热层材料导热系数为 0.06 W/(m·℃)。为使隔热层材料两侧表面温差大于 500 ℃时的热流密度小于 100 W/m²，隔热层厚度至少需要多大？

3. 20 ℃的空气吹过一块面积为 10 cm×5 cm 的平板，表面温度保持在 70 ℃。已知表面传热系数为 25 W/(m²·℃)，试求对流传热量。

4. 设习题 3 中平板是厚 5 mm 的某陶瓷片，导热系数 $\lambda = 2$ W/(m·℃)，表面发射率 $\varepsilon = 0.95$，陶瓷片背面紧贴发热片，且发热片表面温度均匀。试求紧贴发热片的陶瓷片表面温度。

5. 一个功率为 1 000 W 的浸没式电热管，外径 10 mm，长度 350 mm，浸没在 20 ℃的水中。如果电热管与水之间的表面传热系数为 1 200 W/(m²·K)，求此时电热管的表面温度。

6. 表面积等于 1 cm² 的集成电路芯片，如果用 20 ℃的空气流来冷却，表面传热系数为 50 W/(m²·K)，芯片表面允许的最高工作温度为 85 ℃，求芯片最大允许耗散功率。

7. 某设备表面覆盖着厚度 3 cm、导热系数 0.045 W/(m·℃)的保温层，表面黑度 $\varepsilon = 0.75$。通过测量得知，环境及周围空气温度均为 25 ℃，设备表面温度为 115 ℃，保温层外表面温度为 35 ℃，试计算保温层与空气之间的对流换热系数。

8. 经测量，某平壁一侧表面保持 26 ℃，另一侧处于温度为 0 ℃的空气环境中。已知平壁厚度为 27 cm，导热系数为 0.8 W/(m·℃)，平壁与空气之间的表面换热系数为 10 W/(m²·℃)。如果忽略辐射散热的影响，试计算平壁向空气的散热热流通量。

9. 两块温度分别为 800 ℃和 300 ℃的无限大平行黑体平板通过辐射进行热量交换。试计算单位面积的辐射换热量。

10. 室内环境温度为 25 ℃的房间里安装有长 3 m、宽 0.3 m 的某辐射采暖板，其表面发射率为 0.85。如果该辐射采暖板需通过辐射散热的方式提供 300 W 的加热功率，表面温度应该是多少？

11. 一根外直径为 5 cm 的热水钢管横穿一个房间。经测量，钢管表面温度保持 50 ℃，室内空气温度为 20 ℃，房间内表面平均温度为 15 ℃。设钢管表面发射率为

0.8，与空气之间的表面传热系数为 6.5 W/(m² · ℃)，试估算单位长度钢管的散热量。

12. 热流密度为 700 W/m² 的太阳辐射被近似黑体的太阳能金属集热板完全吸收。设集热板所处环境及周围空气温度均为 30 ℃，与周围环境之间的总表面传热系数为 11 W/(m² · ℃)。试计算：(1)如果集热板背面绝热，平衡状态下集热板表面温度；(2)如果集热板背面通过流体吸走热量 300 W/m²，平衡状态下集热板表面温度。

第八章　导热理论基础

傅立叶定律是导热理论的重要基础，是在一维稳定导热实验规律的基础上通过抽象提炼出的基本规律。结合傅立叶定律与能量守恒原理，可以建立导热物体内的温度场控制微分方程式，或称导热微分方程式。导热微分方程式与定解条件相结合，构成导热问题的完整数学描述，成为求解大多数工程导热问题的出发点。某些问题的导热微分方程式经过简化后可以进行分析求解，某些问题的导热微分方程难以简化和分析求解。由于计算机技术和数值计算理论的发展，目前大多数导热问题基本上可以通过模拟仿真获得工程设计所需要的数据。

第一节　傅立叶定律与导热微分方程式

本节的核心内容包括温度场、温度梯度、傅立叶基本导热定律、导热系数、导热微分方程式及单值性条件（或称定解条件）。温度梯度反映了温度场内温度变化的方向和速率。傅立叶定律建立了导热热流通量与温度梯度之间的线性关系，其中的比例系数称为导热系数，反映了材料的导热能力。

一、温度场

温度场就是物体内的温度分布，是导热理论中的基本概念，也是传热学中的基本概念。温度可以随空间位置变化，也可以随时间变化。按照空间上的变化特性，可以将温度场分为一维、二维和三维温度场。一维温度场是指温度仅随一个空间坐标变化的温度场，二维或三维温度场则是指温度可在两个或三个坐标方向上发生变化的温度场。按照是否随时间变化的特性，温度场又可分为稳定温度场和非稳定温度场。不随时间变化的温度场是稳态（或稳定）温度场，反之则是非稳态温度场。应该说，一维、二维温度场是三维温度场的特例，稳态温度场是非稳态温度场的特例。表 8-1 列出了不同温度场的一般数学表达式，其中 t 是温度，τ 是时间，x、y、z 是空间坐标。

表 8-1　温度场一般表达式列表

	一维	二维	三维
稳态	$t=f(x)$	$t=f(x,\ y)$	$t=f(x,\ y,\ z)$
非稳态	$t=f(x,\ \tau)$	$t=f(x,\ y,\ \tau)$	$t=f(x,\ y,\ z,\ \tau)$

温度场内，温度相同的点相连形成的线或面称为等温线或等温面。通常，二维温度场内温度相同的点相连形成等温线，三维温度场内温度相同的点相连形成等温面。图 8-1 给出了几个等温线示意图。从图例中不难总结出一些共同

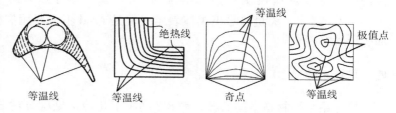

图 8-1　等温线示意图

的特性：除了奇点外，同一时刻，物体中温度不同的等温面或等温线不能相交，因为同一点上不可能有两个不同的温度值；除了极值点外，在连续介质内部，等温面（或等温线）或者构成封闭的曲面（或曲线），或者终止于物体的边界。

二、温度梯度

参照图 8-2，等温面或等温线的法线方向 $\boldsymbol{n}$ 上，温度变化率为 $\lim\limits_{\Delta n \to 0} \dfrac{\Delta t}{\Delta n}$；任意方向 $\boldsymbol{l}$ 上，温度变化率为 $\lim\limits_{\Delta l \to 0} \dfrac{\Delta t}{\Delta l}$。两等温面或等温线之间，法线方向距离最短。因此，法线方向温度变化率总是最大的。切线方向温度变化率等于零，是因为等温面或等温线上没有温度变化。法线方向温度变化率又称为温度梯度，记为 $\mathrm{grad}\, t$，其数学定义式为

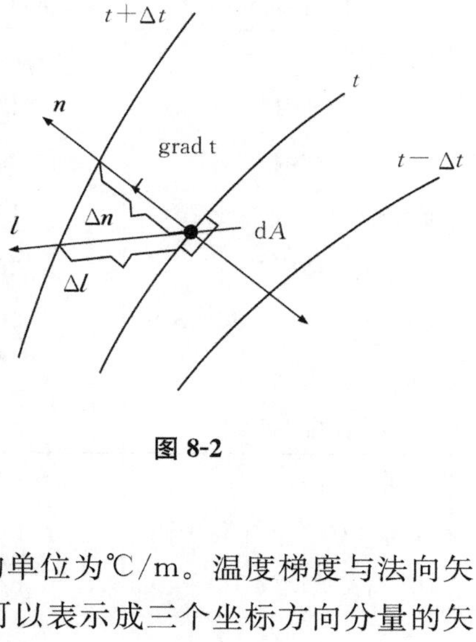

图 8-2

$$\mathrm{grad}\, t = \lim_{\Delta n \to 0} \frac{\Delta t}{\Delta n} \tag{8-1}$$

温度梯度是一个矢量，有方向。国际单位制中的单位为 ℃/m。温度梯度与法向矢量在一条线上，指向温度增加的方向。温度梯度也可以表示成三个坐标方向分量的矢量和，其数学表达式为

$$\mathrm{grad}\, t = \frac{\partial t}{\partial x}\boldsymbol{i} + \frac{\partial t}{\partial y}\boldsymbol{j} + \frac{\partial t}{\partial z}\boldsymbol{k} \tag{8-2}$$

三、傅立叶定律

傅立叶(Fourier)于 1822 年提出了著名的导热基本定律,即傅立叶定律:物体内部任意位置的热流通量是一个矢量,其大小正比于温度梯度的绝对值,方向与温度梯度正好相反。傅立叶定律可用矢量关系式表示为

$$\boldsymbol{q} = -\lambda \, \text{grad} \, t \tag{8-3}$$

这个公式也称为傅立叶基本导热公式,是傅立叶定律的数学表达式。式中,$\boldsymbol{q}$ 为热流密度矢量或热流通量矢量,单位为 W/m^2;λ 为导热系数或导热率,单位为 $W/(m \cdot K)$。通常,矢量符号用黑体表示,但是 grad 不需要用黑体,因为它本身就是一种矢量符号。

四、导热系数

导热系数因材料不同而异,表 8-2 列出了几种常见材料在 20 ℃时的导热系数。一般来说,固体的导热系数大,液体次之,气体最小。这是因为导热系数与材料的聚集状态有关。固体分子的紧密度高,液体次之,气体最小。然而,不同材料导热系数不能完全按照固、液、气的顺序进行排列,例如:液态金属的导热系数就比非金属固体材料的导热系数高得多;金刚石、石墨和碳纤维均由碳原子所组成,但是导热系数相差很大。

表 8-2　几种常见材料在 20 ℃时的导热系数

材料名称	$\lambda/[W/(m \cdot K)]$	材料名称	$\lambda/[W/(m \cdot K)]$
金属(固体):		松木(平行木纹)	0.35
纯银	427	冰(0 ℃)	2.22
纯铜	398	液体:	
黄铜(70%Cu,30%Zn)	109	水(0 ℃)	0.551
纯铝	236	水银(汞)	7.90
铝合金(87%Al,13%Si)	162	变压器油	0.124
纯铁	81.1	柴油	0.128
碳钢(约 0.5%C)	49.8	润滑油	0.146
非金属(固体):		气体(大气压力):	
石英晶体(0 ℃,平行于轴)	19.4	空气	0.025 7
石英玻璃(0 ℃)	1.13	氮气	0.025 6
大理石	2.70	氢气	0.177
玻璃	0.65~0.71	水蒸气(0 ℃)	0.183
松木(垂直木纹)	0.15		

金属内部有大量的自由电子。金属主要依靠自由电子的运动传递热量。一般来说，金属材料的导热系数高。而且，导电性能好的金属，导热性能也好。合金的导热系数要比纯金属的低，这是因为合金减少了自由电子数目，而且非规则的晶格结构会阻碍自由电子的迁移。

所有工程材料，导热系数均会随所处状态而变化。其中，温度的影响是很明显的。图 8-3 给出了若干种不同材料导热系数随温度变化的分布图。可见，导热系数随温度的变化规律不一定是线性的。但是，当温度变化范围不是很大时，可以近似做线性化处理，比如，$\lambda = a + bt$，其中 a、b 为拟合常数。

材料结构对导热系数的影响有时也是很大的。木材顺木纹方向导热系数大，垂直木纹方向导热系数小，属于各向异性材料。导热系数不随方向变化的材料则称为各向同性材料。多孔材料的导热系数小，这是因为孔隙中充满了导热系数低的气体或空气。实际上，多孔材料的导热系数不是材料的真实导热系数，是一种折算的导热系数，是基材与孔隙中气体复合结构综合导热性能的一种度量指标，又称表观导热系数。

湿度对多孔建筑或保温材料表观导热系数的影响很大。湿砖的导热系数可能比干砖和水的导热系数均大很多。这是因为高温部位孔隙内的水膜会蒸发变成汽，蒸发过程吸收汽化潜热，并且蒸气压变高，向低温部位的孔隙中扩散或流动。扩散或流动至低温部位孔隙中的蒸汽遇到冷的壁面又会凝结成

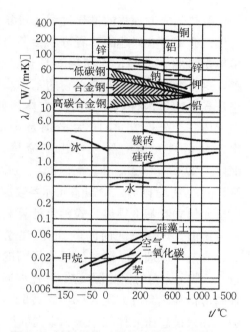

图 8-3　材料导热系数与温度的变化关系

液体，液体又在多孔材料内部毛细吸送作用下返回高温部位。如此循环，以潜热携带方式在高、低温部位之间传递热量，传热能力大。这种传热方式类似于"热管"传热方式。这也就是棉衣虽然保暖，但湿棉衣却更容易散热的原因。工程中，常包覆多孔材料进行保温，比如在热力输送管道外表面、设备外壳表面、建筑围护结构表面敷设保温层等。为了达到较好的保温效果，所有保温敷设均应注意防水防潮，如包覆防水膜或涂覆防水涂料。随着现代制造工艺的发展，许多保温材料的孔隙本身是封闭的，如真空棉、闭孔泡沫、珍珠岩颗粒等，使水分无法进入封闭的空隙内，防潮性能更好。

五、导热微分方程式

如果已知导热系数和温度分布，按照式(8-3)可以计算出物体内任意位置处的热流

密度。从而，任意界面上的热流量也可以通过积分计算得出。但是，怎样才能获得物体内的温度分布呢？这需要有一个描述温度变化规律的控制方程。各向同性连续介质内部导热过程中，温度变化规律的笛卡儿坐标系控制方程式如下：

$$\rho c \frac{\partial t}{\partial \tau} = \frac{\partial}{\partial x}\left(\lambda \frac{\partial t}{\partial x}\right) + \frac{\partial}{\partial y}\left(\lambda \frac{\partial t}{\partial y}\right) + \frac{\partial}{\partial z}\left(\lambda \frac{\partial t}{\partial z}\right) + \dot{q}_v \tag{8-4}$$

该方程式也称为导热微分方程式。式中，τ 为时间变量，单位为 s；x、y、z 为空间坐标变量，单位为 m；ρ 为密度，单位为 kg/m³；c 为比热，单位为 J/(kg·℃)；t 为温度，单位为℃；$\dot{q}_v$ 为内热源强度，如导电时物体内部单位体积发热量，单位为 W/m³。

导热微分方程式的推导过程比较复杂，在此不进行详细介绍，有兴趣的读者可以参考内容更加全面的传热学教材。但是，为加深对导热微分方程式的理解，这里简要说明一下建立它的基本步骤。首先，设想从导热物体内任取一微元立方体，如图 8-4 所示。微元体三个坐标方向的尺寸分别为 dx、dy、dz。其次，分析微元体的导入导出热流量。图 8-4 中，dQ_x、dQ_{x+dx}、dQ_y、dQ_{y+dy}、dQ_z、dQ_{z+dz} 就代表了微元时间段 dτ 内导入导出微元体各表面的热流量，可以按照傅立叶基本导热公式确定计算表达式。然后，针对该微元体在微元时间段 dτ 内建立能量守恒关系

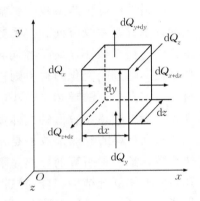

图 8-4 导热微元体能量流示意图

式，其基本原理是：通过微元体界面的导热净得热量（即导入的总热量 — 导出的总热量）+ 微元体内的内热源发热量（比如通电发热）= 微元体内部储存能增量。最后，经整理即可得导热微分方程式(8-4)。那么，如何理解导热微分方程式中各项的物理意义呢？如果设想微元体三个坐标方向的尺寸为1个单位，则微元体可以称为单元体。对于

单位时长来说，$\frac{\partial}{\partial x}\left(\lambda \frac{\partial t}{\partial x}\right)$ 就是单元体左右两个表面导入导出的净得热量，即 x 轴坐标方向上的导热净得热量，而 $\frac{\partial}{\partial y}\left(\lambda \frac{\partial t}{\partial y}\right)$、$\frac{\partial}{\partial z}\left(\lambda \frac{\partial t}{\partial z}\right)$ 则是 y 轴、z 轴坐标方向上的导热净得热量，$\rho c \frac{\partial t}{\partial \tau}$ 就是

$$\rho c \frac{\partial t}{\partial \tau} = \underbrace{\frac{\partial}{\partial x}\left(\lambda \frac{\partial t}{\partial x}\right) + \frac{\partial}{\partial y}\left(\lambda \frac{\partial t}{\partial y}\right) + \frac{\partial}{\partial z}\left(\lambda \frac{\partial t}{\partial z}\right)}_{} + \underbrace{\dot{q}_v}_{}$$

单元体储存能增量 ／ 单元体导热净得热量 ／ 单元体内热源发热量

图 8-5 导热微分方程式的物理意义

单元体储存能的增量。上述各项的分类含义亦如图 8-5 所示。

六、单值性条件

导热微分方程式与数学中所有的偏微分方程式一样，需要定解条件才能有确定的解。导热微分方程式的定解条件也习惯性称为单值性条件，包括几何条件、物理条件、初始条件、边界条件。几何条件是指导热物体的几何形状和尺寸。比如，对大平壁而言需要知道平壁的厚度；对圆管而言，需要知道圆管的直径、管壁厚度和管长；等等。物理条件是指材料的物理性质，比如导热系数、密度、比热、内热源强度等。初始条件是指初始时刻物体内部的温度分布。比如，工件刚放入加热炉内时的温度分布是炉内加热过程的初始条件，设备预热之前的温度分布是设备预热过程的初始条件，等等。边界条件的描述相对更复杂一些，包括三类边界条件。

第一类边界条件：已知边界面上的温度，其数学表达式的一般形式为

$$t\mid_s = t_w \tag{8-5}$$

式(8-5)的含义为在边界面 s 上，温度 $t\mid_s$ 为已知的温度 t_w。比如，像在前一章所述大平板的导热问题中，已知两侧表面的温度，就属于第一类边界条件。需要补充说明的是，已知温度 t_w 可以是常数，也可以是随空间坐标或时间变化的已知函数。

第二类边界条件：已知边界面上的热流密度，其数学表达式的一般形式为

$$-\lambda \frac{\partial t}{\partial \boldsymbol{n}}\mid_s = q_w \tag{8-6}$$

式中，$\frac{\partial t}{\partial \boldsymbol{n}}\mid_s$ 为导热物体内边界面上法线方向的温度梯度。式(8-6)的含义为，在边界面 s 的法线方向 $\boldsymbol{n}$ 上，$-\lambda \frac{\partial t}{\partial \boldsymbol{n}}\mid_s$ 为已知热流密度 q_w。类似于第一类边界条件，已知热流密度 q_w 可以是常数，也可以是随空间坐标或时间变化的已知函数。

第三类边界条件：已知边界面上的对流换热条件，其数学表达式的一般形式为

$$-\lambda \frac{\partial t}{\partial \boldsymbol{n}}\mid_s = h(t\mid_s - t_f) \tag{8-7}$$

式中，$t\mid_s$ 为物体边界面上的温度；t_f 为与边界面 s 相接触的流体温度。式(8-7)的含义为，在边界面 s 的法线方向 $\boldsymbol{n}$ 上，物体内部的导热热流密度 $-\lambda \frac{\partial t}{\partial \boldsymbol{n}}\mid_s$ 等于边界面与流体之间的对流换热热流密度。

【例题 8-1】设有如图 8-6 所示的简易平板导热仪，用于测量圆盘形试件 1 的导热系数。其中，试件半径为 R、板厚为 δ。一个相同半径的圆盘形平板电加热器 2 被对称地夹在尺寸完全相同的两个试件 1 之间，两个试件的外侧再用两个直径相同的圆盘形平板冷却水套 3 夹紧，且各圆盘形部件中心线完全重合，试件圆柱面与空气直接接触。设冷却水套外壳导热热阻及内部冷却水的对流换热热阻可以忽略不计。测试时，冷却水套内通过足够大量的恒温冷却水，以至于冷却水进出口温差也可以忽略不计，使得冷却水套与试件紧贴的界面温度恒定不变。而且，电加热器的功率恒定，电加热器内

部的发热元件电阻分布足够均匀，所以单位面积上的发热量是均匀的，电加热器散热量可以忽略不计。试分析测试过程中，试件的边界条件并写出数学表达式。

【解】根据题意，与电加热器紧贴的试件表面处于常热流边界条件下，属于第二类边界条件。根据图示坐标选择及装置描述，可用如下数学表达式表达：

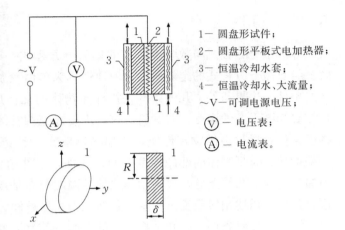

1—圆盘形试件；
2—圆盘形平板式电加热器；
3—恒温冷却水套；
4—恒温冷却水、大流量；
~V—可调电源电压；
Ⓥ— 电压表；
Ⓐ— 电流表。

图 8-6　例题 8-1 附图

$$-\lambda\frac{\partial t}{\partial y}\Big|_{y=0}=q_{\mathrm{w}}\Big|_{y=0}=\frac{AV}{2\pi R^2}$$

与冷却水套紧贴的表面处于常温边界条件下，属于第一类边界条件，其数学表达式为

$$t\Big|_{y=\delta}=t_{\mathrm{w}}$$

式中，t_{w} 代表冷却水温。与空气接触的圆柱面为对流边界条件，属于第三类边界条件，其数学表达式为

$$-\lambda\frac{\partial t}{\partial r}\Big|_{r=R}=h\left(t\big|_{r=R}-t_{\mathrm{a}}\right)$$

式中，r 为轴心至任意位置的半径坐标，t_{a} 为环境空气温度，h 为对流换热系数。

第二节　稳态导热问题分析

本节将介绍几种典型稳态导热问题的分析求解方法，包括通过平壁的稳态导热、通过圆筒壁的稳态导热。

一、单层平壁稳态导热

前一章已经介绍了通过大平壁稳态导热的实验公式，这里将以导热微分方程式为基础进行分析求解。根据通过大平壁稳态导热的特点，有 $\rho c\frac{\partial t}{\partial \tau}=0$、$\frac{\partial}{\partial y}\left(\lambda\frac{\partial t}{\partial y}\right)=0$、$\frac{\partial}{\partial z}\left(\lambda\frac{\partial t}{\partial z}\right)=0$、$\dot{q}_v=0$。一般形式的导热微分方程式(8-4)简化为

$$\frac{\mathrm{d}}{\mathrm{d}x}\left(\lambda\frac{\mathrm{d}t}{\mathrm{d}x}\right)=0 \tag{8-8}$$

设 $\lambda = a + bt$，代入上式积分可得

$$\lambda \frac{\mathrm{d}t}{\mathrm{d}x} = c_1 \tag{8-9}$$

$$at + \frac{1}{2}bt^2 = c_1 x + c_2 \tag{8-10}$$

式中，c_1、c_2 为积分常数。按照图 8-7 所示的边界条件：$x = 0$ 时，$t = t_{w1}$；$x = \delta$ 时，$t = t_{w2}$，可以确定公式中的积分常数为 $c_1 = -\left[a + \frac{1}{2}b(t_{w1} + t_{w2}) \right] \dfrac{t_{w1} - t_{w2}}{\delta}$，$c_2 = at_{w1} + \frac{1}{2}bt_{w1}^2$。还应该注意到 $q = -\lambda \dfrac{\mathrm{d}t}{\mathrm{d}x} = -c_1$，所以有

$$q = \lambda_m \frac{t_{w1} - t_{w2}}{\delta} \tag{8-11}$$

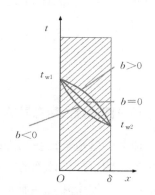

图 8-7　通过大平壁的稳定导热

式中，$\lambda_m = a + \frac{1}{2}b(t_{w1} + t_{w2})$，即平壁两侧温度算术平均值对应的导热系数，可视为平均导热系数。公式 (8-11) 与前一章给出的大平壁导热公式是完全一致的，说明基于导热微分方程式的分析解是合理、正确的。如果 $b = 0$，$\lambda = a$，导热系数不随温度而变，温度 t 与坐标 x 成线性关系，温度分布曲线为一条直线。如果 $b > 0$，导热系数随温度的增加而增加，温度分布曲线在高温侧斜率较小，在低温侧斜率较大，整个曲线向上弯曲拱起。反之，如果 $b < 0$，导热系数随温度的增加而降低，温度分布曲线向下弯曲。

二、多层平壁稳态导热

多层平壁在工程中比较常见。所谓多层平壁，是指由材质不同的单层平壁贴合在一起的复合平壁。以三层平壁为例，如图 8-8 所示。对于无限大多层平壁，导热计算并没有什么难度，完全可以按照热阻串联的关系进行处理，如图 8-8 底部的热阻网络图所示。也就是说，三层平壁的导热热流通量可按照下式进行计算：

$$q = \frac{t_{w1} - t_{w4}}{\dfrac{\delta_1}{\lambda_1} + \dfrac{\delta_2}{\lambda_2} + \dfrac{\delta_3}{\lambda_3}} \tag{8-12}$$

由三层平壁推广至多层平壁，计算公式为

$$q = \frac{t_{w1} - t_{w,\,n+1}}{\displaystyle\sum_{i=1}^{n} \frac{\delta_i}{\lambda_i}} \tag{8-13}$$

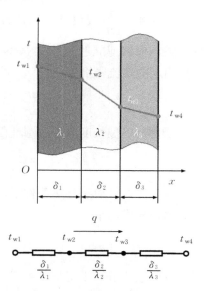

图 8-8　多层大平壁的稳定导热

式中，n 为多层平壁的层数；i 为平壁序号；λ_i 为第 i 层平壁的导热系数；δ_i 为第 i 层平壁厚度。

多层平壁的导热常常发生在对流边界条件下，比如建筑物的外墙、保温机箱等，内外两侧表面分别与不同温度的流体接触。如果已知一侧流体温度为 t_{f1}，表面传热系数为 h_1，另一侧流体温度为 t_{f2}，表面传热系数为 h_2，则导热热流通量的计算公式应改写为

$$q = \frac{t_{f1} - t_{f2}}{\dfrac{1}{h_1} + \displaystyle\sum_{i=1}^{n} \dfrac{\delta_i}{\lambda_i} + \dfrac{1}{h_2}} \tag{8-14}$$

三、通过圆筒壁的稳态导热

流体的管道输送在工程中应用非常广泛。输送过程中常伴随着管内外流体之间的热传递。为了分析计算的方便，假设通过管壁内的导热过程是一维的，即管壁内温度仅沿半径方向变化，与轴向和角坐标无关。这个模型虽然不一定完全符合实际情况，但却是目前被广为接受的一个模型。下面将在这个模型基础上，讨论通过圆筒壁的导热问题。图 8-9 给出了稳态导热过程圆筒壁内的温度分布示意图，图中假设内表面的温度高于外表面的温度。但即使外表面温度更高，这个假设也不会影响后面分析解的正确性。根据模型假设可知，任意位置的温度梯度 $\dfrac{dt}{dr}$ 仅仅是半径 r 的函数，与其他坐标无关。根据傅立叶定律的基本公式，任意半径圆柱面上的热流密度为

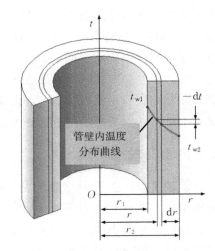

图 8-9 通过圆筒壁的稳定导热

$$q = -\lambda \frac{dt}{dr} \tag{8-15}$$

于是，单位长度内通过圆柱面的导热量为

$$q_l = -2\pi r\lambda \frac{dt}{dr} \tag{8-16}$$

应该注意，稳态导热条件下，q_l 与半径无关，为常数。所以，上式可实现简单的变量分离，形式如下：

$$-\frac{q_l}{2\pi r\lambda} dr = dt \tag{8-17}$$

按照上式进行不定积分可得

$$t = c - \frac{q_l}{2\pi\lambda} \ln r \tag{8-18}$$

可见圆筒壁内温度随半径的变化服从对数规律。如果按照图 8-9 所示边界条件：$r =$

r_1 时，$t = t_{w1}$；$r = r_2$ 时，$t = t_{w2}$，基于公式(8-17)进行定积分可得单位长度内圆筒壁导热量计算公式

$$q_l = \frac{t_{w1} - t_{w2}}{\frac{1}{2\pi\lambda}\ln\frac{r_2}{r_1}}$$

(8-19)

管道保温也是工程中广泛应用的技术。管道保温就是在流体输送管道外面包覆一层或多层保温或防水材料，以减少管道内流体的热量或冷量损失，减缓热流体的降温速度或冷流体的升温速度。以三层为例，结构及温度分布示意图如图 8-10 所示。类似于多层平壁，多层圆筒壁单位长度内的导热量也可按照热阻串联的分析方式建立计算表达式为

$$q_l = \frac{t_{w1} - t_{w,\,n+1}}{\sum_{i=1}^{n}\frac{1}{2\pi\lambda_i}\ln\frac{r_{i+1}}{r_i}}$$

(8-20)

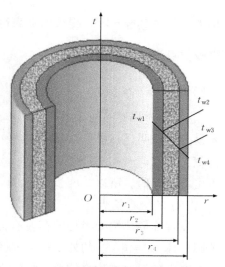

图 8-10　多层圆筒壁的结构和温度分布示意图

式中，n 为多层圆筒壁的层数；i 为从内向外排列的某层圆筒壁序号；λ_i 为第 i 层圆筒壁的导热系数；r_i、r_{i+1} 分别为第 i 层圆筒壁的内、外圆柱面半径。

对流边界条件下，多层圆筒壁的导热问题与多层平壁对流边界条件下的导热问题类似，热流通量计算公式为

$$q_l = \frac{t_{f1} - t_{f2}}{R_l}$$

(8-21)

式中，$R_l = \dfrac{1}{2\pi r_1 h_1} + \sum_{i=1}^{n}\dfrac{1}{2\pi\lambda_i}\ln\dfrac{r_{i+1}}{r_i} + \dfrac{1}{2\pi r_{n+1} h_2}$ 为单位长度内的总热阻，包括两侧流体的对流换热热阻 $\dfrac{1}{2\pi r_1 h_1}$、$\dfrac{1}{2\pi r_{n+1} h_2}$ 和多层圆筒壁的导热热阻 $\sum_{i=1}^{n}\dfrac{1}{2\pi\lambda_i}\ln\dfrac{r_{i+1}}{r_i}$。

四、管道的临界热绝缘半径

对于保温管道，防水层通常较薄，其热阻可以忽略不计。此时，如果只有一层保温材料，那就是一个两层圆筒壁问题，则总的热阻

$$R_l = \frac{1}{2\pi r_1 h_1} + \frac{1}{2\pi\lambda_1}\ln\frac{r_2}{r_1} + \frac{1}{2\pi\lambda_2}\ln\frac{r_3}{r_2} + \frac{1}{2\pi r_3 h_2}$$

(8-22)

一般来说，如果希望传热量越小，则所需保温层越厚；反之，所需保温层越薄。然而，也有"反常"的时候。首先，对于已知的保温设计任务，输送管道的几何尺寸、管内流体的状态参数和流动状态应该是确定的。因此，式(8-22)中的前两项也就应该看

成是确定的。但是，如果把保温层厚度当成一个未知数，则 r_3 是一个变量，式(8-22)中的第三项 $R_{l3}=\dfrac{1}{2\pi\lambda_2}\ln\dfrac{r_3}{r_2}$ 和第四项 $R_{l4}=\dfrac{1}{2\pi r_3 h_2}$ 是变化的函数。随着 r_3 的增加，R_{l3} 增加，R_{l4} 减小，那么总的热阻 R_l 是增加还是减少呢？从两个热阻函数 R_{l3} 和 R_{l4} 的变化趋势来看，R_l 可能有一个极小值点。为证明这一设想，不妨按照式(8-22)求 R_l 对 r_3 的偏微分并令其等于零，得极值点表达式为 $\dfrac{\partial R_l}{\partial r_3}=\dfrac{1}{2\pi\lambda_2 r_3}-\dfrac{1}{2\pi r_3^2 h_2}=0$。求解该表达式可得极值点半径 r_3 为

$$r_3=r_{\mathrm{cri}}=\frac{\lambda_2}{h_2} \tag{8-23}$$

r_{cri} 称为临界热绝缘半径。$r_{\mathrm{cri}}>0$，说明这一极值点是实际可能存在的。而且，很容易分析证明这一极值点是 R_l 的极小值点。因为 $r_3\to 0$ 时，$R_{l4}\to\infty$，而 R_{l3} 不可能为负值。所以，$r_3<r_{\mathrm{cri}}$ 时，R_l 大于极值点的总热阻 $R_{l,\mathrm{cri}}$。当 $r_3\to\infty$ 时，$R_{l3}\to\infty$，而 R_{l4} 不可能为负值。所以，$r_3>r_{\mathrm{cri}}$ 时，R_l 亦大于极值点的总热阻 $R_{l,\mathrm{cri}}$。这就证明了 $r_3=r_{\mathrm{cri}}$ 为 R_l 的极小值点。

发现临界热绝缘半径的存在有何实用意义？这要看实际流体输送管道或其他被包覆圆柱体(如导电线)的外半径 r_2 在什么取值范围。如果 $r_2>r_{\mathrm{cri}}$，r_3 不可能小于 r_{cri}，任意厚度的保温层均将使总热阻 R_l 增加，保温层设计仅需考虑传热损失的要求。如果 $r_2<r_{\mathrm{cri}}$，为了增强保温效果，r_3 不能小于 r_{cri}，也就是说保温层不能太薄。否则，包覆了保温层还有可能使总热阻减小，传热量增加。发现临界热绝缘半径还有另一个重要的实用意义：有助于提出合理的电绝缘层设计方案，通过绝缘层厚度的合理选择促进被包覆体的散热。比如，导线运行时会产生热量，使导线温度升高。如果温度过高，则容易烧毁。通常，导线半径较小。如果将导线半径视作 r_2，很有可能 $r_2<r_{\mathrm{cri}}$。此时，将塑料或陶瓷套管等绝缘层外半径设置成小于或等于临界热绝缘半径，不仅可以起到安全绝缘的作用，还可以产生增强散热的效果，降低导线工作温度，延长使用寿命，同时也可降低电阻和输电损耗。

【例题 8-2】冰箱外壳为多层结构，可视为多层平壁，从内而外由厚度为 1 mm 的金属板、15 mm 的发泡材料保温层和 1 mm 的金属板构成。已知金属的导热系数为 15 W/(m·℃)，发泡材料保温层的导热系数为 0.035 W/(m·℃)。如果由测量得知冰箱外壳内外两侧表面温度分别为 5 ℃ 和 25 ℃，试求冰箱壁面总热阻和导热热流密度。

【解】根据题意，各层单位面积的导热热阻

$$R_{\lambda,1}=\frac{\delta_1}{\lambda_1}=\frac{0.001}{15}=0.000\ 067(\mathrm{m^2\cdot ℃/W})$$

$$R_{\lambda,2}=\frac{\delta_2}{\lambda_2}=\frac{0.015}{0.035}=0.428\ 571(\mathrm{m^2\cdot ℃/W})$$

$$R_{\lambda,3} = \frac{\delta_3}{\lambda_3} = \frac{0.001}{15} = 0.000\ 067 (\text{m}^2 \cdot \text{℃/W})$$

因此，总热阻

$$R_{\lambda} = R_{\lambda,1} + R_{\lambda,2} + R_{\lambda,3} = 0.428\ 7\ (\text{m}^2 \cdot \text{℃/W})$$

通过冰箱壁的导热热流密度为

$$\dot{q} = \frac{\Delta t}{R_{\lambda}} = \frac{20}{0.428\ 7} = 46.7 (\text{W/m}^2)$$

【例题 8-3】某供暖管道内外径分别为 150 mm 和 160 mm，已知导热系数为 50 W/(m·℃)。为了减少热损失，在管外包有三层隔热保温材料。三层材料的导热系数和厚度分别为 $\lambda_1 = 0.07$ W/(m·℃)、$\delta_1 = 5$ mm，$\lambda_2 = 0.1$ W/(m·℃)、$\delta_2 = 10$ mm 和 $\lambda_3 = 0.15$ W/(m·℃)、$\delta_3 = 5$ mm。经测量得知管道内表面和保温层外表面温度分别为 90 ℃和 40 ℃，试求单位长度管道散热量。

【解】根据题意，单位管长总散热量

$$q_l = \frac{t_{w1} - t_{w,n+1}}{\sum_{i=1}^{n} \frac{1}{2\pi\lambda_i} \ln \frac{r_{i+1}}{r_i}}$$

$$= \frac{90 - 40}{\frac{1}{2\pi \times 50} \ln \frac{160}{150} + \frac{1}{2\pi \times 0.07} \ln \frac{170}{160} + \frac{1}{2\pi \times 0.1} \ln \frac{190}{170} + \frac{1}{2\pi \times 0.15} \ln \frac{200}{190}}$$

$$= 135 (\text{W/m})$$

第三节 非稳态导热

非稳态导热问题中，有两类是工程中常见的：瞬态导热和周期性不稳定导热。这也是本节将介绍的非稳态导热基本类型。所谓瞬态导热，是指物体的加热或冷却过程。比如，金属工件的热处理过程、食品的冷藏或解冻过程、设备的预热过程等。周期性不稳定导热是指导热物体内部的温度随时间周期性变化的导热过程。比如，建筑物外墙内的温度因室外气温和日照作用而周期性变化、发动机工作过程中气缸壁内温度的周期性变化、地表浅层土壤因大气日温度波或年温度波的作用而周期性变化等。但应该意识到，这并不是全部的非稳态导热类型。因为环境中各种过程相互作用，环境条件变化莫测，许多导热过程的边界条件也在不断变化。所以，许多实际非稳态导热过程温度场的变化规律是非常复杂的。尽管如此，掌握瞬态导热和周期性不稳定导热问题的分析方法还是可以在许多工程计算中发挥重要的作用。限于篇幅，本节仅将针对几类简单的瞬态导热和周期性不稳定导热问题介绍分析解方法。对于更加复杂的导热问题，不妨利用现代数值计算技术进行分析求解。本章第四节将讨论导热问题的数值计算基础。

一、大平板的瞬态导热

对于如图 8-11 所示的大平板，设初始温度为 t_0，突然置于温度为 t_f 的环境中进行冷却，且假设冷却过程中平板两侧的对流换热系数是一致恒定的，那么平板内的温度随时间会发生什么样的变化呢？这是工程中常见的一个瞬态导热问题。下面将通过特征分析建立完整的数学模型。首先，从问题的描述可知，该导热问题是一维无内热源的。所以，导热微分方程式可以简化为

$$\rho c \, \frac{\partial t}{\partial \tau} = \frac{\partial}{\partial x}\left(\lambda \, \frac{\partial t}{\partial x}\right) \tag{8-24}$$

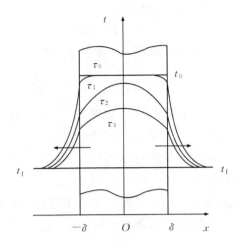

图 8-11　大平板对称冷却条件下的瞬态导热过程

为分析简便，假设物性参数为常数，则上式可进一步简写为

$$\frac{\partial t}{\partial \tau} = a \, \frac{\partial^2 t}{\partial x^2} \tag{8-25}$$

式中，$a = \dfrac{\lambda}{\rho c}$ 为热扩散系数，也称为热扩散率或导温系数，单位为 $\mathrm{m^2/s}$。

控制方程的定解条件包括：

初始条件：

$$\tau = 0 \text{ 时}, \, t = t_0 \tag{8-26}$$

边界条件：

$$x = \pm\delta \text{ 时}, \, -\lambda \, \frac{\mathrm{d}t}{\mathrm{d}x} = \pm h(t - t_f) \tag{8-27}$$

考虑到问题的对称性，边界条件也可以替换为

$$x = \delta, \quad -\lambda \, \frac{\mathrm{d}t}{\mathrm{d}x} = h(t - t_f) \tag{8-28}$$

$$x = 0, \quad \frac{\mathrm{d}t}{\mathrm{d}x} = 0 \tag{8-29}$$

式(8-25)—式(8-29)形成了大平板瞬态导热问题的完整数学描述。该方程组可以直接求解，也可以进行相似变换以后再求解。下面介绍相似变换。

令无因次变量 $X = \dfrac{x}{\delta}$，$\Theta = \dfrac{\theta}{\theta_0}$，其中 X 称为无因次坐标，Θ 称为无因次过余温度，$\theta = t - t_f$ 称为过余温度，$\theta_0 = t_0 - t_f$ 为初始时刻过余温度。那么，$x = X\delta$，$t = \theta + t_f = \Theta(t_0 - t_f) + t_f$。将这两个 x、t 的表达式代入式(8-25)—式(8-29)后，可得无因次数学模型为

$$\frac{\partial \Theta}{\partial Fo} = \frac{\partial^2 \Theta}{\partial X^2} \tag{8-30}$$

$$Fo = 0 \text{ 时}, \Theta = 1 \tag{8-31}$$

$$X = 1 \text{ 时}, -\frac{\mathrm{d}\Theta}{\mathrm{d}X} = Bi\Theta \tag{8-32}$$

$$X = 0 \text{ 时}, \frac{\mathrm{d}\Theta}{\mathrm{d}X} = 0 \tag{8-33}$$

式中，$Fo = \dfrac{a\tau}{\delta^2}$ 为傅立叶准则数，一种无因次的时间变量；$Bi = \dfrac{h\delta}{\lambda}$ 为毕渥数。

上述无因次方程组式(8-30)—(8-33)可以通过分离变量法进行求解。因为分析求解过程比较繁杂，不在此详述，有兴趣的读者可以参考内容更加全面的传热学教材。但是，对无因次定解方程组的特征进行分析可以让我们不必通过分析求解而发现解的重要特征。从方程组的表达式可见，无因次方程组比有量纲的控制方程组式(8-25)—(8-29)简单得多。无因次控制方程中，函数为无因次过余温度 Θ，自变量为无因次变量 X 和 Fo，定解问题的初始条件变成了常数 $\Theta = 1$，与具体温度值无关，边界条件中仅有一个可变的影响参数 Bi。所以，不必经过分析求解便可推断无因次温度分布函数的一般形式为

$$\Theta = f(Fo, Bi, X) \tag{8-34}$$

也就是说，无因次温度函数 Θ 仅仅受三个自变量 Fo、Bi、X 的影响。按照解析解可以编制出计算线图，例如，图 8-12 为 $Fo > 0.2$ 时平壁中心（$X = 0$）的无因次过余温度 Θ_{c} 计算线图。利用图 8-12，已知 Fo 和 Bi 时，即可查出 Θ_{c}。图 8-13 为 $Fo > 0.2$ 时任意位置 X 处的过余温度 θ 与平壁中心过余温度 θ_{c} 之比的计算线图。两个图结合起来即可确定任意 X 位置的无因次过余温度。确定无因次过余温度后，即可按照关系式 $t = \Theta(t_0 - t_{\mathrm{f}}) + t_{\mathrm{f}}$ 确定有量纲的温度值。

在无因次过余温度解析解的基础上，如何确定物体在冷却过程的总散热量呢？有两种分析途径：一种是通过表面热流密度对时间积分进行计算，另一种是计算平板初始时刻与任意时刻储存能的减少量。平板表面热流密度计算表达式如下：

$$q = -\lambda \frac{\mathrm{d}t}{\mathrm{d}x}\Big|_{x=\delta} = -\lambda \frac{(t_0 - t_{\mathrm{f}})}{\delta} \frac{\mathrm{d}\Theta}{\mathrm{d}X}\Big|_{X=1} = q_{\lambda,\,\mathrm{e}} g(Fo, Bi) \tag{8-35}$$

式中，$q_{\lambda,\,\mathrm{e}} = \lambda \dfrac{(t_0 - t_{\mathrm{f}})}{\delta}$ 相当于以 $t_0 - t_{\mathrm{f}}$ 为温差、以 δ 为平板厚度的大平板稳定导热热流密度；$g(Fo, Bi) = -\dfrac{\mathrm{d}\Theta}{\mathrm{d}X}\Big|_{X=1}$ 是实际表面热流密度的乘数因子，仅与 Fo 和 Bi 有关。

在 $0 \sim \tau$ 的时间段范围内，单位面积平板冷却过程净流失的热量，也就是总的散热量，可按照下式积分：

$$\begin{aligned}
Q &= 2\int_0^\tau q\,\mathrm{d}\tau = 2\int_0^\tau \lambda \frac{(t_0 - t_{\mathrm{f}})}{\delta} g(Fo, Bi)\,\mathrm{d}\tau \\
&= Q_0 h(Fo, Bi)
\end{aligned} \tag{8-36}$$

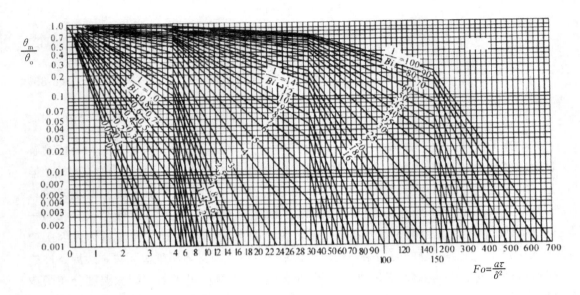

图 8-12 无限大平板中心无因次过余温度 Θ_c

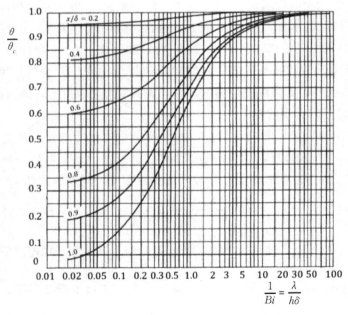

图 8-13 无限大平板无因次过余温度 $\dfrac{\theta}{\theta_c}$

式中，$Q_0 = 2\delta\rho c(t_0 - t_f)$ 为单位面积平板完全冷却后的总散热量，$h(Fo, Bi) = \int_0^{Fo} g(Fo, Bi)\,\mathrm{d}Fo$。可见，$Q$ 也仅仅是 Fo 和 Bi 的函数。

如果是按照平板初始时刻与任意时刻储存能的减少量计算散热量，计算公式应

该为

$$Q = Q_0 - \int_{-\delta}^{\delta} \rho c (t - t_f) \, \mathrm{d}x$$

$$= Q_0 \left(1 - \frac{1}{2} \int_{-1}^{1} \Theta \mathrm{d}X \right) \tag{8-37}$$

积分结果也表明 Q 仅仅是 Fo 和 Bi 的函数，$Q = Q_0 h(Fo, Bi)$，$h(Fo, Bi) = 1 - \frac{1}{2} \int_{-1}^{1} \Theta \mathrm{d}X$。上述两种方式的计算结果是完全一致的，只不过方法不同而已。图 8-14 为 $Fo > 0.2$ 时无限大平板对称冷却条件下无因次散热量 $\frac{Q}{Q_0} = h(Fo, Bi)$ 的计算线图，已知 Fo 和 Bi 即可查出 $\frac{Q}{Q_0}$ 的值。

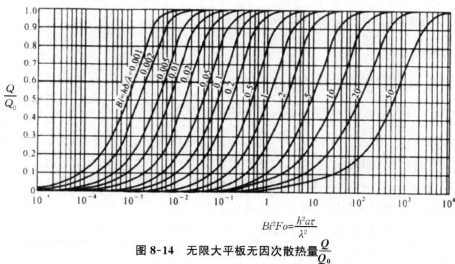

$$Bi^2 Fo = \frac{h^2 a \tau}{\lambda^2}$$

图 8-14　无限大平板无因次散热量 $\frac{Q}{Q_0}$

【例题 8-4】设有一厚度 20 mm、导热系数 40 W/(m·℃)、密度 8 000 kg/m³、比热容 0.78 kJ/(kg·℃)的平板型物料，初始温度为 900 ℃，突然置于温度为 20 ℃的冷却液中。如果物料与冷却液之间的表面传热系数为 5 000 W/(m²·℃)，试用查图法近似求：（1）物料中心冷却至初始过余温度的 20% 所需的时间；（2）此刻，距离物料表面 4 mm 处的温度；（3）单位面积平板型物料在这段时间内的总散热量。

【解】（1）根据题目条件有

$$Bi = \frac{5\ 000 \times 0.01}{40} = 1.25$$

查图 8-12，当物料中心冷却至初始过余温度的 20% 时，得 $Fo \approx 1.96$。因此，所需时间

$$\tau = Fo \frac{\delta^2}{a} = Fo \frac{\delta^2}{\lambda} \rho c \approx 1.96 \times \frac{0.01^2}{40} \times 8\ 000 \times 780 \approx 30.6 \text{(s)}$$

（2）距离物料表面 4 mm 处，$x/\delta = (10-4)/10 = 0.6$。查图 8-13，得 $\dfrac{\theta}{\theta_c} \approx 0.85$。

因此有

$$\Theta = \frac{\theta}{\theta_c}\Theta_c = 0.85 \times 0.2 = 0.17$$

$$t = \Theta(t_0 - t_f) + t_f = 0.17 \times (900 - 20) + 20 = 169.6(^\circ\mathrm{C})$$

（3）按照计算获得的 Bi 和 Fo 数值，进一步计算得 $Bi^2 Fo = 3.0625$。查图 8-14，得 $\dfrac{Q}{Q_0} \approx 0.8$。因此，

$$Q \approx 0.8 Q_0 = 0.8 \times 2\delta\rho c(t_0 - t_f)$$
$$= 0.8 \times 2 \times 0.01 \times 8\,000 \times 780 \times (900 - 20) = 87\,859\,200\ (\mathrm{J})$$

无限大平板对称冷却条件下瞬态导热问题温度分布的分析解还可以很容易推广到直方柱体和立方体的情况。限于篇幅，不在此详述。

二、集总参数法

毕渥数 Bi 的计算表达式可等效改写为 $Bi = \left(\dfrac{\delta}{\lambda}\right)\Big/\left(\dfrac{1}{h}\right)$，该表达式反映了平板内部导热热阻与表面传热热阻之比。当 $Bi \to 0$ 时，说明物体内部的导热热阻可以忽略不计，那么平板内部的温差也可以忽略不计。反之，当 $Bi \to \infty$ 时，说明表面传热热阻可以忽略不计，那么平板表面的温度就等于流体的温度。如图 8-15 所示，当物体形状不是平板时，也可以计算 Bi，但表达式中的 δ 要用当量尺寸或特征长度 L 替代。这里，$L = \dfrac{V}{A}$，V 为物体的体积，A 为物体表面对

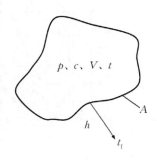

图 8-15　任意形状物体瞬态导热

流换热面积。工程计算中，当 $Bi < 0.1$ 时，常可忽略物体内部的导热热阻。这种情况下，物体内部温度可以看成是均匀的，仅随时间变化，描述温度变化规律的控制方程可以采用如下的零维模型：

$$-\rho c V \frac{\mathrm{d}t}{\mathrm{d}\tau} = hA(t - t_f) \tag{8-38}$$

即物体储存能的变化率数值上等于对流换热的速度。当流体温度低于物体温度时，物体储存能不断减小。反之，物体储存能则不断增加。不管物体的温度最初是高于还是低于流体的温度，最终均将趋于流体的温度。这个模型称为集总参数模型，意思是将物体所有热容量和储能看成是集中在物体内的一点上。

集总参数模型的分析解很容易获得。按照前述过余温度的定义，可将式(8-38)改写如下：

$$\frac{1}{\theta}\frac{\mathrm{d}\theta}{\mathrm{d}\tau} = -\frac{hA}{\rho cV} \tag{8-39}$$

积分上式并注意初始时刻 $\theta = \theta_0 = t_0 - t_f$，可得

$$\Theta = \frac{\theta}{\theta_0} = \mathrm{e}^{\frac{hA\tau}{\rho cV}} = \mathrm{e}^{-FoBi} \tag{8-40}$$

式中，$Fo = \frac{a\tau}{L^2}$，$Bi = \frac{hL}{\lambda}$。令 $\tau_c = \frac{\rho cV}{hA}$，称为时间常数，则式(8-39)也可以改写为

$$\Theta = \frac{\theta}{\theta_0} = \mathrm{e}^{-\frac{\tau}{\tau_c}} \tag{8-41}$$

当 $\tau = \tau_c$ 时，$\Theta = \mathrm{e}^{-1} = 36.8\%$，说明此时物体的过余温度已经减小到了初始过余温度的 36.8%。

时间常数越小，冷却或加热的速度就越快。对于测温元件的感温部位来说，比如水银温度计感温包、热电偶感温节点、电阻式温度计中的热敏电阻、数字式温度计的感温模块等，时间常数越小，就意味着跟随流体温度变化的响应速度越快，延迟时间就越小，测温误差也就越小。从时间常数的计算表达式可以看出：物体的热容量 ρcV 越小，时间常数越小；对流换热能力 hA 越大，时间常数也越小。所以，要想测温元件有好的瞬态响应特性，则感温部位的热容量越小越好，对流换热能力越大越好。

【例题 8-5】一根长度 0.2 m、直径 50 mm、初始温度 $20\ ℃$ 的圆钢匀速通过一温度为 1 $250\ ℃$ 的连续加热炉。已知加热炉长为 6 m，圆钢的导热系数为 35 W/(m·℃)，密度为 $7\ 800$ kg/m³，比热容为 0.46 kJ/(kg·℃)，表面传热系数为 100 W/(m²·℃)。欲将该圆钢加热到 $800\ ℃$ 的出口温度，试设计该圆钢在加热炉内的通过速度。

【解】根据题意，特征长度

$$L = \frac{V}{A} = \frac{\frac{1}{4}\pi d^2 l}{\pi dl + 2\times\frac{1}{4}\pi d^2} = \frac{\frac{1}{4}\times 0.05^2\times 0.2}{0.05\times 0.2 + 2\times\frac{1}{4}\times 0.05^2} = 0.011(\mathrm{m})$$

于是，$Bi = \frac{hL}{\lambda} = \frac{100\times 0.011}{35} = 0.032 < 0.1$。因此，可以采用集总参数法。根据式 (8-40)以及题目条件和要求，所需加热时长

$$\tau = \frac{\rho cV}{hA}\ln\frac{\theta_0}{\theta} = \frac{7\ 800\times 0.46\times 10^3}{100}\times 0.011\times\ln\frac{20 - 1\ 250}{800 - 1\ 250} = 396.9(\mathrm{s})$$

则圆钢在加热炉内的通过速度应为

$$v = \frac{L_0}{\tau} = \frac{6}{396.9} = 0.015\ 12(\mathrm{m/s})$$

三、半无限大物体周期性不稳定导热

所谓半无限大物体，是指从某平面向一侧无限延伸的物体，如图 8-16 所示。在表面周期性温度波的作用下，物体内部的温度也会随时间周期性波动。设表面温度波为

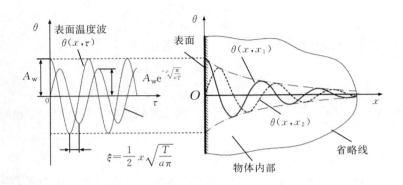

图 8-16 半无限大物体周期性不稳定导热

$$t_w = t_0 + A_w \cos\left(\frac{2\pi}{T}\tau\right)$$

式中，T 为表面温度波的周期。未受表面温度波影响的区域，温度始终保持为 t_0。那么，按照传热学的基本规律不难理解，物体内部的温度仅随深度坐标 x 而变化，是一维的，而且温度波动幅度随 x 的增加不断减小。图 8-16 中示意性地画出了过余温度 $\theta = t - t_0$ 随时间和空间坐标的变化曲线。

实际问题中，没有绝对的半无限大物体。但如果表面温度波影响的深度远小于实际物体深度尺寸，则实际物体可以当成半无限大物体。针对半无限大物体内部周期性波动的一维温度场，导热微分方程与式(8-25)完全相同，以过余温度表示的导热微分方程式则为

$$\frac{\partial\theta}{\partial\tau} = \frac{\partial^2\theta}{\partial x^2} \tag{8-42}$$

对应的单值性条件如下：

$$x = 0 \text{ 时}, \theta = A_w \cos\left(\frac{2\pi}{T}\tau\right) \tag{8-43}$$

$$x = \infty \text{时}, \theta = 0 \tag{8-44}$$

式(8-42)—(8-44)为所述半无限大物体周期性不稳定导热问题的完整数学模型，应用分离变量法求解，可以得到温度分布的解析解如下：

$$\theta(x,\ \tau) = A_w \exp\left(-x\sqrt{\frac{\pi}{aT}}\right)\cos\left(\frac{2\pi}{T}\tau - x\sqrt{\frac{\pi}{aT}}\right) \tag{8-45}$$

【例题 8-6】地表温度随时间周期性变化，$t_w = 20 - 10 \times \cos\left(\frac{2\pi}{24}\tau\right)$（℃），已知土壤的热扩散率 $a = 4.14 \times 10^{-7}\,\mathrm{m^2/s}$，试计算地表深度 0.1 m 处在 18 点时的温度。

【解】根据条件，由式(8-45)可得

$$\theta(0.1,\ 18) = -10 \times \exp\left(-0.1 \times \sqrt{\frac{\pi}{4.14 \times 10^{-7} \times 24 \times 3\,600}}\right)\cos\left(\frac{2\pi}{24} \times 18 - 0.1 \times \sqrt{\frac{\pi}{4.14 \times 10^{-7} \times 24 \times 3\,600}}\right)$$

$$= 3.909(\text{℃})$$

因此，$t(0.1，18) = 20 - 3.909 = 16.091(℃)$。

由温度分布表达式(8-45)，可总结出以下几个特点：

1）温度波的衰减特性

物体内部任意位置 x 处的温度波动幅度 $A_x = A_w \exp\left(-x\sqrt{\dfrac{\pi}{aT}}\right)$ 总是小于表面温度波幅 A_w。而且，随着深度 x 的增加，波幅越来越小。温度波的衰减程度常用衰减度来衡量，定义为

$$\nu = \frac{A_w}{A_x} = \exp\left(x\sqrt{\frac{\pi}{aT}}\right) \tag{8-46}$$

深度 x 越大，衰减度越大，温度波幅越小。

理解温度波的衰减特性，可以帮助我们理解许多自然现象，或掌握自然规律，在工程设计中发挥重要的参考作用。比如，因为温度波的衰减，地下深层处一年四季的温度波动很小，因此，许多地区的地下水和地道内有冬暖夏凉的感觉。下面进一步利用计算举例进行说明。

【例题 8-7】假设某市地表面年最高温度 30.5 ℃，年最低温度 -3.5 ℃，且地下温度近似按照式(8-43)的规律变化。根据测量，土壤热扩散系数 $a = 0.617 \times 10^{-6}\,\mathrm{m^2/s}$。试分别计算地下 1 m、10 m 深处年温度波的波幅。

【解】对于年温度波来说，据已知条件得：

平均温度 $t_0 = \dfrac{30.5 - 3.5}{2} = 13.5(℃)$

地表温度波幅 $A_w = \dfrac{30.5 - (-3.5)}{2} = 17(℃)$

波动周期 $T = 365 \times 24 = 8\,760(\mathrm{h})$

按照式(8-46)，有 $A_x = \dfrac{A_w}{\exp\left(x\sqrt{\dfrac{\pi}{aT}}\right)}$。因此，地下 1 m、10 m 深处的温度波幅分别为

$$A_{x=1} = \frac{17}{\exp\left(1 \times \sqrt{\dfrac{\pi}{0.617 \times 10^{-6} \times 8\,760 \times 3\,600}}\right)} = 11.4(℃)$$

$$A_{x=10} = \frac{17}{\exp\left(10 \times \sqrt{\dfrac{\pi}{0.617 \times 10^{-6} \times 8\,760 \times 3\,600}}\right)} = 0.3(℃)$$

从上面的计算数据可以看出，10 m 深处，年最高温度仅有 13.8 ℃，年最低温度有 13.2 ℃，温度变化很小，温度几乎是稳定的。从上面的计算数据还可以看出，地下 1 m 深处，年最低温度为 2.1 ℃，高于 0 ℃，没有可能出现土壤冻结的危险。这样的数据对建筑业有重要的参考作用，因为地基底面不能设在冻土层内，否则融化时有危险。

2)温度波的延迟特性

从式(8-45)还可以看出,任何深度 x 处温度达到最大值的时间比表面温度波达到最大值的时间落后一个相位角 $x\sqrt{\pi/(aT)}$, 相当于延迟时间

$$\xi = 相位角角速度 = \frac{x\sqrt{\pi/(aT)}}{2\pi/T} = \frac{1}{2}x\sqrt{T/(a\pi)} \tag{8-47}$$

按照例题8-6的条件,经计算,地下 3.2 m 处温度达到最大值的时间要比表面延迟 1 792 h,接近75天。在空调工程中,有时可以借助这种延迟特性发挥重要的节能作用。因为当地面上很热,需要空调降温的时候,地底下是凉的;当地面上很冷,需要空调采暖的时候,地底下是温热的。

3)传播特性

由于表面温度波的作用,物体内部的温度也随之波动,说明了温度波由表及里的传播特性。

半无限大物体周期性不稳定导热不仅涉及土壤内的传热过程,也涉及许多其他工程领域内的过程。比如,发动机气缸壁内的传热过程、建筑物外墙内的传热过程、工件旋转切削加工时表面附近的传热过程等,只要温度波幅衰减足够快,其影响深度不超过物体的厚度,均可当成半无限大物体周期性不稳定导热问题处理。此外,按照式(8-45)和傅立叶基本导热公式可知,物体内部的热流也是周期性波动的。

第四节　数值计算

传热学问题的数值计算已经是一种非常有效的分析手段,在现代工程技术和科学研究领域中发挥了重要的作用。导热问题的数值计算相对比较简单,是传热学问题数值计算中的一个基础内容。本节以二维不稳定导热问题为例,介绍数值计算的基本思想和分析方法。二维稳态导热微分方程式如下:

$$\rho c \frac{\partial t}{\partial \tau} = \frac{\partial}{\partial x}\left(\lambda \frac{\partial t}{\partial x}\right) + \frac{\partial}{\partial y}\left(\lambda \frac{\partial t}{\partial y}\right) + \dot{q}_v \tag{8-48}$$

要实现导热问题的数值计算,首先要将上述微分方程式转化为数值计算格式,即代数方程的格式。转换的方式有两种,一种是以差分代替式(8-48)中的微分,另一种是直接热平衡法。不管采用哪一种方法,均需要先将导热物体的几何区域离散化,即划分成许多的网格,以网格节点温度集合作为需要求解的函数值,而不是求解连续的温度分布函数。网格划分有不同的形式,有矩形网格、三角形网格等。本节仅以正方形网格为例介绍节点温度数值格式的建立方法。网格示意图如图 8-17 所示,网格间距 $\Delta x = \Delta y$,节点为网格线的交点,物体内部区域中的节点称为内部节点,边界上的节点称为边界节点。数值计算前,节点需要编号,笛卡儿坐标系中矩形网格节点可以按照 (i, j) 的形式进行编号。

为了直观和便于推广，这里介绍热平衡法建立数值格式的方式。针对图 8-17所示的内部节点 $P(i, j)$，热平衡法的基本思想就是：先分析它与周围节点之间的能量交换以及内部发热对其储存能的影响，然后建立能量平衡关系式，最后进行必要的简化。对于二维问题，P 节点周围有四个相邻的节点：$E(i+1, j)$，$W(i-1, j)$，$T(i, j+1)$，$B(i, j-1)$。相邻节点之间的导热可视为一维导热。参照图 8-17 中标识，在 $\Delta\tau$ 的时间内，周围四个相邻节点给中心节点的导热量可分别表示为

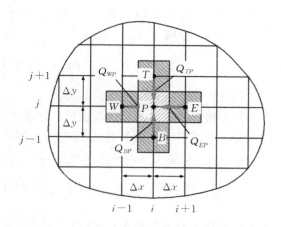

图 8-17 二维导热区域网格节点示意图

$$Q_{EP} = \lambda \frac{T_E - T_P}{\Delta x} \Delta y \Delta\tau$$

$$Q_{WP} = \lambda \frac{T_W - T_P}{\Delta x} \Delta y \Delta\tau$$

$$Q_{TP} = \lambda \frac{T_T - T_P}{\Delta y} \Delta x \Delta\tau$$

$$Q_{BP} = \lambda \frac{T_B - T_P}{\Delta y} \Delta x \Delta\tau$$

中心节点 P 的内热源发热量

$$Q_P = \dot{q}_v \Delta y \Delta x \Delta\tau$$

节点 P 储存的能量增加量为

$$\Delta E_P = \Delta y \Delta x \rho c (T_P^{n+1} - T_P^n)$$

上式中，上标 $n+1$ 和 n 分别表示不同的时刻 τ_{n+1} 和 τ_n，$\Delta\tau = \tau_{n+1} - \tau_n$ 称为微元时间步长。在计算按照时间顺序逐步推进的过程中，τ_n 时刻可以称为前一时刻，τ_{n+1} 则称为后一时刻或下一时刻。按照能量守恒的思想，有

$$\Delta E_P = Q_{EP} + Q_{WP} + Q_{TP} + Q_{BP} + Q_P$$

整理后可得节点 P 温度的数值计算格式：

$$T_P^{n+1} = T_P^n + Fo(T_E + T_W + T_T + T_B) - 4Fo\,T_P + \frac{\dot{q}_v}{\rho c}\Delta\tau \tag{8-49}$$

式中，$Fo = \dfrac{a\Delta\tau}{\Delta x^2}$ 称为格子傅立叶数或傅立叶数的有限差分格式。如果内热源为零，则简化为

$$T_P^{n+1} = T_P^n + Fo(T_E + T_W + T_T + T_B) - 4Fo\,T_P \tag{8-50}$$

式(8-49)或式(8-50)中，未加上标的节点温度变量 T_E、T_W、T_T、T_B、T_P 可以

选择不同时间层上的值。如果这些变量选择 τ_n 时刻的值 T_E^n、T_W^n、T_T^n、T_B^n、T_P^n，则公式(8-49)可写成

$$T_P^{n+1} = Fo(T_E^n + T_W^n + T_T^n + T_B^n) + (1 - 4Fo)T_P^n + \frac{\dot{q}_v}{\rho c}\Delta\tau \tag{8-51}$$

式(8-51)的格式称为显示格式。

显示格式的优点是，可以由前一时刻各节点温度值直接计算出后一时刻各节点的温度值，不需要反复试算或迭代计算，每一个时间步长内的计算工作量较小。但是，显示格式必须服从一个稳定性条件——方程式中各项的系数为正。这就要求 $(1 - 4Fo) \geqslant 0$ 或 $Fo \leqslant \frac{1}{4}$。否则，计算结果可能是发散的。读者可以自己实践检验一下。按照稳定性条件和 Fo 的定义可进一步推知，时间步长 $\Delta\tau \leqslant \frac{\Delta x^2}{4a}$。因此，网格间距越小，时间步长也必须越小。时间步长越小，同时间段范围内的时间步数就越多，总的计算工作量也就越大。

数值计算中，要想获得较高的数值计算精度，网格间距越小越好，也就是网格数越多越好。但是，增加网格数不仅每一时间步上的计算次数增加，同时间段范围内的时间步数也增加，计算的时间成本迅速增加。所以，设计数值模拟方案时，必须恰当地权衡利弊。在满足精度要求的前提下，应尽可能增加网格间距。反之，在计算速度足够快的前提下，如果需要提高精度，那就尽量减小网格间距。

如果式(8-49)中未加上标的温度变量选择 τ_{n+1} 时刻的值 T_E^{n+1}、T_W^{n+1}、T_T^{n+1}、T_B^{n+1}、T_P^{n+1}，则有

$$(1 + 4Fo)T_P^{n+1} = Fo(T_E^{n+1} + T_W^{n+1} + T_T^{n+1} + T_B^{n+1}) + T_P^n + \frac{\dot{q}_v}{\rho c}\Delta\tau \tag{8-52}$$

式(8-52)的格式称为隐式格式。

隐式格式中每一项的系数均为正，所以没有稳定性条件要求。但是，隐式格式等号的右边，除了中心节点温度为前一时刻的值，周围节点温度均为下一时刻的值。因此，在每一时间步上，为了求解下一时刻各节点的温度值，必须整个方程组联立求解，需要利用迭代计算。迭代计算也会增加计算工作量，这是隐式格式的缺点。

对于稳态导热来说，任何节点在 τ_{n+1} 和 τ_n 时刻的温度值是相等的，所以数值格式又可简化为

$$T_P = \frac{1}{4}(T_E + T_W + T_T + T_B) + \frac{1}{4Fo}\frac{\dot{q}_v}{\rho c}\Delta\tau \tag{8-53}$$

无内热源时

$$T_P = \frac{1}{4}(T_E + T_W + T_T + T_B) \tag{8-54}$$

导热问题数值计算中，如果所有边界条件均为第一类边界条件，则仅需求解内节点数值格式所组成的线性代数方程组便可得到定解，因为一个内节点对应一个温度未

知数、一个方程。而且，这个线性代数方程组必定是满秩的，也就是每个方程式的系数向量是线性无关的。

如果导热问题的边界条件包含第二类或第三类边界条件，则边界面上的节点温度是未知的，也需要建立节点方程式（也就是节点温度数值格式）。下面以两种类型边界节点为例，介绍两种边界条件下边界节点方程式的建立方法。图 8-18 为平直边界面节点的能量平衡分析图，图 8-18（a）为绝热边界条件，属于第二类边界条件，图 8-18（b）为对流边界条件，即第三类边界条件，网格同样为正方形网格。在绝热边界条件下，T、W、B 节点对 P 节点的导热量分别为

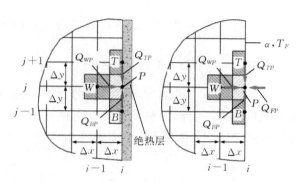

（a）绝热边界条件 　（b）对流边界条件

图 8-18　平直边界面节点能量平衡分析

$$Q_{WP} = \lambda \frac{T_W - T_P}{\Delta x} \Delta y \Delta \tau$$

$$Q_{TP} = \lambda \frac{T_T - T_P}{\Delta y} \frac{\Delta x}{2} \Delta \tau$$

$$Q_{BP} = \lambda \frac{T_B - T_P}{\Delta y} \frac{\Delta x}{2} \Delta \tau$$

P 节点的内热源发热量

$$Q_P = \dot{q}_v \Delta y \frac{\Delta x}{2} \Delta \tau$$

P 节点储存能增量为

$$\Delta E_P = \Delta y \frac{\Delta x}{2} \rho c (T_P^{n+1} - T_P^n)$$

能量守恒关系为

$$\Delta E_P = Q_{WP} + Q_{TP} + Q_{BP} + Q_P$$

整理后可得 P 节点温度的数值计算格式

$$T_P^{n+1} = T_P^n + Fo(2T_W + T_T + T_B) - 4FoT_P + \frac{\dot{q}_v}{\rho c} \Delta \tau \tag{8-55}$$

在对流边界条件下，T、W、B 节点对 P 节点的导热量、P 节点的内热源发热量、P 节点储存的能量增加量均与绝热边界条件下的相同，但是增加了流体与 P 节点的对流换热量项目

$$Q_{FP} = h(T_F - T_P) \Delta y \Delta \tau$$

能量守恒关系为

$$\Delta E_P = Q_{WP} + Q_{TP} + Q_{BP} + Q_P + Q_{FP}$$

整理后可得 P 节点温度的数值计算格式

$$T_P^{n+1} = T_P^n + Fo(2T_W + T_T + T_B) - (4Fo + 2FoBi)T_P + \frac{\dot{q}_v}{\rho c}\Delta\tau + 2FoBiT_F \quad (8\text{-}56)$$

式中，$Bi = \dfrac{h\Delta x}{2}$ 称为格子毕渥数。

图 8-19 为拐角节点的能量平衡分析图，右侧为绝热边界，顶部为对流边界，网格亦为正方形网格。W、B 节点对 P 节点的导热量为

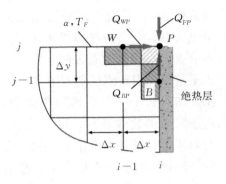

$$Q_{WP} = \lambda \frac{T_W - T_P}{\Delta x}\frac{\Delta y}{2}\Delta\tau$$

$$Q_{BP} = \lambda \frac{T_B - T_P}{\Delta y}\frac{\Delta x}{2}\Delta\tau$$

流体与 P 节点的对流换热量为

$$Q_{FP} = h(T_F - T_P)\frac{\Delta x}{2}\Delta\tau$$

图 8-19　拐角节点能量平衡分析

P 节点的内热源发热量

$$Q_P = \dot{q}_v \frac{\Delta y}{2}\frac{\Delta x}{2}\Delta\tau$$

P 节点储存能增量为

$$\Delta E_P = \frac{\Delta y}{2}\frac{\Delta x}{2}\rho c(T_P^{n+1} - T_P^n)$$

能量守恒关系为

$$\Delta E_P = Q_{WP} + Q_{BP} + Q_P + Q_{FP}$$

整理后可得 P 节点温度的数值计算格式

$$T_P^{n+1} = T_P^n + 2Fo(T_W + T_B) - (4Fo + 2FoBi)T_P + \frac{\dot{q}_v}{\rho c}\Delta\tau + 2FoBiT_F \quad (8\text{-}57)$$

以上边界节点方程式的变化形式与内节点相似，也可以有显式和隐式格式之分。边界节点的类型也不限于以上几种类型，但是建立节点方程式的原理和分析方法可以是相互通用的。有兴趣的读者也可以进一步参考有关导热问题数值计算的专著。

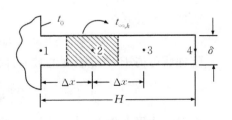

图 8-20　例题 8-8 附图

【**例题 8-8**】一等截面直肋如图 8-20 所示，高 H、厚 δ、导热系数 λ、壁面温度 t_0，肋端与侧面的流体温度为 t_f，表面传热系数均为 h。现将直肋均分成如图所示的 4 个节点，试列出节点 2、3、4 的节点温度方程式。

【解】采用热平衡法可列出节点 2、3、4 的节点温度方程式为

$$节点 2：\frac{\lambda(t_1-t_2)\delta}{\Delta x}+\frac{\lambda(t_3-t_2)\delta}{\Delta x}-2h\Delta x(t_2-t_f)=0$$

$$节点 3：\frac{\lambda(t_2-t_3)\delta}{\Delta x}+\frac{\lambda(t_4-t_3)\delta}{\Delta x}-2h\Delta x(t_3-t_f)=0$$

$$节点 4：\frac{\lambda(t_3-t_4)\delta}{\Delta x}-h\Delta x(t_4-t_f)-h\delta(t_4-t_f)=0$$

思考题

1. 温度梯度反映了温度场的什么特征？

2. 什么叫等温面或等温线？它们具有什么样的基本特性？

3. 试写出傅立叶定律的一般形式，并说明其中各个符号的意义。

4. 将金、银、铜、铝、不锈钢、石头和木材 20 ℃时的导热系数按大小排序，并简述造成这些材料导热系数差异的主要因素和机理。

5. 列举几种常见的保温材料，说明其拥有良好保温性能的主要原因。

6. 保温工程中，如果保温材料受潮，对保温性能有什么影响？

7. 大平壁一维稳定导热过程中，如果温度分布曲线不是一条直线，是否说明导热系数是随温度变化的？如果是，请说明导热系数和温度梯度绝对值的关系。

8. 从保温和建筑节能的角度考虑，砌墙用实心砖还是空心砖好？为什么？

9. 建立导热微分方程式依据的基本原理是什么？

10. 导热问题的完整数学描述包括哪些基本要素？

11. 导热问题的单值性条件包括哪些？

12. 试用数学语言描述导热问题的三类边界条件。

13. 能否将三类边界条件用统一的数学表达式表示？如果能，该如何表示？

14. 设有一初始温度均匀的半无限大物体，突然对其表面进行恒热流加热。试定性分析：加热过程中，从物体表面至物体内部，温度梯度随空间坐标是如何变化的？为什么？

15. 单层平壁和单层圆筒壁的一维稳定导热有什么不同特点？它们的导热热阻分别如何计算？

16. 热水器加热面污垢的存在是增大还是减小了传热热阻？为什么？

17. 什么叫临界热绝缘直径？它对管道保温设计有什么影响？

18. 外表面温度恒定的圆柱形物体套上圆筒形绝缘层，是否一定会减少散热？绝缘层越厚，散热越小吗？为什么？

19. 对管径较小的管道包裹保温层时，有没有可能出现传热反而增强的现象？什么情况下才能保证包裹保温层后起到减少传热的作用？

20. 在热力管道外拟包覆两层绝热材料进行保温。两层保温材料的厚度相同，导热

系数大小不同。试问：哪一种材料做内层保温材料时的整体保温效果更好？

21. 什么叫集总参数法？什么情况下的导热过程可以采用集总参数法进行分析？

22. 刚刚煮熟的带壳鸡蛋很烫手，放入冷水中很快变得不烫了。如果此时立即从冷水中取出，熟鸡蛋很快又会变得很烫。这是为什么？

23. 一块厚钢板，在加热炉内加热至高温后取出并放入冷水池中淬火。冷水池中的水量充足，以至淬火过程中冷水温度几乎不变。淬火时，看到一阵短暂的沸腾现象后，钢板表面迅速冷却下来。此时，如果立即将钢板从水中取出，钢板表面温度是否一直会保持低温？为什么？

24. 比较周期性温度波在厚钢板和土壤中的传播过程，哪一个的温度波幅衰减较快？为什么？

25. 半无限大物体周期性变化边界条件下，影响温度波衰减的主要因素包括哪些？

26. 热平衡法建立节点温度方程式的基本思想是什么？

27. 试简要说明导热问题数值计算的基本思想与步骤。

练习题

1. 分别由纯铜、碳钢和硅藻土砖制成的三块大平板，厚度均为 $\delta=50$ mm，且两侧表面的温差也相同，维持 $t_{w1}-t_{w2}=10$ ℃不变。纯铜、碳钢和硅藻土砖的导热系数分别为 398 W/(m·K)、40 W/(m·K)和 0.242 W/(m·K)，试计算三块大平板的导热热流密度。

2. 某教室外墙由一层厚 240 mm 的砖墙和一层厚 10 mm 的水泥砂浆构成。为减少房间漏热，拟在墙外再增加一层保温层。已知砖、水泥砂浆和保温材料的导热系数分别为 0.7 W/(m·℃)、0.6 W/(m·℃)和 0.05 W/(m·℃)。如果需将外墙总的导热热阻提高一倍，请问保温材料厚度该为多少？

3. 测得通过一块厚 50 mm 大木板的热流密度为 40 W/m²，且木板两侧表面温度分别为 40 ℃和 20 ℃。(1)求该木板的导热系数；(2)如果维持低温侧表面温度 20 ℃不变，将通过木板的热流密度提高到 80 W/m²，求高温侧的表面温度。

4. 某教室窗户由双层玻璃构成，每块玻璃的厚度均为 5 mm，两块玻璃之间留有 10 mm 的空气间隙。已知室内、外环境温度分别为 30 ℃和－3 ℃，玻璃和空气的导热系数分别为 0.78 W/(m·℃)和 0.025 W/(m·℃)，窗户与室内、外环境之间的总换热系数分别为 5 W/(m²·℃)和 10 W/(m²·℃)。设玻璃间隙中的空气无对流，试计算：(1)双层玻璃窗的导热热阻；(2)通过双层玻璃窗的热流密度；(3)如果由双层玻璃改为单层玻璃，热流密度的增大量。

5. 冰箱外壳由多层平板组成，内、外层均为 1 mm 厚的金属薄板，中间为聚氨酯发泡保温层。已知金属板和保温层的导热系数分别为 15 W/(m·℃)和 0.033 W/(m·℃)。设冰箱外壳内表面和室内环境温度分别为－18 ℃和 25 ℃，冰箱外表面与室内环境之间的总换热系数为 5 W/(m²·℃)，若要让冰箱壁面漏热量低于

$30\ \text{W/m}^2$，请计算所需最低保温层厚度。

6. 某耐火墙体厚 400 mm，并测得两侧表面温度分别为 1 200 ℃和 200 ℃。若已知材料的导热系数为 $\lambda=0.698+0.000\ 64t[\text{W/(m·℃)}]$，试求通过该墙体的热流密度。

7. 一厚为 δ 的无限大平板，其一侧被加热，热流密度 q_w 为常数，另一侧向温度为 t_∞ 的环境散热，表面传热系数为 h，平板导热系数 λ 为常数。试写出平板稳态温度场的控制微分方程式及边界条件，并求出平板内的温度分布函数及平板的最高温度。

8. 一块厚 50 mm 的大平板中有均匀的内热源。经测量，平板内的一维稳态温度分布函数为 $t=b+cx^2$，式中坐标原点位于平板左侧表面，$b=200$ ℃，$c=-200$ ℃$/\text{m}^2$。假定平板的导热系数 $\lambda=50\ \text{W/(m·K)}$，试求：(1)平板中的内热源强度 $\dot{q}_v$；(2)平板两侧表面处的热流密度。

9. 直径 57 mm 的管道外表面温度 100 ℃，将它用导热系数 0.071 W/(m·K)的石棉硅藻土材料保温，并要求：当保温层外表面温度不超过 40 ℃时，每米管道热损失不超过 70 W。试问：该保温层材料至少多少厚？

10. 外径 100 mm、内径 85 mm 的蒸汽管道，内表面温度为 200 ℃，管材导热系数为 40 W/(m·K)，若采用导热系数为 0.045 W/(m·K)的保温材料进行保温，并要求当保温层外表面温度不高于 50 ℃时，蒸汽管道热损失小于 55 W/m。试求保温层的最小厚度。

11. 外径 100 mm、内径 90 mm 的热水管道，管材导热系数为 40 W/(m·K)，管内流体温度为 80 ℃、对流换热系数为 5 000 W/(m²·℃)，管外流体温度为 -3 ℃、对流换热系数为 10 W/(m²·℃)。若采用导热系数为 0.045 W/(m·K)的保温材料进行保温，并要求热水管道的热损失不超过 20 W/m，试求保温层的最小厚度。

12. 某热泵制冷剂回路中的高温段管道，外径 10 mm。为了减少散热，拟在管外套上厚为 12.5 mm 的保温套管。假设制冷剂管道外表面温度和环境温度恒定，且管外表面与周围环境的总换热系数始终为 10 W/(m²·℃)，试问：(1)保温材料的导热系数最大是多少才能使套管真正起到减少散热的作用？(2)如果要将散热损失减少至裸管时的 50%，保温套管的导热系数又应该是多少？(3)如果期望采用任意厚度的保温套管均能起到减少散热的作用，保温套管的导热系数最大不能超过多少？

13. 一根直径为 1 mm 的铜线，每米长的电阻为 $2.22\times10^{-2}\ \Omega$，导线外包有厚度为 1 mm、导热系数为 0.3 W/(m·K)的绝缘层，限定绝缘层的最高工作温度为 70 ℃，绝缘层外表面温度假设为 35 ℃，求铜线最大允许电流。

14. 在一根直径为 15 mm 的电缆芯线外包绝缘层，绝缘层材料的导热系数为 0.26 W/(m·K)，绝缘层与周围环境的总换热系数为 9 W/(m²·℃)。试问：为了优化散热效果，尽可能降低电缆芯线通电工作时的温升，套管的最佳外直径应该是多少？

15. 如图 8-21 所示，已知球壁热导率 λ 为常数，内外表面分别保持温度 t_{w1} 和 t_{w2}，试推导空心球壁导热量计算公式和球壁的导热热阻。

16. 一块大钢板，厚 0.2 m，初始温度为 30 ℃，被突然放入 1 000 ℃的加热炉中。已知钢板的导热系数50.7 W/(m·K)、密度 7 830 kg/m³、比热 0.469 kJ/(kg·K)，钢板与炉内烟气的表面传热系数 200 W/(m²·K)。试求：(1)钢板中心加热到700 ℃所需要的时间；(2)同一时刻，距离表面 0.05 m 处钢板内部的温度。

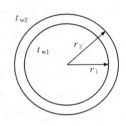

图 8-21   习题 15 附图

17. 一热电偶的热节点直径为 0.15 mm，材料的比热容为 420 J/(kg·K)，密度为 8 400 kg/m³，被突然置于一温度不同但恒定的流体中。当热电偶与流体之间的表面传热系数为 58 W/(m²·K)或 126 W/(m²·K)时，试计算测温误差达到初始温度差的 1%所需的时间。

18. 将初始温度为 80 ℃、直径为 20 mm 的长紫铜棒，突然置于气温为 20 ℃的风道中，5 min 后紫铜棒表面温度降为 34 ℃。已知紫铜的密度 $\rho = 8\,954$ kg/m³，比热 $c = 383.1$ J/(kg·K)，$\lambda = 386$ W/(m·K)，试求紫铜棒与气体之间的表面传热系数。

19. 已知地表 24 h 温度变化规律为 $t_w = 20 - 10 \times \cos\left(\frac{2\pi}{24}\tau\right)$、土壤热扩散率 $a = 0.6 \times 10^{-6}$ m²/s，试画出地面及深 1 m 处的温度变化曲线。

20. 某地地表年最高温度为 35 ℃，年最低温度为 0 ℃。近似假设地表温度按照余弦规律变化，土壤热扩散率 $a = 0.6 \times 10^{-6}$ m²/s，试求：(1)年温度波幅小于 1 ℃的地下最小深度；(2)距地表最近且温度最大值出现的时间与地面正好相差半年的深度位置。

21. 图 8-22 给出了常物性、有均匀内热源 $\dot{q}_v$、二维稳态导热问题局部边界区域的网格，试用热平衡法建立节点 0 温度的有限差分方程(设 $\Delta x = \Delta y$)。

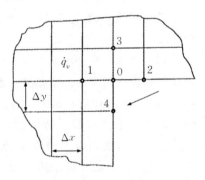

图 8-22   习题 21 附图

22. 在如图 8-23 所示有内热源的二维稳态导热区域中，一个界面绝热，一个界面等温，温度为 t_0(包括节点4)，其余两个界面与温度为 t_f 的流体进行对流换热，λ、h 均为常数，内热源强度为 $\dot{q}_v$，试列出节点 1、2、5、6、9、10 的离散方程式。

23. 在习题 22 的基础上，设 $t_0 = 25$ ℃、$t_f = 35$ ℃、$\lambda = 2$ W/(m·K)、$h = 20$ W/(m²·K)、$\Delta x = \Delta y = 0.01$ m，试计算未知温度节点的温度。

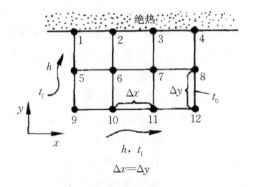

图 8-23   习题 22 附图

24. 两块塑料板，每块厚 19 mm，初始温度为 20 ℃，用胶将它们粘在一起，胶的固化温度为 150 ℃，为了使胶层达到所需固化温度，将两块温度为 170 ℃的热钢板放在两塑料板两侧并夹紧。已知塑料的热物性 $\lambda=0.156$ W/(m·K)，$a=0.008\times10^{-5}$ m²/s，试问：达到胶固化所需时间是多少？

25. 一砖墙厚度为 240 mm，内、外表面的表面传热系数分别为 6.0 W/(m²·K)和 15 W/(m²·K)，墙体材料的导热系数 $\lambda=0.43$ W/(m·K)，密度 $\rho=1\,668$ kg/m³，比热容 $c=0.75$ kJ/(kg·K)。初始时刻，室内、外空气温度保持 0 ℃不变，且墙体温度分布稳定。假设突然启动室内供暖设备，使室内空气温度突然升高至 26 ℃，试用数值计算方法确定内、外墙壁面温度在 2 h 内的变化规律。

第九章　对流换热理论基础

对流换热是指流体与温度不同的壁面相互接触时进行热交换的过程。壁面可以是固体壁面，也可以是两相界面。前者情况相对较为简单，后者较复杂，但均属于对流换热的范畴。对流换热可以进行不同的分类。按照流动成因，对流换热可以分为受迫对流换热和自然对流换热。在外力推动下形成的流动称为受迫流动，比如管内流体的流动一般需要泵和风机的驱动。当流体内部存在温差时，流体内部往往会出现密度差，而密度差又将产生浮升力。由于浮升力的作用而形成的流动称为自然对流，比如热表面附近空气的自由浮升。按照流动空间的特征，对流换热又可以分成内部流动和外部流动的对流换热，比如管内流动和管外流动过程的换热。按照流体是否产生相变，对流换热还可以分成单相流体对流换热和相变换热。不管什么类型的对流换热，均利用了相同的对流换热机理——导热和热对流，均具有明显的边界层特征、相同的控制微分方程组通用形式、相似的分析和描述方法。所有的对流换热量均按照牛顿冷却公式进行计算，即

$$q = h(t_w - t_f) \text{ 或 } Q = Ah(t_w - t_f) \tag{9-1}$$

本章将从单相流体对流换热开始，逐步剖析对流换热的机理、基本特征、规律、通用的理论基础及工程应用方法。

第一节　单相流体对流换热分析

单相流体对流换热是指流体不产生相变时的对流换热，如空气的对流换热、水的对流换热、油的冷却或加热过程等。对流换热的影响因素多，关系复杂，需要首先掌握对流换热的基本特征，然后结合基本特征建立合理的描述方法，才能更有效地解决实际工程中遇到的对流换热计算问题。

一、边界层特征

在大多数工程上遇到的对流换热问题中，流体内部是存在黏性的，也就是内摩擦特性：只要流动过程中存在剪切变形运动，就会产生剪应力，也就是内摩擦力。如图 9-1 所示，壁面附近流体的内摩擦特性可按照如下的牛顿黏性剪应力公式计算：

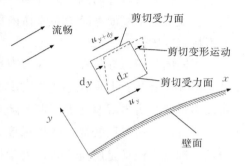

图 9-1 流体内部的剪切变形

$$\tau = -\mu \frac{\mathrm{d}u}{\mathrm{d}y} \qquad (9\text{-}2)$$

式中，y 为壁面法线方向坐标，单位为 m；u 为垂直于 y 方向的速度，单位为 m/s；μ 为流体动力黏性系数，单位为 N·s/m² 或 Pa·s；τ 为黏性剪应力，即剪切面上单位面积摩擦力，单位为 N/m² 或 Pa。

黏性剪应力符合牛顿公式(9-2)的流体也可称为牛顿黏性流体。动力黏性系数的大小与流体的种类和所处的状态有关，附表 12—16 中列出了部分流体在某些特定状态下的黏性系数。一般来说，气体的黏性系数比较小，液体的黏性系数比较大。从牛顿黏性剪应力公式容易看出，黏性流体内部是不可能出现速度分布的不连续点，否则，流体剪切应变率 $\frac{\mathrm{d}u}{\mathrm{d}y}$ 会变成无限大，黏性剪应力也会变成无限大。同样的道理，在壁面上，流体的速度就只能为零，

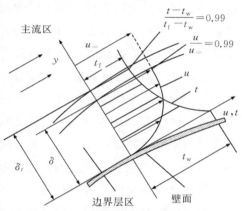

图 9-2 热边界层和流动边界层

或者说流体相对于壁面是静止的，这种流动边界条件称为无滑移边界条件。由于这种无滑移边界条件以及流体内摩擦的作用，壁面附近的流体区域内，沿壁面法线方向上速度是变化的，如图 9-2 中的速度 u 分布曲线所示，这个区域称为流动边界层或速度边界层。流动边界层以外的区域为主流区，速度为 u_∞。理论上，主流区流体的剪切应变率等于零，可以视为无黏区。关于无黏区的流动规律，可参考理论流体力学有关专著，在此不做详细讨论。由于边界层外沿附近流体的速度变化非常缓慢，速度梯度趋于零，以至于边界层外沿位置难以准确测定。为了便于测量和简化计算，实用理论中约定流体速度达到 $0.99u_\infty$ 的位置，即 $\frac{u}{u_\infty} = 0.99$ 的位置为流动边界层外沿，该外沿与壁面之间的距离称为流动边界层厚度 δ。

由于壁面与流体之间的动量交换作用，流动边界层沿流动方向是不断发展的。一方面，壁面持续对流体产生黏滞作用力，消耗流体的动量，从而将黏滞力的影响不断

向流体内部传递，导致流动边界层厚度不断增加。另一方面，由于流动边界层厚度不断增加，边界层以外的流体会持续不断地进入边界层内，弥补边界层内流体动量的损失，也就抑制了壁面黏滞力向流体内部的迅速传播，从而使流动边界层控制在比较薄的区域范围内。

不同的几何边界条件，不同的力量对比关系，流动边界层的变化特征也有不同之处。图 9-3 示出了几种不同的边界层发展特征。图 9-3(a)为外掠平板流动边界层，在平板前沿位置，边界层厚度等于零。随着离平板前沿距离的增加，边界层厚度也不断增加。一开始，边界层较薄，速度梯度大，剪应力大，抑制了流体的不稳定波动和无序流动。因此，流动是层流状态，也就是各质点的流动轨迹或流线成一种有序的排列状态，没有漩涡，或者说没有湍流。但是，层流边界层外沿速度高、速度梯度小。因此，边界层外沿附近惯性力大、剪应力小，容易出现不稳定波动和无序流动。所以，如果平板足够长，当离平板前沿距离增加到某一临界值 x_c 时，边界层厚度也增加到某一程度，边界层外沿附近就会出现不稳定波动和无序流动，逐渐发展成湍流，且不断扩大影响范围。经过一段过渡区以后，边界层最后发展成旺盛的湍流边界层。进入湍流边界层后，湍流核心区域内，流体的混合作用所造成的动量扩散效应远大于分子的扩散效应，有效的动力黏性系数比流体分子扩散产生的动力黏性系数大得多。因此，湍流核心区域内，速度分布更加均匀。但是，在湍流段靠近壁面的一极薄层内，速度变化大，速度梯度大，黏性力大，湍流无法形成，仍保持层流状态，这一薄层称为黏性底层或层流底层。在湍流核心与层流底层之间亦存在一个过渡区域，不妨称为缓冲层。图 9-3(b)为管内层流边界层的发展过程示意图。入口时，速度分布均匀，没有速度梯度，流体应变率为零，没有黏性力。入口后，受壁面和流体内部黏滞力的作用，管壁附近的流体速度不断下降，形成近似抛物线形的速度分布，但流动状态仍保持层流。入口段内，管壁附近层流边界层厚度持续增加，直至等于管内半径，边界层外沿在管中心汇合。此时，管内速度分布达到定型，进入充分发展段。图 9-3(c)为管内湍流边界层的发展过程示意图。入口时，速度分布均匀。入口后，一开始，流动状态仍保持层流。层流段内，同样是因为受壁面黏滞力的作用，管壁附近的流体速度不断下降，形成近似抛物线形的速度分布。但是，在边界层的发展过程中，层流边界层转变成了湍流边界层，并且湍流边界层厚度迅速增加。很快，湍流边界层外沿在管中心汇合，速度分布达到定型，进入湍流充分发展段。管内湍流充分发展段同样分为湍流核心和层流底层，湍流核心速度分布比较均匀，而在管壁附近的层流底层内，速度梯度大。

由于对流换热过程中流体与壁面之间存在温度差，壁面附近的流体区域内沿壁面法线方向上，温度变化也是最显著的，如图 9-2 中的温度 t 分布曲线所示。沿壁面法线方向上温度有变化的区域称为热边界层或温度边界层区。热边界层以外的区域中，温度不再随离壁距离变化，达到主流区温度 t_f。与流动边界层厚度的定义类似，传热学分析理论中约定流体与壁面温差达到主流区与壁面温差 0.99 倍的位置，即 $\dfrac{t-t_w}{t_f-t_w}=$ 0.99 处为热边界层外沿，该外沿与壁面之间的距离则称为热边界层厚度 δ_t。

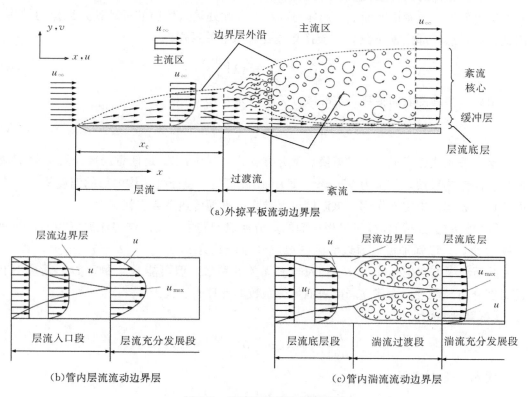

（a）外掠平板流动边界层

（b）管内层流流动边界层　　　　　（c）管内湍流流动边界层

图 9-3　几种不同的边界层示例

在热边界层内，由于温度梯度 $\dfrac{\mathrm{d}t}{\mathrm{d}y}$ 不等于零，热传导将发挥作用。同时，在热边界层内，流体也是流动的，任何一个局部位置的流体被壁面加热或冷却后，均将通过流动将壁面的加热和冷却效应传递至下游，这就是热对流的作用。所以，对流换热过程中，热传导和热对流两种热传递机理同时起作用，相互配合，协同工作。也由于热对流的作用，壁面对流体的热传递作用将被控制在很小的范围，不至于向流体内部无限延伸。因此，热边界层区域一般也是一层很薄的区域。

流动边界层和热边界层外沿不一定是重合的。但是，流动边界层对热边界层有重要的控制作用。流动边界层越薄，热边界层也越薄，两者的数量级常常是相当的，均远小于壁面沿流动方向的尺寸。举例来说，有计算表明，当 20 ℃的水以 1.32 m/s 的速度掠过长 250 mm、温度 60 ℃的平板表面时，最大流动边界层厚度 1.77 mm，热边界层厚度 1.09 mm；当 20 ℃空气在常压下以 33.9 m/s 的速度沿长为 250 mm、温度 60 ℃的平板表面流动时，最大流动边界层厚度 1.64 mm，热边界层厚度 1.85 mm。

二、对流换热系数微分关系式

不管什么样的边界层特征，对流换热过程有一个共同的规律，那就是在流体和壁面的交界面处，或者说壁面上，流体是静止的，此处热量传递的机理就是纯粹的导热。因此，在任意局部位置 x 处，对流换热过程有如下关系式：

$$h_x(t_w - t_f) = -\lambda \left(\frac{dt}{dy}\right)_w \tag{9-3}$$

由此可得局部表面传热系数的微分关系式为

$$h_x = -\frac{\lambda}{t_w - t_f}\left(\frac{dt}{dy}\right)_w \tag{9-4}$$

这个关系式也习惯称为对流换热微分方程式，式中，h_x 是任意局部位置 x 处对流换热表面传热系数，单位为 $W/(m^2 \cdot K)$。由此可见，壁面处流体内部的温度梯度对表面传热系数起了决定性作用。该温度梯度越大，表面传热系数也就越大。

【例题 9-1】 在某流体掠过平板表面的对流换热问题中，设流体主流温度为 t_f，壁面温度为 t_w，且已知平板表面近邻区内温度分布函数为 $t(x, y) = a - by + cy^2$，式中，y 为壁面法线方向坐标，a、b、c 为与 y 无关的系数，但可能是 x 的函数，试基于上述温度分布函数表达式建立局部表面传热系数的计算表达式。

【解】 依题意有

$$\left.\frac{\partial t}{\partial y}\right|_{y=0} = (2cy - b)\big|_{y=0} = -b$$

代入式（9-4）求得

$$h_x = -\frac{\lambda}{\Delta t}\left.\frac{\partial t}{\partial y}\right|_{y=0} = \frac{b\lambda}{t_f - t_w}$$

三、对流换热影响因素分析

基于上述微分表达式、边界层特性和传热机理，下文将对对流换热的影响因素进行定性分析，为进一步学习、研究或设计提供重要的认知基础。

1）流速

流速越大，热对流的能力就越强，对流换热系数就越大。这也可以结合对流换热微分方程式进行解释。流速越大，壁面附近被加热或冷却的流体将更迅速地离开加热面或冷却面而流向下游。同时，上游流体又迅速补充过来。这样就可以维持壁面附近流体与壁面之间更大的温度差，也就使得壁面处流体内部的温度梯度更大，由对流换热微分方程式（9-4）可知，对流换热系数也就越大。比如，寒冷的冬天站在室外，风越大，感觉越冷，就是因为对流换热系数更大，散热更快。

2）流动的成因

流动的成因是一个重要的影响因素。如图 9-4 所示，受迫对流中，流速一般比较

高，因而表面传热系数也会比较大。自然对流
中，流速一般比较小，对流换热系数也比较
小。比如，一个热的物体放在空气中自然冷
却，冷却速度就会比较慢，用风吹就会冷却得
更快。

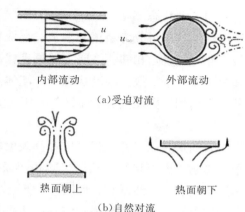

内部流动　　　　　外部流动

(a)受迫对流

热面朝上　　　　　热面朝下

(b)自然对流

图 9-4　不同流动类型和相对位置关系

　　3）流体的物理性质

　　流体物理性质可简称物性参数。影响对流
传热的物性参数包括导热系数 λ、密度 ρ、比
热容 c、黏性系数 η 等。导热系数越大，表面
传热系数越大，这种影响关系可以直接从对流
换热微分方程式（9-4）看出，因为该式显性地
体现了 h_x 与 λ 的一次项成正比。密度、比热容越大，单位体积的流体携带热能的能力
也越大，因为单位体积的流体温度每升高一度所能吸收的热量就是密度和比热容之积。
流体携带热能的能力越大，就可以更有效地吸收壁面的加热或冷却效应，从而使壁面
与附近流体之间的温差更大，也就导致更大的温度梯度 $\left(\dfrac{\mathrm{d}t}{\mathrm{d}y}\right)_{\mathrm{w}}$。依据这一关系和式（9-
4）不难理解，表面传热系数也就更大。这和流速对表面传热系数的影响机理是类似的。
因此，水的冷却能力比空气的强很多。流体的黏性系数越高，壁面黏滞力对流体的黏
滞阻碍作用就越强，流动边界层就越厚，壁面附近流体速度也越小，热对流的作用就
越弱，因此表面传热系数越小。比如，油的冷却能力比水的小，其中一个原因就是它
的黏性系数更大。

　　自然对流换热过程中，在同样的温差分布条件下，流体的体积膨胀系数越大，浮
升力越大，自然对流的驱动力和表面传热系数也就越大。体积膨胀系数定义如下：

$$\alpha = \frac{1}{v}\left(\frac{\partial v}{\partial t}\right)_p = -\frac{1}{\rho}\left(\frac{\partial \rho}{\partial t}\right)_p \tag{9-5}$$

　　式中，α 为体积膨胀系数，单位为 $1/\mathrm{K}$；v 为比容（比体积）；ρ 为密度；t 为温度；
下标"p"表示定压条件。

　　对于理想气体，$pv = RT$，$\alpha = \dfrac{1}{T}$。

　　物性参数不仅与物质种类有关，还与所处状态有关，尤其是受温度的影响较大。
在后面的计算中，为了既简便又准确合理，一般选择某一特征温度用来确定物性参数，
这样的特征温度称为定性温度。定性温度的选择原则应该是尽可能反映边界层内流体
的平均温度，从而保证按此温度计算确定的物性参数能更好地近似代表边界层内流体
的平均物性参数。比如，管内流动过程中，选管内流体平均温度 t_{f} 为定性温度是合理
的；外掠平板表面的流动过程中，选主流区流体温度 t_{f} 与壁面温度 t_{w} 的算术平均值
$\dfrac{t_{\mathrm{f}}+t_{\mathrm{w}}}{2}$ 作为定性温度是合理的。

4）流动状态

流动状态可分为层流和湍流。层流状态下，附近的流线几乎是平行的，流线之间没有相互缠绕，相邻流体层之间没有掺混，流场中垂直于流动方向上的动量和热量传递只能靠分子扩散。湍流状态下，流体内部存在强烈的脉动和漩涡，流体内部有较强的混合作用，因此湍流对流换热要比层流对流换热强烈，表面传热系数更大。

5）几何因素

表面形状、尺寸、相对位置及表面粗糙度等几何因素均影响表面传热系数。表面形状影响边界层特征，从而影响边界层厚度，也就影响贴壁处流体内部的温度梯度，最终影响表面传热系数。如图9-4所示，受迫对流时，流体在管内流动，边界层受管内空间的限制；流体外绕圆管流动，边界层厚度不断增加，还有可能在圆管背部产生漩涡。尾涡对边界层产生干扰，甚至使边界层与下游物体表面分离。自然对流时，热面朝下，流体的流动容易受阻，自然对流较弱，表面传热系数较低；热面朝上，自然对流较强，表面传热系数较大。

尺寸比较小的表面，边界层一般较薄，边界层内温度变化快，壁面处流体内部的温度梯度大，表面传热系数高。一个表面可能有多个几何尺寸，不同的尺寸对表面传热系数产生的影响作用是不同的。为了计算简便又能保持一定的合理性，应选择一个对边界层的特征和换热有最重要影响的尺寸作为表面传热系数计算的依据，这个尺寸常称为定型尺寸、特征尺寸或特征长度。比如，管内流动过程中，对边界层形态有最重要影响的尺寸是管内径，那么内径就是合理的定型尺寸；外掠平板流动过程中，对边界层形态和结构有最重要影响的特征尺寸是流动方向上平板的长度，那么平板长度就是合理的定型尺寸。总之，定型尺寸的合理选择需要基于合理的分析判断。

在工程中遇到的对流换热问题有各种不同的相对位置关系，也会影响边界层厚度，从而必然影响表面传热系数。

表面粗糙度大，有利于扩大传热面积，也有利于促进层流向紊流的转变。

综合以上分析，可以将对流换热的影响因素简单概括为如下表达式：

$$h = f(u, \ t_w, \ t_f, \ \lambda, \ \rho, \ c, \ \eta, \ \alpha, \ l, \ \psi) \tag{9-6}$$

式中，l 为定型尺寸，ψ 为其他几何因素。可见，对流换热的影响因素众多。

第二节　控制微分方程组

由对流换热系数微分方程式(9-4)可知，只要能掌握流场内的温度分布，就可以很方便地计算出任意位置的表面传热系数。但是，要掌握流场内的温度分布，必须要有温度分布的控制方程组，就像导热问题中需要导热微分方程组一样。对流换热问题中温度分布的描述更复杂，因为流体在流动，速度场会影响温度场。所以，建立温度场的控制微分方程组之前，还需先建立速度场的控制微分方程组。

一、微分方程组的通用形式

温度场和速度场控制微分方程组的建立过程比较复杂，在此不展开讨论。无化学反应时这些控制微分方程组的通用形式如下：

（1）质量守恒方程，或称连续性方程：

$$\frac{\partial \rho}{\partial \tau} + \frac{\partial (\rho u_x)}{\partial x} + \frac{\partial (\rho u_y)}{\partial y} + \frac{\partial (\rho u_z)}{\partial z} = 0 \ \text{或} \ \frac{D\rho}{D\tau} + \rho \left(\frac{\partial u_x}{\partial x} + \frac{\partial u_y}{\partial y} + \frac{\partial u_z}{\partial z} \right) = 0 \qquad (9\text{-}7)$$

（2）动量守恒方程：

$$x \text{ 轴方向：} \ \frac{D(\rho u_x)}{D\tau} = F_x - \frac{\partial p}{\partial x} + \frac{\partial}{\partial x}\left(\mu \frac{\partial u_x}{\partial x} \right) + \frac{\partial}{\partial y}\left(\mu \frac{\partial u_x}{\partial y} \right) + \frac{\partial}{\partial z}\left(\mu \frac{\partial u_x}{\partial z} \right) \qquad (9\text{-}8)$$

$$y \text{ 轴方向：} \ \frac{D(\rho u_y)}{D\tau} = F_y - \frac{\partial p}{\partial y} + \frac{\partial}{\partial x}\left(\mu \frac{\partial u_y}{\partial x} \right) + \frac{\partial}{\partial y}\left(\mu \frac{\partial u_y}{\partial y} \right) + \frac{\partial}{\partial z}\left(\mu \frac{\partial u_y}{\partial z} \right) \qquad (9\text{-}9)$$

$$z \text{ 轴方向：} \ \frac{D(\rho u_z)}{D\tau} = F_z - \frac{\partial p}{\partial z} + \frac{\partial}{\partial x}\left(\mu \frac{\partial u_z}{\partial x} \right) + \frac{\partial}{\partial y}\left(\mu \frac{\partial u_z}{\partial y} \right) + \frac{\partial}{\partial z}\left(\mu \frac{\partial u_z}{\partial z} \right) \qquad (9\text{-}10)$$

（3）能量守恒方程：

$$\frac{D(\rho c t)}{D\tau} = \frac{\partial}{\partial x}\left(\lambda \frac{\partial t}{\partial x} \right) + \frac{\partial}{\partial y}\left(\lambda \frac{\partial t}{\partial y} \right) + \frac{\partial}{\partial z}\left(\lambda \frac{\partial t}{\partial z} \right) + \dot{q}_v \qquad (9\text{-}11)$$

式中，u_x、u_y、u_z 分别为 x 轴、y 轴、z 轴方向的速度分量，单位为 m/s；F_x、F_y、F_z 分别为 x 轴、y 轴、z 轴方向的体积力，即单位体积流体所受的作用力，在单纯的重力场作用下，如果 z 为高度方向坐标，x、y 为水平方向坐标，则 $F_x = F_y = 0$，$F_z = -\rho g$，g 为重力加速度；$\dfrac{D}{D\tau}$ 为全微分运算符，$\dfrac{D}{D\tau} = \dfrac{\partial}{\partial \tau} + u_x \dfrac{\partial}{\partial x} + u_y \dfrac{\partial}{\partial y} + u_z \dfrac{\partial}{\partial z}$，运算结果代表了被运算物理量在拉格朗日坐标系下的变化率。

下面将针对这组方程的结构和各项的物理意义做一简单解释。为了便于理解，仍然利用第八章中提到的单元体概念帮助解释。即假想从流场中任意位置取出一微元正六面体，该微元体在 x 轴、y 轴、z 轴三个坐标方向上的长度尺寸均理解为 1 个单位。因此，该六面体的体积也为 1 个单位，称为单元体。注意，这里的长度单位是很小的单位，不必机械地理解为 1 m、1 cm 或 1 mm，所以单元体还是微元体。基于单元体的概念，方程组中各项的物理意义解释如下：

连续性方程式中，$\dfrac{\partial \rho}{\partial \tau}$ 代表欧拉坐标系下单元体内流体质量随时间的增加率，$\dfrac{\partial (\rho u_x)}{\partial x} + \dfrac{\partial (\rho u_y)}{\partial y} + \dfrac{\partial (\rho u_z)}{\partial z}$ 代表欧拉坐标系下流出与流入单元体的质量代数和，即净流出量。$\dfrac{D\rho}{D\tau}$ 代表拉格朗日坐标系下单元体内流体质量随时间的增加率，$\rho \left(\dfrac{\partial u_x}{\partial x} + \dfrac{\partial u_y}{\partial y} + \dfrac{\partial u_z}{\partial z} \right)$ 代表拉格朗日坐标系下流出与流入单元体的质量代数和，也是净

流出量。对于不可压缩流动，流体的密度是一个常数，始终有$\frac{\partial \rho}{\partial \tau}=0$或$\frac{D\rho}{D\tau}=0$。

为述说简便，进一步约定i代指x轴、y轴、z轴三个不同的坐标方向。于是，动量方程式中，$\frac{D(\rho u_i)}{D\tau}$代表了拉格朗日坐标系下单元体内流体在$i$方向上动量随时间的变化率或增加率。按照物理学原理，动量变化等于力乘以作用时间，那么动量随时间的变化率就等于作用力。所以，动量方程式中，等号右边各项代表了单元体所受到的不同作用力之合力。具体地说，F_i是体积力；$\frac{\partial p}{\partial x_i}$是压力梯度造成的$i$方向合力，也就是$i$方向单元体两侧的压力差；$\frac{\partial}{\partial x}\left(\mu \frac{\partial u_i}{\partial x}\right)+\frac{\partial}{\partial y}\left(\mu \frac{\partial u_i}{\partial y}\right)+\frac{\partial}{\partial z}\left(\mu \frac{\partial u_i}{\partial z}\right)$是单元体六个面上的黏性力或内摩擦力之合力。因此，等号右边三类项之和，即为作用在单元体上的总合力。

能量守恒方程中，$\frac{D(\rho c t)}{D\tau}$代表了拉格朗日坐标系下单元体内流体储存能量随时间的变化率或增加率，$\frac{\partial}{\partial x}\left(\lambda \frac{\partial t}{\partial x}\right)+\frac{\partial}{\partial y}\left(\lambda \frac{\partial t}{\partial y}\right)+\frac{\partial}{\partial z}\left(\lambda \frac{\partial t}{\partial z}\right)$代表单元体通过六个面的热传导净得热量，即导入和导出热量的代数和，$\dot{q}_v$是内热源发热量。能量守恒方程(9-11)形式上和导热微分方程式非常相似。如果想象观察者随着单元体一起运动，那么这个单元体就相当于是静止的。因此，拉格朗日坐标系下，对流换热中的能量方程式与纯导热问题的能量方程式形式相同。

二、二维不可压缩稳定流动

对流换热方程组(9-7)—(9-11)由五个方程式组成，包含了五个未知函数u_x、u_y、u_z、p、t，所以方程组是封闭的，结合适当的条件可以有定解。实际应用时，方程组还可以结合具体条件进行简化。对于二维、不可压缩、无内热源、常物性的稳定流动，方程组(9-7)—(9-11)可简化为如下形式：

(1)连续性方程：

$$\frac{\partial u_x}{\partial x}+\frac{\partial u_y}{\partial y}=0 \tag{9-12}$$

(2)动量守恒方程：

$$x \text{轴方向：} u_x \frac{\partial u_x}{\partial x}+u_y \frac{\partial u_x}{\partial y}=\frac{1}{\rho}\left(F_x-\frac{\partial p}{\partial x}\right)+\nu\left(\frac{\partial^2 u_x}{\partial x^2}+\frac{\partial^2 u_x}{\partial y^2}\right) \tag{9-13}$$

$$y \text{轴方向：} u_x \frac{\partial u_y}{\partial x}+u_y \frac{\partial u_y}{\partial y}=\frac{1}{\rho}\left(F_y-\frac{\partial p}{\partial y}\right)+\nu\left(\frac{\partial^2 u_y}{\partial x^2}+\frac{\partial^2 u_y}{\partial y^2}\right) \tag{9-14}$$

(3)能量守恒方程：

$$u_x \frac{\partial t}{\partial x}+u_y \frac{\partial t}{\partial y}=a\left(\frac{\partial^2 t}{\partial x^2}+\frac{\partial^2 t}{\partial y^2}\right) \tag{9-15}$$

针对某些外掠物体表面的二维受迫流动问题，体积力和沿壁面法线方向上的压力变化也可以忽略不计。此时，假设 y 为壁面法线方向，则方程组（9-12）—（9-15）还可以简化为

$$\frac{\partial u_x}{\partial x}+\frac{\partial u_y}{\partial y}=0 \tag{9-16}$$

$$u_x\frac{\partial u_x}{\partial x}+u_y\frac{\partial u_x}{\partial y}=-\frac{1}{\rho}\frac{\partial p_\infty}{\partial x}+\nu\left(\frac{\partial^2 u_x}{\partial x^2}+\frac{\partial^2 u_x}{\partial y^2}\right) \tag{9-17}$$

$$u_x\frac{\partial t}{\partial x}+u_y\frac{\partial t}{\partial y}=a\left(\frac{\partial^2 t}{\partial x^2}+\frac{\partial^2 t}{\partial y^2}\right) \tag{9-18}$$

式（9-17）中，p_∞ 为主流区中的压力，可以按照伯努利方程 $p_\infty+\frac{1}{2}u_\infty^2+\rho gh=C$ 计算确定。当重力影响可以忽略时，$p_\infty+\frac{1}{2}u_\infty^2=C$。有关伯努利方程的详细分析可参阅流体力学的教材。

如果是均匀流场平行掠过平板表面的对流换热问题，如图 9-3（a）所示，主流区速度 u_∞ 等于常数，则 p_∞ 等于常数，$\frac{\partial p_\infty}{\partial x}=0$。

稳定流动中，所有参数不随时间变化，不需要初始条件。此时，定解条件，或称单值性条件，仅包含边界条件和物理条件。参照图 9-2 中的参数变化规律和符号标注以及图 9-3（a）的边界层结构，边界条件的数学表达式如下：

$$x=0\text{ 时，}u_y=0,\ u_x=u_\infty,\ t=t_f \tag{9-19}$$

$$y=0\text{ 时，}u_y=0,\ u_x=0,\ t=t_w \tag{9-20}$$

$$y\rightarrow\infty\text{ 时，}u_y=0,\ u_x=u_\infty,\ t=t_f \tag{9-21}$$

理论上，给定流体性质以及上述边界条件中的具体参数后，由方程组（9-16）—（9-18）和边界条件（9-19）—（9-21）可以确定具体的解。所以，方程组（9-16）—（9-18）和边界条件（9-19）—（9-21）也可以算是一个掠过平板表面对流换热问题的完整数学描述。但是由于方程组的高度非线性，通过数学推导获得解析解是非常困难的。首先，需要与一些近似假设相结合才能获得解析解。其次，所能获得的解析解也非常有限。因此，目前基于上述方程组的求解主要通过数值方法实现。现有许多流动与传热方面的商用数值计算软件，已经可以对大量的对流换热问题进行模拟仿真，感兴趣的读者可进一步参考相关专著。

三、对流换热微分方程组的简化分析方法

结合边界条件的特点和数量级分析可以简化对流换热微分方程组。下面将对方程组（9-16）—（9-18）展开简化分析。分析中，为叙说简便，以"1"表示参考量级的物理量或其变化量，以"δ"表示同类型中数量级较小的物理量，$\delta\ll1$。同量级的关系就用符号"$\sim$"表示。一个求和的表达式中，如果某一项的数量级相对是小的，就可以忽略。假

设 A 的数量级为"1"，B 的数量级为"δ"，为了简化求解方程式 $A+B=C$ 的过程，降低求解难度，就可以忽略 B 的影响，于是分析对象就可以简化为 $A=C$，这就是数量级分析的基本思想。为便于理解，图9-5中列出了要分析的微分方程组，且每一个微分方程式下面都有一个对应的数量级表达式。下面对每一个数量级表达式进行解释，并做出合理推论。首先分析连续性方程(9-16)的数量级表达式。在如图9-3(a)所示的外掠平板流动边界层中，主流区流体从进入边界层开始，直至从边界层尾端流出，u_x 总的变化量数量级上相当于 u_∞，把这个量的量级记

$$\frac{\partial u_x}{\partial x} + \frac{\partial u_y}{\partial y} = 0$$

$$\frac{1}{1} + \frac{u_y}{\sigma} = 0 \Rightarrow u_y \sim \sigma$$

$$u_x \frac{\partial u_x}{\partial x} + u_y \frac{\partial u_x}{\partial y} = -\frac{1}{\rho} \frac{\partial p_\infty}{\partial x} + \nu \left(\frac{\partial^2 u_x}{\partial x^2} + \frac{\partial^2 u_x}{\partial y^2} \right)$$

$$1\frac{1}{1} + \delta\frac{1}{\delta} = \qquad\qquad + \nu \left(\frac{1}{1^2} + \frac{1}{\delta^2} \right)$$

$$\Rightarrow \frac{\partial^2 u_x}{\partial x^2} \ll \frac{\partial^2 u_x}{\partial y^2}$$

$$u_x \frac{\partial t}{\partial x} + u_y \frac{\partial t}{\partial y} = a \left(\frac{\partial^2 t}{\partial x^2} + \frac{\partial^2 t}{\partial y^2} \right)$$

$$1\frac{1}{1} + \delta\frac{1}{\delta} = a \left(\frac{1}{1^2} + \frac{1}{\delta^2} \right)$$

$$\Rightarrow \frac{\partial^2 t}{\partial x^2} \ll \frac{\partial^2 t}{\partial y^2}$$

图9-5　对流换热微分方程组的数量级分析

为"1"。主流区流体从进入边界层开始，直至从边界层尾端流出，经历的 x 轴坐标变化量平均来说相当于定型尺寸，也就是平板的长度 l，把这个量的数量级也记为"1"。所以，$\dfrac{\partial u_x}{\partial x} \sim \dfrac{\infty u_x}{\infty x} \sim \dfrac{u_\infty}{l} \sim \dfrac{1}{1}$。$y$ 轴方向速度变化也主要发生在边界层内，从壁面至边界层外沿，$\infty y = \delta$，速度变化量为 u_y。所以，$\dfrac{\partial u_y}{\partial y} \sim \dfrac{u_y}{\delta}$。又因为 $\dfrac{\partial u_x}{\partial x} + \dfrac{\partial u_y}{\partial y} = 0$，所以 $\dfrac{\partial u_y}{\partial y} \sim \dfrac{\partial u_x}{\partial x} \sim \dfrac{1}{1}$。因此可以推断 $u_y \sim \delta$，说明边界层内 y 轴方向速度 u_y 的数量级比 u_x 小。在此推论前提下，下面进一步分析 x 轴方向动量方程式中各项的数量级。由于 $-\dfrac{1}{\rho} \dfrac{\partial p_\infty}{\partial x}$ 的数量级是依条件而定，可以是"1"，也可以是"δ"，不必进行分析。因为如果是"1"，就保留该项；如果是"δ"，就可以忽略该项。保留时，$u_x \dfrac{\partial u_x}{\partial x} + u_y \dfrac{\partial u_x}{\partial y}$ 的数量级会自动和 $-\dfrac{1}{\rho} \dfrac{\partial p_\infty}{\partial x}$ 保持一致。x 轴方向动量方程式数量级分析结果见图9-5，分析发现 $\dfrac{\partial^2 u_x}{\partial x^2} \sim \dfrac{1}{1^2} \ll \dfrac{\partial^2 u_x}{\partial y^2} \sim \dfrac{1}{\delta^2}$。所以，$\dfrac{\partial^2 u_x}{\partial x^2}$ 完全可以忽略。用同样的思维方式分析能量守恒方程，数量级分析结果亦列于图9-5中。分析发现，$\dfrac{\partial^2 t}{\partial x^2} \sim \dfrac{1}{1^2} \ll \dfrac{\partial^2 t}{\partial y^2} \sim \dfrac{1}{\delta^2}$。所以，$\dfrac{\partial^2 t}{\partial x^2}$ 完全可以忽略不计。那么，方程组(9-16)—(9-18)经数量级分析简化后可得

$$\frac{\partial u_x}{\partial x} + \frac{\partial u_y}{\partial y} = 0 \tag{9-22}$$

$$u_x \frac{\partial u_x}{\partial x} + u_y \frac{\partial u_x}{\partial y} = -\frac{1}{\rho} \frac{\partial p_\infty}{\partial x} + \nu \frac{\partial^2 u_x}{\partial y^2} \tag{9-23}$$

$$u_x \frac{\partial t}{\partial x} + u_y \frac{\partial t}{\partial y} = a \frac{\partial^2 t}{\partial y^2} \qquad (9-24)$$

数量级分析方法可以用于不同的场合，没有统一的分析模式，要具体问题具体分析。如果分析得当，既可以降低问题的求解难度，又能保持合理的准确性。

四、竖直表面上的自然对流换热微分方程组

如果将方程组(9-12)—(9-15)应用于如图 9-6 所示的沿竖直壁面的自然对流换热，则 y 轴方向压力变化可以忽略不计，因此 y 轴方向动量方程可以不考虑。同时，注意边界层以外的区域流体是静止的，x 轴方向压力变化仅仅是因为高度变化引起的气压差，因此 $\frac{\partial p_\infty}{\partial x} = -\rho_\infty g$。又因为 x 轴方向为竖直方向，所以 $F_x = -\rho g$。基于上述特征及数量级分析，方程组(9-12)—(9-15)的形式可以写成

$$\frac{\partial u_x}{\partial x} + \frac{\partial u_y}{\partial y} = 0 \qquad (9-25)$$

$$u_x \frac{\partial u_x}{\partial x} + u_y \frac{\partial u_x}{\partial y} = \frac{\rho_\infty - \rho}{\rho} g + \nu \frac{\partial^2 u_x}{\partial y^2} \qquad (9-26)$$

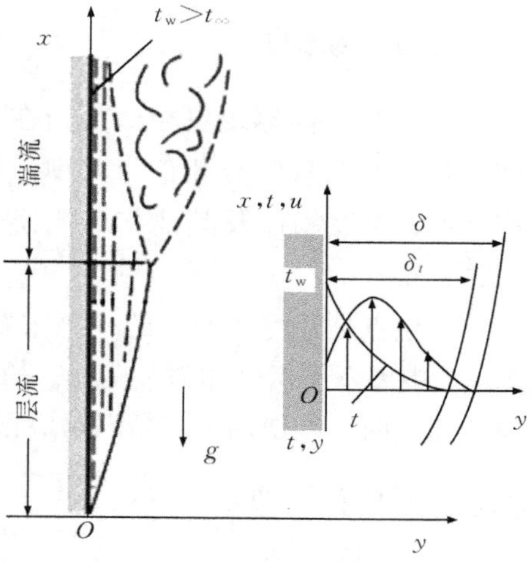

图 9-6 大空间内沿竖直壁面的自然对流换热

$$u_x \frac{\partial t}{\partial x} + u_y \frac{\partial t}{\partial y} = a \frac{\partial^2 t}{\partial y^2} \qquad (9-27)$$

通常，自然对流换热中流场内的温差较小，密度差 $\rho_\infty - \rho$ 也就较小，可以近似计算为 $\rho_\infty - \rho \approx -\left(\frac{\partial \rho}{\partial t}\right)_p \Delta t$。因此，式(9-26)中，$\frac{\rho_\infty - \rho}{\rho} g \approx -\frac{1}{\rho}\left(\frac{\partial \rho}{\partial t}\right)_p \Delta t g = g\alpha \Delta t$。

第三节 相似理论

对流换热计算中的关键问题是对流换热表面传热系数的计算。基于对流换热微分方程组及其单值性条件，理论上可以确定对流换热表面传热系数的大小。纯理论求解表面换热系数的方法可分为解析法和数值法。但是，对于当今大多数工程中遇到的对流换热问题，纯解析法几乎不可能实现。数值法虽然可以解决许多复杂对流换热的计算问题，但常常需要物理实验的验证。

尽管数值法和物理实验相结合可以获得大量工况下的表面传热系数数据，但也并非是很完美的解决方案。首先，数值法与物理实验一样，每次只能获取一个工况下的数据，且消耗的时间成本高。许多情况下，每一工况对流换热问题的数值计算常常需

要消耗几个至几十个小时。如果考虑物理实验设备的制作和运行调试过程，时间成本更大。另外，对流换热问题中涉及的影响因素多，为了寻找换热系数的计算规律，所需数值计算或试验工况多，时间成本或难以承受。更有甚者，如果研究对象的几何尺度大，比如飞机或船舶，原型实验设备的制作成本更难以想象。那么，有没有更有效的解决办法呢？相似理论提供了一个很好的思路。本节将以无相变对流换热的例子阐述相似理论的基本原理。

一、相似的基本概念

两个对流换热现象相似是指在几何相似的基础上对应的物理量场相似，其中，物理量场包括速度场、温度场以及其他与对流换热相关的物性参数分布。

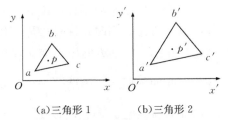

(a)三角形 1 　　(b)三角形 2

图 9-7　相似三角形及对应点

对应点是几何相似中的一个重要概念。比如，图 9-7 中展示了两个相似三角形。恰当地选取坐标原点和方向，能使两个三角形对应顶点的 x 轴、y 轴坐标成比例，即 $\dfrac{x_a'}{x_a}=\dfrac{y_a'}{y_a}$，$\dfrac{x_b'}{x_b}=\dfrac{y_b'}{y_b}$，$\dfrac{x_c'}{x_c}=\dfrac{y_c'}{y_c}$。同时，如果图中点 $p(x,y)$ 和 $p'(x',y')$ 的坐标满足关系式 $\dfrac{x'}{x}=\dfrac{y'}{y}$，则称它们为对应点。

几何相似，且边界条件类型相同的对流换热问题称为同类现象。比如，不同直径圆管内流动的对流换热，如果均属于常壁温边界条件或者均属于常热流边界条件，那么就属于同类现象。但是，外掠单圆管流动与圆管内流动就不是同类现象，外掠平板流动与外掠单圆管流动也不是同类现象。只有同类现象才有可能相似。圆管内的流动换热不可能和外掠平板流动或外掠单圆管流动的换热问题相似，常壁温边界条件下的对流换热问题不可能和常热流边界条件下的对流换热问题相似。

同类现象中，若在对应点上的各物理量成比例，则称为相似现象。以外掠两个平板时的对流换热问题为例进行说明，如图 9-8 所示，如果在任意对应点 $p(x,y)$ 和 $p'(x',y')$ 上，针对与对流换热相关的任意物理量 φ，比如速度、温度、黏性系数、热导率、密度、比热容等，均满足条件

$$\frac{\varphi'}{\varphi}=C_\varphi \tag{9-28}$$

式中，C_φ 针对任意给定的物理量是一个固定常数，则称这两个对流换热现象是相似的，式(9-28)为相似性条件。对于常物性流体，物性参数的相似性条件是自动满足的。

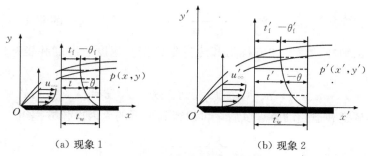

(a) 现象1   (b) 现象2

图 9-8 两个外掠平板流动换热问题

温度场相似需要注意温度的合理选择。有时，两个温度场的摄氏温度或绝对温度均不成比例。也就是说，$\dfrac{t'}{t}$ 或 $\dfrac{T'}{T}$ 均不等于常数。但是，将流体温度减去壁面温度后得到的过余温度 $\theta = t - t_w$ 却是成比例的。也就是说，$\dfrac{\theta'}{\theta} = \dfrac{t' - t'_w}{t - t_w} = C_\theta =$ 常数。

相似的物理量场必然有相同的无因次或无量纲的物理量场。这里，无因次和无量纲是同义词，通俗一点说就是无单位。比如，$\dfrac{u_x}{u_\infty}$、$\dfrac{u_y}{u_\infty}$、$\dfrac{t - t_w}{t_f - t_w}$ 就是无因次量或无量纲量。两速度场相似，则有

$$\frac{u'_x}{u_x} = \frac{u'_y}{u_y} = C_u = \frac{u'_\infty}{u_\infty} \tag{9-29}$$

上式可以变换为

$$\frac{u_x}{u_\infty} = \frac{u'_x}{u'_\infty}, \quad \frac{u_y}{u_\infty} = \frac{u'_y}{u'_\infty} \tag{9-30}$$

不妨记 $U_x = \dfrac{u_x}{u_\infty}$，$U_y = \dfrac{u_y}{u_\infty}$，分别是 x 轴、y 轴方向上的无因次速度。由上式可见，$U_x = U'_x$，$U_y = U'_y$，说明两个相似的速度场有相同的无因次速度分布函数。

采用类似的分析推导，容易得出：相似的两个过余温度场必有相同的无因次过余温度 $\Theta = \dfrac{\theta}{\theta_f} = \dfrac{t - t_w}{t_f - t_w}$，即

$$\Theta = \frac{t - t_w}{t_f - t_w} = \frac{t' - t'_w}{t'_f - t'_w} = \Theta' \tag{9-31}$$

反过来，不同的现象中，如果某同名物理量场有相同的无因次分布函数，则该同名物理量场是相似的。

二、相似原理

下面以方程组(9-16)—(9-18)和边界条件(9-19)—(9-21)所描述的定解问题为例介绍相似理论的基本原理。为了分析简便，假设所讨论的问题是均匀流场平行掠过平板

表面的受迫对流换热问题。因此，$-\dfrac{1}{\rho}\dfrac{\partial p_\infty}{\partial x}=0$。实际上，这样的假设不会影响相似理论分析结论的正确性。在上述方程组和边界条件中，速度、温度和坐标以下面的表达式替代：

$$u_x=u_\infty U_x,\ u_y=u_\infty U_y,\ t=\theta_i\Theta+t_w,\ x=lX,\ y=lY \tag{9-32}$$

经过上述替换和适当的整理以后，可以得到如下的无因次化方程组

$$\frac{\partial U_x}{\partial x}+\frac{\partial U_y}{\partial y}=0 \tag{9-33}$$

$$U_x\frac{\partial U_x}{\partial X}+U_y\frac{\partial U_x}{\partial Y}=\frac{1}{Re}\left(\frac{\partial^2 U_x}{\partial X^2}+\frac{\partial^2 U_x}{\partial Y^2}\right) \tag{9-34}$$

$$U_x\frac{\partial \Theta}{\partial X}+U_y\frac{\partial \Theta}{\partial Y}=\frac{1}{RePr}\left(\frac{\partial^2 \Theta}{\partial X^2}+\frac{\partial^2 \Theta}{\partial Y^2}\right) \tag{9-35}$$

和边界条件

$$X=0\ \text{时，}\ U_y=0,\ U_x=1,\ \Theta=1 \tag{9-36}$$

$$Y=0\ \text{时，}\ U_y=0,\ U_x=0,\ \Theta=0 \tag{9-37}$$

$$Y\rightarrow\infty\text{时，}\ U_y=0,\ U_x=1,\ \Theta=1 \tag{9-38}$$

式中，$Re=\dfrac{u_\infty l}{\nu}$ 称为雷诺数，$Pr=\dfrac{\nu}{a}$ 称为普朗特数。

雷诺数还可以改写成 $Re=\dfrac{\rho u_\infty^2}{\mu\dfrac{u_\infty}{l}}$，分子反映了主流速度下单位流动断面积上流过的流体动量，分母反映了黏性力的大小。可见，雷诺数反映了惯性力和黏滞力的对比关系。雷诺数越大，惯性力越大，流动越容易转变为湍流。所以，流态的判断往往以雷诺数为依据，后文另有详细的说明。雷诺数中，l 为特征长度。对于管内流动，l 为圆管的直径；对于非圆管内流动，l 可按水力直径公式计算，即 $l=D_h=\dfrac{4A}{P_e}$，式中 A 为流体所占有的流道断面积，P_e 为流道断面上被流体润湿的壁面周长，简称湿周长。水力直径有时也可称为当量直径，两者是同义词。例如，在内部尺寸为 $a\times b$ 的方形管道内，如果流体充满整个管道断面，则 $l=\dfrac{2ab}{a+b}$。然而，如果水在具有自由表面的渠道内流动，且渠宽为 b，水深为 a，则 $l=\dfrac{4ab}{2a+b}$。

普朗特数 $Pr=\dfrac{\nu}{a}$ 是动量扩散系数与热扩散系数之比，反映了动量扩散能力与热扩散能力的对比关系。普朗特数越小，说明热扩散能力越强。如果普朗特数小于 1，热边界层厚度将大于流动边界层厚度。反之，热边界层厚度将小于流动边界层厚度。

由以上无因次化定解问题的数学描述可以看出，无因次边界条件完全相同，与具体的主流速度、温度以及壁面温度无关。此时，如果多个外掠平板流动换热过程中的

雷诺数和普朗特数均分别相等，则这些换热问题的无因次速度和温度分布的解 U_x、U_y、Θ 完全相同。也就是说，U_x、U_y、Θ 仅仅是 X、Y、Re、Pr 的函数，用数学表达式表示如下：

$$U_x = U_x(X, Y, Re, Pr) \tag{9-39}$$

$$U_y = U_y(X, Y, Re, Pr) \tag{9-40}$$

$$\Theta = \Theta(X, Y, Re, Pr) \tag{9-41}$$

有相同的无因次速度和温度分布，说明对流换热现象完全相似。那么，相似又意味着什么呢？要回答这个问题，还需先将对流换热微分方程式(9-4)也做相似变换，也就是将式(9-32)中相关的表达式代入方程式(9-4)并进行适当的整理。相似变换后，可得

$$Nu_x = -\left(\frac{\mathrm{d}\Theta}{\mathrm{d}Y}\right)_{\mathrm{w}} \tag{9-42}$$

式中，$Nu_x = \dfrac{h_x l}{\lambda}$ 是任意局部位置的努塞尔数。将表达式(9-41)代入表达式(9-42)后可得：

$$Nu_x = Nu_x(X, Re, Pr) \tag{9-43}$$

上式说明，无因次温度分布的解 Θ 完全相同时，局部努塞尔数 Nu_x 完全相同，而且仅仅是无因次坐标 X、雷诺数 Re 和普朗特数 Pr 的函数。沿整个 x 轴方向长度范围内的积分平均值如下：

$$Nu = \int_0^1 Nu_x(X, Re, Pr)\,\mathrm{d}X = Nu(Re, Pr) \tag{9-44}$$

说明平均努塞尔数 Nu 仅仅是雷诺数 Re 和普朗特数 Pr 的函数。

现将以上理论分析发现归纳如下：

(1)外掠平板受迫流动换热的同类现象中，雷诺数 Re 和普朗特数 Pr 相同时，无因次速度和温度分布的解 U_x、U_y、Θ 也完全相同，仅为 X、Y、Re、Pr 的函数；

(2)无因次温度分布的解 Θ 完全相同时，努塞尔数 Nu_x 和 Nu 也相同，前者仅仅是 X、Re、Pr 的函数，后者仅仅是 Re 和 Pr 的函数。

以上分析中，准则数 Re、Pr 可以视为自变量准则，也可以称为已定准则，而准则数 Nu_x 或 Nu 可以视为函数准则，或称为待定准则。上述分析虽然是以外掠平板受迫流动为例，但是其结论也适用于其他受迫流动换热问题。因此，从更加普遍的意义上来说，针对受迫流动换热的相似原理可以概括如下：

(1)凡同类现象，单值性条件相似，同名已定准则(Re，Pr)相等，则对流换热现象相似，无因次速度和温度分布相同；

(2)对流换热现象相似，则必有同名准则相等，从而有相同的 Nu_x 和 Nu。

这里，所谓的同名准则相等，意指不同现象的 Re 相等、Pr 相等、Nu 相等。

以上分析方法、分析过程和所建立的理论关系式均属于相似理论的范畴。下面仍

将基于受迫流动的理论发现，分析相似理论的重要意义。分析之前，做一简单说明：后述所指实验，不仅包括物理实验，也可指数值计算，或称为数值仿真、数值模拟、模拟实验等。

要理解以上受迫流动相似理论的重要意义，首先应该认识到，如果得知式（9-43）或式（9-44）的具体表达式，就可以轻松计算出表面传热系数的大小。这是因为努塞尔数 $Nu_x = \dfrac{h_x l}{\lambda}$ 或 $Nu = \dfrac{hl}{\lambda}$ 就是无因次的表面传热系数。如果已知 Nu_x 或 Nu，可以按照 $h_x = Nu_x \dfrac{\lambda}{l}$ 或 $h = Nu \dfrac{\lambda}{l}$ 这样的简单代数关系式计算表面传热系数的大小。其次还应该注意到，基于相似理论，可以大幅降低表面传热系数变化规律的研究难度，使得原本错综复杂、难以系统性探明的规律可以通过工况数目不多、难度不大的实验研究确定下来。关于这一方面，有两条理由：第一，基于相似理论，可以大幅减少所需的实验次数。因为努塞尔数 Nu_x 仅仅是 X、Re、Pr 的函数，而 Nu 仅仅是 Re、Pr 的函数，与表面传热系数的一般关系式（9-6）相比，函数自变量数目大幅减少。那么，如果要利用回归分析方法找出表面传热系数的变化规律，也就是具体的计算表达式，所需数值计算或物理实验工况的数目就可以大幅减少。第二，基于相似理论，还可以采用小尺寸的相似模型代替原型进行物理实验研究，以降低实验成本和难度。相似理论实际上已经指出：实验模型不一定要与原型尺寸完全一致，只要两者是相似的，模型与原型的准则数就是相同的。因此，如果原型尺寸规模过大，按照相似理论，完全可以采用小尺寸的相似模型代替原型进行物理实验研究，以降低实验成本和难度。

总而言之，相似原理解决了对流换热实验研究中所必须解决的 3 个主要问题：如何安排实验？怎样整理实验数据？实验结果的适用范围如何确定？

（1）同类现象中，按照准则数进行实验工况设计，不同的工况应该有不同的准则数，以减少重复实验；

（2）基于实验数据，计算相关准则数，对准则数之间的关系进行回归分析，建立待定准则与已定准则之间的关系式，简称准则关系式；

（3）经回归分析所得实验准则关系式的适用范围是实验中的准则数取值范围。

准则数之间的关系有时是比较复杂的，实验数据整理过程中，常常要面临准则数关联式的基本函数形式选择。选择基本函数形式以后，再利用实验数据进行回归分析，确定基本函数中的待定常数。因此，实验关联式可能有不同的形式，不是唯一的，也不可能百分之百准确。对于受迫对流换热，研究者们常常采用如下幂函数的形式：

$$Nu = cRe^n Pr^m \tag{9-45}$$

式中，c、n、m 是需要通过回归分析确定的待定常数。回归分析之前，首先根据实验测量数据计算出每一个实验工况下的 Re、Pr 和 Nu。获得若干组准则数据以后再通过回归分析方法确定 c、n、m。下面举一简单回归分析例子说明这几个常数的确定方法。假设某种流体，比如空气，Pr 随温度的变化很小，可以忽略，那么实验关联式

可以简化为 $Nu=cRe^n$ 的形式，两边取对数则成为 $\lg Nu=\lg c+n\lg Re$。将 Re 和 Nu 实验数据描绘在对数坐标图上，如图 9-9 所示，通过线性拟合可得一条直线，则 $\lg c$ 为拟合直线的截距，n 为拟合直线的斜率。

以上相似原理和准则关系式的讨论中是以受迫对流换热为例的，涉及的已定准则是 Re 和 Pr。但如果是自然对流换热，则情况会有所不同。以竖直壁面上的自然对流换热为例，对流换热微分方程组由式 (9-25)—(9-27)所组成。参照图 9-6，可写出边界条件数学表达式如下：

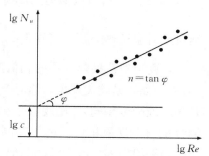

图 9-9　准则关系式回归分析举例

$$x=0 \text{ 时，} u_y=0,\ u_x=0,\ t=t_f \qquad (9\text{-}46)$$

$$y=0 \text{ 时，} u_y=0,\ u_x=0,\ t=t_w \qquad (9\text{-}47)$$

$$y\to\infty \text{ 时，} u_y=0,\ u_x=0,\ t=t_f \qquad (9\text{-}48)$$

与受迫对流换热的相似变换相似，以

$$u_x=u_0U_x,\ u_y=u_0U_y,\ t=\theta_f\Theta+t_w,\ x=lX,\ y=lY \qquad (9\text{-}49)$$

替换微分方程组(9-25)—(9-27)中的速度、温度和坐标。这里需要说明的是，u_0 是一个待定的参考速度，比如边界层内某一平均速度，但不是主流区速度，因为主流区是静止的，主流区速度为零。暂时可以不必关心 u_0 的具体值是多少，因为在纯粹的自然对流换热中，它是由自然对流的驱动力决定的。如果是混合流动，也就是受迫流动与自然对流的混合流动，u_0 可以取主流区的速度。替换后，微分方程组变为

$$\frac{\partial U_x}{\partial x}+\frac{\partial U_y}{\partial y}=0 \qquad (9\text{-}50)$$

$$U_x\frac{\partial U_x}{\partial X}+U_y\frac{\partial U_x}{\partial Y}=\frac{Gr}{Re^2}\Theta+\frac{1}{Re}\frac{\partial^2 U_x}{\partial Y^2} \qquad (9\text{-}51)$$

$$U_x\frac{\partial \Theta}{\partial X}+U_y\frac{\partial \Theta}{\partial Y}=\frac{1}{RePr}\frac{\partial^2 \Theta}{\partial Y^2} \qquad (9\text{-}52)$$

式中，$Gr=\dfrac{g\alpha\Delta t l^3}{\nu^2}$ 称为格拉晓夫数，雷诺数 $Re=\dfrac{u_0 l}{\nu}$。边界条件式(9-46)—(9-48)中的变量经过相同的替换后可得无因次化形式如下：

$$X=0 \text{ 时，} U_y=0,\ U_x=0,\ \Theta=1 \qquad (9\text{-}53)$$

$$Y=0 \text{ 时，} U_y=0,\ U_x=0,\ \Theta=0 \qquad (9\text{-}54)$$

$$Y\to\infty \text{ 时，} U_y=0,\ U_x=0,\ \Theta=1 \qquad (9\text{-}55)$$

与受迫对流换热类似，无因次边界条件均为常量，与实际变量值无关。

格拉晓夫数反映了浮升力和黏滞力的对比关系。格拉晓夫数越大，自然对流强度越大。对于纯粹的自然对流换热问题，雷诺数 Re 是由 Gr 决定的，有人称之为自模化状态。对于混合流动，$\dfrac{Gr}{Re^2}$ 反映了自然对流和受迫对流的相对关系。当 $\dfrac{Gr}{Re^2}\ll 1$ 时，属

于纯受迫对流换热问题。当 $\dfrac{Gr}{Re^2}\gg1$ 时，属于纯自然对流换热问题。实际应用中，当 $\dfrac{Gr}{Re^2}\leqslant0.1$ 时，可以近似地当成纯受迫对流换热问题。当 $\dfrac{Gr}{Re^2}\geqslant10$ 时，可以近似地当成纯自然对流换热问题。当 $0.1<\dfrac{Gr}{Re^2}<10$ 时，则需要综合考虑。

与受迫对流换热问题的相似原理类似：在纯自然对流换热微分方程组（9-50）—（9-55）中，如果是同类现象，边界条件相似，且格拉晓夫数 Gr 和普朗特数 Pr 相同（也就是同名准则数相同），则现象是相似的，有相同的无因次速度场 U_x、U_y 和无因次温度场 Θ 的解；现象相似，也就有同名准则数相等，从而有相同的努塞尔数 Nu_x 和 Nu。所以，平均努塞尔准则数的一般关系式为

$$Nu=f(Gr,\ Pr) \tag{9-56}$$

因此，在自然对流换热问题中，Gr、Pr 是已定准则，Nu_x 和 Nu 是待定准则。实验研究发现，许多纯自然对流换热问题的准则关系式常常可以整理成如下的幂函数形式：

$$Nu=c(Gr\cdot Pr)^n=cRa^n \tag{9-57}$$

式中，$Ra=Gr\cdot Pr$ 称为瑞利数。

自然对流换热问题相似理论的重要意义和受迫流动相似理论的重要意义是类似的。而且，基于相似理论，自然对流换热问题的实验设计、实验数据整理以及准则关系式的适用原则也与受迫流动的相同。

【例题 9-2】在一台缩小成为实物 1/8 的模型中，用 20 ℃ 的空气来模拟实物中平均温度为 200 ℃ 空气的加热过程。实物中空气的平均流速为 6.03 m/s，模型中的流速应为多少？若模型中的平均表面传热系数为 195 W/(m²·K)，求相应实物中的值。在这一模化实验中，模型与实物中流体的 Pr 数并不严格相等，你认为这样的模化实验有无实用价值？

【解】查附表 12，可知空气的物性参数为

20 ℃时，$v_1=15.06\times10^{-6}$ m²/s，$\lambda_1=2.59\times10^{-2}$ W/(m·K)，$Pr_1=0.703$

200 ℃时，$v_2=34.85\times10^{-6}$ m²/s，$\lambda_2=3.93\times10^{-2}$ W/(m·K)，$Pr_2=0.680$

根据相似理论，模型与实物中的 Re 数应相等，有

$$\frac{u_1l_1}{v_1}=\frac{u_2l_2}{v_2}$$

即

$$u_1=\frac{v_1l_2}{v_2l_1}u_2=\frac{15.06}{34.85}\times8\times6.03=20.85(\text{m/s})$$

同时，Nu 数也应该相等，有

$$h_2=\frac{\lambda_2l_1}{\lambda_1l_2}h_1=\frac{3.93}{2.59}\times\frac{1}{8}\times195=36.99[\text{W/(m}^2\cdot\text{K)}]$$

上述模化实验中，虽然模型与流体的 Pr 数并不严格相等，但十分接近。这样的模

化实验是有实用价值的。

【例题9-3】为了研究水平圆管外表面在空气中的自然对流表面传热系数，将一组直径不同的圆管水平悬挂于无气流扰动的恒温房间内，并在管内设置电加热器，通过电加热器功率调节设备调节加热功率和管壁温度，待温度稳定后测量管壁和空气温度，记录电加热器功率。测试数据记录如表9-1所示，设管壁温度均匀，而且表面辐射散热和圆管两端的散热均可以忽略不计，试按照相似理论分析整理实验数据，并确定准则关系式 $Nu = c(Ra)^n$ 中的常系数 c 和指数 n。

表 9-1　例题 9-3 数据表

实验序号	管外径/m	管长/m	加热功率/W	外表面温度/℃	空气温度/℃
1	0.025	1	12	49.5	25
2	0.045	1	22	49	25
3	0.065	1.5	40	50	25
4	0.08	1.5	40	48.5	25
5	0.1	1.5	68	50.5	25
6	0.025	1	8	39.5	25
7	0.045	1	11	40	25
8	0.065	1.5	20	39	25
9	0.08	1.5	26	40.5	25
10	0.1	1.5	26.5	38.5	25
11	0.025	1	19.5	58.5	25
12	0.045	1	30.5	59.5	25
13	0.065	1.5	67	60	25
14	0.08	1.5	65	59	25
15	0.1	1.5	88	60.5	25

【解】首先，按照 $h = \dfrac{P_e}{\pi dl(t_w - t_f)}$ 计算表面传热系数，其中 P_e 表示电加热器功率，d 为管直径，l 为管长，t_w 表示壁面温度，t_f 代表流体温度。然后，按照定性温度 $t_m = \dfrac{t_w + t_f}{2}$ 查取物性参数导热系数 λ、运动黏度 ν 和普朗特数 Pr，体积膨胀系数 α 按照理想气体性质计算为 $\dfrac{1}{T_m}$。接着，按照定义式 $Nu = \dfrac{hd}{\lambda}$、$Gr = \dfrac{g\alpha(t_w - t_f)d^3}{\nu^2}$ 以及 $Ra = GrPr$ 分别计算 Nu 和 Ra。计算结果汇总成 Excel 表格，并依据计算数据绘制散点图，如图9-10所示。经 Excel 拟合得公式

$$Nu = 0.525\,3Ra^{0.242\,4}$$

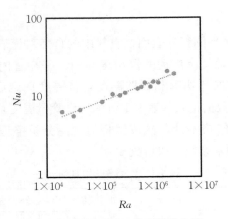

图 9-10　例题 9-3 准则数分布图

所以，回归分析所得常系数和指数分别为

$$c = 0.525\ 3$$

$$n = 0.242\ 4$$

第四节　常见单相对流换热准则关联式

工程中可能遇到的对流换热问题繁多，很难归纳为几种简单的类型。相关的研究成果亦层出不穷，很难一一列举。传热学中，比较常用、比较经典的研究成果有管内流动对流换热、外掠物体表面对流换热、大空间自然对流换热的准则关系式。下面将针对这些类型的对流换热问题，介绍一些常用的准则关系式及其适用条件。利用这些准则关系式，可以解决许多工程中遇到的对流传热问题。通过这些准则关系式的学习，可以了解对流换热问题求解的一般方法。在掌握一般方法的基础上，可以随时利用现代研究成果解决不同类型的对流换热计算问题。

一、管内流动换热

流态不同，圆管内流动换热有不同的换热系数准则关系式。圆管内流动的流态可依据雷诺数 Re 进行区分。对于工业中常用的光滑管道，可按照下面的规则划分：

$Re < 2\ 300$，层流；

$2\ 300 \leqslant Re \leqslant 10^4$，从层流到湍流的过渡阶段；

$Re > 10^4$，旺盛湍流。

管内流动中，$Re = \dfrac{u_f d}{\nu}$，式中 d 为管内直径，u_f 为管内流体平均速度，运动黏性系数 ν 则按照流体平均温度 t_f 为定性温度确定。

管内流动表面传热系数在入口段是变化的，在充分发展段才保持不变，因为入口段边界层厚度是变化的，速度分布和温度分布均未达到定型。入口段表面传热系数的定性变化规律示于图 9-11 中。在充分发展段为层流状态下，随着离入口距离的增加，由于边界层厚度不断增加，表面传热系数不断降低，直至充分发展段才达到稳定不变的值。在充分发展段为湍流状态下，入口附近仍然为层流。随着层流边界层厚度的增加，表面传热系数也是不断降低的。当层流边界厚度增加到某一临界值时，边界层状态转变为湍流。出现湍流后，由于湍流的混合作用，表面传热系数迅速增加。随后，表面传热系数又因边界层厚度的增加而下降，直至充分发展段才达到稳定不变的值。入口段长度与流态和管子的直径有关。对于层流，流动边界层入口段长度与管径之比为 $\dfrac{l}{d}\approx0.05Re$，热边界层入口段长度与管径之比为 $\left(\dfrac{l}{d}\right)_{t}\approx0.05RePr$。对于湍流，只要 $\dfrac{l}{d}>60$，就可忽略进口段的影响。

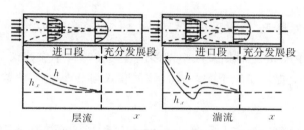

图 9-11　管内流动入口段表面传热系数的定性变化规律

由于局部位置表面传热系数是变化的，管内对流换热量的计算需要积分，从入口至任意位置 x 之间积分公式如下：

$$Q=\int_{0}^{x}\pi dh_{x}(t_{w}-t_{f})\,\mathrm{d}x \tag{9-58}$$

式中，h_{x} 为任意局部位置 x 处的表面传热系数。目前，一种平均表面传热系数的定义为

$$h=\frac{1}{x}\int_{0}^{x}h_{x}\,\mathrm{d}x \tag{9-59}$$

图 9-11 中的虚线即为该定义下的平均表面传热系数。

在层流充分发展段，Nu 是常数。对于圆管内的流动，常壁温边界条件下，$Nu=3.66$；常热流边界条件下，$Nu=4.36$。

当管长足够大时，入口段的影响可以忽略不计，这样的管子称为长管；否则，称为短管，平均表面传热系数需要考虑入口段的影响。对于短管，可用下式计算等壁温管内层流换热的平均努塞尔数：

$$Nu_{f}=1.86\left(Re_{f}Pr_{f}\frac{d}{l}\right)^{\frac{1}{3}}\left(\frac{\eta_{f}}{\eta_{w}}\right)^{0.14} \tag{9-60}$$

式(9-60)的适用条件是 $0.48<Pr_{f}<1\,700$，$0.004\,4<\dfrac{\eta_{f}}{\eta_{w}}<9.75$，$Re_{f}Pr_{f}\dfrac{d}{l}>10$。

式中，下标"f"表示定性温度为流体平均温度的含义，下标"w"则表示定性温度为壁面温度，l 是管长。

当管内充分发展段的流态为湍流时，若管壁与流体温差不同，则有不同的实验关联式。对于管壁与流体温度相差不大的情况，如：Δt（气体）$= |t_w - t_f| < 50\ ℃$；Δt（水）$< 30\ ℃$；Δt（油）$< 10\ ℃$，则有

$$Nu_f = 0.023 Re_f^{0.8} Pr_f^n \tag{9-61}$$

式中，$t_w > t_f$ 时，$n = 0.4$；$t_w < t_f$ 时，$n = 0.3$。该式的适用条件是 $Re_f \geqslant 10^4$，$0.7 \leqslant Pr_f \leqslant 160$，$\dfrac{l}{d} \geqslant 60$。

对于管壁与流体温度相差较大的情况，则有

$$Nu_f = 0.027 Re_f^{0.8} Pr_f^{\frac{1}{3}} \left(\frac{\eta_f}{\eta_w}\right)^{0.14} \tag{9-62}$$

该式的适用条件是 $Re_f \geqslant 10^4$，$0.7 \leqslant Pr_f \leqslant 16\ 700$，$\dfrac{l}{d} \geqslant 60$。

在过渡流范围内，格尼林斯基在整理多位著名传热科学家建议的关联式和近 80 个实验数据点的基础上提供了以下关联式，该关联式与 90% 的实验数据的偏差在 ±20% 以下。

对于气体，当 $0.6 < Pr_f < 1.5$，$0.5 < \dfrac{T_f}{T_w} < 1.5$，$2\ 300 < Re_f < 10^4$ 时，有

$$Nu_f = 0.021\ 4 (Re_f^{0.8} - 100) Pr_f^{0.4} \left[1 + \left(\frac{d}{l}\right)^{\frac{2}{3}}\right] \left(\frac{T_f}{T_w}\right)^{0.45} \tag{9-63}$$

对于液体，当 $1.5 < Pr_f < 500$，$0.05 < \dfrac{T_f}{T_w} < 20$，$2\ 300 < Re_f < 10^4$ 时，有

$$Nu_f = 0.012 (Re_f^{0.87} - 280) Pr_f^{0.4} \left[1 + \left(\frac{d}{l}\right)^{\frac{2}{3}}\right] \left(\frac{T_f}{T_w}\right)^{0.11} \tag{9-64}$$

式中，$\left(\dfrac{d}{l}\right)^{\frac{2}{3}}$ 为管长影响修正项。

以上公式对常热流和常壁温边界条件都适用，可用于一般光滑管道内强迫对流换热的工程计算。由于场内温度不均匀，物性参数也不均匀，将影响速度分布和对流换热系数的大小。以上公式中的修正项 $\left(\dfrac{\eta_f}{\eta_w}\right)^{0.14}$、$\left(\dfrac{T_f}{T_w}\right)^{0.45}$ 和 $\left(\dfrac{T_f}{T_w}\right)^{0.11}$ 以及幂函数项中指数的不同取值就是为了考虑物性参数不均匀的影响。一般来说，液体的黏性系数随温度升高而降低，而气体的则相反。当壁面附近黏性系数高于管中心区域黏性系数时，壁面附近流体速度将比常物性参数时的低，削弱传热能力；反之，则增强传热能力。温度不均匀性对速度分布的定性影响如图 9-12 所示。

表面传热系数的计算中，管道弯曲半径的影响也需要考虑。管道弯曲时，由于管中流体速度高，离心力大；由于黏性力的作用，管壁附近流体速度低，离心力小。

所以，在管断面上形成由中心向外、沿管壁向内的二次环流，如图 9-13 所示。这种二次环流能起到增强换热的作用。考虑管道弯曲半径影响的方式是在上述准则方程式的基础上乘以一个修正系数 ε_R。

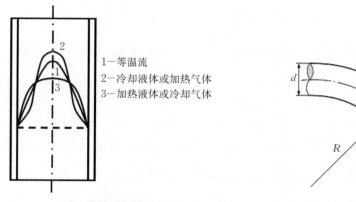

图 9-12　物性参数不均匀对速度分布的影响　　　图 9-13　弯管内的二次环流

气体
$$\varepsilon_R = 1 + 1.77\frac{d}{R} \tag{9-65}$$

液体
$$\varepsilon_R = 1 + 10.3\left(\frac{d}{R}\right)^3 \tag{9-66}$$

对于非圆形管道内的流动换热，目前的处理方式是以当量直径代替圆管内径进行计算。

二、外掠平板流动换热

外掠平板流动换热是一种常见的外部流动换热类型。针对如图 9-3(a)所示的外掠平板流动，在等壁温边界条件下，层流换热准则关系式为

$$Nu_x = 0.332Re_x^{\frac{1}{2}}Pr^{\frac{1}{3}} \tag{9-67}$$

$$Nu = 0.664Re^{\frac{1}{2}}Pr^{\frac{1}{3}} \tag{9-68}$$

式中，Nu_x 是局部位置的努塞尔数，Nu 是平均值。常热流边界条件下的层流换热时，有

$$Nu_x = 0.453Re_x^{\frac{1}{2}}Pr^{\frac{1}{3}} \tag{9-69}$$

$$Nu = 0.680Re^{\frac{1}{2}}Pr^{\frac{1}{3}} \tag{9-70}$$

式(9-67)—(9-70)的适用条件是 $Re_x \leqslant 5 \times 10^5$，$0.6 \leqslant Pr \leqslant 50$。

在湍流状态下，常壁温边界条件的换热准则关联式为

$$Nu_x = 0.0296Re_x^{\frac{4}{5}}Pr^{\frac{1}{3}} \tag{9-71}$$

常热流边界条件下的换热准则关联式则为

$$Nu_x = 0.0308Re_x^{\frac{4}{5}}Pr^{\frac{1}{3}} \tag{9-72}$$

式(9-71)和(9-72)的适用条件是 $5\times10^5<Re_x<10^7$，$0.6<Pr<60$。

对于由层流边界层过渡到湍流边界层的整个平板，平均表面传热系数可按层流段和湍流段分段积分平均值计算

$$h=\frac{1}{l}\left(\int_0^{x_c}h_{x,l}\mathrm{d}x+\int_{x_c}^{l}h_{x,t}\mathrm{d}x\right) \tag{9-73}$$

式中，$h_{x,l}$ 代表层流段局部表面传热系数，$h_{x,t}$ 代表湍流段局部表面传热系数。对于常壁温平板

$$Nu=(0.037Re^{\frac{4}{5}}-871)Pr^{\frac{1}{3}} \tag{9-74}$$

式(9-74)的适用条件是 $5\times10^5<Re_x<10^7$，$0.6<Pr<60$。

在外掠平板的对流换热中，物性参数按照主流区温度 t_f 与壁面温度 t_w 的算术平均值 $t_m=\frac{1}{2}(t_w+t_f)$ 确定，也就是取算术平均温度 t_m 为定性温度。

三、横掠圆柱面的流动换热

流动边界层特征如图 9-14 所示。由于流动截面的变化，主流压强在圆柱面的前半部沿程递降，即当 $\varphi<90°$ 时，$\frac{\mathrm{d}p}{\mathrm{d}\varphi}<0$，而后又回升，即当 $\varphi>90°$ 时，$\frac{\mathrm{d}p}{\mathrm{d}\varphi}>0$。在 $\frac{\mathrm{d}p}{\mathrm{d}\varphi}>0$ 的区域内，流体依靠消耗本身的动能来克服压强增长向前流动。由于黏性摩擦力的作用，壁面附近流体速度较低，克服压强增长向前流动的能力较弱，在壁面某一位置处将可能出现速度梯度为零的现象，即 $\left(\frac{\partial u}{\partial y}\right)_{y=0}=0$。此后，靠近壁面的区域出现反向流动，称为绕流脱体或边界层分离，脱体点就是 $\left(\frac{\partial u}{\partial y}\right)_{y=0}=0$ 的位置。实验表明，如果 $Re<5\sim10$，则流体边界层就像是壁表面上一层蠕动的膜，平滑地流过圆柱面，不会出现分离现象；如果 $Re>5\sim10$，则流体在绕流圆柱面时会发生边界层脱离现象，形成漩涡，并向下游扩展。一般当 $Re<(1.2\sim1.5)\times10^5$，脱体前边界层为层流，脱体点范围为 $80°<\varphi<85°$；当 $Re>(1.2\sim1.5)\times10^5$，边界层先从层流转变为湍流，然后再脱体，脱体点向后推移到 $\varphi\approx140°$ 处。由于流体流动过程的不稳定性，对应于不同流动特征的 Re 范围划分也有一定的不确定性，因此不同的研究者可能有不完全相同的报道数据。

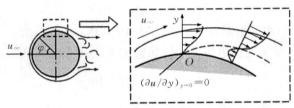

图 9-14 绕流圆柱体边界层分离处的速度分布

绕流圆柱面时，局部努塞尔数 $Nu_\varphi = \dfrac{\alpha_\varphi d}{\lambda}$ 随角度 φ 的变化曲线如图 9-15 所示。平均努塞尔特数可表示为

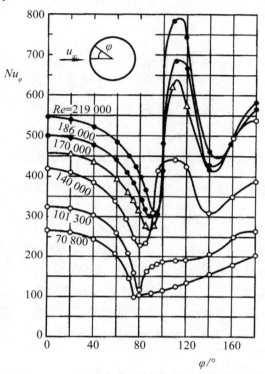

图 9-15　绕流圆柱体时的局部努塞尔数

$$Nu = CRe^n Pr^m \left(\frac{Pr}{Pr_w}\right)^{0.25} \tag{9-75}$$

适用条件：$0.7 < Pr < 500$，$1 < Re < 10^6$。式（9-75）中，确定 Pr_w 时，选择壁面温度 t_w 为定性温度；确定其他物性参数时，选择主流区温度 t_∞ 为定性温度。式中，$Pr \leqslant 10$ 时，$m = 0.37$；$Pr > 10$ 时，$m = 0.36$。C 和 n 的数值列于表 9-2。

表 9-2　式（9-75）中的 C 和 n 值

Re	C	n
1～40	0.75	0.4
40～1 000	0.51	0.5
10^3～2×10^5	0.26	0.6
2×10^5～10^6	0.076	0.7

气流方向和圆柱面轴线可以不垂直，设其夹角为 ψ，又称冲击角。当 $\psi < 90°$ 时，对流换热将减弱。当 $30° < \psi < 90°$ 时，式（9-75）的右侧需要乘以修正系数 $\varepsilon_\psi = 1 -$

$0.54\cos^2\psi$。

管束间流动时，同排管子之间的边界层会相互干扰，前排管的尾涡也会对后排管的边界层产生干扰作用。常见管束设计方案分为顺排和叉排两种，如图 9-16 所示。

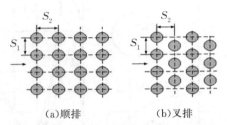

（a）顺排　　　　（b）叉排

图 9-16　顺排和叉排管束设计方案示意图

对于流体横掠管束的对流换热，平均表面传热系数的关联式为

$$Nu_f = CRe_f^m Pr_f^{0.36}\left(\frac{Pr_f}{Pr_w}\right)^{0.25}\left(\frac{S_1}{S_2}\right)^k \cdot \varepsilon_n \tag{9-76}$$

该式的适用条件为 $1<Re_f<2\times10^6$，$0.6<Pr_f<500$。式(9-76)中，标有下标"f"的准则数中，定性温度选取管束进出口流体的平均温度 t_f；标有下标"w"的准则数中，定性温度选取管束平均壁面温度 t_w。Re_f 中的流速采用管束最窄流通截面处的平均流速。常数 C、m 和 k 的值列于表 9-3 中。ε_n 为管排数的修正系数，其数值列于表9-4中。

表 9-3　式(9-76)中的 C、m 和 k 值

排列方式	适用范围 0.7<Pr<500		C	m	k
顺排	$Re_f=10^3\sim2\times10^5$		0.27	0.63	0
	$Re_f=2\times10^5\sim2\times10^6$		0.021	0.84	0
叉排	$Re_f=10^3\sim2\times10^5$	$\frac{S_1}{S_2}\leqslant2$	0.35	0.6	0.2
		$\frac{S_1}{S_2}>2$	0.4	0.6	0
	$Re_f=2\times10^5\sim2\times10^6$		0.022	0.84	0

表 9-4　排数修正系数表

排数	1	2	3	4	5	6	8	12	16	20
顺排	0.69	0.8	0.86	0.9	0.93	0.95	0.96	0.98	0.99	1.0
叉排	0.62	0.76	0.84	0.88	0.92	0.95	0.96	0.98	0.99	1.0

四、大空间自然对流换热

对于常壁温的边界条件，即已知壁面温度 t_w 的条件下，大空间自然对流换热努塞尔准则数按照式(9-57)计算。定性温度一般取壁面与大空间流体温度的算术平均值，即 $t_m = \frac{1}{2}(t_w + t_\infty)$。

对于常热流的边界条件，壁面热流密度 q 是已知量，但 Gr 中的 Δt 是未知数。为方便起见，可以采用 $Gr^* = NuGr$ 代替 Gr，即按照下式计算 Nu：

$$Nu = c(Gr^* Pr)^n \tag{9-77}$$

但要注意，式(9-77)中的 c 和 n 值与式(9-57)中的不同。

表 9-5 列出了不同几何边界条件下式(9-57)和式(9-77)中的 c 和 n 值。

表 9-5　大空间自然对流换热准则数关联式中的 c 和 n 值

边界条件	流动情况	特征长度	流态	c	n	适用范围 $(Gr^* Pr)$
常壁温垂直平壁或圆柱，平均 Nu，式(9-57)		壁面高度	层流	0.59	1/4	$10^4 \sim 10^9$
			湍流	0.1	1/3	$10^9 \sim 10^{13}$
常热流垂直平壁或圆柱，局部 Nu_x，式(9-77)		局部点高度	层流	0.6	1/5	$10^5 \sim 10^{11}$
			湍流	0.17	1/4	$2 \times 10^{13} \sim 10^{16}$
常壁温水平圆柱，平均 Nu，式(9-57)		圆柱外径 d	层流	1.02	0.148	$10^{-2} \sim 10^2$
				0.85	0.188	$10^2 \sim 10^4$
				0.48	1/4	$10^4 \sim 10^7$
			湍流	0.125	1/3	$10^7 \sim 10^{12}$
水平热壁上面或水平冷壁下面，平均 Nu，式(9-57)	或	非规则形取面积和周长之比，圆盘取 $0.9d$	层流	0.54	1/4	$10^4 \sim 10^7$
			湍流	0.15	1/3	$10^7 \sim 10^{11}$
水平热壁下面或水平冷壁上面，平均 Nu，式(9-57)	或		层流	0.58	1/5	$10^5 \sim 10^{11}$

第五节　平均温差与能量关系

对流换热量的微分表达式如下：

$$dQ = h_x(t_w - t_f)dA \tag{9-78}$$

式中，h_x 为局部表面传热系数，A 为对流换热面积。

当壁面温度、流体温度或表面传热系数随位置发生变化时，总对流换热量需要利用积分进行计算，表达式如下：

$$Q = \int h_x (t_w - t_f) \, dA \tag{9-79}$$

如果表面传热系数恒定，则

$$Q = hA\Delta\bar{t} \tag{9-80}$$

式中，$\Delta\bar{t}$ 为平均传热温差。大多数工程问题中，表面传热系数是变化的。但是，为了简化工程计算，表面传热系数可以近似看成是恒定的，并以平均值代替局部表面传热系数进行计算。

依据能量守恒原理，稳定流动换热过程中，流体温度沿程的变化规律可用下式进行描述

$$dt_f = \frac{h_x (t_w - t_f)}{\dot{m} c_p} dA \tag{9-81}$$

式中，$\dot{m}$ 为流体质量流率，x 为流动方向坐标。如果壁温恒定，而且物性参数和表面传热系数也等于常数，则温度变化规律为对数规律，即

$$\ln(t_w - t_f) = \frac{h_x}{\dot{m} c_p} A + C \tag{9-82}$$

式中，C 为积分常数。此时，全程平均传热温差为对数平均温差

$$\Delta\bar{t} = \frac{(t_w - t_{f,i}) - (t_w - t_{f,o})}{\ln\left[(t_w - t_{f,i}) / (t_w - t_{f,o})\right]} \tag{9-83}$$

式中，$t_{f,o}$ 为流体出口平均温度，$t_{f,i}$ 为流体入口平均温度。当 $0.5 < (t_w - t_{f,i}) / (t_w - t_{f,o}) < 2$ 时，$\Delta\bar{t} \approx \dfrac{(t_w - t_{f,i}) + (t_w - t_{f,o})}{2}$，即算术平均温差，其误差不超过 4%。因此，对于整个换热过程，能量守恒方程是应为

$$\dot{m} c_p (t_{f,o} - t_{f,i}) = hA\Delta\bar{t} \tag{9-84}$$

实际工程问题中，由于流体物性参数、表面传热系数的变化规律复杂，甚至会遇到不规则的几何形状，平均传热温差的计算也很复杂，需要具体问题具体分析。

对流换热问题的计算没有完全统一的模式，计算过程关键是要选择合适的准则关系式，并且要注意相关的适用性条件，合理选择定性温度和特征尺寸以及附加的修正方法。还要注意，本章中所罗列的准则关系式非常有限，读者重在领会如何利用已有研究发现进行计算，以尽可能满足准确的工程设计需要。下面通过几个例题，介绍某些具体问题的求解过程。

【例题 9-4】水从壁温均匀的管内流过，从 $t_{f1} = 25 \ ℃$ 被加热到 $t_{f2} = 35 \ ℃$。已知水的平均比热 $c_p = 4.18 \ kJ/(kg \cdot K)$，密度 $\rho = 996 \ kg/m^3$。试计算下列几种情况下的管内表面传热系数以及管壁温度：(1) 直管长 6 m、内径 30 mm、水流速度 3 m/s；(2) 直管长 0.8 m、内径 6 mm、水流速度 0.2 m/s；(3) 弯管长 6 m、内径 30 mm、弯曲半径

0.15 m、水流速度 3 m/s，不考虑物性场不均匀的影响。

【解】(1)设平均温差可近似按算术平均温差计算，则水的平均温度为 $t_f=(25+35)/2=30(℃)$。以平均温度为定性温度，查附表 13 可知：$\lambda_f=0.618$ W/(m·K)；$\nu_f=0.805\times10^{-6}$ m²/s；$Pr_f=5.42$。于是有

$$Re_f=\frac{ud}{\nu_f}=\frac{3\times0.03}{0.805\times10^{-6}}=1.118\times10^5>10^4$$

由 Re_f 的计算结果可以判断，水在管内流动处于旺盛湍流区。另外，$\dfrac{l}{d}=\dfrac{6}{0.03}=200>60$，属于长管。如果不考虑物性场不均匀的影响，可以选择式(9-61)计算努塞尔数。

$$Nu_f=0.023Re_f^{0.8}Pr_f^n=0.023\times(1.118\times10^5)^{0.8}\times5.42^{0.4}=494.4$$

因此，对流换热系数为

$$h=\frac{\lambda_f}{d}Nu_f=\frac{0.618}{0.03}\times494.4=10\,185[\text{W}/(\text{m}^2\cdot\text{K})]$$

依据能量守恒原理有

$$\pi dlh(t_w-t_f)=\frac{1}{4}\pi d^2u_f\rho c_p(t_{f2}-t_{f1})$$

解得

$$t_w-t_f=\frac{1}{4}\frac{du_f\rho c_p}{lh}(t_{f2}-t_{f1})=\frac{0.03\times3\times996\times4\,180}{4\times6\times10\,185}\times(35-25)=15.3(℃)$$

$$t_w=45.3(℃)$$

由于 $0.5<\dfrac{t_w-t_{f,i}}{t_w-t_{f,o}}=\dfrac{45.3-25}{45.3-35}=1.97<2$，算术平均温差假设可以接受。而且，$\Delta\bar{t}\approx15.3\ ℃<30\ ℃$，满足式(9-61)的适用条件。因此，上述计算有效，不必重算。

(2)假设算术平均温差仍然适用，定性温度同情况(1)，则物性参数同情况(1)，雷诺数计算如下：

$$Re_f=\frac{ud}{\nu_f}=\frac{0.2\times0.006}{0.805\times10^{-6}}=1\,490<2\,300$$

可见，流动属于层流。又 $Re_fPr_f\dfrac{d}{l}=1\,490\times5.42\times\dfrac{0.006}{4}=12.11>10$，故可以选择式(9-60)计算努塞尔数。假定 $t_w=60\ ℃$，查附表 13 可知 $\mu_f=8.01\times10^{-4}$ N·s/m²，$\mu_w=4.70\times10^{-4}$ N·s/m²。于是有

$$Nu_f=1.86\left(Re_fPr_f\frac{d}{l}\right)^{\frac{1}{3}}\left(\frac{\eta_f}{\eta_w}\right)^{0.14}=1.86\times12.11^{\frac{1}{3}}\times\left(\frac{8.01\times10^{-4}}{4.70\times10^{-4}}\right)^{0.14}=4.603$$

$$h=\frac{\lambda_f}{d}Nu_f=\frac{0.618}{0.006}\times4.603=474.1[\text{W}/(\text{m}^2\cdot\text{K})]$$

$$t_w-t_f=\frac{1}{4}\frac{du_f\rho c_p}{lh}(t_{f2}-t_{f1})=\frac{0.006\times0.2\times996\times4\,180}{4\times0.8\times474.1}\times(35-25)=32.9(℃)$$

$$t_w = 62.9(℃)$$

由于 $0.5 < \dfrac{t_w - t_{f,i}}{t_w - t_{f,o}} = \dfrac{62.9 - 25}{62.9 - 35} = 1.35 < 2$，算术平均温差假设可以接受。而且，$t_w$ 的计算值与假定值接近，误差对 μ_w 和 Nu_f 的影响不大。因此，上述计算有效，不必重算。

(3)假设平均温差和定性温度同情况(1)，因此物性参数、雷诺数、Nu_f 的基本计算公式同情况(1)，但是要按照式(9-66)考虑管道弯曲修正系数

$$\varepsilon_R = 1 + 10.3\left(\frac{d}{R}\right)^3 = 1 + 10.3 \times \left(\frac{0.03}{0.15}\right)^3 = 1.08$$

修正后的努塞尔数为

$$Nu_f' = Nu_f \varepsilon_R = 494.4 \times 1.08 = 534$$

于是，

$$h = \frac{\lambda_f}{d} Nu_f' = \frac{0.618}{0.03} \times 534 = 11\,000.4[\text{W}/(\text{m}^2 \cdot \text{K})]$$

$$t_w - t_f = \frac{1}{4}\frac{du_f \rho c_p}{lh}(t_{f2} - t_{f1}) = \frac{0.03 \times 3 \times 996 \times 4\,180}{4 \times 6 \times 11\,000.4} \times (35 - 25) = 14.2(℃)$$

$$t_w = 44.2(℃)$$

由于 $\dfrac{t_w - t_{f,i}}{t_w - t_{f,o}} = \dfrac{44.2 - 25}{44.2 - 35} = 2.09 > 2$，原则上应该采用对数平均温差。因此，应该有

$$\overline{\Delta t} = \frac{(t_w - 25) - (t_w - 35)}{\ln[(t_w - 25)/(t_w - 35)]} = 14.2(℃)$$，解得 $t_w = 44.8 ℃$，则定性温度应修正为

$t_f = t_w - \overline{\Delta t} = 44.8 - 14.2 = 30.6(℃)$。发现定性温度的修正值与假设值相差也不大，对物性参数的影响不大。因此，上述计算仍然有效，不必重算。

【例题 9-5】用热线风速仪测量空气流速，已知热线直径 $d = 5\ \mu\text{m}$、长度 $l = 1\ \text{cm}$、电阻率 $\rho_e = 0.000\,3\ \text{m}\Omega$。稳定状态下测得：空气流温度为 20 ℃，热线温度为 125 ℃，供给热线的电流为 $I = 1\ \text{mA}$。设辐射散热的影响可以忽略不计，试估算所述测量工况下的空气流速。

【解】热线电阻

$$R = \rho_e \frac{l}{s} = 0.000\,3 \times \frac{0.01}{\pi/4 \times (5 \times 10^{-6})^2} = 1.529 \times 10^5(\Omega)$$

电功率

$$P = I^2 R = 0.001^2 \times 1.529 \times 10^5 = 0.152\,9(\text{W})$$

根据能量守恒，应该有

$$P = hA(t_w - t_f) = h\pi dl(t_w - t_f)$$

整理并代入数据可得表面传热系数

$$h = \frac{P}{\pi dl(t_w - t_f)} = \frac{0.152\,9}{\pi \times 5 \times 10^{-6} \times 0.01 \times (125 - 20)} = 9\,275[\text{W}/(\text{m}^2 \cdot \text{K})]$$

空气横掠热线的对流换热就是空气横掠圆柱体的对流换热，可按照式(9-75)进行计算。依据空气温度和热线温度查附表 12 可知：空气导热系数 $\lambda_f = 0.025\ 9$ W/(m·K)、运动黏度 $\nu = 15.06 \times 10^{-6}$ m²/s、普朗特数 $Pr_f = 0.703$、$Pr_w = 0.686$。再根据努塞尔数定义可知：

$$Nu = \frac{hd}{\lambda} = \frac{9\ 275 \times 5 \times 10^{-6}}{0.025\ 9} = 1.791$$

然后，根据式(9-75)可解得雷诺数

$$Re = \left[\frac{Nu}{CPr^m \left(\dfrac{Pr}{Pr_w} \right)^{0.25}} \right]^{\frac{1}{n}} = \left[\frac{1.791}{0.75 \times 0.703^{0.37} \left(\dfrac{0.703}{0.686} \right)^{0.25}} \right]^{\frac{1}{0.4}} = 12.02$$

又由雷诺数定义 $Re = \dfrac{ud}{\nu}$ 可解出空气流速为

$$u = Re\ \frac{\nu}{d} = 12.02 \times \frac{15.06 \times 10^{-6}}{5 \times 10^{-6}} = 36.2\,(\text{m/s})$$

第六节　相变换热简介

本节将介绍的相变换热包括凝结换热和沸腾换热两类。当遇到温度低于饱和温度的冷壁面时，蒸汽会在壁面上凝结，这时所产生的热交换称为凝结换热。沸腾换热是指壁面将热量传递给液体，使液体内部产生气泡的换热过程。

一、凝结换热

凝结换热过程中，视液体对壁面的附着力与液体表面张力的相对关系，可能出现不同的凝结现象。当液体能够很好地润湿壁面时，凝结液在壁面上形成一层液膜，称为膜状凝结换热。当液体不能很好地润湿壁面时，凝结液在壁面上形成一个个液珠，称为珠状凝结换热。对于膜状凝结换热，努塞尔提出了一个假设模型和分析理论。

设有如图 9-17 所示竖直壁面上的膜状凝结换热问题，参照图 9-17(b)，努塞尔模型包含以下假设：

(1)纯饱和蒸汽在壁面上凝结成层流液膜。

(2)液膜表面温度为蒸汽的饱和温度，即 $t_\delta = t_s$。

(3)忽略液膜的过冷度，即凝液的焓为饱和液体的焓 h'。

(4)蒸汽是静止的，忽略对液膜表面的黏滞力作用，$\left(\dfrac{\partial u}{\partial y} \right)_\delta = 0$。

(5)液膜很薄，流动速度缓慢，可忽略液膜惯性力和对流作用。

(6)液膜表面蒸汽的凝结热以纯导热方式通过液膜，即 $(h'' - h')\mathrm{d}M = \lambda \left(\dfrac{\partial t}{\partial y} \right)\mathrm{d}x = \lambda \dfrac{t_s - t_w}{\delta}\mathrm{d}x$。

（7）物性参数为常数。

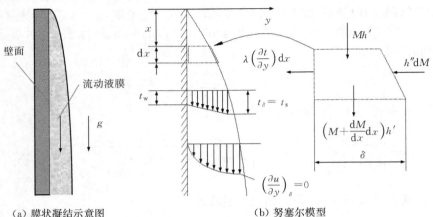

（a）膜状凝结示意图　　　　　　　　（b）努塞尔模型

图 9-17　膜状凝结换热分析

在忽略惯性力的前提下，液膜内的速度分布仅仅取决于黏性力和重力的相互作用关系，因此符合下面的控制微分方程

$$\mu \frac{d^2 u}{dy^2} + (\rho_1 - \rho_v) g = 0 \tag{9-85}$$

式中，ρ_1 为液体密度，ρ_v 为蒸汽密度。因为 $\rho_1 \gg \rho_v$，所以 ρ_v 的影响可以忽略不计。再参照图 9-17，并结合假设模型中的边界条件，求解控制微分方程（9-85）可以得到速度分布表达式如下：

$$u = \frac{\rho_1 g}{\mu} \left(\delta y - \frac{1}{2} y^2 \right) \tag{9-86}$$

则液膜断面上的总质流量为

$$M = \int_0^\delta \rho_1 u \, dy = \frac{\rho_1^2 g \delta^3}{3\mu} \tag{9-87}$$

将上式与模型假设（6）结合起来，可以得到液膜厚度的控制方程：

$$\delta^3 d\delta = \frac{\lambda \mu (t_s - t_w)}{\rho_1^2 g r} dx \tag{9-88}$$

积分可得

$$\delta = \left[\frac{4 \lambda \mu x (t_s - t_w)}{\rho_1^2 g r} \right]^{\frac{1}{4}} \tag{9-89}$$

因此，表面传热系数为

$$h_x = \frac{\lambda}{\delta} = \left[\frac{\rho_1^2 g r \lambda^3}{4 \mu x (t_s - t_w)} \right]^{\frac{1}{4}} \tag{9-90}$$

整个壁面平均表面传热系数则为

$$h = \frac{1}{l} \int_0^l \alpha_x \, dx = 0.943 \left[\frac{\rho_1^2 g r \lambda^3}{\mu x (t_s - t_w)} \right]^{\frac{1}{4}} \tag{9-91}$$

对于与水平面夹角为 θ 的倾斜壁，只需将式(9-91)中的 g 改为 $g\sin\theta$ 即可。

对于水平圆管外表面凝结换热，表面传热系数的计算表达式为

$$h=0.725\left[\frac{\rho_1^2 gr\lambda_1^3}{\mu_1 d(t_s-t_w)}\right]^{\frac{1}{4}} \tag{9-92}$$

对于水平管束外表面的凝结换热，上一层管子的凝液流到下一层管子上，凝液量不断累积，液膜增厚。因此，对于沿凝液下落方向有 n 排管子的管束，可以用 nd 代替上式中的定型尺寸 d，近似求得管束管外表面平均传热系数。

如果将以上关系式写成准则关系式的形式，则有

竖直壁面理论解　　　　　$Co=1.47Re_c^{-\frac{1}{3}}$　　　　　(9-93)

水平管外理论解　　　　　$Co=1.51Re_c^{-\frac{1}{3}}$　　　　　(9-94)

式中，凝结准则 $Co=h\left[\dfrac{\rho_1^2 g\lambda^3}{\mu^2}\right]^{-\frac{1}{3}}$，凝结雷诺准则 $Re_c=\dfrac{4hl(t_s-t_w)}{\mu r}$。

在 $Re_c<30$ 时，竖直平板理论解和实验值吻合较好。在 $30<Re_c<1\,800$ 时，液膜基本还属于层流，但是液膜表面有些波动，理论值比实验值约偏低 20%。因此，竖直平壁表面传热系数计算表达式应该修正为

$$h=1.13\times\left[\frac{\rho_1^2 gr\lambda_1^3}{\mu_1 d(t_s-t_w)}\right]^{\frac{1}{4}} \tag{9-95}$$

或

$$Co=1.76Re_c^{-\frac{1}{3}} \tag{9-96}$$

当 $Re_c>1\,800$ 时，液膜流态变为湍流。此时，在壁的上部仍然为层流，只有在壁的下部才逐渐转变为湍流。湍流膜状凝结传热系数可采用下面的关联式进行计算：

$$Co=\frac{Re_c}{8\,750+58Pr^{-0.5}(Re_c^{0.75}-253)} \tag{9-97}$$

整个平壁表面的平均表面传热系数应该按照层流和湍流段的表面传热系数进行加权平均计算求得。

蒸汽在水平管内的凝结换热过程中，凝液顺管壁两侧向下流动，在管底部聚集并随蒸汽一起流动。当凝液所占管断面积较小时，管内流态由蒸汽流动雷诺数 $Re_v=\dfrac{\rho_v u_{m,v}d}{\mu_v}$ 所决定，式中，$u_{m,v}$ 为蒸汽平均流速。当 $Re_v<35\,000$ 时，可采用下式估算传热系数：

$$h=0.555\times\left[\frac{g\rho_1(\rho_1-\rho_v)r'\lambda^3}{\mu_1 d(t_s-t_w)}\right]^{\frac{1}{4}} \tag{9-98}$$

式中，$r'=r+\dfrac{3}{8}c_{p,1}(t_s-t_w)$，其中 $c_{p,1}$ 是液体比热，$\dfrac{3}{8}c_{p,1}(t_s-t_w)$ 是考虑液膜过冷度对蒸汽凝结放热过程释放热量的影响。

【例题 9-6】某管壳式汽水换热器由内直径为 40 mm 的钢管束及壳体构成，且钢管为水平布置。假设水蒸气在管内表面做膜状凝结换热，管内表面温度为 90 ℃，管内水蒸气的饱和温度为 110 ℃，质量流量为 $\dot{m}=0.01$ kg/s，试计算管内凝结换热时的表面传热系数。

【解】查附表 13 和附表 14 可知：$\rho_1=951$ kg/m^3，$\rho_v=0.826\,5$ kg/m^3，$\lambda_1=0.685$ W/(m·K)，$\nu_v=15.03\times10^{-6}$ m^2/s，$\mu_v=12.425\times10^{-6}$ N·s/m^2，$\mu_1=259\times10^{-6}$ N·s/m^2，$r=2\,229.9$ kJ/kg，$c_{p,1}=4.233$ kJ/(kg·K)。因此

$$u=\frac{\dot{m}}{\rho_v\times A}=\frac{0.01}{0.826\,5\times3.14\times0.02^2}=9.63\ (\text{m/s})$$

$$Re=\frac{ud}{\nu}=\frac{9.63\times0.04}{15.03\times10^{-6}}=2.563\times10^4<35\,000$$

因此，管内凝结换热表面传热系数为

$$h=0.555\times\left[\frac{g\rho_1(\rho_1-\rho_v)r'\lambda^3}{\mu_1 d(t_s-t_w)}\right]^{\frac{1}{4}}$$

$$=0.555\times\left\{\frac{9.8\times951\times(951-0.826\,5)\times\left(2\,229.9+\frac{3}{8}\times4.233\times(110-90)\right)\times10^3\times0.685^3}{259\times10^{-6}\times0.04\times(110-90)}\right\}^{\frac{1}{4}}$$

$$=7\,368\left[\text{W/(m}^2\cdot\text{K)}\right]$$

【例题 9-7】用水平铜管来冷凝饱和蒸汽，有两个方案可以考虑：用一根直径为 10 cm 的铜管或者用 10 根直径为 1 cm 的铜管。假设其余条件均相同，采取哪种方案的凝液量更大？

【解】设凝结液体量为 G，壁温为 T_w，饱和蒸汽温度为 T_s，换热器面积为 A，凝结时的汽化潜热为 r，表面传热系数为 h。由热平衡关系式可知

$$hA(T_s-T_w)=rG$$

按照题意，两种方案的换热面积相同，壁温相同，饱和蒸汽温度相同，汽化潜热相同。因此，要使凝液量更多，表面传热系数就必须更大。依据式(9-92)，水平管外凝结换热表面传热系数

$$h=0.725\times\left[\frac{\rho_1^2 g r\lambda_1^3}{\mu_1 d(t_s-t_w)}\right]^{\frac{1}{4}}\propto\left(\frac{1}{d}\right)^{\frac{1}{4}}$$

可见，直径越小，表面传热系数越大。所以，用 10 根直径为 1 cm 的铜管凝液量更大。

努塞尔理论中有许多影响膜状凝结换热的影响因素没有考虑进去，这些因素包括蒸汽流速、不凝气体、表面粗糙度、蒸汽含油、蒸汽过热度。蒸汽流速越高，对液膜的扰动作用越强，越有利于强化换热。如果蒸汽中含有不凝气体，不凝气体将在气液交界面处聚集，隔断蒸汽与液膜表面的直接接触，阻碍蒸汽的冷凝换热。蒸汽中 0.2% 的不凝气体含量可以使表面传热系数降低 20%～30%。如果不能有效排除冷凝器内的不凝气体，表面传热系数的降低幅度甚至更大。表面粗糙度对凝结换热的影响作用与

液膜雷诺数有关。当雷诺数低时，粗糙的表面阻碍液膜向下流动和迅速排除，使液膜厚度增加，降低表面传热系数。当液膜雷诺数 $Re_c > 140$ 后，粗糙的壁面对液膜的扰动作用可以使换热增强。蒸汽中含油可能沉积在壁面上形成油垢，阻碍换热。蒸汽过热对凝结换热的影响很小，主要体现在蒸汽凝结时放出的热量不同。过热蒸汽凝结时放热量大于汽化潜热，需要考虑对汽化潜热的修正。但是蒸汽过热热相对于汽化潜热来说，一般是可以忽略的。

基于上述传热及影响机理的分析不难理解，当需要采取增强传热的措施时，应尽量优先考虑如何加速液体的排出。比如在壁面上开沟槽、挂丝等，使凝液顺沟槽或挂丝流出，降低液膜平均厚度。同时还应注意，有效排出不凝气体是维持设备长期正常有效运行的必要措施。任何蒸汽中均可能含有不凝气体，为防止不凝气体在气液交界面不断累积，应有定期排气的措施。如果通过表面处理措施能使壁面上形成珠状凝结换热，则换热系数可大幅提高，甚至增加数倍。

二、沸腾换热

液体吸热后在其内部产生气泡的汽化过程称为沸腾。沸腾换热过程中，液体汽化时通常从壁面吸收大量的汽化潜热，气泡脱离壁面时带走热量，并使加热表面不断受到冷流体的冲刷。所以，沸腾换热强度通常远大于无相变的换热。

沸腾换热可以分为池内沸腾和强制对流沸腾。池内沸腾指加热面沉浸在没有外部扰动且具有自由表面的液体中所发生的沸腾。池内沸腾的另一个重要特点是产生的气泡能在液体中自由浮升，并穿过液面进入气相空间。因此，池内沸腾有时也称为大空间沸腾。强制对流沸腾通常属于管内沸腾或某种受限空间内的沸腾。强制对流沸腾时，液体在外力推动下流过加热面，沸腾时产生的蒸汽或从壁面跃离的气泡也随液体一起流动。

沸腾换热还可以分为饱和沸腾与过冷沸腾。液体主体温度达到或略超过饱和温度、壁面温度高于饱和温度时所发生的沸腾称为饱和沸腾。液体主体温度低于饱和温度、壁面温度高于饱和温度时所发生的沸腾称为过冷沸腾。典型的过冷沸腾有炙热的金属工件刚放入淬火池内时的沸腾、热水器烧水时水温上升到接近饱和温度时的沸腾等。过冷沸腾时，气泡长大跃离壁面进入液体主体，气泡内的蒸汽因受周围液体的冷却作用会迅速冷凝，气泡直径迅速缩小直至消失。这时，往往会伴随一些较大的响声，是气泡在液体内部消失时产生的压力波所致，这也就是俗语"响水不开、开水不响"的内在原因。饱和沸腾时，液体主体温度达到或略超过饱和温度，气泡从壁面跃离进入液体主体后，受周围液体的进一步加热作用，直径仍然会长大，直至上升至自由液面破裂，不会引起液体内部较大的压力波，响声很小。

理解气泡生成长大的机理是理解各种沸腾换热现象和传热规律的重要基础。设有如图 9-18 所示液体中的一个气泡，半径为 R，气泡内蒸汽的压力为 p_v，气泡外液体的

压力为 p_1，气泡膜的表面张力为 σ。当气泡内外压差正好与表面张力建立平衡时，有 $\pi R^2(p_v-p_1)=2\pi R\sigma$，即

$$p_v-p_1=\frac{2\sigma}{R} \qquad (9\text{-}99)$$

这时，气泡既不会长大也不会缩小。如果 $p_v-p_1>\dfrac{2\sigma}{R}$，则气泡将长大；反之，则缩小。也就是说，气泡要能生存或长大，必须要维持气泡内外有一定的压差。那么怎样才能维持这样的压差呢？为

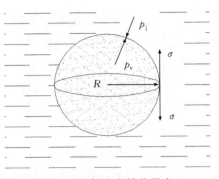

图 9-18   气泡上的作用力

了回答这个问题，首先需要理解的是：气泡内的蒸汽压力 p_v 是气泡周围液体温度 t_1 对应的饱和压力，因为气泡内的蒸汽是与周围液体处于热力平衡的。其次需要理解的是，液体的饱和温度 t_s 是液体压力 p_1 对应的饱和温度。于是可以推理：既然气泡生存或长大的条件是 $p_v-p_1\geqslant\dfrac{2\sigma}{R}$，$t_1$ 就要大于 t_s，这意味着液体是过热的。因此，饱和沸腾时，加热面和液体主体均要有一定的过热度。

为了维持气泡生存或长大，最小过热度与气泡直径有关。这个关系与克劳修斯-克拉贝隆方程式有关，它建立了饱和压力与饱和温度之间的微分关系

$$\left(\frac{\mathrm{d}p}{\mathrm{d}T}\right)_s=\frac{r\rho_v\rho_1}{T_s(\rho_1-\rho_v)} \qquad (9\text{-}100)$$

当液体和蒸汽密度差相差很大时，上式可以近似简化为

$$\left(\frac{\mathrm{d}p}{\mathrm{d}T}\right)_s=\frac{r\rho_v}{T_s} \qquad (9\text{-}101)$$

同时，在气泡内外压差不是很大时，近似有

$$p_v-p_1=\frac{r\rho_v}{T_s}(t_1-t_s)=\frac{r\rho_v}{T_s}\Delta t \qquad (9\text{-}102)$$

再结合气泡生存或长大的条件，有

$$R\geqslant\frac{2\sigma T_s}{r\rho_v\Delta t}=R_{\min} \qquad (9\text{-}103)$$

式中，$R_{\min}$ 就是气泡生成长大所需的最小半径。

上面的分析表明，对于一定的过热度 Δt，气泡半径等于或大于 $R_{\min}$ 时，气泡才能继续生存或长大；否则，气泡直径会缩小直至消失。由式(9-103)还可以看出，过热度越大，气泡存活或成长的最小半径就越小。上面的模型是一个简化的模型，因为还有很多其他因素，如周围液体的温差、惯性等没有考虑。但是，基于这一简化模型，可以解释不同的沸腾换热现象。比如，为什么气泡容易首先在加热面上，尤其是一些固定的地点形成？这是因为任何加热面不可能是完全光滑的表面，表面上有很多不容易看清的微孔或凹缝，而且微孔或凹缝内有残留气体，相当于一些具有一定半径的气泡

核。当加热面的过热度上升到一定值时，此处气泡生存所需的最小半径 $R_{\min}$ 下降到低于加热面上已有气泡核的半径。于是，这些气泡核就变成可以长大的气泡。而在液体内部，尤其是在沸腾起始阶段，由于很少有满足这样条件的气泡核，就不容易首先在液体内部生成气泡。所以，气泡容易在加热面上形成。当附着在壁面上的气泡直径长大至一定程度时，气泡的浮升力超过附着力，气泡将脱离壁面。气泡脱离壁面后，微孔和凹缝内仍会有残留气体，仍属于可以长大的气泡核。于是，这些微孔或凹缝也就变成了气泡的固定生成点，即固定的气泡核心。利用上述简化模型，还可解释为什么池内沸腾时气泡在液体主体中的浮升过程中常常形成一串串形似锥形的气泡柱。有两个原因：其一，气泡跃离加热面以后，壁面上的相同地点又不断有新的气泡产生；其二，跃离壁面进入液体主体后的气泡直径变大，所需最小过热度反而变小，气泡更容易被周围液体加热而不断长大。

　　沸腾换热中，加热面与液体饱和温度的差值 $t_w - t_s$ 称为壁面过热度或加热面过热度，记为 Δt_w。液体主体温度与饱和温度的差值称为主体过热度，记为 Δt_1。在大空间沸腾换热中，随着壁面过热度的增加，会出现四个换热规律全然不同的区域。下面以水为例，参照图 9-19 所示的热流通量曲线，介绍这四个区域的传热特性。

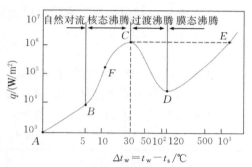

图 9-19　水的大空间沸腾曲线

　　(1)自然对流沸腾区，如图 9-19 中线段 AB 所示。壁面过热度Δt_w 较低，液体主体温度低于饱和温度，加热面上有气泡产生，但大部分不能长大、跃离，即使个别气泡能跃离加热面，也会迅速消失。这个区域的换热属于纯自然对流换热，表面传热系数和热流密度的变化规律与热壁面上的自然对流换热相同或略有增加。

　　(2)核态沸腾区，如图 9-19 中线段 BC 所示。随着加热面过热度Δt_w 的增加，气泡不断产生、长大、跃离并上升至自由液面。核态沸腾区，大量的气泡跃离加热面，周围的液体填补过来，对加热面起到冲刷作用，增强换热。从沸腾曲线来看，中间有一个拐点 F。F 点以前，表面传热系数和热流密度同时随加热面过热度Δt_w 的增加而增加，前者与Δt_w 成 2～3 次方规律变化，后者与Δt_w 成 3～4 次方规律变化。在这个区域，加热面上的气泡未连成片，又称孤立气泡区，便于气泡跃离，所以表面传热系数总能随加热面过热度的增加而增加。拐点 F 以后，加热面上的气泡数量大幅增加，气泡之间相互干扰或结合，形成气塞或连续的气泡柱，表面传热系数随Δt_w 的增加反而下降。但是，因为Δt_w 的增加，加热面热流密度仍然增加，直至临界点 C，热流密度达到一个局部峰值，这个峰值热流密度称为临界热流密度。

　　(3)过渡沸腾区，如图 9-19 中线段 CD 所示。加热面已交替被汽膜所覆盖，液体与加热面的接触面积减少，换热受阻，表面传热系数和热流密度均随壁面过热度的增加而下降。由于汽膜的形成和破裂不稳定，该区域属于核态沸腾和膜态沸腾交替发生的过渡区域。

（4）稳定膜态沸腾区域，如图 9-19 中线段 *DE* 所示。当加热面过热度大到一定程度后，汽化速度迅速提高，以至于在液体和壁面之间形成稳定的汽膜。此时，由于汽液界面的波动及其与壁面之间辐射作用的增强，表面传热系数和热流密度又随加热面过热度的增加而增加。

从运行效率和安全的角度考虑，定加热功率沸腾设备的工作点应该设置在核态沸腾区，并保持热流密度远离临界点热流密度。否则，加热面上一旦出现汽膜，表面传热系数降低，加热面温度可能迅速升高至膜态沸腾区，直至汽膜传热能力与设计功率匹配为止。此时，加热面的温度相当高，材料强度骤降，在高压下可能酿成严重的安全事故。因此，掌握临界点的热流密度对工程设计来说是非常重要的。

核态沸腾区域内，热流密度可以按照罗逊瑙（Rohsenow）实验关联式计算：

$$\frac{c_{p,1}(t_{\mathrm{w}}-t_{\mathrm{s}})}{r}=C_{\mathrm{w},1}\left\{\frac{q}{\mu_1 r}\left[\frac{\sigma}{g(\rho_1-\rho_{\mathrm{v}})}\right]^{\frac{1}{2}}\right\}^{\frac{1}{3}}Pr_1^n \tag{9-104}$$

式中，σ 为汽液交界面的表面张力，下标"l"表示饱和液体物性参数，"v"表示蒸汽的物性参数。对于多数液体，指数 n 均可取 1.7，而水的 n 值可取 1.0。$C_{\mathrm{w},1}$ 是与壁面和液体种类有关的系数。某些水-壁面组合情况下的数值列于表 9-6 中。

表 9-6　系数 $C_{\mathrm{w},1}$ 的值

液-壁面组合	$C_{\mathrm{w},1}$
水-铜	0.013
水-磨光铜	0.012 8
水-研磨后的不锈钢	0.008
水-化学侵蚀后的不锈钢	0.013 3
水-铂	0.013

$$h=C(t_{\mathrm{w}}-t_{\mathrm{s}})^n\left(\frac{p}{B}\right)^{0.4} \tag{9-105}$$

式中，p 和 B 分别表示沸腾系统实际压力和标准大气压。系数 C 和指数 n 与加热面方位及热流密度 q 有关，见表 9-7。

表 9-7　式（9-105）中的 C 和 n 值

加热面位置	$q/(\mathrm{W/m^2})$	C	n
水平面	$q\leqslant15\ 800$	1 040	1/3
	$15\ 800<q<23\ 600$	5.56	3
竖直面	$q\leqslant3\ 150$	539	1/7
	$3\ 150<q<63\ 100$	7.95	3

大容器沸腾的临界热流密度可按照下式计算

$$q_c = \frac{\pi}{24} r \rho_v^{0.5} \left[g\sigma(\rho_1 - \rho_v) \right]^{0.25} \tag{9-106}$$

【例题 9-8】在 1.013×10^5 Pa 的绝对压力下，水在大容器内 $t_w = 113.9$ ℃ 的铜质加热面上沸腾，试求单位加热面积的汽化率。

【解】从附表 13、附表 14 可查得 $t_s = 100$ ℃ 时的饱和水和饱和水蒸气物性参数如下：

液体比热 $c_{p,1} = 4.22$ kJ/(kg·K)，

液体密度 $\rho_1 = 958.4$ kg/m³，

汽化潜热 $r = 2257.1$ kJ/kg，

蒸汽密度 $\rho_v = 0.598$ kg/m³，

表面张力 $\sigma = 58.9 \times 10^{-3}$ N/m，

液体普朗特数 $Pr_1 = 1.75$，

动力黏度 $\mu_1 = 0.2825 \times 10^{-3}$ Pa·s。

根据核态沸腾区公式(9-104)及表 9-6 可得

$$q = \mu_1 r \left[\frac{g(\rho_1 - \rho_v)}{\sigma} \right]^{\frac{1}{2}} \left[\frac{c_{p,1}(t_w - t_s)}{0.013 r Pr_1} \right]^3 = 3.79 \times 10^5 \, (\text{W/m}^2)$$

于是，单位表面汽化率为 $q/r = 0.168$ kg/(m²·s)。

思考题

1. 什么是强迫对流换热？什么是自然对流换热？

2. 什么是速度边界层？什么是流动边界层？什么是温度边界层？什么是热边界层？

3. 边界层厚度与物体的定性尺寸相比，有什么样的数量级关系？

4. 速度边界层与热边界层厚度之间的相对关系与什么因素有关？

5. 外掠物体流动问题中，在壁面上和边界层的外沿，速度或温度分布的基本特征是什么？

6. 强迫对流换热和自然对流换热流动边界层特征有什么不同之处？

7. 外掠物体流动和管内流动边界层特征有什么不同之处？

8. 大空间和受限空间自然对流边界层特征有什么不同之处？

9. 层流边界层和紊流(湍流)边界层在动量传递和热量传递机理和能力方面有什么不同之处？边界层内的速度和温度分布特征又有什么不同之处？

10. 当流体流过一温度较高的平板时，从平板前缘开始就会形成速度边界层和温度边界层，试问：(1)假设流体为空气，两个边界层哪个发展得更快？(2)边界层内的速度分布和温度分布相互之间有无影响？

11. 对流换热系数微分方程式是依据什么原理建立的？有什么实用意义？

12. 为什么流速越高，对流换热能力和表面传热系数越大？

13. 用水和空气冷却物体，为什么水的表面传热系数比空气的大很多？

14. 影响单相流体受迫对流换热的因素包括哪些？试列举几条强化和削弱换热的措施。

15. 影响单相流体自然对流换热的因素包括哪些？试列举几条强化和削弱换热的措施。

16. 自然对流是由流体内部的密度差所造成的，大气运动也是一种自然对流。那么，在有风的天气，建筑物外墙表面或露天设备外表与大气之间的对流换热应该按照受迫对流还是自然对流换热计算？为什么？

17. 强迫对流换热和自然对流换热微分方程组的差异主要体现在什么地方？

18. 试写出均匀流场中流体外掠平板表面流动过程换热问题的完整数学描述，包括微分方程组及边界条件。

19. 简述对流换热微分方程组数量级分析的基本思想和实际意义。

20. 什么叫同类现象？相似的对流换热现象有什么共性？怎么才能做到两个对流换热现象相似？

21. 对流换热的相似原理是什么？有什么实用意义？

22. 简述准则数 Re、Nu、Pr、Gr 的物理意义。这些准则数中，哪些与受迫对流换热问题相关？哪些与自然对流换热问题相关？哪些是待定准则（函数）？哪些是已定准则（自变量）？它们之间有什么样的一般函数关系式？

23. 常物性流体在管内强迫流动时，均匀热流和均匀壁温下流体平均温度沿流向如何变化？定性分析其变化曲线。

24. 对管内强迫对流换热，试定性分析沿管轴方向局部对流换热系数的变化规律。为何短管的平均对流换热系数总是高于局部对流换热系数？

25. 管内对流换热过程中，热流方向对表面传热系数有什么影响？

26. 管道弯曲半径对管内对流换热有什么影响？

27. 流体外掠单管流动换热过程中，为什么会发生边界层脱体现象？层流和紊流的脱体点分别在管表面的前半部还是后半部？两种流态下，脱体点对表面传热系数有何影响？

28. 试定性分析下述问题：

(1)夏季和冬季顶棚内壁的表面传热系数是否一样？

(2)横管外自然对流散热，管径大小对表面传热系数有什么影响？

(3)流体外掠圆管的换热过程中，管径大小对表面传热系数有什么影响？

(4)普通热水暖气片的高度对表面传热系数有什么影响？

29. 凝结现象存在的条件有哪些？

30. 膜状凝结换热系数受哪些因素的影响？试列举几条增强膜状凝结换热的措施并给出原因。

31. 通常，空气横掠管束时，沿流动方向管排数越多，换热越强；而蒸汽在水平管束的管外表面凝结时，沿液膜降落方向管排数越多，换热强度越低。为什么？

32. 沸腾现象存在的条件有哪些？

33. 为什么用锅烧水时气泡往往先在加热面上形成？尤其是在一些比较固定的位置上形成？

34. 壁面过热度比较大时，为什么容易形成膜态沸腾？

35. 简述池内沸腾曲线四个不同区域的特点和原因。

36. 设计沸腾换热设备时，应该使设计工况处在什么区域？

37. 沸腾加热过程中，当接近临界热流密度时，用电加热器加热易发生壁面烧毁现象，而采用蒸汽加热则不会。为什么？

38. 为什么有时可以用纸杯盛水置于火焰上烧水？

39. 在烧红的锅面上不小心滴了一滴水，会发现水滴好像是漂浮在锅面上，而且，这种水滴的烧干时间比通常水膜烧干的时间长得多。这是为什么？

练习题

1. 一台空气加热器的工作条件是：空气温度 $t_f = 80\ ℃$，空气流速 $u = 2.5\ m/s$。若按照相似理论，采用一个几何缩比为 1/5 的模型来模拟原型的换热情况，并且模型空气温度 $t'_f = 10\ ℃$。试问：(1)模型中流速 u' 应取多少合适？(2)模型和原型是严格相似还是近似相似？为什么？

2. 水以 3 m/s 的平均流速流过内径为 19 mm 的长直管，水流平均温度为 45 ℃。试计算以下两种情形下的表面传热系数，并讨论造成差别的原因：(1)管壁温度为 75 ℃；(2)管壁温度为 15 ℃。

3. 空气在管内以 1.5 m/s 的平均流速流过内径 19 mm、长 5m 的直管，平均温度为 45 ℃，管壁温度为 65 ℃，试计算管内表面传热系数。

4. 水从内径 $d = 6\ mm$ 的圆管中以 1 m/s 的平均速度流过，管长与管径之比 $l/d = 25$，管壁温度 $t_w = 60\ ℃$，水的入口平均温度 $t_{f,i} = 40\ ℃$，试求水的出口平均温度。

5. 进口温度 20 ℃、质量流量为 0.2 kg/min 的空气流过内径 19 mm、长 2 m 的直管。设管壁温度恒定为 100 ℃，试计算空气的出口温度。

6. 进口温度 20 ℃、质量流量为 0.2 kg/min 的空气流过内径 19 mm、长 2 m 的直管。设在常热流边界条件下将空气加热至出口温度 60 ℃，试计算加热量、管内表面传热系数和管壁平均温度。

7. 进口温度 20 ℃、质量流量为 0.2 kg/min 的空气流过内径 19 mm、长 2 m 的直管。设管壁热流密度为 1.5 kW/m²，试计算管内表面平均传热系数和管壁温度。

8. 空气以 1.2 m/s 的平均流速流过内径为 19 mm 的直管。试计算以下两种情形下所需管长：(1)管壁温度为 75 ℃，水从 20 ℃ 加热到 70 ℃；(2)管壁温度为 15 ℃，水从 70 ℃ 冷却到 20 ℃。

9. 有一盘管式换热器，管内径 $d = 12$ mm，盘管中心线直径 $D = 150$ mm，管长 1.5 m。若壁温为 80 ℃，进口水温为 20 ℃，平均流速为 0.6 m/s，试估计冷却水出口温度。

10. 在一次对流传热的试验中，10 ℃ 的水以 1.6 m/s 的速度流入内径 28 mm、外径 31 mm、长 2 m 的管子，管材导热系数 $\lambda = 18$ W/(m·K)。管子外表面均匀地缠绕着电阻丝作为加热器，其外还包有绝缘层。设电加热总功率为 10 kW，通过绝缘层的散热损失为 2%，试确定：(1)管内表面平均传热系数；(2)出口水温；(3)管外表面的平均温度。

11. 套管换热器，内管外径 $d_1 = 12$ mm，外管内径 $d_2 = 16$ mm，管长 400 mm，内外管之间的环形流道内水流速 2.4 m/s，水流平均温度 50 ℃，内管壁温 90 ℃，试求内管外表面的表面传热系数。

12. 温度为 20 ℃ 的空气，以 3 m/s 的速度横掠直径为 50 mm、长度为 3 m 的单管，单管外壁温度保持 30 ℃ 不变，试求单管表面的对流散热量。

13. 平均温度为 20 ℃ 的空气，以 3 m/s 的速度横掠直径为 50 mm、长度为 3 m 的单管。如果要实现单管对流换热量 300 W，试求单管外表面的温度。

14. 在某锅炉中，烟气横掠 4 排管组成的叉排管束。已知管的外径 $d = 60$ mm，纵、横向间距与管径之比分别为 $S_1/d = 2$、$S_2/d = 2$，烟气平均温度 600 ℃，管壁平均温度 120 ℃，气流最窄通道处平均流速 $u = 8$ m/s。设烟气的热物理性质参数可近似按照空气的计算，试求管束平均表面传热系数。

15. 空气横向掠过 12 排管子组成的顺排加热器，管外径 $d = 25$ mm，管纵、横向间距分别为 $S_1 = 50$ mm、$S_2 = 45$ mm，管束最窄截面处流速 $u = 5$ m/s，空气入口温度 30 ℃，管壁温度 160 ℃，试求空气出口温度。

16. 水横向掠过 12 排管子组成的叉排加热器，管外径 $d = 25$ mm，管纵、横向间距分别为 $S_1 = 50$ mm、$S_2 = 45$ mm，管束最窄截面处流速 $u = 5$ m/s，水的平均温度 70 ℃，管壁温度 110 ℃，试求水的表面传热系数。

17. 空气横向掠过 12 排管子组成的顺排加热器，管外径 $d = 25$ mm，管纵、横向间距分别为 $S_1 = 50$ mm、$S_2 = 45$ mm，管束最窄截面处流速 $u = 5$ m/s，空气入口温度 30 ℃，出口温度 80 ℃。设管壁温度均匀，试求管壁温度。

18. 在两块安装有电子器件的平行平板之间安装了 25×25 根散热圆柱，圆柱直径为 2 mm，长度为平板之间的间距 40 mm，顺排布置，相邻圆柱之间的间距 $S_1 = S_2 = 4$ mm。设圆柱表面的平均温度为 340 K，掠过圆柱束的空气平均温度为 300 K、流速为 10 m/s，试确定圆柱束所传递的对流换热量。

19. 一块长方形电热采暖板，宽 30 cm，长 2 m，表面温度 50 ℃。设房间空气温度为 25 ℃，试分别计算竖直贴壁安装和吊顶安装时的纯自然对流表面传热系数和对流散热量。

20. 一块长方形电热采暖板，宽 30 cm、长 2 m。设房间空气温度为 25 ℃，如果要控制对流散热量不超过 100 W，试分别计算竖直贴壁安装和吊顶安装时壁面的最高允许温度。

21. 为了估计空调室内人体的散热情况，可以做这样的简化：把着衣人体等效地看成是高 1.75 m、直径为 0.28 m 的圆柱体，柱体表面平均温度取 30 ℃。假设空气是静止的，温度为 25 ℃。如果不计等效柱体两端面的散热，试估算一个人因纯自然对流造成的显热散热功率。

22. 有水平放置的蒸汽管道，用保温材料包覆，保温层外径 200 mm，外表面平均温度 35 ℃，周围空气温度 15 ℃，试计算每米长蒸汽管道上由于自然对流而引起的散热量。

23. 某水平安装的热力管道外直径 300 mm，表面温度 25 ℃，周围空气温度 20 ℃。为了获得该管管外自然对流表面传热系数，拟用表面温度 80 ℃ 的管道在 20 ℃ 的空气环境中进行模化实验，试问：(1)模化实验中的管直径应该为多少？(2)如果用水为环境介质进行模化实验，应该如何设计模化实验？有什么优缺点？

24. 某房间地面尺寸为 4 m×5 m，采用全范围地暖供暖，设地板表面温度为 30 ℃，室内空气温度为 25 ℃，试计算地板通过自然对流给室内空气的加热量。

25. 某房间夏季采用顶板辐射供冷，敷设辐射供冷板尺寸为 3 m×5 m，表面温度为 18 ℃，室内空气温度为 25 ℃，试计算辐射供冷顶板通过自然对流从空气中吸收的热量。

26. 温度为 110 ℃ 的饱和水蒸气在直径 60 mm、长 2 m 的管外表面凝结，管表面温度为 90 ℃，试分别计算管子水平放置和竖直放置时的凝结换热表面传热系数及凝结速度。

27. 直径为 4 cm 的管子垂直放置，表面温度为 80 ℃，用来冷凝 100 ℃ 的饱和水蒸气，要求每根管上面的凝结速率为 0.013 kg/s，求所需管子长度。

28. 水平式蒸汽冷凝器垂直列有 15 排管，管直径为 20 mm，表面温度为 80 ℃，用来冷凝 100 ℃ 的饱和水蒸气，试计算平均表面传热系数。

29. 直径为 4 cm 的管子垂直放置，表面温度为 80 ℃，用来冷凝 100 ℃ 的饱和水蒸气，试分别计算雷诺数为 30 和 1 800 时自顶端向下的距离、边界层厚度及平均表面传热系数。

30. 水平式冷凝器垂直列有 10 排管，管外直径为 9.32 mm，用来冷凝 40 ℃ 的 R22 饱和氟利昂蒸气。假设管表面温度为 35 ℃，试计算平均表面传热系数。

31. 水在磨光铜壁面上进行大空间沸腾，绝对压强为 $1.013×10^5$ Pa，试求：(1)壁面温度 120 ℃ 时的热流密度 q 和表面传热系数 h；(2)壁面温度 115 ℃ 时的热流密度 q 和表面传热系数 h。

32. 100 ℃ 的饱和水在直径为 0.5 mm 的水平铂丝表面沸腾，试计算铂丝表面温度为 118 ℃ 时的对流换热系数。

第十章　辐射换热基础理论

辐射换热是指通过热辐射方式交换能量的过程。热辐射是由物质微观粒子热运动激发出来的电磁波，可以通过真空进行传递，投射到物体上会产生热效应。对于不透明的物体来说，辐射换热通常发生在物体的表面之间。对于气体或可透射的物体，辐射换热也可以发生在物体的内部。辐射换热能力与物体的热辐射特性、几何形状和相对位置有关。普朗克定律、维恩定律、斯蒂芬-玻尔兹曼定律、兰贝特定律、基尔霍夫定律是热辐射理论的重要基础。角系数、空间热阻、表面热阻是辐射换热计算理论中的重要概念。辐射换热网络图则有助于理解辐射换热过程的热交换规律、建立计算模型和方法。

第一节　热辐射的基本概念

热辐射的本质是由物质微观粒子热运动激发出来的电磁波。由于物体内各个微观粒子的热运动能量是随机分布的，微观粒子能级发生变化时所激发出来的电磁波波长也是随机的。理论上，任意温度下的物体发射出来的热辐射线波长均有可能遍及全波长范围，即 $0\sim\infty$ 的波长范围。但是，常见的热辐射能量往往集中在 $0.1\sim100~\mu m$ 的波长范围内。具体情况下，热辐射能随波长的分布状况受制于发射物体的温度和辐射特性。图 10-1 是一个简单的电磁波谱图，有助于了解热辐射的常见能量分布范围。太阳辐射能主要集中在 $0.2\sim2~\mu m$ 的范围内，其中可见光波段（$0.38\sim0.76~\mu m$）范围内的能量约占 45%。低温物体发射的辐射能通常位于红外线波段（$>0.76~\mu m$）范围内，而且大部分集中在 $0.76\sim1~000~\mu m$ 的波段范围内。因此，低温辐射又常称为红外辐射。其中，波长较短的称为近红外，波长较长的称为远红外，两者之间的称为中红外。

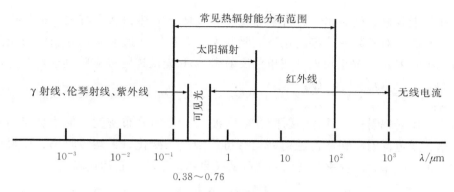

图 10-1　电磁波谱图

所有热辐射均具有以下共同特征：

（1）非接触式热量传递方式。

（2）辐射换热过程伴随着能量形式的两次转化：内能—电磁波能—内能。

（3）$T>0$ K 的一切物体均向外发射热辐射。

也就是说，热辐射线和光线一样，可以在真空中传播。由物体微观粒子热运动激发出电磁波的过程是内能转化为电磁波能的过程，热辐射投射到物体上以后产生热效应则是电磁波能转化为内能的过程。$T>0$ K 的一切物体，其微观粒子的热运动能量总是大于零，所以也就会不断向外发射热辐射线。

不同能量分布的热辐射投射到不同的物体上以后，将引起不同的反应。外界投射到物体表面上的热辐射可简称为投射辐射。投射辐射中，一部分被反射，一部分被吸收，还有一部分可能透过物体，如图 10-2 所示。被物体反射的热辐射称为反射辐射，被物体吸收的热辐射称为吸收辐射，透过物体的热辐射称为透射辐射。上述热辐射之间的关系可用数学表达式描述如下：

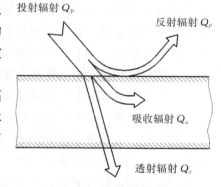

图 10-2　投射辐射的效应

$$Q_p = Q_a + Q_\rho + Q_\tau \qquad (10\text{-}1)$$

式中，Q_p 为投射辐射，Q_a 为吸收辐射，Q_ρ 为反射辐射，Q_τ 为透射辐射，它们的单位均为 W。

衡量物体表面对投射辐射反应特性的有吸收率、反射率和透射率，分别定义如下：

$\alpha = \dfrac{Q_a}{Q_p}$，称为物体的吸收率，表示投射的总能量中被吸收的比例；

$\rho = \dfrac{Q_\rho}{Q_p}$，称为物体的反射率，表示投射的总能量中被反射的比例；

$\tau = \dfrac{Q_\tau}{Q_p}$，称为物体的透射率，表示投射的总能量中透过的比例。

物体的吸收率、反射率、透射率与材质以及所处的热力状态有关，也与投射辐射的波长 λ 有关。对于某一特定波长下的吸收率、反射率和透射率，分别称为光谱吸收率或单色吸收率 α_λ、光谱反射率或单色反射率 ρ_λ 和光谱透射率或单色透射率 τ_λ，定义为 $\alpha_\lambda = \dfrac{Q_{a\lambda}}{Q_{p\lambda}}$，$\rho_\lambda = \dfrac{Q_{\rho\lambda}}{Q_{p\lambda}}$，$\tau_\lambda = \dfrac{Q_{\tau\lambda}}{Q_{p\lambda}}$。其中，$Q_{p\lambda}$、$Q_{a\lambda}$、$Q_{\rho\lambda}$、$Q_{\tau\lambda}$ 分别表示投射辐射能、吸收辐射能、反射辐射能、透射辐射能在给定波长 λ 处的分布密度，单位是 $\mathrm{W}/\mu\mathrm{m}$。单色吸收率、单色反射率和单色透射率均有可能随波长变化。平均吸收率、反射率和透射率与单色吸收率、反射率和透射率之间的关系由以下积分表达式确定：

$$\alpha = \frac{Q_a}{Q_p} = \frac{\int_0^\infty \alpha_\lambda Q_{p\lambda}\,\mathrm{d}\lambda}{\int_0^\infty Q_{p\lambda}\,\mathrm{d}\lambda}\ ,\ \rho = \frac{Q_\rho}{Q_p} = \frac{\int_0^\infty \rho_\lambda Q_{p\lambda}\,\mathrm{d}\lambda}{\int_0^\infty Q_{p\lambda}\,\mathrm{d}\lambda}\ ,\ \tau = \frac{Q_\tau}{Q_p} = \frac{\int_0^\infty \tau_\lambda Q_{p\lambda}\,\mathrm{d}\lambda}{\int_0^\infty Q_{p\lambda}\,\mathrm{d}\lambda} \tag{10-2}$$

式（10-1）两侧同时除以 Q_p 可得吸收率、反射率和透射率之间的关系

$$\alpha + \rho + \tau = 1 \tag{10-3}$$

这种关系对单色吸收率、反射率和透射率同样成立。

气体和液体常常表现出一定的透射能力，且透射能力均会随着气体或液体层厚度的增加而降低。固体的透射能力比较差，许多固体材料几乎没有透射能力，即 $\tau = 0$。但也有些固体材料对某些波长范围内的热辐射具有较强的透射能力。比如，玻璃、塑料薄膜虽然对红外辐射的透射率几乎为零，但对可见光具有较好的透射性能，因为日光均来自太阳辐射，波长短，大部分能透过玻璃或塑料薄膜这样的围护结构进入室内，而室内低温物体发射出来的热辐射大多是红外辐射，波长比可见光长，被阻挡在室内。这就是玻璃温室、塑料薄膜温室能够维持室内温度比室外温度高的根本原因。所以，温室性能与围护结构材料性质有重要关系。

日光下，物体的颜色反映了对可见光的反射特性，物体呈现白色是因为其表面对所有可见光的反射率都很高，物体呈现彩色是因为其表面对某些特定颜色的可见光反射率特别高，黑色的物体表面对可见光的吸收率高。因此，夏日穿白衣服更有助于防晒。相反地，为了提高集热效率，太阳能集热器的吸热面，比如太阳能热水器玻璃集热管的内表面，往往附有黑色的涂层。

对于 $\tau = 0$ 的物体，$\rho + \alpha = 1$。也就是说，善于反射的物体，就不善于吸收。比如，黑色的材料对可见光的反射率差，吸收可见光的能力就强，在太阳照射下容易被加热；白色的物体对可见光的反射率高，吸收能力弱，在太阳照射下就不容易被加热。关于这一特性，我们都能感觉到的一个例证就是：在烈日照射下，黑色的沥青路面是炙热的，而白色的大理石表面给人的感觉就没有那么热。

物体的吸收率不仅与材料性质和表面颜色有关，还与物体表面粗糙度有很大关系。粗糙度越高，吸收率越高。一些黑色烟尘的吸收率高达 0.96，不仅因为它的颜色是黑的，还因为它的表面充满了微小的孔隙。对于红外辐射来说，物体的颜色不一定能反映物体吸收率的大小。实测证明，黑色烟尘与白雪对红外辐射均有很高的吸收率。

反射率 $\rho = 1$ 的物体称为白体，能够反射所有投射到其表面上的热辐射。实际物体的反射率不可能等于 1，而是介于 0 和 1 之间，而且反射辐射能分布在不同的方向上。两种典型的反射特征是镜面反射和漫反射，如图 10-3 所示。镜面反射是反射角与入射角相等的反射。漫反射中，反射线分布在反射面以上的整个半球空间内。一般来说，光亮的物体表面反射率高，镜面反射成分多，而粗糙的表面则反射率较低，漫反射率高。

吸收率 $\alpha = 1$ 的物体称为黑体，能够完全吸收所有的投射辐射能。黑体的性质是辐射换热计算理论的重要基础。实践中，绝对的黑体是很难找到的。为了便于研究黑体性质，只有通过设计人工黑体的方式实现。那么，什么是人工黑体呢？很简单，它就是大空腔壁上的一个小孔。因为投射辐射进入小孔后，在空腔内经过反反复复的投射、吸收和反射后，如图 10-4 所示，最后能够正好通过小孔反射出来的能量几乎为零。所以，空腔内壁上的小孔具有黑体性质，这也就是在光照下我们仍然无法通过小洞口看清洞内状况的原因。也正是这个原因，我们常常发现站在建筑物的窗外、汽车窗外往里看时，有黑洞洞的感觉。

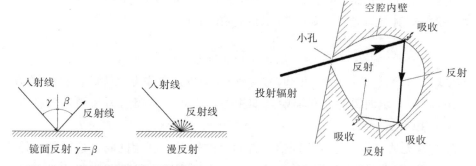

图 10-3　镜面反射与漫反射的特征　　　　图 10-4　人工黑体示意图

由物质本身的微观粒子热运动激发出来的热辐射，也可称为本身辐射。衡量本身辐射特性的参数有辐射强度和辐射力，这些参数还可能与波长和辐射方向有关。为了理解这些参数的定义，有必要先学习一些立体几何的知识。设有如图 10-5 所示的一微元面 dA_1，位于所示坐标系的原点。在以 r 为半径，以坐标原点为球心的球面上另有一任意微元面 dA_2。则微元面 dA_2 相对于 dA_1 的立体角定义为

$$d\omega = \frac{dA_2}{r^2} \qquad (10-4)$$

如果微元面 dA_2 为如图 10-5 所示的曲边四边

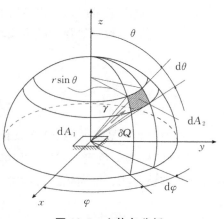

图 10-5　立体角分析

形，其面积可以计算为 $dA_2 = r\sin\theta d\varphi \cdot rd\theta$，则

$$d\omega = \sin\theta d\varphi d\theta \tag{10-5}$$

将该式沿 dA_1 表面以上的整个半球空间积分可得最大立体角

$$\omega_{max} = \int_0^{2\pi} d\varphi \int_0^{\frac{\pi}{2}} \sin\theta d\theta = 2\pi \tag{10-6}$$

如果 dA_2 不在球面上，则 dA_2 的法线方向与半径方向不一致，也就是与 dA_1 和 dA_2 两微元面的连线方向不一致。假设 dA_2 的法线方向与两微元面的连线方向夹角为 θ_2，则立体角的计算表达式应该修正为 $d\omega = \dfrac{\cos\theta_2 dA_2}{r^2}$。

如果微元面 dA_1 发射出来的全波长辐射能投射到微元面 dA_2 上的能量记为 δQ，则

$$E_\theta = \frac{\delta Q}{dA_1 d\omega} \tag{10-7}$$

称为定向辐射力，表明物体单位发射面积在给定 θ 方向单位立体角范围内发射辐射能的能力，单位为 $W/(m^2 \cdot sr)$。定向辐射力 E_θ 与方向角 θ 有关。从微元面 dA_2 的角度观察发射热辐射的微元面 dA_1，发射面积应该是 $\cos\theta dA_1$。如果以单位可见发射面积衡量物体发射辐射能的能力，则可定义辐射强度如下

$$I_\theta = \frac{\delta Q}{\cos\theta dA_1 d\omega} \tag{10-8}$$

对比式（10-7）和式（10-8）可知，$E_\theta = I_\theta \cos\theta$。在发射面 dA_1 的法线方向上，$\theta = 0°$，$\cos\theta = 1$，定向辐射力和辐射强度相等。法线方向辐射力和辐射强度常用下标"n"表示，所以有 $E_n = I_n$。

当 I_θ 与 θ 无关，也就是在不同辐射方向上的辐射强度相同时，这样的物体表面称为漫射表面。此时，E_θ 随 θ 成余弦规律变化，有人把这一特性或规律称为兰贝特余弦定律。事实上，并不是所有物体表面均符合这一性质。所以，不妨将辐射强度不随方向变化的特性看成是漫射表面的定义。不过，黑体表面必然属于漫射表面。

上述辐射力和辐射强度的定义均可推广应用于单色辐射的情况。相应的定义如下：

$$E_{\lambda,\theta} = \frac{\delta Q_\lambda}{dA_1 d\omega} \tag{10-9}$$

$$I_{\lambda,\theta} = \frac{\delta Q_\lambda}{\cos\theta dA_1 d\omega} \tag{10-10}$$

式中，δQ_λ 是辐射能 δQ 在波长 λ 处的分布密度，即单位波长范围内的能量；$E_{\lambda,\theta}$、$I_{\lambda,\theta}$ 则分别称为单色定向辐射力和单色定向辐射强度，单位为 $W/(m^2 \cdot sr \cdot \mu m)$，它们与全波长辐射能、定向辐射力和定向辐射强度的关系由如下积分关系式确定：

$$\delta Q = \int_0^\infty \delta Q_\lambda d\lambda \tag{10-11}$$

$$E_\theta = \int_0^\infty E_{\lambda,\theta} d\lambda \tag{10-12}$$

$$I_\theta = \int_0^\infty I_{\lambda,\theta} \mathrm{d}\lambda \qquad (10\text{-}13)$$

由定向辐射力沿整个半球空间积分可得总辐射力

$$E = \int_0^{2\pi} E_\theta \mathrm{d}\omega = \int_0^{2\pi} \mathrm{d}\varphi \int_0^{\frac{\pi}{2}} E_\theta \mathrm{d}\theta \qquad (10\text{-}14)$$

总辐射力代表了发射物体单位表面积向外发射辐射能的总能力。对于漫射物体，$I_\theta = I_n =$ 常数，与 θ 无关。那么，将 $E_\theta = I_\theta \cos\theta$ 代入式(10-14)，积分后可得 $E = \pi I_\theta = \pi I_n = \pi E_n$。

单色定向辐射力也可以沿整个半球空间积分，得到全半球空间单色辐射力，简称单色辐射力，其积分表达式如下：

$$E_\lambda = \int_0^{2\pi} E_{\lambda,\theta} \mathrm{d}\omega = \int_0^{2\pi} \mathrm{d}\varphi \int_0^{\frac{\pi}{2}} E_{\lambda,\theta} \mathrm{d}\theta \qquad (10\text{-}15)$$

因此，总辐射力也可以按照下式进行积分：

$$E = \int_0^\infty E_\lambda \mathrm{d}\lambda \qquad (10\text{-}16)$$

【例题 10-1】真空辐射腔内，设有面积同为 $\mathrm{d}A$ 的 5 个微元面，各微元面相对位置关系如图 10-6 所示。其中，$\mathrm{d}A_0$ 位于球心处，其余 4 个微元面均位于半径为 r 的球面处。试比较下列情况下微元面 $\mathrm{d}A_0$ 对其余各微元面投射辐射能的大小：(1)$\mathrm{d}A_0$ 为漫射表面；(2)$\mathrm{d}A_0$ 表面辐射强度 $I_\theta = (1 - \sin^2\theta)I_n$，其中 θ 表示辐射方向与 $\mathrm{d}A_0$ 表面法线方向夹角。

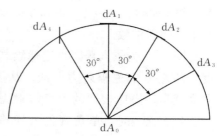

图 10-6　例题 10-1 附图

【解】为表述简便，设 $\mathrm{d}\omega_i$、$\mathrm{d}Q_i$ 分别表示 $\mathrm{d}A_0$ 对 $\mathrm{d}A_i$ 的立体角和投射辐射能，这里 $i = 1 \sim 4$。根据题目条件可知：

$$\mathrm{d}\omega_1 = \mathrm{d}\omega_2 = \mathrm{d}\omega_3 = \frac{\mathrm{d}A}{r^2}, \quad \mathrm{d}\omega_4 = \cos 60° \times \frac{\mathrm{d}A}{r^2} = 0.5 \times \frac{\mathrm{d}A}{r^2}$$

按照式(10-8)则有 $\mathrm{d}Q_i = I_\theta \cos\theta \mathrm{d}A \mathrm{d}\omega_i$。

(1)$\mathrm{d}A_0$ 为漫射表面，$I_\theta = I_n$，按照计算有

$$\mathrm{d}Q_1 = I_n \left(\frac{\mathrm{d}A}{r}\right)^2, \quad \mathrm{d}Q_2 = 0.866 I_n \left(\frac{\mathrm{d}A}{r}\right)^2,$$

$$\mathrm{d}Q_3 = 0.5 I_n \left(\frac{\mathrm{d}A}{r}\right)^2, \quad \mathrm{d}Q_4 = 0.433 I_n \left(\frac{\mathrm{d}A}{r}\right)^2$$

可见，$\mathrm{d}Q_1 > \mathrm{d}Q_2 > \mathrm{d}Q_3 > \mathrm{d}Q_4$。

(2)$I_\theta = (1 - \sin^2\theta)I_n$ 时，按照计算有

$$\mathrm{d}Q_1 = I_n \left(\frac{\mathrm{d}A}{r}\right)^2, \quad \mathrm{d}Q_2 = 0.65 I_n \left(\frac{\mathrm{d}A}{r}\right)^2,$$

$$dQ_3 = 0.125 I_n \left(\frac{dA}{r}\right)^2, \quad dQ_4 = 0.325 I_n \left(\frac{dA}{r}\right)^2$$

可见，$dQ_1 > dQ_2 > dQ_4 > dQ_3$。

第二节　热辐射的基本定律

1900 年，普朗克（M. Planck）从量子理论出发，揭示了黑体单色辐射力随波长的变化规律，其表达式如下：

$$E_{b\lambda} = \frac{C_1 \lambda^{-5}}{\exp\left(\frac{C_2}{\lambda T}\right) - 1} \tag{10-17}$$

式中，$E_{b\lambda}$ 的单位为 $W/(m^2 \cdot \mu m)$；λ 为波长，单位为 μm；T 为热力学温度，单位为 K；$C_1 = 3.741\ 844 \times 10^8$ $W \cdot \mu m^4/m^2$，为第一辐射常数；$C_2 = 1.438\ 833 \times 10^4$ $\mu m \cdot K$，为第二辐射常数。

图 10-7 为依据普朗克定律绘制的不同温度下的黑体单色辐射力曲线。从图中可见，温度越高，黑体表面的单色辐射力越高。当 λ 趋于 0 或 ∞ 时，单色辐射力均趋于零。从图中还可见，辐射能倾向于集中在某一波长附近，单色辐射力随波长的分布形态有点像对数正态分布。而且，最大单色辐射力（峰值）$E_{b\lambda, \max}$ 所对应的波长 $\lambda_{\max}$ 随着温度的升高不断向短波方向移动。

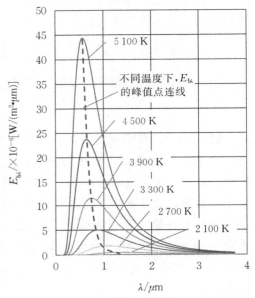

图 10-7　普朗克定律揭示的关系

1891 年，维恩（Wien）用热力学理论推出了黑体单色辐射力峰值波长 $\lambda_{\max}$ 与热力学温度之间的函数关系为

$$\lambda_{\max} T = 2\ 897.6\ \mu m \cdot K \tag{10-18}$$

式（10-18）就是维恩定律的数学表达式。依据式（10-17）求 $E_{b\lambda}$ 的极值也可获得维恩定律的表达式，说明普朗克定律包含了维恩定律的规律。维恩定律为非接触式测温提供了理论依据。比如，通过波谱分析，测得太阳辐射中的最大单色辐射力波长为 $\lambda_{\max, s} = 0.503$ μm。如果将太阳表面当成黑体，则可推测太阳表面温度为 $T = \frac{2\ 897.6}{0.503} = 5\ 761$（K）。

在辐射换热计算中，黑体的总辐射力是一个重要的参数。将黑体单色辐射力表达式（10-17）在全波长范围内积分便可获得黑体总辐射力的关系式。简单分析过程如下：

$$E_b = \int_0^\infty E_{b\lambda} d\lambda = \int_0^\infty \frac{C_1 \lambda^{-5}}{\exp\left(\dfrac{C_2}{\lambda T}\right) - 1} d\lambda = T^4 \int_0^\infty \frac{C_1 (\lambda T)^{-5}}{\exp\left(\dfrac{C_2}{\lambda T}\right) - 1} d(\lambda T) = \sigma_b T^4 \qquad (10\text{-}19)$$

式中，$\sigma_b = \int_0^\infty \dfrac{C_1 x^{-5}}{\exp\left(\dfrac{C_2}{x}\right) - 1} dx = 5.67 \times 10^{-8} \ \text{W/(m}^2 \cdot \text{K}^4)$。可见，黑体辐射力与绝

对温度的四次方成正比。式(10-19)的结果也可以写成如下常用形式：

$$E_b = C_b \left(\frac{T}{100}\right)^4 \qquad (10\text{-}20)$$

式中，$C_b = 5.67 \ \text{W/(m}^2 \cdot \text{K}^4)$ 称为黑体辐射系数。式(10-19)和式(10-20)均为斯蒂芬-玻尔兹曼(Stefan-Boltzmann)定律的表达式。

如果需要计算某一波段范围 $\lambda_1 \sim \lambda_2$ 内的辐射能，可以将式(10-17)对波长在该波段范围内积分，并可表示成两段积分之差，如下所示：

$$E_{b(\lambda_1 \sim \lambda_2)} = \int_{\lambda_1}^{\lambda_2} E_{b\lambda} d\lambda = \int_0^{\lambda_2} E_{b\lambda} d\lambda - \int_0^{\lambda_1} E_{b\lambda} d\lambda \qquad (10\text{-}21)$$

$E_{b(\lambda_1 \sim \lambda_2)}$ 是温度 T、波长 λ_1 和 λ_2 的函数。值得注意的是 $\dfrac{\int_0^\lambda E_{b\lambda} d\lambda}{E_b}$ 仅仅是 λT 的函数，相当于仅有一个自变量，这有助于建立简化计算方法和设计相应的辅助计算表格。证明如下：

$$\frac{\int_0^\lambda E_{b\lambda} d\lambda}{E_b} = \frac{\int_0^\lambda \dfrac{C_1 \lambda^{-5}}{\exp\left(\dfrac{C_2}{\lambda T}\right) - 1} d\lambda}{\sigma_b T^4} = \frac{1}{\sigma_b} \int_0^{\lambda T} \frac{C_1 (\lambda T)^{-5}}{\exp\left(\dfrac{C_2}{\lambda T}\right) - 1} d(\lambda T) = \frac{1}{\sigma_b} \int_0^{\lambda T} \frac{C_1 x^{-5}}{\exp\left(\dfrac{C_2}{x}\right) - 1} dx$$

定义 $F_{b(0 - \lambda T)} = \dfrac{1}{\sigma_b} \int_0^{\lambda T} \dfrac{C_1 x^{-5}}{\exp\left(\dfrac{C_2}{x}\right) - 1} dx$，称为黑体辐射函数。于是有

$$E_{b(\lambda_1 \sim \lambda_2)} = E_b (F_{b(0 \sim \lambda_2 T)} \sim F_{b(0 \sim \lambda_1 T)}) \qquad (10\text{-}22)$$

表 10-1 给出了黑体辐射函数值。

表 10-1　黑体辐射函数表

$\lambda T / (\mu m \cdot K)$	$F_{b(0 \sim \lambda T)}$	$\lambda T / (\mu m \cdot K)$	$F_{b(0 \sim \lambda T)}$	$\lambda T / (\mu m \cdot K)$	$F_{b(0 \sim \lambda T)}$	$\lambda T / (\mu m \cdot K)$	$F_{b(0 \sim \lambda T)}$
200	0	2 800	0.227 9	5 400	0.680 4	8 000	0.856 3
400	0	3 000	0.273 2	5 600	0.701 0	9 000	0.890 0
600	0	3 200	0.318 1	5 800	0.720 2	10 000	0.914 1
800	0	3 400	0.361 7	6 000	0.737 8	11 000	0.932 0

续表

$\lambda T/$ $(\mu m \cdot K)$	$F_{b(0\sim\lambda T)}$	$\lambda T/$ $(\mu m \cdot K)$	$F_{b(0\sim\lambda T)}$	$\lambda T/$ $(\mu m \cdot K)$	$F_{b(0\sim\lambda T)}$	$\lambda T/$ $(\mu m \cdot K)$	$F_{b(0\sim\lambda T)}$
1 000	0.000 3	3 600	0.403 6	6 200	0.754 1	12 000	0.945 2
1 200	0.002 1	3 800	0.443 4	6 400	0.769 2	13 000	0.955 2
1 400	0.007 8	4 000	0.480 9	6 600	0.783 2	14 000	0.963 0
1 600	0.019 7	4 200	0.516 0	6 800	0.796 1	16 000	0.973 9
1 800	0.039 3	4 400	0.554 9	7 000	0.808 1	20 000	0.985 7
2 000	0.066 7	4 600	0.579 3	7 200	0.809 2	50 000	0.999 1
2 200	0.100 9	4 800	0.607 6	7 400	0.829 5	75 000	0.999 8
2 400	0.140 3	5 000	0.633 7	7 600	0.839 1	100 000	1.000 0
2 600	0.183 1	5 200	0.659 0	7 800	0.848 0		

【**例题 10-2**】设可见光的波长范围为 $0.38\sim0.76\ \mu m$，大于 $0.76\ \mu m$ 的属于红外辐射，试分别计算表面温度分别为 1 000 K、3 000 K、5 795 K 时，黑体表面所发射的可见光和红外辐射能量占总辐射能的百分比。

【**解**】1 000 K 时：

$$\lambda_1 T = 0.38 \times 1\,000 = 380(\mu m \cdot K)，\lambda_2 T = 0.76 \times 1\,000 = 760(\mu m \cdot K)$$

查表 10-1 得：$F_{b(0\sim\lambda_1 T)} = 0$，$F_{b(0\sim\lambda_2 T)} = 0$。

可见光辐射能百分比 $= F_{b(0\sim\lambda_2 T)} - F_{b(0\sim\lambda_1 T)} = 0\%$。

红外辐射能百分比 $= 1 - F_{b(0\sim\lambda_2 T)} = 100\%$。

3 000 K 时：

$$\lambda_1 T = 0.38 \times 3\,000 = 1\,140(\mu m \cdot K)，\lambda_2 T = 0.76 \times 3\,000 = 2\,280(\mu m \cdot K)$$

利用线性插值法查表 10-1 得近似值：$F_{b(0\sim\lambda_1 T)} \approx 0.001\,6$，$F_{b(0\sim\lambda_2 T)} \approx 0.116\,7$。

可见光辐射能百分比 $= F_{b(0\sim\lambda_2 T)} - F_{b(0\sim\lambda_1 T)} \approx 11.5\%$。

红外辐射能百分比 $= 1 - F_{b(0\sim\lambda_2 T)} \approx 88.3\%$。

5 795 K 时：

$$\lambda_1 T = 0.38 \times 5\,795 = 2\,202.1(\mu m \cdot K)，\lambda_2 T = 0.76 \times 5\,795 = 4\,404.2(\mu m \cdot K)$$

利用线性插值法查表 10-1 得近似值：$F_{b(0\sim\lambda_1 T)} \approx 0.101\,3$，$F_{b(0\sim\lambda_2 T)} \approx 0.555\,1$。

可见光辐射能百分比 $= F_{b(0\sim\lambda_2 T)} - F_{b(0\sim\lambda_1 T)} \approx 45.4\%$。

红外辐射能百分比 $= 1 - F_{b(0\sim\lambda_2 T)} \approx 44.5\%$。

第三节 发射率与吸收率特性

实际物体辐射特性与黑体辐射特性是有区别的。实际物体的辐射力总是低于同温度下黑体的辐射力。而且，单色辐射力有可能是不连续的，随方向的变化也没有统一的规律。为了描述实际物体的辐射特性，定义实际物体的辐射力与同温度下黑体的辐射力之比为发射率，又称黑度。根据辐射力的定义不同，有不同的发射率定义，分别为

$$发射率 \ \varepsilon = \frac{E}{E_b} \tag{10-23}$$

$$单色或光谱发射率 \ \varepsilon_\lambda = \frac{E_\lambda}{E_{b\lambda}} \tag{10-24}$$

$$定向发射率 \ \varepsilon_\theta = \frac{E_\theta}{E_{b\theta}} \tag{10-25}$$

$$单色定向发射率 \ \varepsilon_{\lambda,\theta} = \frac{E_{\lambda,\theta}}{E_{b\lambda,\theta}} \tag{10-26}$$

注意：上述定义式中，E 和 E_b 指全波长全半球空间范围内的总辐射力，E_λ 和 $E_{b\lambda}$ 指特定波长下全半球空间范围内的辐射力，E_θ 和 $E_{b\theta}$ 指特定方向全波长范围内的辐射力，而 $E_{\lambda,\theta}$ 和 $E_{b\lambda,\theta}$ 则指特定波长、特定方向上的辐射力。因此，发射率 ε 与单色发射率 ε_λ、定向发射率 ε_θ 或单色定向发射率 $\varepsilon_{\lambda,\theta}$ 之间有如下的关系：

$$\varepsilon = \frac{\int_0^\infty \varepsilon_\lambda E_{b\lambda} \, d\lambda}{\int_0^\infty E_{b\lambda} \, d\lambda} = \frac{\int_0^\infty \varepsilon_\lambda E_{b\lambda} \, d\lambda}{E_b} \tag{10-27}$$

$$\varepsilon = \frac{\int_0^{2\pi} d\varphi \int_0^{\frac{\pi}{2}} \varepsilon_\theta E_{b\theta} \, d\theta}{\int_0^{2\pi} d\varphi \int_0^{\frac{\pi}{2}} E_{b\theta} \, d\theta} = \frac{\int_0^{2\pi} d\varphi \int_0^{\frac{\pi}{2}} \varepsilon_\theta E_{b\theta} \, d\theta}{E_b} \tag{10-28}$$

$$\varepsilon = \frac{\int_0^{2\pi} d\varphi \int_0^{\frac{\pi}{2}} d\theta \int_0^\infty \varepsilon_{\lambda,\theta} E_{b\lambda,\theta} \, d\lambda}{\int_0^{2\pi} d\varphi \int_0^{\frac{\pi}{2}} d\theta \int_0^\infty E_{b\lambda,\theta} \, d\lambda} = \frac{\int_0^{2\pi} d\varphi \int_0^{\frac{\pi}{2}} d\theta \int_0^\infty \varepsilon_{\lambda,\theta} E_{b\lambda,\theta} \, d\lambda}{E_b} \tag{10-29}$$

与定向发射率的概念相对应，同样可以定义定向吸收率如下：

$$定向吸收率 \ \alpha_\theta = \frac{Q_{a\theta}}{Q_{p\theta}} \tag{10-30}$$

$$单色定向吸收率 \ \alpha_{\lambda,\theta} = \frac{Q_{a\lambda,\theta}}{Q_{p\lambda,\theta}} \tag{10-31}$$

类似于式(10-28)和式(10-29)，也可定义相应的平均吸收率计算公式如下：

$$\alpha = \frac{\int_0^{2\pi}\mathrm{d}\varphi\int_0^{\frac{\pi}{2}}\alpha_\theta Q_{\mathrm{p},\theta}\mathrm{d}\theta}{\int_0^{2\pi}\mathrm{d}\varphi\int_0^{\frac{\pi}{2}}Q_{\mathrm{p},\theta}\mathrm{d}\theta} = \frac{\int_0^{2\pi}\mathrm{d}\varphi\int_0^{\frac{\pi}{2}}\alpha_\theta Q_{\mathrm{p},\theta}\mathrm{d}\theta}{Q_{\mathrm{p}}} \tag{10-32}$$

$$\alpha = \frac{\int_0^{2\pi}\mathrm{d}\varphi\int_0^{\frac{\pi}{2}}\mathrm{d}\theta\int_0^{\infty}\alpha_{\lambda,\theta}Q_{\mathrm{p}\lambda,\theta}\mathrm{d}\lambda}{\int_0^{2\pi}\mathrm{d}\varphi\int_0^{\frac{\pi}{2}}\mathrm{d}\theta\int_0^{\infty}Q_{\mathrm{p}\lambda,\theta}\mathrm{d}\lambda} = \frac{\int_0^{2\pi}\mathrm{d}\varphi\int_0^{\frac{\pi}{2}}\mathrm{d}\theta\int_0^{\infty}\alpha_{\lambda,\theta}Q_{\mathrm{p}\lambda,\theta}\mathrm{d}\lambda}{Q_{\mathrm{p}}} \tag{10-33}$$

可见，实际物体的辐射特性是很复杂的。辐射换热计算中，往往很难准确处理这样非常复杂的关系。为实现近似计算，往往采用灰体和漫射物体的假设。前面已有交代，漫射物体表面的发射率在整个半球空间上不随方向变化。如果物体的单色辐射率不随波长变化，则称这样的物体为灰体。如果发射率既不随方向变化，又不随波长变化，则称这样的物体表面为漫灰物体表面。对于漫灰物体表面，$\varepsilon = \varepsilon_{\lambda,\theta}$。物体的实际辐射力 $E = \varepsilon E_{\mathrm{b}} = \varepsilon\sigma_{\mathrm{b}}T^4 = \varepsilon C_{\mathrm{b}}\left(\dfrac{T}{100}\right)^4$。

灰体和漫射物体均为理想的概念。但是，许多工程问题中，由于参与辐射换热的物体温度均不是很高，设计的热辐射以红外辐射为主，相关物体可以近似按照平均特性当成灰体处理。非金属材料表面，当 $0° \leqslant \theta \leqslant 60°$ 时，定向辐射率 ε_θ 可以近似当成常数；当 $\theta > 60°$ 时，ε_θ 下降很快，并趋于零。对磨光的金属表面，当 $0° \leqslant \theta \leqslant 40°$ 时，ε_θ 可当成常数；当 $\theta > 40°$ 时，随着 θ 角增大，ε_θ 先是增加，在 $80°$ 左右达到最大值，然后迅速下降，并在 θ 接近 $90°$ 时趋于零。因此，当已经测得物体法向发射率 ε_n 时，可采用如下经验公式近似确定实际物体的平均发射率：

对于非金属表面 $\varepsilon = (0.95\sim1.0)\varepsilon_n$；对磨光金属表面 $\varepsilon = (1.0\sim1.2)\varepsilon_n$。

物体的发射率越高，吸收率也越高。也就是说，善于发射的物体也就善于吸收，或者反过来也是成立的，即善于吸收的物体也就善于发射。1895 年基尔霍夫（Kirchhoff）用热力学方法揭示了物体发射辐射能的能力与吸收投射辐射能的能力之间的这种关系。该热力学方法所依据的基本原理实质上就是热力学第二定律，现简要介绍如下。

设有两个温度相同的微元面 $\mathrm{d}A_1$、$\mathrm{d}A_2$，如图 10-8 所示。微元面 $\mathrm{d}A_2$ 为黑体表面，微元面 $\mathrm{d}A_1$ 的单色定向发射率和吸收率分别为 $\varepsilon_{\lambda,\theta}$ 和 $\alpha_{\lambda,\theta}$。按照立体角的定义，微元面 $\mathrm{d}A_2$ 相对于观测面 $\mathrm{d}A_1$ 所张开的立体角为 $\dfrac{\cos\theta_2\mathrm{d}A_2}{r^2}$。因此，微元面 $\mathrm{d}A_1$ 对 $\mathrm{d}A_2$ 投射的单色辐射能为

$$\delta Q_{\lambda,1\rightarrow2} = \varepsilon_{\lambda,\theta}I_{\mathrm{b}\lambda,\theta}\cos\theta_1\mathrm{d}A_1\frac{\cos\theta_2\mathrm{d}A_2}{r^2} \tag{10-34}$$

因为 $\mathrm{d}A_2$ 是黑体，这部分投射辐射能将被全部

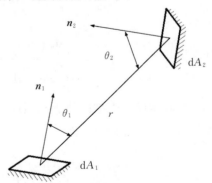

图 10-8　基尔霍夫定律分析用图

吸收，同时微元面 dA_1 相对于观测面 dA_2 所张开的立体角为 $\dfrac{\cos \theta_1 dA_1}{r^2}$。因此，微元面 dA_2 对 dA_1 投射的单色辐射能为

$$\delta Q_{\lambda,2\to1} = I_{b\lambda,\theta} \cos \theta_2 dA_2 \frac{\cos \theta_1 dA_1}{r^2} \tag{10-35}$$

这部分投射辐射中，被 dA_1 吸收的量应该为 $\alpha_{\lambda,\theta} \delta Q_{\lambda,2\to1}$。然后，按照热力学第二定律，应该有 $\alpha_{\lambda,\theta} \delta Q_{\lambda,2\to1} = \delta Q_{\lambda,1\to2}$。于是，最终有

$$\varepsilon_{\lambda,\theta} = \alpha_{\lambda,\theta} \tag{10-36}$$

式（10-36）就是基尔霍夫定律的表达式。如果讨论的物体是灰体，则有 $\varepsilon_\theta = \alpha_\theta$；如果讨论的物体是漫射体，则有 $\varepsilon_\lambda = \alpha_\lambda$；如果是漫灰物体，则有 $\varepsilon = \alpha$。

如果物体不是漫灰物体，则 $\varepsilon = \alpha$ 不一定成立。关于这一点，对比式（10-2）中的第一个表达式和式（10-27）就可以理解其中的原因。式（10-2）中的积分权重函数是 $Q_{\rho\lambda}$，是投射辐射，与投射物体的性质和温度有关；式（10-27）中的积分权重函数是 $E_{b\lambda}$，是物体本身温度下的黑体辐射特性，仅与物体本身的温度有关。两个权重函数不相同，积分平均值就有可能不同。对比式（10-28）与式（10-32），或者式（10-29）与式（10-33），也可以发现相同的道理。

【例题 10-3】设某温室玻璃在 $0.4\sim2.5\ \mu m$ 波长范围内的透射率为 0.95，其余波段范围透射率为零。设太阳表面温度为 5 795.2 K，温室内地面温度为 25 ℃，两者的辐射能特性均符合漫灰体性质，试求该温室玻璃对太阳能和室内地面辐射能的平均透射率。

【解】对于太阳辐射，有

$\lambda_1 T = 0.4 \times 5\ 795.2 = 2\ 318(\mu m \cdot K)$，$\lambda_2 T = 2.5 \times 5\ 795.2 = 14\ 488(\mu m \cdot K)$

查表 10-1 得

$$F_{b(0\sim\lambda_1 T)} \approx 0.124\ 0, \quad F_{b(0\sim\lambda_2 T)} \approx 0.965\ 6$$

平均透射率 $\tau = 0.95 \times (F_{b(0\sim\lambda_2 T)} - F_{b(0\sim\lambda_1 T)}) = 0.80$

对于地面辐射，灰体辐射能随波长的分布比例与黑体相同。

$\lambda_1 T = 0.4 \times 298.15 = 119.3(\mu m \cdot K)$，$\lambda_2 T = 2.5 \times 298.15 = 745.4(\mu m \cdot K)$

查表 10-1 得

$$F_{b(0\sim\lambda_1 T)} = 0, \quad F_{b(0\sim\lambda_2 T)} = 0$$

平均透射率 $\tau = 0.95 \times (F_{b(0\sim\lambda_2 T)} - F_{b(0\sim\lambda_1 T)}) = 0$

【例题 10-4】某温度 $T_1 = 400$ K 的漫射表面，其单色吸收率如图 10-9 所示，将它放入壁温 $T_2 = 2\ 000$ K 的黑体空腔中，求漫射表面的吸收率 α 和发射率 ε。

【解】根据式（10-2），平均吸收率

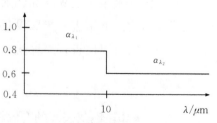

图 10-9　例题 10-4 附图

$$\alpha = \frac{\int_0^\infty \alpha_\lambda Q_{p\lambda}\, d\lambda}{\int_0^\infty Q_{p\lambda}\, d\lambda}$$

其中，$Q_{p\lambda}$ 是单色投射辐射能。题述漫射表面不是灰表面，上式中的积分应按波长分段计算。由于投射来自 $T_2 = 2\,000$ K 的黑体空腔，$Q_{p\lambda}$ 正比于 $E_{b\lambda}(T_2)$。设 $\lambda_1 = 10\ \mu$m，则有

$$\alpha = \frac{\int_0^{\lambda_1} \alpha_{\lambda_1} E_{b\lambda}(T_2)\, d\lambda + \int_{\lambda_1}^\infty \alpha_{\lambda_2} E_{b\lambda}(T_2)\, d\lambda}{E_b(T_2)}$$

$$= \alpha_{\lambda_1} F_{b(0\sim\lambda_1 T_2)} - \alpha_{\lambda_2}(1 - F_{b(0\sim\lambda_1 T_2)})$$

利用黑体辐射函数表，可得 $F_{b(0\sim\lambda_1 T_2)} = 0.985\,7$。 于是

$$\alpha = \alpha_{\lambda_1} F_{b(0\sim\lambda_1 T_2)} - \alpha_{\lambda_2}(1 - F_{b(0\sim\lambda_1 T_2)}) = 0.8 \times 0.985\,7 + 0.6 \times (1 - 0.985\,7) = 0.797\,1$$

根据关系式(10-27)，平均发射率

$$\varepsilon = \frac{\int_0^\infty \varepsilon_\lambda E_{b\lambda}\, d\lambda}{\int_0^\infty E_{b\lambda}\, d\lambda} = \frac{\int_0^\infty \varepsilon_\lambda E_{b\lambda}\, d\lambda}{E_b}$$

对于漫射表面，$\varepsilon_\lambda = \alpha_\lambda$，上式中的积分同样需要分段计算。由于发射来自 $T_1 = 400$ K的漫射表面，因此

$$\varepsilon = \frac{\int_0^{\lambda_1} \alpha_{\lambda_1} E_{b\lambda}(T_1)\, d\lambda + \int_{\lambda_1}^\infty \alpha_{\lambda_2} E_{b\lambda}(T_1)\, d\lambda}{E_b(T_1)} = \alpha_{\lambda_1} F_{b(0\sim\lambda_1 T_1)} - \alpha_{\lambda_2}(1 - F_{b(0\sim\lambda_1 T_1)})$$

利用黑体辐射函数表，可得 $F_{b(0\sim\lambda_1 T_1)} = 0.480\,9$。所以

$$\varepsilon = 0.8 \times 0.480\,9 + 0.6 \times (1 - 0.480\,9) = 0.696\,2$$

第四节　漫灰表面间的辐射换热计算

表面状态、几何因素、物理性质均会影响表面间的辐射换热，使得辐射换热量的计算有时极其困难。漫灰表面辐射强度不随方向和波长变换，可以使辐射换热的计算问题得到简化。如果进一步假设任意表面的温度是均匀的，温差仅存在于有限数量的表面之间，则可以比较容易地建立辐射换热解析算法。

一、计算方法

如图 10-10，漫灰表面的有效辐射 J 是本身辐射 E 和反射辐射 q_ρ 之和，这是辐射换热计算中的一个重要概念。根据发射率的定义，有

$$E = \varepsilon E_b \qquad (10\text{-}37)$$

对于漫灰物体来说，吸收率和发射率相等，即 $\alpha = \varepsilon$。如果物体的透射率等于零，则反射率 $\rho = 1 - \varepsilon$。因此，当外界投射到物体表面上的能量密度为 q_p 时，反射辐射能的能量密度 q_ρ 为

$$q_\rho = (1 - \varepsilon) q_p \qquad (10\text{-}38)$$

有效辐射能流密度则为

$$J = \varepsilon E_b + (1 - \varepsilon) q_p \qquad (10\text{-}39)$$

穿过实际物体表面的净热流通量可以按照两种方式计算。一种是辐射力 E 减吸收辐射，即

$$q = \varepsilon E_b - \alpha q_p = \varepsilon (E_b - q_p) \qquad (10\text{-}40)$$

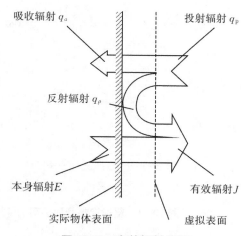

图 10-10　有效辐射分析

设有一虚拟表面如同图 10-10 所示。很明显，这个虚拟表面就是实际表面的一个影子而已，两者完全重合。通过这个表面的热流通量和实际表面的热流通量也是完全相同的。但是站在虚拟表面的角度分析，净热流通量也可以按照另一种方式计算，即有效辐射 J 和投射辐射 q_p 之差：

$$q = J - q_p \qquad (10\text{-}41)$$

利用式(10-39)，解出 $q_p = \dfrac{J - \varepsilon E_b}{1 - \varepsilon}$ 并代入式(10-41)，可得辐射换热热流通量

$$q = \frac{E_b - J}{\dfrac{1 - \varepsilon}{\varepsilon}} \qquad (10\text{-}42)$$

对于面积为 A 的物体表面，辐射换热量计算公式为

$$Q = \frac{E_b - J}{\dfrac{1 - \varepsilon}{\varepsilon A}} \qquad (10\text{-}43)$$

式(10-42)或式(10-43)中的分母 $\dfrac{1 - \varepsilon}{\varepsilon}$ 或 $\dfrac{1 - \varepsilon}{\varepsilon A}$ 便是辐射换热表面热阻。因此，表面辐射换热过程也可以用图 10-11 所示的等效热阻单元表示。

接下来从有效辐射的角度讨论漫灰表面之间的辐射换热。设有如图 10-12 所示的两个任意漫灰表面 A_1 和 A_2，为了分析两个表面之间的辐射换热量，各自从中取出一微元面 dA_1 和 dA_2，其连线距离用 r 表示，法线与连线方向的夹角分别为 θ_1 和 θ_2。设 dA_1 对 dA_2 张开的立体角为 $d\omega_1$，dA_2 对 dA_1 张开的立体角为 $d\omega_2$，则

$$d\omega_1 = \frac{\cos\theta_2 \, dA_2}{r^2} \qquad (10\text{-}44)$$

$$d\omega_2 = \frac{\cos\theta_1 dA_1}{r^2} \tag{10-45}$$

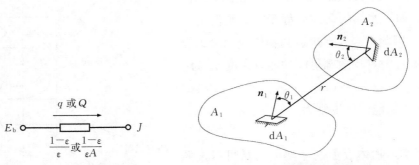

图 10-11　辐射换热表面热阻　　图 10-12　两任意漫灰表面辐射换热

因为一个微元面向另一个微元面投射的辐射能等于有效辐射乘以可见发射面积再乘以立体角，那么，离开 dA_1 的有效辐射能 $J_1 dA_1$ 中，投射到 dA_2 表面上的能量为

$$\delta Q_{dA_1 \to dA_2} = J_1 \cos\theta_1 dA_1 \frac{\cos\theta_2 dA_2}{\pi r^2} \tag{10-46}$$

而投射的百分比

$$\varphi_{dA_1 \to dA_2} = \frac{\delta Q_{dA_1 \to dA_2}}{E_1 dA_1} = \cos\theta_1 \cos\theta_2 \frac{dA_2}{\pi r^2} \tag{10-47}$$

称为 dA_1 对 dA_2 的角系数。在离开 dA_2 的有效辐射能 $J_2 dA_2$ 中，投射到 dA_1 表面上的能量为

$$\delta Q_{dA_2 \to dA_1} = J_2 \cos\theta_2 dA_2 \frac{\cos\theta_1 dA_1}{\pi r^2} \tag{10-48}$$

其投射百分比

$$\varphi_{dA_2 \to dA_1} = \frac{\delta Q_{dA_2 \to dA_1}}{E_2 dA_2} = \cos\theta_1 \cos\theta_2 \frac{dA_1}{\pi r^2} \tag{10-49}$$

称为 dA_2 对 dA_1 的角系数。从物理意义上来说，$\varphi_{dA_1 \to dA_2}$ 和 $\varphi_{dA_2 \to dA_1}$ 均表示辐射能量投射百分数，仅与几何参数有关，这是漫射表面的基本特性。对于非漫射物体，这一结论不一定成立。

有效辐射可以看成是虚拟表面的本身辐射，而且这个虚拟表面可以当成黑体表面，并且和实际物体表面完全吻合。那么，式(10-46)和式(10-48)所反映的两个相互投射的能量之差就是两个微元面之间的辐射换热量 δQ_{12}，即

$$\delta Q_{12} = (J_1 - J_2) \frac{\cos\theta_1 \cos\theta_2}{\pi r^2} dA_1 dA_2 \tag{10-50}$$

基于式(10-46)进行积分可得离开表面 A_1 的有效辐射能 $J_1 A_1$ 中投射到 A_2 表面上的能量为

$$Q_{A_1 \to A_2} = J_1 \int_{A_2} \int_{A_1} \frac{\cos \theta_1 \cos \theta_2}{\pi r^2} \mathrm{d}A_1 \mathrm{d}A_2 \tag{10-51}$$

那么，能量投射百分数

$$\varphi_{12} = \varphi_{A_1 \to A_2} = \frac{Q_{A_1 \to A_2}}{J_1 A_1} = \frac{1}{A_1} \int_{A_2} \int_{A_1} \frac{\cos \theta_1 \cos \theta_2}{\pi r^2} \mathrm{d}A_1 \mathrm{d}A_2 \tag{10-52}$$

称为表面 A_1 对 A_2 的角系数。

基于式(10-48)进行积分可得离开表面 A_2 的有效辐射能 $J_2 A_2$ 中投射到 A_1 表面上的能量为

$$Q_{A_2 \to A_1} = J_2 \int_{A_2} \int_{A_1} \frac{\cos \theta_1 \cos \theta_2}{\pi r^2} \mathrm{d}A_1 \mathrm{d}A_2 \tag{10-53}$$

那么，能量投射百分数

$$\varphi_{21} = \varphi_{A_2 \to A_1} = \frac{Q_{A_2 \to A_1}}{J_2 A_2} = \frac{1}{A_2} \int_{A_2} \int_{A_1} \frac{\cos \theta_1 \cos \theta_2}{\pi r^2} \mathrm{d}A_1 \mathrm{d}A_2 \tag{10-54}$$

称为表面 A_2 对 A_1 的角系数。

基于式(10-50)进行积分可得两个表面 A_1 和 A_2 之间的换热量为

$$Q_{12} = (J_1 - J_2) \int_{A_2} \int_{A_1} \frac{\cos \theta_1 \cos \theta_2}{\pi r^2} \mathrm{d}A_1 \mathrm{d}A_2 = (J_1 - J_2) \varphi_{12} A_1 = (J_1 - J_2) \varphi_{21} A_2 \tag{10-55}$$

或

$$Q_{12} = \frac{J_1 - J_2}{\dfrac{1}{\varphi_{12} A_1}} = \frac{J_1 - J_2}{\dfrac{1}{\varphi_{21} A_2}} \tag{10-56}$$

式中，$J_1 - J_2$ 是两表面间辐射换热的驱动力，$\dfrac{1}{\varphi_{12} A_1}$ 或 $\dfrac{1}{\varphi_{21} A_2}$ 称为空间热阻。因此，两表面辐射换热过程也可以用图 10-13 所示的等效热阻单元表示。

由上面的分析还可以看出

$$\varphi_{\mathrm{d}A_1 \to \mathrm{d}A_2} \mathrm{d}A_1 = \varphi_{\mathrm{d}A_2 \to \mathrm{d}A_1} \mathrm{d}A_2 , \quad \varphi_{12} A_1 = \varphi_{21} A_2 \tag{10-57}$$

这是角系数的一条重要性质，称为互换性，在角系数的计算中可以发挥重要的作用。

在角系数已知的前提下，建立辐射换热网络图可以帮助解决两个或多个表面之间的辐射换热计算问题。下面先讨论组成封闭空腔的两表面间辐射换热问题。

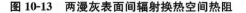

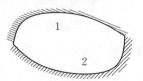

图 10-13　两漫灰表面间辐射换热空间热阻　　　　图 10-14　两任意漫灰表面所组成的封闭空腔

设有如图 10-14 所示的两任意漫灰表面所组成的封闭空腔，由于没有第三个物体参与辐射热交换，表面 1 失去的净热量就是表面 2 得到的净热量，也就是两个表面之间的辐射换热量。因此，对应的辐射换热问题模型可以用图 10-15 所示的三个热阻串联网络表示。其中，$\dfrac{1-\varepsilon_1}{\varepsilon_1 A_1}$ 为表面 1 的表面热阻，$\dfrac{1-\varepsilon_2}{\varepsilon_2 A_2}$ 为表面 2 的表面热阻，$\dfrac{1}{\varphi_{12} A_1}$ 或 $\dfrac{1}{\varphi_{21} A_2}$ 为两表面之间的空间热阻。于是两表面间辐射换热量可以按照下式计算：

$$Q_{12} = \frac{E_{b1} - E_{b2}}{\dfrac{1-\varepsilon_1}{\varepsilon_1 A_1} + \dfrac{1}{\varphi_{12} A_1} + \dfrac{1-\varepsilon_2}{\varepsilon_2 A_2}} \tag{10-58}$$

对于两表面之间的辐射换热问题，常遇到如图 10-16 所示的三种特殊几何特征：(1)两无限大平行平板之间的辐射换热；(2)一个表面为凸面物体的两表面之间的辐射换热；(3)空腔和内包凸面物体之间的辐射换热。这三种情况有一个共同特点，就是 $\varphi_{12} = 1$。因此，式(10-58)可改写为

$$Q_{12} = A_1 \frac{E_{b1} - E_{b2}}{\dfrac{1}{\varepsilon_1} + \dfrac{A_1}{A_2} \dfrac{1-\varepsilon_2}{\varepsilon_2}} \tag{10-59}$$

对于两无限大平行平板，$A_1 = A_2$，则有

$$Q_{12} = A_1 \frac{E_{b1} - E_{b2}}{\dfrac{1}{\varepsilon_1} + \dfrac{1}{\varepsilon_2} - 1} \tag{10-60}$$

对于大空腔与内包凸面物体的情况，$A_1 \ll A_2$，式(10-59)还可进一步简化为

$$Q_{12} = A_1 \varepsilon_1 (E_{b1} - E_{b2}) \tag{10-61}$$

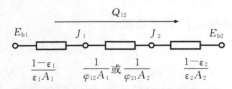

图 10-15　组成封闭空腔的两漫灰表面间
辐射换热热阻网络图

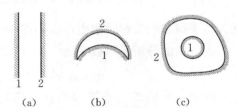

(a)　　　(b)　　　(c)

图 10-16　三种常见的两漫灰表面封闭空腔

【例题 10-5】如图 10-16(b)所示，由两个表面 1 和 2 构成一封闭空间，表面 1 的温度为 400 K、面积为 1.2 m²，表面 2 的温度为 300 K、面积为 2 m²，两表面的发射率 $\varepsilon_1 = \varepsilon_2 = 0.8$，求两表面间的辐射换热量。

【解】根据式(10-59)，两表面间辐射换热量为

$$Q_{12} = A_1 \frac{E_{b1} - E_{b2}}{\dfrac{1}{\varepsilon_1} + \dfrac{A_1}{A_2} \dfrac{1-\varepsilon_2}{\varepsilon_2}} = 1.2 \times \frac{5.67 \times 10^{-8} \times (400^4 - 300^4)}{\dfrac{1}{0.8} + \dfrac{2}{1.2} \times \dfrac{1-0.8}{0.8}} = 714.4\,(\text{W})$$

针对如图 10-17 所示的多个表面组成的封闭空腔，各表面之间的辐射换热网络图绘制起来会比较麻烦，这时可以直接列出计算公式。任意表面 i 的辐射换热过程得到的净热量

$$Q_i = -\frac{E_{bi} - J_i}{\dfrac{1-\varepsilon_i}{\varepsilon_i A_i}} = \sum_{j=1,\,j\neq i}^{n} \frac{J_j - J_i}{\dfrac{1}{\varphi_{ij} A_i}} \tag{10-62}$$

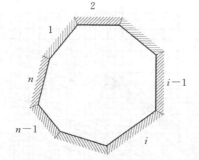

图 10-17　多表面封闭空腔

在已知任意表面温度、发射率以及各表面之间的角系数时，联解上面 $2n$ 个方程的方程组可以求出 J_i 和 Q_i（$i = 1,\ 2,\ \cdots,\ n$）。

二、角系数计算

从前面的分析中可以看出，为了求解辐射换热量的问题，还需要解决角系数的计算问题。角系数的计算通常有两种基本方法：积分法和代数法。

积分法就是基于式（10-54）进行积分。下面以图 10-18 所示的微元面 dA_1 对直径为 D 的圆盘角系数为例介绍积分法的应用。按照图示，式（10-54）变换为

$$\varphi_{dA_1 \to A_2} = \frac{1}{dA_1} \int_{A_2} \frac{\cos\theta_1 \cos\theta_2}{\pi l^2} dA_2 \tag{10-63}$$

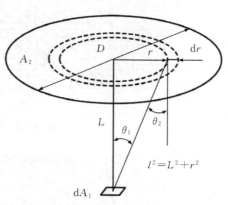

图 10-18　中心轴上平行微元面
对圆盘的角系数分析

在圆盘上任意半径 r 处取一圆环，环宽为 dr，面积 $dA_2 = 2\pi r dr$，$\cos\theta_1 = \cos\theta_2 = \dfrac{L}{\sqrt{L^2 + r^2}}$。于是

$$\varphi_{dA_1 \to A_2} = \frac{1}{dA_1} \int_{r=0}^{r=D/2} \frac{L^2}{(L^2 + r^2)^2} 2r dr \tag{10-64}$$

积分后得

$$\varphi_{dA_1 \to A_2} = \frac{D^2}{4L^2 + D^2} \tag{10-65}$$

　　上例中，几何关系比较简单，可以获得积分的解析解。但许多实际问题只能通过数值积分获得数值解。因为数值积分过程一般比较费时，为便于实用计算，往往将某些典型几何条件下的角系数积分结果绘制成线图，以供查找。图 10-19—图 10-21 给出了若干种常用角系数线图。

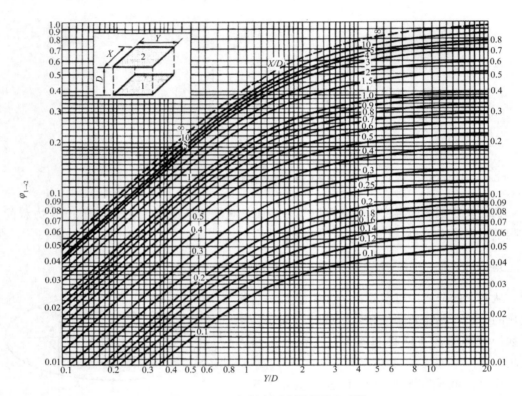

图 10-19　平行长方形表面间的角系数

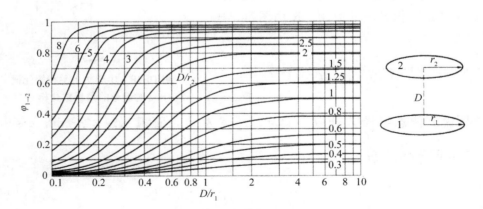

图 10-20　两同轴平行圆盘间的角系数

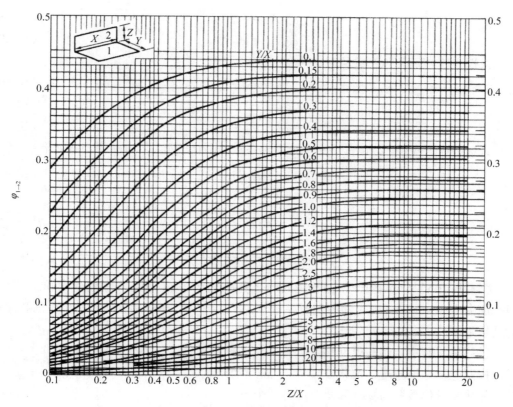

图 10-21　两垂直相交矩形平板之间的角系数

　　角系数线图不可能包罗万象，直接查图的应用范围非常有限。如果将代数法和查图法结合使用，可以扩大角系数线图的应用范围。另外需要说明的是：由于现代计算机技术的高速发展，利用数值积分计算复杂几何条件下的角系数也不是什么难事，但是需要编制相应的程序。本书不在数值积分方面展开讨论，读者可以自己尝试按照式（10-54）编制所需的计算程序，甚至建立相应的电子数据库。

　　代数法主要利用角系数的两条性质：互换性和完整性。式（10-57）反映的就是角系数的互换性。完整性实际上是能量守恒性的一种体现，就是指组成封闭空腔的任意表面对空腔内所有表面的角系数之和等于 1，用公式表示如下：

$$\sum_{j=1}^{n} \varphi_{ij} = 1 \qquad (10\text{-}66)$$

　　式中，$j = 1, 2, \cdots, n$，包括 i。如果 i 表面是凸表面，$\varphi_{ii} = 0$。如果两个表面之间不直接可见，则两个表面之间的角系数也等于零。

　　下面以图 10-22 三个凸表面所组成的封闭空腔为例，介绍代数法的应用原理。按照角系数的互换性有

$$\varphi_{12} A_1 = \varphi_{21} A_2 \qquad (10\text{-}67)$$

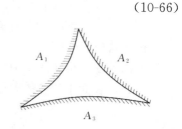

图 10-22　三个凸表面的封闭空腔

$$\varphi_{13}A_1 = \varphi_{31}A_3 \tag{10-68}$$

$$\varphi_{32}A_3 = \varphi_{23}A_2 \tag{10-69}$$

根据表面特征及角系数的完整性有

$$\varphi_{12} + \varphi_{13} = 1 \tag{10-70}$$

$$\varphi_{21} + \varphi_{23} = 1 \tag{10-71}$$

$$\varphi_{31} + \varphi_{32} = 1 \tag{10-72}$$

式(10-67)—(10-72)包含了 6 个未知角系数、6 个方程,可以获得定解如下:

$$\varphi_{12} = \frac{A_1 + A_2 - A_3}{2A_1} \tag{10-73}$$

$$\varphi_{13} = \frac{A_1 + A_3 - A_2}{2A_1} \tag{10-74}$$

$$\varphi_{23} = \frac{A_2 + A_3 - A_1}{2A_2} \tag{10-75}$$

【例题 10-6】某空间由 3 个面积相同的凸表面封闭构成,表面 1 温度为 500 K,其他两个面温度为 400 K,各表面的发射率 $\varepsilon_1 = \varepsilon_2 = \varepsilon_3 = 0.8$,试求表面 1 和 2 单位面积净辐射换热量。

【解】按照题意绘制辐射网络图如图 10-23 所示。按照能量守恒原理,流入 J_1、J_2、J_3 各个节点的热流量代数和为零。因此,可得三个节点能量平衡关系式:

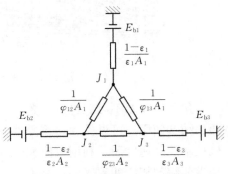

图 10-23　例题 10-6 辐射网络图

$$\frac{E_{b1} - J_1}{\dfrac{1-\varepsilon_1}{\varepsilon_1 A_1}} + \frac{J_2 - J_1}{\dfrac{1}{\varphi_{12}A_1}} + \frac{J_3 - J_1}{\dfrac{1}{\varphi_{13}A_1}} = 0$$

$$\frac{E_{b2} - J_2}{\dfrac{1-\varepsilon_2}{\varepsilon_2 A_2}} + \frac{J_1 - J_2}{\dfrac{1}{\varphi_{21}A_2}} + \frac{J_3 - J_2}{\dfrac{1}{\varphi_{23}A_2}} = 0$$

$$\frac{E_{b3} - J_3}{\dfrac{1-\varepsilon_3}{\varepsilon_3 A_3}} + \frac{J_1 - J_3}{\dfrac{1}{\varphi_{31}A_3}} + \frac{J_2 - J_3}{\dfrac{1}{\varphi_{32}A_3}} = 0$$

由题意又有

$$E_{b1} = \sigma_b T^4 = 5.67 \times 10^{-8} \times 500^4 = 3\,544 \ (\text{W/m}^2)$$

$$E_{b2} = E_{b3} = \sigma_b T^4 = 5.67 \times 10^{-8} \times 400^4 = 1\,452 \ (\text{W/m}^2)$$

按照式(10-73)—(10-75),还可得 $\varphi_{12} = \varphi_{13} = \varphi_{23} = 0.5$。然后,联立求解三个节点能量平衡关系式得 $J_1 = 3\,163 \ \text{W/m}^2$,$J_2 = J_3 = 1\,642 \ \text{W/m}^2$。

因此,表面 1 和 2 的单位面积净辐射热量分别为

$$q_1 = Q_1/A_1 = \frac{E_{b1} - J_1}{\dfrac{1-\varepsilon_1}{\varepsilon_1}} = 1\,524 (\text{W/m}^2)$$

$$q_2 = Q_2/A_2 = \frac{E_{b2} - J_2}{\dfrac{1-\varepsilon_2}{\varepsilon_2}} = -760(\mathrm{W/m^2})$$

思考题

1. 物体的颜色对物体的辐射特性有什么影响?

2. 黑颜色的物体是黑体吗? 白颜色的物体是白体吗?

3. 白色物体的吸收率一定比其他颜色物体的低吗?

4. 物体表面粗糙度对物体表面的吸收率和反射率有什么影响?

5. 为什么晴朗的天空会成蓝色? 蓝天白云是什么原因形成的?

6. 烈日下穿白衣服和黑衣服,哪种衣着感觉更热? 为什么?

7. 太阳能热水器集热玻璃管的内表面一般附有黑色的涂层,对集热效果有什么影响? 为什么?

8. 辐射力与辐射强度有什么区别和联系?

9. 单色辐射力、定向辐射力和辐射力的联系和区别是什么?

10. 普朗克定律和维恩定律适用于什么样的物体? 如果让你设计一个实验装置验证这两个定律的正确性,你会怎么设计?

11. 在没有看见太阳的白天,太阳能热水器是否仍具有加热水的作用?

12. 玻璃或塑料薄膜温室为什么能够保持室内温度比室外温度高?

13. 地球表面所接收到的太阳能辐射强度和大气层外沿接收到的辐射强度相等吗? 为什么?

14. 清水是透明体吗? 为什么清水深度不同水下的颜色不同?

15. 非接触式温度计是依据什么原理进行测温的? 测温误差与什么因素有关? 如何减小测温误差?

16. 辐射采暖板的采暖效果与表面颜色有关吗? 为什么?

17. 兰贝特定律告诉我们,漫射表面发出的定向辐射强度不随方向改变。如果一个辐射采暖板的表面是由漫射表面制成的,那么,在相同的距离但是不同的方位,例如,在采暖板的正前面或侧面,对人体的加热效果相同吗?

18. 为了提高安全度同时降低制作成本,辐射采暖板的表面制作成粗糙的表面好还是光亮的表面好? 为什么?

19. 按照基尔霍夫定律,物体的单色定向吸收率与单色定向发射率相等,为什么物体的平均吸收率与平均发射率有可能不相等? 相等的条件是什么?

20. 两漫灰表面间辐射换热空间热阻主要受什么因素的影响? 试分析增加或减小空间热阻的方法。

21. 真空保温杯对材质表面特性有什么要求? 为什么?

22. 如果要设计一个高真空保温液化天然气罐,你打算怎么设计?

23. 在两个辐射面之间插入一块薄板，成为遮热板。试问：遮热板为什么能增加辐射换热热阻？遮热板的遮热效果主要受什么因素影响？遮热板的板厚和导热系数的影响大吗？为什么？

24. 两个未组成封闭空腔的表面置于一个封闭的绝热包壳中，试判断包壳对两个表面之间的辐射换热量有无影响，并说明理由。

25. 在包壳与内包物体之间的辐射换热中，辐射换热量的大小与材料表面黑度有什么关系？如果包壳的内表面积远远大于内包物体的表面积，包壳材料的表面黑度对辐射换热的影响如何？

26. 在容易结霜的地区和时节，为什么更容易在树叶和草地上结霜，而不是在泥土地面上？

练习题

1. 某黑体热辐射中，最大单色辐射力波长 $\lambda_{max}=1\ \mu m$，试求该物体在 $0.7\sim3\ \mu m$ 范围内的热辐射能百分比。

2. 假设人体表面为灰体表面，试计算体温为 $37\ ℃$ 时的最大单色辐射力波长和 $1\sim20\ \mu m$ 波长范围内的热辐射能百分比。

3. 有漫射物体温度 $T=1\ 000\ K$，已知单色发射率 ε_λ 随波长的变化率如图 10-24 所示，试计算全波长平均发射率 ε 以及对温度为 $2\ 000\ K$ 的黑体投射来的热辐射平均吸收率 α。

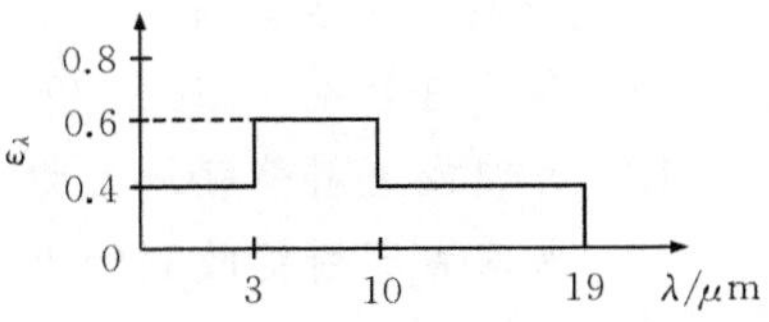

图 10-24   习题 3 附图

4. 对于如图 10-25 所示的几种几何结构，计算以下两种情况下的角系数 $\varphi_{1\to2}$：(1)半球内表面与 1/4 底面；(2)球与无限大平面。

5. 试求如图 10-26 所示两个表面 a、b 的辐射角系数 φ_{ab}。

6. 如图 10-27 所示，有一半球面 3，$r=1\ m$，底部由两个半圆盘 1、2 所封闭，试求各表面间的角系数。

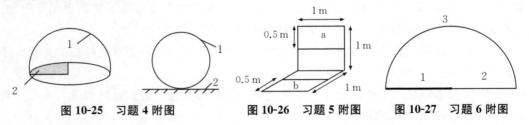

图 10-25   习题 4 附图   **图 10-26   习题 5 附图**   **图 10-27   习题 6 附图**

7. 两个背面绝热、面积为 $1\ m^2$ 的黑体平板，放置在内表面面积很大的绝热包壳中。平板 1 正面对平板 2 正面的角系数为 0.3，平板 1 的温度为 $30\ ℃$，平板 2 的温度为 $400\ ℃$，试求平板 2 对平板 1 的净辐射换热量和绝热包壳的内表面温度。

8. 直径为 $0.3\ m$ 的圆筒形烘烤炉，圆筒形外壳绝热、内空高 $0.3\ m$，圆筒底部有相同直径的圆盘形电加热器，表面发射率 $\varepsilon_1 = 0.9$。如果将该烘烤炉顶部敞开放在温度为 27 ℃的大房间里通电加热，且稳定状态下加热器上表面温度维持在 600 K。如果忽略所有的导热和对流热损失，试求：(1)烘烤炉电加热器的功率；(2)绝热圆筒形外壳内表面温度。

9. 两块无限大平行放置的平板，表面发射率均为 0.9，温度分别为 $t_1 = 627$ ℃、$t_2 = 27$ ℃，试求：(1)板1、2的自身辐射和有效辐射；(2)板1、2间的辐射换热量。

10. 两个非常大的平行平板之间进行辐射换热，平板的辐射率分别为 0.2 和 0.9。在两个平板之间放置一个抛光的遮热板，两面的辐射率都为 0.05，试求两个平板之间辐射换热量降低了多少。

11. 有一夹层为真空的长套管，内管外直径为 $d_1 = 0.1$ m，温度 $t_1 = 800$ K，发射率 $\varepsilon_1 = 0.8$；外管内直径 $d_2 = 0.3$ m，温度 $t_2 = 400$ K，发射率 $\varepsilon_2 = 0.5$。为使两管间辐射换热降低，在夹层内添加一遮挡屏，此屏的直径为 $d_3 = 0.15$ m，求遮挡屏应有的发射率。

12. 如图 10-28 所示，温度为 T，发射率为 ε 的 V 形槽以辐射方式向温度为 T_e 的大空间散热。假设 V 形槽无限长，试导出单位长度 V 形槽向大空间的辐射散热量计算公式。

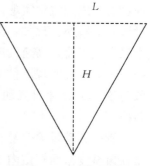

13. 有一边长为 1 m 的立方腔体，内表面温度为 327 ℃，内表面发射率为 0.8，假设将一个面拿掉，并将它放到一个大房间中，房间内表面温度为 27 ℃，试求立方腔体各面与房间的辐射换热量。

图 10-28 习题 12 附图

14. 用裸露的热电偶测量炉膛烟气温度，热电偶温度计的读数为 $t_1 = 800$ ℃。已知炉膛有效辐射温度 $t_w = 600$ ℃，烟气对热电偶表面的对流换热系数为 60 W/(m²·℃)，热电偶的表面发射率 $\varepsilon_1 = 0.3$，试求炉膛烟气的真实温度和测量误差，并分析提出减少测量误差的措施。

15. 已知外直径为 0.2 m、长为 10 m 的管横穿一房间内，管道外壁温度为 123 ℃，发射率为 0.4。设房间内表面及室内空气温度均为 27 ℃，水平管与周围空气之间的自然对流换热努塞尔数为 40，求管道总散热量。

16. 一面积为 10 m² 的平板式太阳能集热器用于热水生产，外表面接受太阳辐射，背面与水接触。假设平板集热器表面为漫灰表面，吸收率为 0.85，所接受到的太阳辐射能密度为 800 W/m²，而天空有效辐射温度为 -10 ℃，如果不计表面与周围空气之间的对流散热损失，试计算当集热器表面温度维持 60 ℃时，集热器能够提供给热水的有效热量。

第十一章　管内流动

　　不同部件之间、设备之间或系统与外界之间，流体工质的输运或能量传递过程常通过管道内的流动实现，如液力输送管道、制冷剂管道等。变截面管道还可以实现能量形式的转换。比如，蒸汽轮机内部的喷管可实现热力学能、流动功向动能的转换，产生高速气流，高速气流冲击汽轮机叶片，推动叶轮旋转，并进一步通过叶片间的变截面流动过程实现能量转换，提高输出功率。此外，发动机进气道、航空发动机扩压段与喷管段等管内流动过程中，也伴随着热力学能、流动功和动能之间的能量形式转换。

　　管内流动现象非常普遍，本章将从稳定流动基本控制方程出发，重点讨论流体工质在典型变截面管道内一维定熵流动过程中能量转换与热力参数变化规律，喷管、扩压管的特性和设计原则。同时，也将讨论摩擦作用对管内流动规律的影响和处理方式。

第一节　管内流动控制方程

　　实际流体管内流动过程总是存在摩擦、散热，流动断面参数不均匀性的影响给流动过程工质状态参数变化规律的描述带来很大困难。如果忽略这些影响，则可以建立比较简单的数学模型。借助简单数学模型进行分析研究，更有助于发现流动过程的重要规律。本节的内容仅限于一维定熵流动。

　　1）一维定熵流动模型

　　参照图 11-1，模型的基本假设如下：

　　（1）流动为一维可逆绝热流动，忽略摩擦、散热以及断面参数不均匀性。比如，图中 1-1、2-2、3-3 等任意给定的横截面上，任何热力参数和流速都均匀

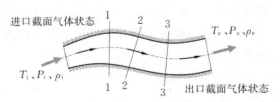

图 11-1　管内流动示意图

一致。

(2)流动始终处于稳定状态，即任何截面的热力参数和流速均不随时间改变。

2)控制方程

(1)连续性方程。

稳定流动过程中，单位时间内流经管内任意截面的质量相等，在数值上等于单位时间进入或流出管道的工质质量，即

$$\dot{m}_1 = \dot{m}_2 = \dot{m}_3 = \cdots = \dot{m}_i = \dot{m}_e \tag{11-1}$$

式中，$\dot{m}$ 为质量流量或称流率，即单位时间内流经某一截面的质量，单位为 kg/s。下标 i、e 及数字分别表示管道入口、出口及管道内的不同截面位置。

考虑到截面质量流量等于流体密度、截面面积和流速的乘积，流动工质的参数在任意两个截面间存在以下关系：

$$\rho_1 c_{f1} A_1 = \rho_2 c_{f2} A_2 = \rho c_f A = 常数 \tag{11-2}$$

式中，ρ 为流体密度，单位为 kg/m^3；c_f 为流速，单位为 m/s；A 为流道截面积，单位为 m^2。

对公式(11-2)求微分，可以得到

$$\frac{\mathrm{d}\rho}{\rho} + \frac{\mathrm{d}c_f}{c_f} + \frac{\mathrm{d}A}{A} = 0 \tag{11-3}$$

从式(11-3)可以看出，管内工质流速的改变受到流动截面积和工质密度变化的共同影响。对于不可压缩流体，$\mathrm{d}\rho = 0$，管道截面积越小，工质流速越大；对于可压缩流体，尤其是可压缩性强的流体，比如气体，$\mathrm{d}\rho \neq 0$，需要考虑密度变化对速度变化的影响。实际计算中，也常使用比体积 v 代替密度 ρ。此时，式(11-2)和式(11-3)可分别改写为

$$\frac{c_{f1} A_1}{v_1} = \frac{c_{f2} A_2}{v_2} = \frac{c_f A}{v} = 常数 \tag{11-4}$$

$$\frac{\mathrm{d}c_f}{c_f} + \frac{\mathrm{d}A}{A} - \frac{\mathrm{d}v}{v} = 0 \tag{11-5}$$

式(11-2)和式(11-4)均是管内流动的连续性方程，式(11-3)和式(11-5)是连续方程的微分形式。

(2)能量方程与滞止状态。

管内流动系统也是一个开口系统，因此满足开口系能量平衡方程。定熵流动条件下，能量方程式如下：

$$h_1 + \frac{c_{f1}^2}{2} + g z_1 = h_2 + \frac{c_{f2}^2}{2} + g z_2 \tag{11-6}$$

大多数情况下，高度 z_1、z_2 的差异对于管内流动的影响不大。如果忽略高度差异的影响，式(11-6)可简化为

$$h_1 + \frac{c_{f1}^2}{2} = h_2 + \frac{c_{f2}^2}{2} \text{ 或 } h + \frac{c_f^2}{2} = 常数 \tag{11-7}$$

或者写成微分表达式的形式

$$dh = -d\left(\frac{c_f^2}{2}\right) \tag{11-8}$$

根据式(11-7)可知，单位质量工质的焓与动能之和不随截面变化，保持为常数，这一常数被称为总焓，用 h_0 表示，即

$$h_0 = h + \frac{c_f^2}{2} \tag{11-9}$$

可见，总焓等于流动工质通过定熵流动过程达到静止状态时的焓，因此又称定熵滞止焓。对应的静止状态称为定熵滞止状态。滞止状态下的参数统称为滞止参数，常以下标"0"注明。定熵滞止状态与实际状态之间的参数关系也可用如图 11-2 所示的 h-s 图表示。

由式(11-9)可知，滞止后流体焓值必然增加，因此温度也会增加。掌握式(11-9)的关系，有助于改进测温理论，减少测温误差。比如，介入式温度探针测量流场温度时，流体绕过探针流动。因为黏性作用，在探针表面上，流体速度为零，相当于滞止状

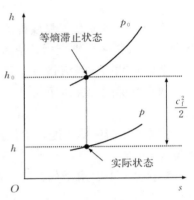

图 11-2　实际状态与滞止状态的关系

态。由于滞止的作用，介入式温度探针的温度将高于流体实际温度。不过，由于滞止层与周围流体的传热，探针温度也不会完全等于定熵滞止温度。但是，如果能掌握实际温度与探针温度和定熵滞止温度之间的关系，则可对实测数据进行修正，获得更准确的测温结果。掌握式(11-9)的关系，还可以在其他工程应用中发挥作用。比如，因摩擦和滞止作用，飞行器外壳温度可能会远高于周围大气的实际温度，某些情况下还可能会出现烧蚀现象，而式(11-9)可以帮助预测烧蚀危险性。

（3）声速与马赫数。

声速或音速，就是声波，通常是微小的压力波，其在特定介质中的传播速度是可压缩介质的一个重要参数，可由理论分析获得计算表达式。为此，假设存在一个如图 11-3 所示的孤立导管，导管的左端有一个可移动活塞，其余部分充满静止的介质。初始时，设导管内静止介质的热力学参数分别为 h，p，ρ，…。某一时刻，活塞突然

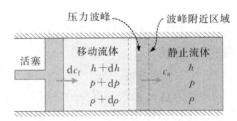

图 11-3　声速分析模型示意图

以一个小的扰动速度 dc_f 向右运动，产生一个向右传播的压力波。压力波经过的区域，介质被压缩，比焓、压强和密度等状态参数变为 $h + dh$，$p + dp$，$\rho + d\rho$，…，并且以与活塞相同的速度向右移动。压力波未到达的区域，介质仍保持静止状态，状态参数也保持不变。

为了进行理论分析，提取压力波附近区域作为控制体，如图 11-3 所示。控制体相对于压力波是静止的。那么，相对于控制体来说，静止介质就是以声速 c_a 从右侧流入控制体，受压力波扰动压缩后的流体则以速度 c_a-dc_f 从左侧流出控制体。短时间内，可以假定声速是恒定的，上述相对运动就是稳定流动。

按照质量守恒原理可以建立连续性方程 $\rho A c_a=(\rho+d\rho)A(c_a-dc_f)$，舍去高阶小量并整理后可得

$$c_a d\rho - \rho dc_f = 0 \tag{11-10}$$

按照式(11-9)，对控制体建立能量守恒方程为 $h+dh+\dfrac{(c_a-dc_f)^2}{2}=h+\dfrac{c_a^2}{2}$，舍去高阶小量并整理后可得

$$dh - c_a dc_f = 0 \tag{11-11}$$

压力波传播速度快，活塞和流体移动速度慢，摩擦等不可逆耗散作用可以忽略不计。那么，控制体内的相对运动也可以看成是定熵流动。又按照稳态稳流开口系统能量方程式 $\delta q=dh+\delta w_t$ 和技术功的定义 $\delta w_t=-vdp$，可得

$$dh = vdp = \frac{dp}{\rho} \tag{11-12}$$

联立式(11-10)—(11-12)，消除 dh 和 dc_f 项，可得声速方程如下：

$$c_a = \sqrt{\left(\frac{\partial p}{\partial \rho}\right)_s} \tag{11-13}$$

式中，下标 s 表示定熵过程，即可逆绝热过程。可见，声速的大小与当地工质的状态有关。截面位置不同，介质的状态有可能不同，当地声速也就有可能不同。

在可压缩流动中，另一个重要的概念是马赫数 M，定义为流体流速和当地声速之比，即

$$M = \frac{c_f}{c_a} \tag{11-14}$$

当流体速度大于当地声速，即 $M>1$ 时，称为超声速流动；当流体速度小于当地声速，即 $M<1$ 时，称为亚声速流动；当流体速度等于当地声速，即 $M=1$ 时，称为声速流动。

第二节　定熵流动分析

通过改变管道截面变化规律可以实现不同的能量转化目的，以满足不同工程应用的要求。喷管和扩压管是常见的工程应用，它们利用渐缩、渐扩或渐缩渐扩的管道实现流体的降压加速或减速增压等多种功能。喷管和扩压管在航空航天、火箭、火力发电等领域中的应用尤其重要。掌握理想气体管内定熵流动规律是理解喷管、扩压管的特性以及设计方法的必要前提。

1)截面速度变化关系

结合式(11-8)与式(11-12)，可得

$$-\frac{\mathrm{d}c_{\mathrm{f}}}{c_{\mathrm{f}}}=\frac{\mathrm{d}p}{\rho c_{\mathrm{f}}^{2}} \tag{11-15}$$

经适当整理，式(11-15)亦可改写成

$$-\frac{\mathrm{d}\rho}{\rho}=c_{\mathrm{f}}^{2}\frac{\mathrm{d}c_{\mathrm{f}}}{c_{\mathrm{f}}}\Big/\frac{\mathrm{d}p}{\mathrm{d}\rho} \tag{11-16}$$

将式(11-16)代入式(11-3)，可得$\dfrac{\mathrm{d}A}{A}=\dfrac{\mathrm{d}c_{\mathrm{f}}}{c_{\mathrm{f}}}\left(c_{\mathrm{f}}^{2}\dfrac{\mathrm{d}\rho}{\mathrm{d}p}-1\right)$。根据声速方程(11-13)及马赫数的定义可知，定熵过程中

$$\frac{\mathrm{d}A}{A}=\frac{\mathrm{d}c_{\mathrm{f}}}{c_{\mathrm{f}}}(M^{2}-1) \tag{11-17}$$

式(11-17)反映了流速变化$\mathrm{d}c_{\mathrm{f}}$和管道截面积变化$\mathrm{d}A$之间的约束关系，是分析喷管或扩压管截面参数变化规律的重要关系式。

喷管是降压、提速的一种管道设备，气体喷管内流体的加速过程还伴随着明显的体积膨胀。基于式(11-17)，不难理解喷管内流速和管道截面积变化规律：亚声速条件下，$M<1$，$\mathrm{d}c_{\mathrm{f}}$和$\mathrm{d}A$异号，为了进一步增加流速，应选择如图11-4(a)所示的渐缩喷管；超声速条件下，$M>1$，$\mathrm{d}c_{\mathrm{f}}$和$\mathrm{d}A$同号，为了进一步增加流速，应选择如图11-4(b)所示的渐扩(或渐放)喷管，即截面积逐渐扩大的管道。所以，当入口为亚声速而出口需要达到超声速时，应选择如图11-4(c)所示的渐缩渐扩喷管，或称为拉瓦尔喷管(Laval nozzle，也有人译为拉阀尔喷管)。拉瓦尔喷管中渐缩段和渐扩段交界处称为喉部截面。流经喉部截面的流速恰好为音速，即喉部截面处马赫数为1。

(a)渐缩喷管　　　　(b)渐扩喷管　　　　(c)渐缩渐扩喷管

图11-4　典型喷管断面变化规律示意图

扩压管的功能与喷管正好相反，是实现降速、提压的一种管道设备。因此，扩压管中流速与管道截面积变化关系也正好相反：亚声速条件下，应选择渐扩管；超声速条件下，应选择渐缩管；从超声速降低至亚声速，应选择拉瓦尔管，即渐缩渐扩管。

2)定比热理想气体定熵关系式

可逆绝热流动过程中，工质的熵值不变。因此，可逆绝热流动过程也就是可逆定熵流动过程。对于定比热理想气体，定熵过程满足以下方程式

$$pv^{\gamma}=常数 \tag{11-18}$$

式中，γ为理想气体绝热压缩系数，或称绝热指数。

对式(11-18)两侧分别进行微分运算，可得微分方程式

$$\frac{\mathrm{d}p}{p} + \gamma \frac{\mathrm{d}v}{v} = 0 \tag{11-19}$$

结合上式，可求得式(11-13)的解析解表达式为

$$c_a = \sqrt{\gamma R_g T} \tag{11-20}$$

式中，R_g 为理想气体常数，γ 为比热容比。

针对定比热理想气体，$h = c_p T$，式(11-9)还可改写为 $c_p T_0 = c_p T + \frac{c_f^2}{2}$，整理后可得

$$T_0 = T + \frac{c_f^2}{2c_p} \tag{11-21}$$

式中，c_p 为定比热理想气体的定压比热容，T_0 和 T 分别代表流体的滞止温度和实际温度。根据定比热理想气体定熵过程关系式，滞止状态下的压力 p_0 和密度 ρ_0 可分别通过如下关系式计算：

$$\frac{p_0}{p} = \left(\frac{T_0}{T}\right)^{\gamma/(\gamma-1)} \tag{11-22}$$

$$\frac{\rho_0}{\rho} = \left(\frac{T_0}{T}\right)^{1/(\gamma-1)} \tag{11-23}$$

【**例题 11-1**】某飞行器如图 11-5 所示，由扩压、压缩和燃烧三段组成，并以 250 m/s 的速度在 5 000 m 的高空飞行，周围环境温度为255.7 K、压力为 54.05 kPa。设空气为理想气体，$c_p = 1.005$ kJ/(kg·K)，$\gamma = 1.4$，在扩压段和压缩段内的流动均为可逆定熵流动。试回答以下问题：（1）扩压段内的滞止压力是多少？（2）如果压缩段滞止增压比达到8，单位质量的空气所消耗的压缩功是多少？

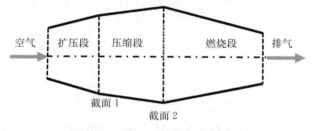

图 11-5 某飞行器纵剖面示意图

【**解**】（1）定熵条件下，扩压段滞止参数不变，滞止温度可按照式(11-21)计算为

$$T_{01} = T_a + \frac{c_{f,a}^2}{2c_{p,a}} = 255.7 + \frac{250^2}{2 \times 1.005 \times 1\,000} = 286.8 \, (\text{K})$$

再按照式(11-22)计算滞止压力为

$$p_{01} = p_a \left(\frac{T_{01}}{T_a}\right)^{\gamma/(\gamma-1)} = 54.05 \times \left(\frac{286.8}{255.7}\right)^{\frac{1.4}{1.4-1}} = 80.77 \, (\text{kPa})$$

（2）由于压缩段滞止增压比已知，故可直接改写式(11-22)，得到压缩段出口(截面2)的滞止温度为

$$T_{02} = T_{01} \left(\frac{p_{02}}{p_{01}}\right)^{(\gamma-1)/\gamma} = 286.8 \times 8^{(1.4-1)/1.4} = 519.5 \, (\text{K})$$

忽略势能变化，按照定熵条件，压缩机功耗等于空气滞止焓的增量，即

$$w_{in} = c_p(T_{02} - T_{01}) = 1.005 \times (519.5 - 286.8) = 233.9(\text{kJ/kg})$$

3）状态参数比与马赫数的关系

针对定比热容理想气体，改写式（11-21）可得

$$\frac{T_0}{T} = 1 + \frac{c_f^2}{2c_pT}$$

考虑到 $c_p = \dfrac{\gamma}{(\gamma-1)}R_g$、$c_a = \sqrt{\gamma R_g T}$ 和 $M = c_f/c_a$，有

$$\frac{T_0}{T} = 1 + \left(\frac{\gamma-1}{2}\right)M^2 \tag{11-24}$$

上式反映了滞止温度与实际温度之比随马赫数的变化规律。利用式（11-22）和式（11-23），还可以得到压力比和密度比的表达式

$$\frac{p_0}{p} = \left[1 + \left(\frac{\gamma-1}{2}\right)M^2\right]^{\gamma/(\gamma-1)} \tag{11-25}$$

$$\frac{\rho_0}{\rho} = \left[1 + \left(\frac{\gamma-1}{2}\right)M^2\right]^{1/(\gamma-1)} \tag{11-26}$$

4）临界参数

跨音速流动中，喉部截面流速等于音速，$M=1$。音速截面上的参数称为临界参数，可用下标"cr"标识，比如临界温度 T_{cr}、临界压力 p_{cr}、临界密度 ρ_{cr}。由式（11-24）—（11-26）可得定比热理想气体定熵流动临界参数比如下：

$$\frac{T_{cr}}{T_0} = \frac{2}{\gamma+1} \tag{11-27}$$

$$\frac{p_{cr}}{p_0} = \left(\frac{2}{\gamma+1}\right)^{\gamma/(\gamma-1)} \tag{11-28}$$

$$\frac{\rho_{cr}}{\rho_0} = \left(\frac{2}{\gamma+1}\right)^{1/(\gamma-1)} \tag{11-29}$$

5）质量流量

管内稳定流动中，任意截面上的质量流量是相同的，可以计算 $\dot{m} = \rho A c_f$。对于任意截面，式（11-21）亦等同于 $c_f = \sqrt{2c_p(T_0 - T)}$。结合式（11-21）—（11-23），可得变截面管道内定比热理想气体定熵流动过程的质量流率为

$$\dot{m} = \rho_0 A \sqrt{2c_pT_0} \left(\frac{p}{p_0}\right)^{1/\gamma} \left[1 - \left(\frac{p}{p_0}\right)^{(\gamma-1)/\gamma}\right]^{\frac{1}{2}} \tag{11-30}$$

进一步，将式（11-25）代入上式可得

$$\dot{m} = \rho_0 A \sqrt{(\gamma-1)c_pT_0}\, M \left[1 + \left(\frac{\gamma-1}{2}\right)M^2\right]^{-\frac{\gamma+1}{2(\gamma-1)}} \tag{11-31}$$

可见，质量流率是随着出口压力的下降或出口马赫数的增加而不断增加的。

6）截面变化规律

因为式（11-31）适用于定熵流动过程的任意截面，因此也适用于临界截面。那么，

两种情况对比可得截面积比为

$$\frac{A}{A_{cr}}=\frac{1}{M}\left[\left(\frac{2}{\gamma+1}\right)\left(1+\frac{\gamma-1}{2}M^2\right)\right]^{(\gamma+1)/[2(\gamma-1)]} \tag{11-32}$$

式中，A_{cr} 为临界截面积，对应的马赫数为 1；A 是任意给定截面的面积，对应的马赫数为 M。式(11-32)可以作为管道截面积设计的理论依据。

图 11-6 给出了理想气体性质假设条件下空气（$\gamma=1.4$）定熵流截面积比 A/A_{cr} 的计算曲线。可以看出，$M=1$ 时截面积比最小，等于 1，即 $A=A_{cr}$，说明临界截面是最小截面。以 $M=1$ 为中心，向两侧扩展，截面积比均不断增加。因此，针对任意大于 1 的截面积比 A/A_{cr}，均对应着两个不同的马赫数，一个小于 1，一个大于 1。这说明对于相同的截面积比，一个位于亚声速区域，一个位于超声速区域。这种变化规律同时也说明，要实现跨声速加速过程，喷管必须是渐缩渐扩型的。

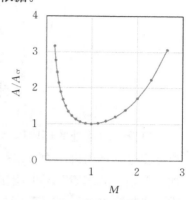

图 11-6　空气定熵流动截面积比

【例题 11-2】CO_2 以 3 kg/s 的质量流率流经一个渐缩渐扩喷管。喷管入口截面处，压力为 1 400 kPa，温度为 200 ℃，动能可以忽略。喷管出口截面处，压力为 200 kPa。假设流动过程为可逆定熵过程，求喉部截面及出口截面的温度、流速和流通面积。计算中 CO_2 可视为理想气体，$c_p=0.846$ kJ/(kg·K)，$\gamma=1.289$，$R_g=0.188\ 9$ kJ/(kg·K)。

【解】由于入口处动能近似等于零，入口状态可视为滞止状态，有

$$T_0=T_1=200+273.15=473.15(K)$$

$$p_0=p_1=1\ 400\ kPa$$

$$\rho_0=\frac{p_0}{R_g T_0}=\frac{1\ 400}{0.188\ 9\times473.15}=15.66(kg/m^3)$$

定熵流动中，各截面滞止参数保持一致。临界参数即喉部截面参数：

$$T_{cr}=T_0\left(\frac{2}{\gamma+1}\right)=473.15\times\left(\frac{2}{1.289+1}\right)=413.41(K)$$

$$\rho_{cr}=\rho_0\left(\frac{2}{\gamma+1}\right)^{1/(\gamma-1)}=15.66\times\left(\frac{2}{1.289+1}\right)^{1/(1.289-1)}=9.82(kg/m^3)$$

由式(11-21)，可得喉部截面流速

$$c_{f,cr}=\sqrt{2c_p(T_0-T_{cr})}=\sqrt{2\times0.846\times(473.15-413.41)\times1\ 000}=317.93(m/s)$$

故喉部截面面积可由连续性方程计算得出，

$$A_{cr}=\frac{\dot{m}}{\rho_{cr}c_{f,cr}}=\frac{3}{9.82\times317.93}=9.61\times10^{-4}(m^2)$$

出口截面处

$$T_e=T_0\left(\frac{p_e}{p_0}\right)^{(\gamma-1)/\gamma}=473.15\times\left(\frac{200}{1\ 400}\right)^{(1.289-1)/1.289}=305.86(K)$$

根据理想气体方程，还有

$$\rho_e = \frac{p_e}{R_g T_e} = \frac{200}{0.188\ 9 \times 305.86} = 3.46 (\mathrm{kg/m^3})$$

于是有出口流速和截面积分别为

$$c_e = \sqrt{2c_p(T_0 - T_e)} = 532.03 (\mathrm{m/s})$$

$$A_e = \frac{\dot{m}}{\rho_e c_{f,e}} = 1.63 \times 10^{-3} (\mathrm{m^2})$$

第三节　渐缩喷管特性

喷管出口所处的环境压力称为背压，不妨用 p_b 表示。如果气体能够在喷管内得到充分膨胀，则出口压力 p_e 等于背压，而且随着背压的降低，喷管出口流速会相应增加。但是，渐缩喷管不可能实现超音速加速过程。所以，当出口达到音速后，气体的进一步膨胀将会受到阻碍，出口压力和背压将会背离。下面将进一步分析渐缩喷管的这一特性。

亚音速入口条件下，对于渐缩管，始终有 $0 \leqslant M \leqslant 1$。当流体静止时，出口流速为零，出口马赫数 $M_e = 0$。按照式（11-25）可知，$\frac{p_0}{p_e} = 1$，说明滞止压力和出口压力相等。这是因为流体是静止的，不可能有流动压降。这时，不仅整个喷管内的压力是均匀的，必然也有 $p_b = p_e = p_0$。压力分布如图 11-7 中的水平线 $1a$ 所示。

当出口马赫数 $M_e > 0$ 时，出口流速亦大于零。按照式（11-25）可知，$\frac{p_0}{p_e} > 1$。而且，马赫数 M_e 越大，$\frac{p_0}{p_e}$ 也越大。这说明：随着出口压力的下降，出口流速不断增加。此时，如果 $M_e \leqslant 1$，出口没有受到阻碍，出口压力与背压仍然保持一致，即 $p_e = p_b$，整个喷管内的压力分布如图 11-7 中的曲线 $1b$ 或 $1c$ 所示。但是，渐缩喷管中的马赫数不可能大于 1。所以，上述特性仅适用于 $0 < M_e \leqslant 1$ 的范围。而且，在 $M_e = 1$ 时，$p_b = p_{cr}$。

当背压下降到低于临界压力，即 $p_b < p_{cr}$ 时，出口压力就不再和背压保持一致。关于这一点，

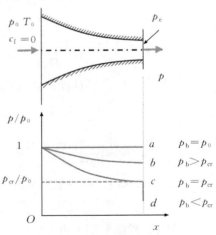

图 11-7　背压对于渐缩喷管压强分布的影响示意图

还可以用反证法证明：如果出口压力仍和背压保持一致，必然有 $p_e < p_{cr}$，那么，按照前面的分析，或者按照式（11-25）和式（11-28）描述的关系，就必然有出口马赫数 $M_e >$

1。这与渐缩喷管的特性不一致。所以，$p_b < p_{cr}$ 时，出口压力不再变化，始终保持 $p_e = p_{cr}$，出口参数为临界参数。此时，在出口截面外侧，流体压力由 p_e 陡降至 p_b，如图 11-7 中的 cd 线所示，这种流动现象也称作阻塞流。如果希望不出现这种障碍实现跨声速加速过程，只能采用渐缩渐扩喷管，使工质出口前得到充分膨胀。

在 $M_e \leqslant 1$ 的范围内，$p_e = p_b$，依据式（11-30）可绘制直角坐标系中质量流量、出口压力比 $\dfrac{p_e}{p_0}$ 与背压比 $\dfrac{p_b}{p_0}$ 的关系曲线。$\dfrac{p_b}{p_0} = 1$ 时，喷管进出口无压差，质量流量 $\dot{m} = 0$，如图 11-8 中 a 点所示，对应的 $M_e = 0$。当 $p_b > p_{cr}$ 时，随着背压的下降，背压比 $\dfrac{p_b}{p_0}$ 下降，出口压力比 $\dfrac{p_e}{p_0}$ 也下降，如图中线段 abc 所示。与此同时，质量流量和 M_e 亦不断增加。但是，当背压下降至临界压力，即当 $\dfrac{p_b}{p_0} = \dfrac{p_{cr}}{p_0}$ 时，$M_e = 1$。此后，继续降低背压，出口压力 p_e 不再变化，$\dfrac{p_e}{p_0} = \dfrac{p_{cr}}{p_0}$ 的关系保持不变，质量流量 $\dot{m}$ 也就保持不变，如图中线段 cd 所示。

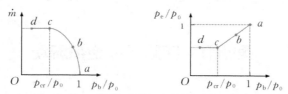

图 11-8　渐缩喷管特性与背压的关系示意图

【例题 11-3】空气流过一个出口截面为 $0.001\ m^2$ 的渐缩型喷管，入口处的动能可以忽略，温度和压力分别为 360 K 和 1.0 MPa。假设流动过程为可逆绝热过程，空气为理想气体，气体常数 $R_g = 287\ J/(kg \cdot K)$、比热比 $\gamma = 1.4$。试问：当出口环境压力分别为 500 kPa 和 784 kPa 时，喷管出口流量和马赫数分别为多少？

【解】首先比较背压和临界压力，确定喷管出口是否发生阻塞现象。由于不计喷管入口动能，则入口状态可视作滞止状态。由式（11-25）可知，喷管的临界压力为

$$p_{cr} = p_0 \left(\frac{2}{\gamma + 1} \right)^{\gamma/(\gamma-1)} = 1.0 \times \left(\frac{2}{1.4 + 1} \right)^{1.4/(1.4-1)} = 0.528 (MPa) = 528 (kPa)$$

背压 $p_b = 500\ kPa$ 时，$p_b < p_{cr}$，喷管出现阻塞现象。此时，出口马赫数 $M = 1$，出口压力 $p_e = p_{cr} = 528\ kPa$。应用式（11-24）可得出出口温度

$$T_e = T_0 \left(\frac{2}{\gamma + 1} \right) = 360 \times \left(\frac{2}{1.4 + 1} \right) = 300 (K)$$

由于 $M = 1$，出口速度即为当地声速

$$c_{fe} = c_a = \sqrt{\gamma R_g T_e} = \sqrt{1.4 \times 287 \times 300} = 347.2 (m/s)$$

出口流量则为

$$\dot{m}_e = \rho_e A_e c_{fe} = \frac{p_e}{R_g T_e} A_e c_{fe} = \frac{528 \times 10^3}{287 \times 300} \times 0.001 \times 347.2 = 2.13 (\text{kg/s})$$

背压 $p_b = 784$ kPa 时，$p_b > p_{cr}$，喷管不出现阻塞现象。此时，出口压力 $p_e = p_b = 784$ kPa。考虑到喷管流动为定熵过程，喷管各截面压力满足式(11-25)，改写后可用来计算出口马赫数

$$M_e = \left\{ \frac{2}{\gamma - 1} \left[\left(\frac{p_0}{p_e} \right)^{(\gamma-1)/\gamma} - 1 \right] \right\}^{1/2} = \left\{ \frac{2}{1.4 - 1} \left[\left(\frac{1\,000}{784} \right)^{(1.4-1)/1.4} - 1 \right] \right\}^{1/2} = 0.6$$

同样，根据式(11-24)，可得出口温度

$$T_e = \frac{T_0}{1 + \left(\frac{\gamma - 1}{2} \right) M^2} = \frac{360}{1 + \left(\frac{1.4 - 1}{2} \right) \times 0.6^2} = 335.8 (\text{K})$$

根据声速方程 $c_a = \sqrt{\gamma R_g T}$，可得出口流速

$$c_{fe} = M c_{ae} = M \sqrt{\gamma R_g T_e} = 0.6 \times \sqrt{1.4 \times 287 \times 335.8} = 220.4 (\text{m/s})$$

最后，由连续性方程可得质量流量

$$\dot{m}_e = \rho_e A_e c_{fe} = \frac{p_e}{R_g T_e} A_e c_{fe} = \frac{784 \times 10^3}{287 \times 335.8} \times 0.001 \times 220.4 = 1.79 (\text{kg/s})$$

第四节　实际气体绝热流动

前几节主要讨论了流体在管内的定熵流动规律，并重点讨论了理想气体流动规律的计算。然而，实际气体与理想气体性质有偏差。而且，实际流动过程中，摩擦作用总是存在的，绝热过程不是定熵过程。本节将介绍实际气体流动规律的简化计算方法，并讨论摩擦作用对喷管流动规律的影响及处理方法。

1)实际气体定熵流动

实际气体状态方程不同于理想气体状态方程，也没有固定的比热和比热比，但能量守恒原理仍然适用。如果完全按照实际气体性质进行分析，很难得到通用的理论分析解。为了简化工程计算，通常以经验的平均比热比数值代替实际数值，确定临界压力比。

蒸汽是重要的实际气体工质。在喷管分析中，当初态为过热蒸汽时，经验比热比 γ 值取 1.3；当初态为饱和蒸汽时，经验比热比 γ 值取 1.135。

确定临界压力比以后，可以根据进口压力和背压确定出口压力或选择喷管或扩压管的类型。在已知进、出口压力的前提下，仍然可以按照能量守恒原理进行速度计算，但其中涉及的物性参数需使用实际气体性质参数。

上述分区是比较粗糙的，存在较大的误差。如果有更准确的分区实验数据，计算会更准确。

2)摩擦效应

应该不难理解,喷管或扩压管实际上也是一种能量转换设备。喷管将流动工质的焓降转化为流动工质的动能,同时伴随压力的降低。扩压管则相反,将流动工质的动能转换为焓增,同时伴随压力的提高。对于能量转换设备来说,能量转换效率是一个重要的指标。下面以喷管为例讨论摩擦对能量转换效率的影响。

摩擦将导致做功能力的损失,将一部分动能转换成摩擦热,加热流动工质,使工质的熵增加。因此,有摩擦的绝热流动过程是非定熵绝热过程,是熵增过程。可逆绝热过程是定熵绝热过程,没有有用能的损失。但是,纯粹从能量守恒的角度分析,如果假设进口为滞止状态,则不管喷管内的流动过程是定熵绝热还是非定熵绝热,喷管出口动能总是等于工质的焓降。如果进口不是滞止状态,则焓降总是等于工质进出口动能的增加量。总之,喷管内的焓降始终是能量转换的总量。

定熵流动过程中没有有用能的损失,喷管流动过程中能获得的动能增量最大。因此,理想的焓降Δh_{id}就是定熵过程的焓降。假设入口为滞止状态,则$\Delta h_{id}=h_0-h_s$,其中h_0为滞止焓,h_s为定熵过程出口焓,如图11-9所示。图中,p_0代表滞止压力,p_e表示出口压力,1为入口状态点,2为定熵绝热流动出口状态点。此时,出口动能$c_{fs}^2/2=\Delta h_{id}$。

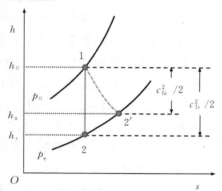

图 11-9 喷管流动热力过程焓熵图

有摩擦的绝热流动过程中,工质的熵将增加,如图11-9中1-2′过程线所示。在相同的出口压力下,出口工质的比焓h_a比定熵条件下的出口比焓h_s大,从而导致喷管内膨胀过程的实际焓降$\Delta h_a=h_0-h_a$小于定熵过程焓降Δh_{id}。那么,实际出口动能$c_{fa}^2/2=\Delta h_a$自然也就比定熵绝热流动出口动能低。因此,可以定义如下的效率来评价实际喷管的性能:

$$\eta_s=\frac{\Delta h_a}{\Delta h_{id}}=\frac{c_{fa}^2/2}{c_{fs}^2/2} \tag{11-33}$$

η_s习惯上称为定熵效率。

有时,人们也习惯用流速系数来评价喷管的性能,它的定义是:实际喷管出口处的流速与定熵喷管同截面上的流速之比。也就是说

$$\xi=\frac{c_{fa}}{c_{fs}} \tag{11-34}$$

从式(11-33)、式(11-34)不难看出它们是相关的,$\eta_s=\xi^2$。

常见喷管的效率在90%~99%之间。一般来说,具有较大截面积、直轴线的喷管具有较高的喷管效率。影响喷管效率的主要因素包括边界层引起的摩擦效应、流通截面积的剧变等。

思考题

1. 音速是一个固定值吗？什么是当地音速？什么是马赫数？

2. 喷管及扩压管的基本特征分别是什么？

3. 为什么渐放型管道也能使气流加速？对液体也有加速效果吗？

4. 消防水枪为什么要做成渐缩型的？

5. 水切割机的水枪应该是什么类型的管道？可以设计成渐缩渐放型的吗？为什么？

6. 高超音速飞行器的发动机气体工质通道应该设计成什么类型的？

7. 喷射式压缩机的工作原理是什么？

8. 引射泵的工作原理是什么？适用于什么场合？

9. 气体引射器的工作原理是什么？能否在消防中发挥安全保障的作用？

10. 自然通风冷却塔为什么做成渐缩型的？对提高冷却效率有什么帮助？

11. 烟囱是等截面管道好还是渐缩型的好？为什么？

12. 水击现象是什么原因产生的？有些自来水管，在关闭水龙头的时候会触发水管的震动和剧烈的响声，这是什么原因造成的？液压系统中有没有可能出现类似的现象？

13. 蒸汽压缩式制冷或热泵系统中，有时采用毛细管实现节流，试问毛细管内的流量是否有上限？还是随着进出口压差的增加而成线性关系增加？为什么？

14. 当临界压力高于背压时，渐缩喷管出口气流在大气中是否会进一步加速？高速气流的动能最后是如何耗散的？

15. 火焰喷射器喷出的火焰为什么通常是成渐扩型的？

16. 对于理想气体及水蒸气，在分析计算它们的流动问题时，有什么相同点与不同点？

17. 定熵绝热和非定熵绝热流动有什么区别？稳定情况下，定熵绝热和非定熵绝热流动过程的滞止焓在整个管道内均保持为常数，那么差别体现在什么地方？

18. 设 h_0 表示滞止比焓，h_2 表示出口比焓，无论有无摩擦损耗，只要是绝热流动，喷管的流出速度同样可用 $c_{f2}=\sqrt{2(h_0-h_2)}$ 来计算，似乎与无摩擦损耗时相同，那么，摩擦损耗表现在哪里？

19. 在非绝热流动情况下，管内流动滞止焓如何变化？吸热时，滞止焓是增加还是减少？放热时又如何？

练习题

1. 设空气比热容 $c_p=1.146$ kJ/(kg·℃)，气体常数 $R_g=0.287$ kJ/(kg·℃)。试问：温度为 750 ℃、流速为 520 m/s 的空气流，是亚音速气流还是超音速气流？它的马赫数是多少？

2. 设一陨石坠入大气层后某时刻的坠落速度为 1 100 m/s，当地大气压力为 70 Pa，温度为 200 K，求陨石下落的马赫数以及定熵滞止温度与压力。

3. 空气流经渐缩喷管出口截面时，其马赫数为 1，压力 $p_2 = 0.2$ MPa，温度 $t_2 = 34\ ℃$。若喷管出口截面积 $A_2 = 0.4\ cm^2$，求流经喷管的空气质量流量。

4. 压力 $p_1 = 0.2$ MPa、温度 $t_1 = 35\ ℃$ 的空气流入一扩压管，经定熵流动扩压后，压力提高到 $p_2 = 0.4$ MPa，试问：空气进入扩压管时的最小流速是多少？

5. 压力为 7.664×10^5 Pa、温度为 27 ℃ 的空气经渐缩喷管向外射出。若喷管内的流动是可逆绝热的，且忽略进口动能，试求外界压力为 4.923×10^5 Pa 时的出口流速。

6. CO_2 气体进入渐缩喷管时流速为 80 m/s，压力为 0.6 MPa，温度为 451 K。若流动为定熵绝热流动，喷管背压 $p_b = 0.34$ MPa，质量流量 $\dot{m} = 1.5$ kg/s，比热容取定值 $c_p = 855$ J/(kg·K)，气体常数 $R_g = 189$ J/(kg·K)，试求气体出口流速及喷管出口截面积。

7. 空气在渐缩喷管做定熵绝热流动。已知进口截面上空气参数为 $p_1 = 0.55$ MPa、$t_1 = 650\ ℃$、$c_{f1} = 333$ m/s，出口截面积 $A_2 = 25\ cm^2$，试求最大质量流量及其对应的背压。设空气比热容 $c_p = 1.125$ kJ/(kg·℃)，气体常数 $R_g = 0.287$ kJ/(kg·℃)。

8. 某缩放型喷管进口截面积 $A_1 = 2.4 \times 10^{-3}\ m^2$。空气在该喷管做定熵绝热流动，质量流量 $\dot{m} = 2$ kg/s，进口截面压力和温度分别为 $p_1 = 0.68$ MPa、$T_1 = 460$ K，出口截面压力 $p_2 = 0.14$ MPa。设空气可视为理想气体，比热容 $c_p = 1\ 004$ J/(kg·K)，气体常数 $R_g = 287$ J/(kg·K)，试求喉部截面积、出口截面积和出口流速。

9. 滞止压力为 0.7 MPa、滞止温度为 400 K 的空气可逆绝热地流过一渐缩型喷管。在截面面积为 $2.5 \times 10^{-3}\ m^2$ 处，气流的马赫数为 0.7。若喷管背压为 0.3 MPa，试求喷管出口截面面积。

10. 某压缩空气储气罐内冬天平均温度为 6 ℃，夏天平均温度为 25 ℃。如果储气罐内压力相同，作为气源连接喷管产生高速气流，试计算绝热定熵流动条件下，夏天和冬天喷管出口流速的比值。

11. 水蒸气由初态参数 17.69×10^5 Pa、450 ℃，经渐缩喷管外射，喷管的出口截面为 200 mm^2。若流动为定熵绝热流动，且忽略初始动能，求当外界压力为 11.8×10^5 Pa 时的蒸汽喷射速度与流量。

12. 水蒸气的初态参数为 3 MPa、440 ℃，经调节阀节流后压力降至 2.1 MPa，再进入一缩放型喷管内定熵绝热流动，出口处压力为 1.1 MPa，质量流量为 11 kg/s，喷管入口处的动能可忽略。求：(1)喷管出口处的流速及温度；(2)喷管出口及喉部截面积；(3)将整个过程表示在 h-s 图上。

13. 压力为 6×10^5 Pa、温度为 27 ℃ 的空气经渐缩喷管向外射出。如果忽略进口动能，且喷管效率为 0.85，试求外界压力为 3.5×10^5 Pa 时的出口流速。

14. 某混合气体的折合气体常数为 $R_g = 0.318\ 3$ kJ/(kg·K)、定压比热为 $c_p = 1.159$ kJ/(kg·K)，以 500 ℃、0.65 MPa 及 12 m/s 的速度流入一渐缩渐扩型喷管，

若喷管背压 $p_b=0.24$ MPa，速度系数为 0.93，喷管出口截面积为 $A_2=2\ 500$ mm^2，求：(1)喷管流量；(2)环境温度为 300 K 时，摩擦引起的做功能力损失。

15. 滞止参数为 5 MPa、350 ℃的水蒸气经一渐缩渐扩型喷管射入压力为 2 MPa 的空间。若蒸汽流量为 3 kg/s，且在喷管出口处已充分膨胀，考虑摩阻损失，取定熵效率为 0.88，试求出口流速及喷管出口截面积。

16. 某空气引射泵扩压段入口参数为 $p_1=0.99$ bar、$t_1=60$ ℃、$c_1=50$ m/s，扩压后出口流速为 10 m/s。试问：(1)如果扩压管内流动为绝热定熵流动，扩压管出口处气体的压力和温度是多少？(2)如果扩压管的效率为 0.87，扩压管出口处气体的压力和温度又是多少？

第十二章　动力与热泵循环

动力循环是实现热功转换的循环，从高温热源获取热量，将其中的一部分转化为功，同时也必然有一部分热量排向低温热源。常见的动力循环有内燃机循环、蒸汽动力循环、燃气轮机循环，可分别用作机车动力、发电驱动装置、飞行器动力装置等。热泵循环则消耗一定的动力，实现从低温热源取热，向高温热源放热，工程上既可用于供热，也可用于制冷。动力循环和热泵循环过程中，工质的状态变化过程在 $p\text{-}V$ 图或 $T\text{-}s$ 图上均可用一条封闭的曲线来表示。但是，动力循环中，工质的状态变化轨迹是沿顺时针方向进行的。而热泵循环中，工质的状态变化轨迹是沿逆时针方向进行的。本章将简要介绍往复式内燃机循环、蒸汽动力循环、燃气轮机循环和蒸汽压缩式热泵循环的热力过程及其基础理论。

第一节　往复式内燃机循环

往复式内燃机是一种应用广泛的车用动力装置，基本结构如图 12-1 所示。它的工作原理是低压空气首先通过进气门吸入缸内，经压缩变成高压气体；接着，注入预混的汽油、柴油或天然气等燃料，燃料在高压气体中燃烧释放热量，使之在高压下膨胀，进而推动活塞运动做功；膨胀后的低压气体又在活塞推动下经排气门排出。气体膨胀时对活塞的做功将通过曲轴连杆机构输出。由于曲轴上飞轮的储能作用，膨胀过程结束后，在曲轴连杆机构的带动下，活塞将自动完成循环中的排气、进气、压缩过程。进、排气门也会在正时机构的控制下配合活塞的运动适时开启和关闭。

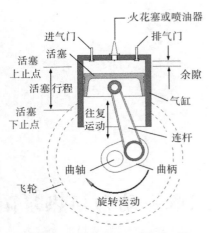

图 12-1   往复式内燃机结构示意图

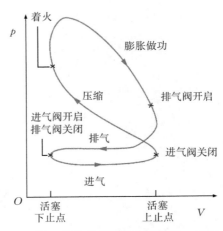

图 12-2   往复式内燃机实际循环 *p*-*V* 图

一、实际循环与理想循环

内燃机循环中，燃料可以在进气之前与空气进行预混合，也可以向缸内直喷。着火方式有点燃式和压燃式。比如，汽油机一般是点燃式的，通常是当压缩过程活塞运动到接近上止点位置时，通过火花塞点火使燃料-空气的混合气起燃。柴油机一般是压燃式的。由于压缩过程气体温度升高，当活塞运动到接近上止点位置时，混合气自动着火起燃。燃料在缸内的燃烧过程也就是对工质的加热过程。受流动阻力、扩散阻力、燃烧滞后、有限的火焰传播速度、摩擦耗散等多种不可逆因素的影响，实际循环过程十分复杂。图 12-2 中的循环过程曲线仅仅是一个示意性的描述。借助现代实验和仿真技术，人们对内燃机工作过程有了更清楚的认识，但是，准确描述仍然是一个极具挑战性的问题。

虽然内燃机的实际工作过程是复杂的，但在适当的假设下，可以建立一个理想的模型，不仅便于分析，而且可以近似反映实际循环的基本特征和定量关系。掌握理想循环模型及其分析方法可为今后进一步深入学习内燃机知识奠定基础。下面列出了内燃机理想循环的几条基本假设：

(1)工质为纯粹的空气，可当成理想气体，质量固定，比热容取定值；

(2)燃烧升温过程视为外部热源对工质的加热过程；

(3)忽略进、排气过程中工质的各种流动阻力，两个过程中的压力均保持不变且完全等于外界压力，因此整个进、排气过程净能耗为零，即获得的功和消耗的功相互抵消，可以等效地用定容放热过程代替；

(4)循环中所有过程都是内部可逆的。

基于上述假设，实际内燃机循环可近似地由闭式的、可逆的理想循环来代替。接下来，本节将介绍三种典型的往复式内燃机理想循环模型，并针对各理想循环的性能和影响因素进行定性的分析讨论。

二、奥托循环

奥托循环(Otto cycle)，也称为定容加热循环，最重要的一条假设是将燃烧过程理想化为一种定容加热过程，即假设在活塞到达上止点时刻开始燃烧放热，整个燃烧过程几乎是在一瞬间完成，燃烧期间活塞的位移可以忽略不计。例如，点燃式内燃机中，由于燃料挥发性好、预混合充分、燃烧速度快，持续时间短，燃烧过程中活塞的位移小，所以燃烧过程可以近似看成是定容加热过程。如图 12-3 所示，定容加热理想循环由如下四个可逆过程组成：

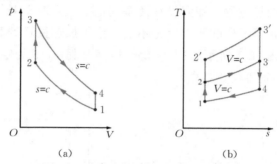

图 12-3 定容加热理想循环过程的 *p-V* 图和 *T-s* 图

过程 1-2：定熵压缩过程，对应于活塞由下止点运动至上止点的过程；
过程 2-3：定容加热过程，对应于混合气的燃烧过程；
过程 3-4：定熵膨胀过程，对应于活塞由上止点运动至下止点的过程；
过程 4-1：定容放热过程，是从排气开始至吸气结束期间的一种理想化等效过程。
影响定容加热循环性能的两个重要参数是定熵压缩比 ε 和定容升压比 λ，其定义分别为

$$\varepsilon = \frac{V_1}{V_2} \tag{12-1}$$

$$\lambda = \frac{p_3}{p_2} \tag{12-2}$$

定熵压缩比 ε 越大，压缩以后的温度就越高，加热过程 2-3 中的平均吸热温度就越高。例如，图 12-3(b)中，过程 1-2′ 的压缩比就比过程 1-2 的大，因此过程 2′-3′ 的平均吸热温度就比过程 2-3 的平均吸热温度高。回顾前面的知识，*T-s* 图上过程曲线下面的面积就代表了单位质量工质在该过程中的吸热量或放热量。那么，如果定容放热过程 4-1 保持不变，单位质量的工质在放热过程中放出的热量 q_2 就会保持不变。此时，平均吸热温度越高，加热过程中吸收的热量 q_1 就越大。因此，按照热效率的计算式 $\eta_t = 1 - \frac{q_2}{q_1}$，定熵压缩比 ε 越大，热效率越高。经过理论推导，定容加热理想循环的热效率为

$$\eta_t = 1 - \frac{1}{\varepsilon^{\gamma-1}} \tag{12-3}$$

定容加热升压比 λ 越大，则在压缩过程 1-2 保持不变的情况下，p-V 图上封闭曲线 12341 所包围的面积越大，说明单位质量的工质完成一个循环输出的净功越大，也就意味着发动机的功率越高。

三、狄塞尔循环

狄塞尔循环(Diesel cycle)，也称为定压加热循环，最重要的一条假设是将燃烧过程理想化为一种定压加热过程，即假设在活塞到达上止点时刻开始燃烧放热，整个燃烧过程持续一段时间，但工质的压力保持不变。定压加热循环的其他过程假设与定容加热循环的相同，如图 12-4 所示，1-2 为定熵压缩过程，2-3 为定压加热过程，3-4 为定熵膨胀过程，4-1 为定容放热过程。

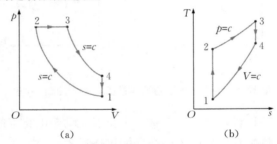

图 12-4 定压加热理想循环过程的 *p-V* 图和 *T-s* 图

影响定压加热循环性能的两个重要参数是定熵压缩比 ε 和定压膨胀比 ρ，后者的定义为

$$\rho = \frac{V_3}{V_2} \tag{12-4}$$

与定容加热循环相似，定熵压缩比 ε 越大，平均吸热温度越高，效率也越高。不过，定压加热循环的热效率不仅受压缩比的影响，也受定压膨胀比的影响。经理论分析推导，热效率可表示为

$$\eta_t = 1 - \frac{\rho^{\gamma}-1}{\gamma\varepsilon^{\gamma-1}(\rho-1)} \tag{12-5}$$

定熵压缩比 ε 和定压膨胀比 ρ 越大，p-V 图上封闭曲线 12341 所包围的面积越大，则单位质量的工质完成一个循环输出的净功越大，也就意味着发动机的功率越高。

四、混合加热循环

在某些压燃式内燃机中，燃料喷射略有提前，以至于一部分燃料在压缩行程结束之前已经燃烧。因此，整个燃烧过程更加适合描述为定容加热和定压加热过程的组合。这种采用组合加热模型的理想循环称为混合加热循环(dual cycle)，如图 12-5 所示。

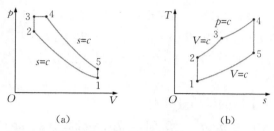

图 12-5　混合加热理想循环过程的 *p-V* 图和 *T-s* 图

混合加热循环中，除了压缩比 ε 和定压膨胀比 ρ，影响循环性能的特征参数还包括定容增压比 λ，定义为

$$\lambda = \frac{p_3}{p_2} \tag{12-6}$$

理论热效率为

$$\eta_t = 1 - \frac{\lambda \rho^\gamma - 1}{\varepsilon^{\gamma-1}\left[(\lambda-1) + \gamma\lambda(\rho-1)\right]} \tag{12-7}$$

【例题 12-1】假设奥托循环、狄塞尔循环和混合加热循环的最低温度、最高温度和压缩比均相同，分别为 30 ℃、1 500 ℃ 和 11，混合加热循环的定容增压比 $\lambda_m = 1.5$，工质可视为定比热理想气体，$c_p = 1.004$ kJ/(kg·℃)，绝热指数 $\gamma = 1.4$，试通过计算对比三个循环的热效率和做功能力。

【解】根据压缩比和进气温度计算定熵压缩过程终态温度为

$$T_2 = T_1 \varepsilon^{\gamma-1} = (30 + 273.15) \times 11^{(1.4-1)} = 791(\text{K})$$

定容加热循环的定容增压比 λ_v 和定压加热循环的定压膨胀比 ρ_p 相等，计算为

$$\lambda_v = \rho_p = \frac{T_3}{T_2} = \frac{1\,500 + 273.15}{791} = 2.24$$

混合加热循环的定压膨胀比则为

$$\rho_m = \frac{\rho_p}{\lambda_m} = \frac{2.24}{1.5} = 1.49$$

三个循环的热效率分别计算如下：

$$\eta_{t,v} = 1 - \frac{1}{\varepsilon^{\gamma-1}} = 1 - \frac{1}{11^{(1.4-1)}} = 0.617$$

$$\eta_{t,p} = 1 - \frac{\rho_p^\gamma - 1}{\gamma \varepsilon^{\gamma-1}(\rho_p - 1)} = 1 - \frac{2.24^{1.4} - 1}{1.4 \times 11^{(1.4-1)} \times (2.24-1)} = 0.538$$

$$\eta_{t,m} = 1 - \frac{\lambda_m \rho_m^\gamma - 1}{\varepsilon^{\gamma-1}\left[(\lambda_m-1) + \gamma\lambda_m(\rho_m-1)\right]}$$

$$= 1 - \frac{1.5 \times 1.49^{1.4} - 1}{11^{(1.4-1)}\left[(1.5-1) + 1.4 \times 1.5 \times (1.49-1)\right]} = 0.594$$

定容比热 $c_v = c_p/\gamma = 0.717$ kJ/(kg·℃)。三个循环单位质量工质的吸热量分别为

$$q_{1,v} = c_v(T_3 - T_2) = 0.717 \times (1\,500 + 273.15 - 791) = 704(\text{kJ/kg})$$

$$q_{1,p}=c_p(T_3-T_2)=1.004\times(1\,500+273.15-791)=986(\text{kJ/kg})$$

$$q_{1,m}=c_v(T_3-T_2)+c_p(T_4-T_3)=c_v(\lambda_m T_2-T_2)+c_p(T_4-\lambda_m T_2)$$

$$=0.717\times(1.5-1)\times791+1.004\times(1\,500+273.15-1.5\times791)$$

$$=873(\text{kJ/kg})$$

三个循环单位质量工质的做功量分别为

$$w_{0,v}=\eta_{t,v}q_{1,v}=0.617\times704=434.4(\text{kJ/kg})$$

$$w_{0,p}=\eta_{t,p}q_{1,p}=0.538\times986=530.5(\text{kJ/kg})$$

$$w_{0,m}=\eta_{t,m}q_{1,m}=0.594\times873=518.6(\text{kJ/kg})$$

可见 $\eta_{t,v}>\eta_{t,m}>\eta_{t,p}$，$w_{0,p}>w_{0,m}>w_{0,v}$，即热效率高的，做功能力小。

【例题 12-2】两理想内燃机循环 A(1-2-4-5-1)和 B(1-2-3-4-5-1)如图 12-6(a)所示。试将循环 A 和 B 表示在 T-s 图上，并比较 η_A 与 η_B 的大小。

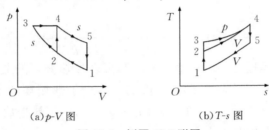

(a)p-V 图   (b)T-s 图

图 12-6　例题 12-2 附图

【解】结合多变过程相关规律，两循环在 T-s 图上的表示如图 12-6(b)所示。

比较图 12-6(b)中两循环可以看到，两循环的放热过程均是从点 5 到点 1 的定容放热，故两循环的平均放热温度 $\overline{T}_L$ 相同。从 T-s 图可以明显看到，循环 B 的平均吸热温度 $\overline{T}_{HB}$ 较循环 A 的平均吸热温度 $\overline{T}_{HA}$ 高，故根据

$$\eta_t=1-\frac{\overline{T}_L}{\overline{T}_H}$$

可得到

$$\eta_{tA}<\eta_{tB}$$

第二节　朗肯循环和布雷顿循环

朗肯循环(Rankine cycle)是以水蒸气为工质的一种循环。现代蒸汽动力循环以朗肯循环为主。基本朗肯循环是由 19 世纪苏格兰工程师威廉·郎肯(William Rankine)提出来的。现代蒸汽动力循环有很多改进，使得效率大幅提高，广泛用于热力发电，如煤电、核电等。布雷顿循环(Brayton cycle)是以气体为工质的循环，是由 19 世纪美国工程师乔治·布雷顿(George Brayton)提出来的。燃气轮机循环就是布雷顿循环，常用

作发电动力循环和飞行器动力循环，如涡喷或涡扇式发动机循环。

一、有过热的、理想的基本朗肯循环

水是朗肯循环中最常用的工作流体，因此，朗肯循环有时也称为蒸汽动力循环。理想基本朗肯循环由四个过程组成，分别在四个设备内完成：泵、蒸汽发生器、汽轮机和冷凝器。系统布局如图 12-7 所示。该系统中，锅炉和过热器就是蒸汽发生器。理想基本朗肯循环有如下四个过程：

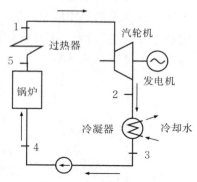

图 12-7　简单的蒸汽动力循环装置原理图

过程 1-2：蒸汽在汽轮机中的定熵膨胀过程；

过程 2-3：湿蒸汽在冷凝器中的定压放热和冷凝过程；

过程 3-4：水在水泵中的定熵压缩和加压过程；

过程 4-1：水在锅炉和过热器内的定压加热过程。

下面将对上述理想循环模型做一简要说明。实际蒸汽动力循环装置中，汽轮机的功率密度大，因此表面散热量相对较小，过程 1-2 可以近似看成是绝热的。如果不考虑摩擦等不可逆因素，过程 1-2 可进一步理想化为定熵膨胀过程。汽轮机排出的蒸汽（2）一般是湿蒸汽状态。因此，蒸汽（2）进入冷凝器后是在湿饱和状态下被冷凝。如果忽略冷凝器内工质的流动阻力，也就可以忽略它的流动压降。那么，冷凝过程是定压过程。按照纯物质饱和压力与饱和温度的单调函数关系，工质水在冷凝过程 2-3 中的温度也不会变化。冷凝器排出的水（3）是液态水，近似是饱和水状态。饱和水经过水泵加压后达到未饱和水状态点（4），然后流入锅炉。加压过程中，因为液态水的可压缩性小，比体积的变化可以忽略不计。因此，水泵加压过程对水所做的压缩功也可以忽略不计。如果忽略摩擦和散热作用，水的加压过程也可以理想化为可逆绝热过程。加压过程中，没有热交换、摩擦耗散和容积功，水的热力学能和温度几乎不变。高压水流入锅炉后，如果同样忽略流动过程的摩擦阻力，水在锅炉和过热器中的加热过程也可以理想化为定压加热过程。定压加热过程中，首先由未饱和水（4）变为饱和水（4′），然后由饱和水变为饱和蒸汽（5），最后由饱和蒸汽变为过热蒸汽（1），回到汽轮机入口状态，从而完成一个完整的循环。

理想基本蒸汽动力循环在 T-s 图上的过程曲线如图 12-8 所示。需要说明的是，图 12-8 中的过程曲线不是定量的描述，只能是定性的。实际情况下，状态点 4 和 3 的温差很小，如果按照比例绘图，两点几乎重叠，不利于定性表达。另外，状态点 4′ 未在图 12-7 中标明，这是锅炉内部某一局部位置的工质状态点。

按照图 12-8，可以对理想基本蒸汽动力循环的性能进行定性的分析。针对单位质量的工质，每一循环中，吸热过程 4-1 吸收的热量 $q_1 =$ 面积 $44'51764$，放热过程放出

的热量 q_2＝面积 32763。那么，循环净功 $w_0=q_1-q_2$＝面积 12344'51。很明显，当冷凝温度降低时，放热量 q_2 将减小。冷凝温度与冷却效率和冷却水温均有关系。冷却水温越低，冷凝温度越低。冷却水量和换热面积越大，冷却效果就越好，冷凝温度也会降低。锅炉内的工作压力越高，则汽化温度越高，吸热过程 44'51 的平均温度就越高，吸热量 q_1 也就越大。提高锅炉内的工作压力，改善冷凝器的冷却效果，均有利于提高蒸汽动力循环的热效率。

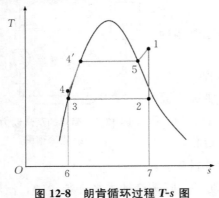

图 12-8　朗肯循环过程 T-s 图

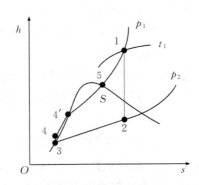

图 12-9　朗肯循环过程 h-s 图

理想基本蒸汽动力循环过程也可描述在焓熵图上，如图 12-9 所示。此时，如果水的 h-s 图可用，循环性能可以很容易地计算出来。

二、理想基本布雷顿循环

基本布雷顿循环系统包含一个压气机、一个燃烧室和一个燃气轮机，如图 12-10 所示。布雷顿循环中的工作流体是空气和其燃烧气体，因此，布雷顿循环有时也称为燃气轮机循环。理想基本布雷顿循环由如下四个基本热力过程所组成，其中三个过程在装置内实现，另一个过程在大气中实现：

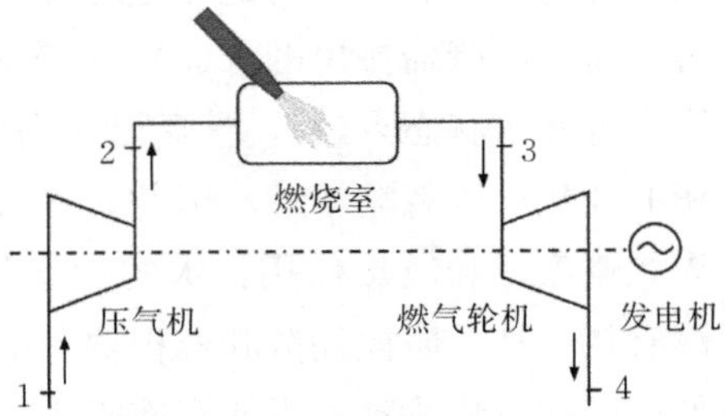

图 12-10　布雷顿循环装置原理图

过程 1-2：空气在压气机中的定熵压缩过程；

过程 2-3：气体在燃烧室内的定压加热过程；

过程 3-4：燃气轮机中的定熵膨胀过程；

过程 4-1：大气中的定压冷却过程。

下面对上述理想循环模型做简要说明。就像蒸汽轮机，燃气轮机的功率密度也很大，表面散热量也是相对较小的，过程 1-2 和 3-4 均可以近似看成是绝热的。如果不考虑摩擦等不可逆因素，这两个过程也均可进一步理想化为定熵过程。压气机排出的高压气体进入燃烧室以后，与喷入的燃料混合、燃烧。燃烧过程释放的热量加热高压气体，提高温度。如果忽略流动过程摩擦阻力，燃烧加热过程可以近似看成等压加热过程。

燃气轮机循环是一个开放式的循环，但可以按照闭式循环来描述，原因是过程 4-1 可以看成是在大气中完成的定压冷却过程。于是，理想基本布雷顿循环过程可以用图 12-11 中 p-V 图或 T-s 图上所示的封闭曲线描述。影响理想基本燃气轮机循环性能的两个重要参数是压气过程增压比 π 和燃烧过程增温比 τ，定义表达式如下：

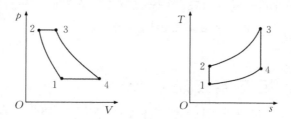

图 12-11　布雷顿循环过程 p-V 图和 T-s 图

$$\pi = \frac{p_2}{p_1} \tag{12-8}$$

$$\tau = \frac{T_3}{T_2} \tag{12-9}$$

增压比 π 越大，吸热过程 2-3 的平均吸热温度越高，热效率越高。经理论分析可得热效率计算公式为

$$\eta_t = 1 - \frac{1}{\pi^{\frac{\gamma-1}{\gamma}}} \tag{12-10}$$

燃烧过程增温比 τ 越大，则工质温升越大、过程中吸收的热量越多，单位质量的工质完成一个循环的输出功就越大，也就意味着设备的功率越大。

以上关于蒸汽动力循环和燃气轮机循环过程和性能的分析均基于简单理想循环。因受众多不可逆因素的影响，实际循环过程和性能将与理想循环有差异，需要修正。同时，相对于简单理想循环来说，现代的蒸汽轮机循环和燃气轮机循环过程设计有很多改进，使热能的利用更加合理，热效率更高。

【例题 12-3】某理想蒸汽动力循环过程如图 12-8 所示，汽轮机的进气温度为 $t_1 = 550\ ℃$，排气压力为 8 kPa，且进出口动能和位能的影响均可忽略不计。当汽轮机进气压力为 $p_1 = 1$ MPa 或 3 MPa 时，试通过计算对比循环的热效率和单位质量工质的循环净做功量，并简要分析热效率与汽轮机进气压力的关系。

【解】查附表 8、水蒸气焓熵图可得汽轮机进气参数：

$p_1 = 1$ MPa 时，$h_1 = 3\ 585.4$ kJ/kg，$s_1 = 7.895\ 8$ kJ/(kg·K)

$p_1 = 3$ MPa 时，$h_1 = 3\ 566.9$ kJ/kg，$s_1 = 7.371\ 8$ kJ/(kg·K)

查附表 7 可得 8 kPa 时水的热力性质参数：

饱和水：$v_3 = 0.001\ 008\ 5$ m³/kg，$h_2' = 173.81$ kJ/kg，$s_2' = 0.592\ 4$ kJ/(kg·K)；

饱和蒸汽：$h_2'' = 2\ 576.06$ kJ/kg，$s_2'' = 8.226\ 6$ kJ/(kg·K)。

过程 1-2 是定熵过程，$s_2 = s_1$。因此，排气湿蒸汽参数为

$p_1 = 1$ MPa 时，

干度 $x_2 = \dfrac{s_2 - s_2'}{s_2'' - s_2'} = \dfrac{7.895\ 8 - 0.592\ 4}{8.226\ 6 - 0.592\ 4} = 0.956\ 7$

比焓 $h_2 = h_2' + x_2(h_2'' - h_2') = 173.81 + 0.956\ 7 \times (2\ 576.06 - 173.81)$
$$= 2\ 472.0 (\text{kJ/kg})$$

$p_1 = 3$ MPa 时，

干度 $x_2 = \dfrac{s_2 - s_2'}{s_2'' - s_2'} = \dfrac{7.371\ 8 - 0.592\ 4}{8.226\ 6 - 0.592\ 4} = 0.888\ 0$

比焓 $h_2 = h_2' + x_2(h_2'' - h_2') = 173.81 + 0.888\ 0 \times (2\ 576.06 - 173.81)$
$$= 2\ 307.0 (\text{kJ/kg})$$

单位质量工质通过汽轮机输出功为

$p_1 = 1$ MPa 时，$w_s = h_1 - h_2 = 3\ 585.4 - 2\ 472 = 1\ 113.4 (\text{kJ/kg})$

$p_1 = 3$ MPa 时，$w_s = h_1 - h_2 = 3\ 566.9 - 2\ 307 = 1\ 259.9 (\text{kJ/kg})$

理论上，忽略水的可压缩性时，循环水泵消耗功 w_p 即为进出口流动功之差。因此有

$p_1 = 1$ MPa 时，$w_p = v_3(p_1 - p_2) = 0.001\ 008\ 5 \times (1 - 0.008) \times 1\ 000 = 1.000\ 4 (\text{kJ/kg})$

$p_1 = 3$ MPa 时，$w_p = v_3(p_1 - p_2) = 0.001\ 008\ 5 \times (3 - 0.008) \times 1\ 000 = 3.017\ 4 (\text{kJ/kg})$

汽轮机输出功与水泵消耗功之差即为循环净功 w_0。所以有

$p_1 = 1$ MPa 时，$w_0 = w_s - w_p = 1\ 113.4 - 1.000\ 4 = 1\ 112.4 (\text{kJ/kg})$

$p_1 = 3$ MPa 时，$w_0 = w_s - w_p = 1\ 259.9 - 3.017\ 4 = 1\ 256.9 (\text{kJ/kg})$

工质在锅炉和过热器中的总吸热量为 $q_1 = h_1 - h_3 - w_p = h_1 - h_2' - w_p$。因此，

$p_1 = 1$ MPa 时，$q_1 = 3\ 585.4 - 173.81 - 1.000\ 4 = 3\ 410.6 (\text{kJ/kg})$

$p_1 = 3$ MPa 时，$q_1 = 3\ 566.9 - 173.81 - 3.017\ 4 = 3\ 390.1 (\text{kJ/kg})$

最后，由热效率定义可得

$$p_1 = 1\ \text{MPa 时，} \eta_t = \frac{1\ 112.4}{3\ 410.6} = 0.326$$

$$p_1 = 3\ \text{MPa 时，} \eta_t = \frac{1\ 256.9}{3\ 390.1} = 0.371$$

可见，进气压力越高，热效率越高。

【例题 12-4】一燃气轮机装置，按布雷顿循环工作。压气机进口参数 $p_1 = 10^5$ Pa、$t_1 = 20\ ^\circ\text{C}$；压气机增压比 $\pi = 6$；燃气轮机进口的燃气温度 $t_3 = 800\ ^\circ\text{C}$。假设压气机、燃气轮机工作过程效率均为 100%，工质按理想气体空气处理，绝热指数 $\gamma = 1.4$，定压比热 $c_p = 1\ 004\ \text{J/(kg·K)}$，环境温度 $T_0 = 293$ K。试求：

（1）循环的净输出功与燃气轮机轴功之比（净功比）R；

（2）循环的热效率。

【解】循环 $T\text{-}s$ 图如同图 12-11 中的右图所示。首先确定图中各标记点的状态参数值如下：

点 1：$p_1 = 10^5$ Pa，$T_1 = 20 + 273 = 293$（K）

点 2：$p_2 = \pi p_1 = 6 \times 10^5$（Pa）

$$T_2 = T_1 \left(\frac{p_2}{p_1}\right)^{(\gamma-1)/\gamma} = T_1 \pi^{(\gamma-1)/\gamma} = 293 \times 6^{0.4/1.4} = 489\text{（K）}$$

点 3：$p_3 = p_2 = 6 \times 10^5$ Pa，$T_3 = 800 + 273 = 1\,073$（K）

点 4：$p_4 = p_1 = 10^5$ Pa

$$T_4 = T_3 \frac{1}{\pi^{(\gamma-1)/\gamma}} = 1\,073 \times \frac{1}{6^{0.4/1.4}} = 643\text{（K）}$$

（1）净功比

$$R = \frac{w_{\text{net}}}{w_{\text{t}}} = \frac{c_p(T_3 - T_4) - c_p(T_2 - T_1)}{c_p(T_3 - T_4)}$$

$$= \frac{(1\,073 - 643) - (489 - 293)}{1\,073 - 643} = 0.544$$

（2）热效率

$$\eta_{\text{t}} = 1 - \frac{1}{\pi^{(\gamma-1)/\gamma}} = 1 - \frac{1}{6^{0.4/1.4}} = 40.07\%$$

第三节　蒸汽压缩式热泵循环

从一般意义上讲，一台热泵可以用于制冷，也可以用于供热，或者制冷和供热同时进行。热泵循环的基本特点是消耗一定的功，实现从低温热源吸热、向高温热源放热的目的。如果高温热源是当地环境，低温热源的温度就比环境温度低。这种情况下，热泵就是一台制冷设备，实现从低温空间或物体吸热的目的。相反地，如果低温热源是当地环境，高温热源的温度就高于环境温度。这种情况下，热泵就是一台供热设备，实现向高温空间或物体供热的目的。例如，在冬天，空调的工作是加热冷空气，而热泵热水器的工作是产生热水。在夏天，空调的作用是冷却热空气，冰箱的作用是将热量从冷室移走。

1）理论循环

蒸汽压缩式热泵装置的基本回路如图 12-12 所示，包括压缩机、冷凝器、节流阀（又称膨胀阀）、蒸发器四个基本部件。蒸汽压缩式热泵的工作流体常称为制冷剂，如 R11、R22、R134a 等。

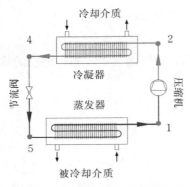

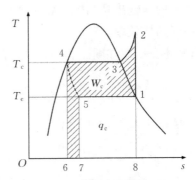

图 12-12   蒸汽压缩式制冷装置原理图   图 12-13   理想制冷循环温熵图

一种理想的循环过程，如图 12-13 中的曲线 123451 所示，包含四个基本热力过程：

过程 1-2：压缩机中的定熵压缩过程，压力、温度升高，焓值增加，熵不变；

过程 2-4：冷凝器中的定压放热过程，压力不变，温度、焓和熵降低，制冷剂由过热蒸汽变成饱和液体；

过程 4-5：经过节流阀的不可逆绝热节流过程，进出口焓值相等，熵增加；

过程 5-1：蒸发器中的定压吸热过程，压力和温度均不变，焓和熵增加。

简而言之，压缩过程消耗功，定压冷却过程向热流体释放热量，定压吸热过程从冷流体中移去热量。定压冷却过程中发生冷凝，冷却过程中释放的热量大部分来自冷凝过程。定压加热过程是一个蒸发过程。冷凝过程中的压力就是压缩机的排气压力，蒸发过程中的压力就是压缩机的进气压力。因此，冷凝压力高于蒸发压力，冷凝温度高于蒸发温度。这就是为什么热泵循环可以将热量从较低温度的物体吸热，而将热量释放到较高温度的物体。

根据 T-s 图上过程曲线下面的面积与吸热量的关系可以对热泵循环的性能进行简单的分析。针对单位质量的制冷剂，冷却冷凝过程放热量 q_h 可用面积 234682 表示，蒸发过程吸热量 q_c 可用面积 51875 表示。理论上，压缩机耗功量 w_c 为冷凝散热量和蒸发吸热量之差，即 $w_c = q_h - q_c$。因此，w_c 可用图 12-13 中的阴影面积 12346751 表示。制冷系数或供热系数是热泵循环的重要性能指标。针对制冷循环，制冷系数定义为

$$\varepsilon_c = \frac{q_c}{w_c} = \frac{q_c}{q_h - q_c} \tag{12-11}$$

针对供热循环，供热系数定义为

$$\varepsilon_h = \frac{q_h}{w_c} = \frac{q_h}{q_h - q_c} \tag{12-12}$$

上面这两个系数定义式仅限于制冷剂回路这个层面，没有考虑风机、水泵等辅助设备的附加功耗。某些情况下，附加功耗小，可忽略，比如分体式空调、空气源热泵热水器、冰箱等。也有些情况下，比如大型中央空调系统，由于需要远距离输送空气

或水，造成风机或水泵的附加功耗高，降低系统整体的制冷或供热系数。这种情况下，性能系数的计算应该进行适当的修正。

2）影响因素分析

设计热泵装置时，总是希望制冷系数或供热系数越大越好。从定义可以看出，$q_h - q_c$ 的差值越小，耗功量 w_c 越小，则制冷系数和供热系数越高。从图 12-13 可以明显看出：冷凝温度 T_c 越低，q_h 越小；蒸发温度 T_e 越高，q_c 越大。那么，冷凝温度 T_c 越低，蒸发温度 T_e 越高，耗功量 w_c 就越小，制冷系数和供热系数也越高。因此，降低冷凝温度和提高蒸发温度均有利于提高制冷系数和供热系数。但是，降低冷凝温度和提高蒸发温度要受许多实际条件的制约。

按照传热学的规律，冷凝器和蒸发器中必然存在一定的传热温差。蒸发过程中，制冷剂要从热源介质中吸热，蒸发温度 T_e 要低于热源介质温度。冷凝过程中，制冷剂要向热沉介质放热，冷凝温度 T_c 要高于热沉介质温度。在实际应用中，热源介质和热沉介质温度的取值范围也要受一定的限制。比如供热循环中的热源介质和制冷循环中的热沉介质均是环境介质，环境介质的温度是客观条件，不能人为地自由改变。同时，供热循环中的热沉介质和制冷循环中的热源介质实际上是供热或制冷的对象，其温度与供热或制冷的任务和目的有关，也不能随意改变。所以，要提高制冷系数或供热系数，往往只能想办法降低两个换热器中的传热温差。传热温差越低，则冷凝温度越低，蒸发温度越高。

制冷循环中，常常出现蒸发器出口过热和冷凝器出口过冷的现象。一个具有过冷过热的理想制冷循环过程曲线如图 12-14 中的曲线 $11'2'344'5'1$ 所示。这里，蒸发器出口实际温度与饱和温度之差称为过热度，用 ΔT_{sh} 表示，$\Delta T_{sh} = T_{1'} - T_e$。冷凝过程饱和温度与实际出口温度之差称为过冷度，用 ΔT_{sc} 表示，$\Delta T_{sc} = T_c - T_{4'}$。

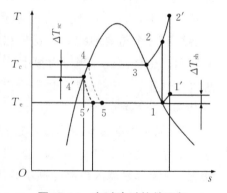

图 12-14 有过冷过热的理想热泵循环温熵图

由图 12-14 可以看出，增加过热度会增加压缩机的功耗，也就会降低热泵的性能系数。然而，在设计上，应保证合理程度的过热。原因如下：由于对流换热固有的不稳定性，蒸发器内的蒸发速率也会不稳定。如果在设计条件下没有一定程度的过热，那么在实际操作中必然有可能使制冷剂液体不能完全蒸发，蒸发器出口制冷剂中含有液滴，这可能导致压缩机中的液击而损坏压缩机。

合理的冷凝器出口过冷度对提高热泵性能系数是有利的。有过冷度和没有过冷度相比，压缩机的功耗 w_c 不变，这是因为压缩过程不变。但是，从制冷的角度来分析，有过冷度时，冷凝器出口制冷剂液体的焓值 $h_{4'}$ 比饱和液体焓值 h_4 低，所以节流以后的

焓值 $h_{5'}$ 也比没有过冷度时的焓值 h_5 低，这是因为节流前后的焓相等，即 $h_{4'}=h_{5'}$，$h_4=h_5$。那么，有过冷度时，蒸发冷却过程吸热量 $q_c'=h_1-h_{5'}$ 要大于没有过冷度时的吸热量 $q_c=h_1-h_5$。也就是说，有过冷度时，制冷量增加了，压缩机功耗不变，因此制冷系数会增加。从供热的角度来分析，蒸发冷却过程吸热量 q_c 增加了，压缩机的功耗 w_c 不变，冷凝过程放热量 q_h 也同样会增加，这是因为能量守恒关系 $q_h=w_c+q_c$。所以，有过冷度对提高供热系数也同样是有利的。但是，提高过冷度同样要受客观因素的制约。第一是冷凝器中冷却介质温度的制约，过冷以后的液体温度不可能低于冷却介质的进口温度；第二是经济性的制约，过冷度越大，冷凝器的平均传热温差越小，所需换热器面积越大，投资成本越高。因此，最佳过冷度需要通过分析确定。

3）压焓图与性能计算

热泵系统性能计算中，常要用到压焓（p-h）图，如图 12-15 所示。压焓图上，除了水平的等压线（p）、竖直的等焓线（h）外，还汇集了等温线簇（t）、定熵线簇（s）、等容线簇（v）、等干度线簇（x）。图中，线 $x=0$ 代表了饱和液体线，$x=1$ 代表了干饱和蒸汽线。饱和液体线的左侧为未饱和液体区，干饱和蒸汽线的右侧为过热蒸汽区，两条饱和线之间的区域为湿蒸汽区。

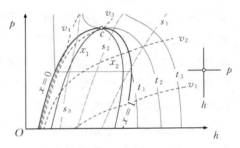

图 12-15　制冷剂压焓图

湿蒸汽区中，x_1、x_2 代表了两条不同的等干度线。所有的等干度线在临界点 c 处相交。等温线有一个重要的特征，就是在压力趋于零时，逐渐趋向垂直，如图中 t_1、t_2、t_3 线所示。也就是说，当压力很小时，等温线接近等焓线，这是因为制冷剂气体接近理想气体性质。等容线也就是等密度线，如图中 v_1、v_2、v_3、v_4 所示。图中，s_1、s_2、s_3 代表了定熵线。

压焓图上的热泵理论循环过程如图 12-16 所示。图中，2 为压缩机出口制冷剂状态，1′为压缩机入口制冷剂状态，5 为蒸发器入口制冷剂状态，4′为冷凝器出口制冷剂状态。该图既可以表示有过冷过热的理论循环过程，也可以表示没有过冷过热的理论循环过程。当过冷度为零时，状态点 4 和 4′重合；当过热度为零时，状态点 1 和 1′重合。

现以单位质量的制冷剂完成一个循环为例，分析热泵循环的性能。蒸发器内，制冷剂入口状态为状态点 5，出口状态为状态点 1′，蒸发器内吸热过程与外界无功量交换，如果忽略制冷剂进出口动能和位能的变化量，则吸热量

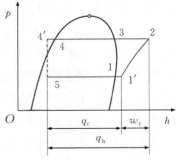

图 12-16　热泵理论循环
过程压焓图

$$q_c = h_{1'} - h_5 \tag{12-13}$$

冷凝器内，制冷剂入口状态为状态点 2，出口状态为状态点 4′，冷凝器内放热过程与外界无功量交换，如果忽略制冷剂进出口动能和位能的变化量，则放热量

$$q_h = h_2 - h_{4'} \tag{12-14}$$

由于理论循环假设压缩机内的过程为定熵压缩过程，即可逆绝热过程，忽略制冷剂进出口动能和位能变化量的情况下，压缩机耗功

$$w_c = h_2 - h_{1'} \tag{12-15}$$

那么，制冷系数为

$$\varepsilon_c = \frac{q_c}{w_c} = \frac{h_{1'} - h_5}{h_2 - h_{1'}} \tag{12-16}$$

制热系数为

$$\varepsilon_h = \frac{q_h}{w_c} = \frac{h_2 - h_{4'}}{h_2 - h_{1'}} \tag{12-17}$$

【例题 12-5】设某氨蒸汽压缩式热泵循环的过冷度和过热度均为零，压缩机绝热效率为 100%，试问：

(1)若热泵用于制冷，冷凝压力为 1 MPa，蒸发压力为 0.2 MPa，制冷量为 0.12×10^6 kJ/h 时，氨的质量流率、压气机理论耗功率以及理论循环制冷系数各是多少？

(2)若压气机的功率不变，热泵用于供热，冷凝器压力为 1.6 MPa，蒸发压力为 0.3 MPa，则氨的质量流率、理论循环供热量和理论循环供热系数各是多少？

【解】(1)结合题意并参考图 12-16、查附图 4，得 $h_{1'} = h_1 = 1\,560$ kJ/kg、$h_2 = 1\,800$ kJ/kg、$h_5 = h_{4'} = h_4 = 440$ kJ/kg。则氨的质量流率为

$$\dot{m}_r = \frac{\dot{Q}_c}{q_c} = \frac{\dot{Q}_c}{h_{1'} - h_5} = \frac{0.12 \times 10^6 / 3\,600}{1\,560 - 440} = 0.029\,76\,(\text{kg/s})$$

压气机理论耗功率为

$$P_c = \dot{m}_r (h_2 - h_{1'}) = 0.029\,76 \times (1\,800 - 1\,560) = 7.142\,(\text{kW})$$

理论循环制冷系数为

$$\varepsilon_c = \frac{h_1 - h_5}{h_2 - h_1} = \frac{1\,560 - 440}{1\,800 - 1\,560} = 4.666\,7$$

(2)按照 $p_1 = 0.3$ MPa 再查附图 4，得 $h_1 = h_{1'} = 1\,580$ kJ/kg，$h_2 = 1\,850$ kJ/kg，$h_5 = h_{4'} = h_4 = 540$ kJ/kg。再由已知压缩机功率可求得氨的质量流率为

$$\dot{m}_r = \frac{P_c}{w_c} = \frac{7.142}{1\,850 - 1\,580} = 0.026\,4\,(\text{kg/s})$$

理论循环供热量为

$$Q_h = q_h \times \dot{m}_r = (h_2 - h_{4'}) \times \dot{m}_r = 0.026\,45 \times 3\,600 \times (1\,850 - 540) = 1.25 \times 10^5\,(\text{kJ/h})$$

理论循环供热系数为

$$\varepsilon_h = \frac{q_h}{w_c} = \frac{h_{2'} - h_3}{h_{2'} - h_{1'}} = \frac{1\,850 - 540}{1\,850 - 1\,580} = 4.851\,9$$

思考题

1. 为什么奥托循环的热效率随着定熵压缩比 ε 的提高而提高？

2. 狄塞尔循环的功率随定熵压缩比 ε 和定容升压比 λ 的提高是如何变化的？为什么？

3. 为什么狄塞尔循环的热效率随着定熵压缩比 ε 的提高而提高？

4. 狄塞尔循环的功率随着定熵压缩比 ε 和定压膨胀比 ρ 的提高是如何变化的？为什么？

5. 为什么混合加热理想循环的热效率随压缩比和定容增压比的增大而提高，随定压膨胀比的增大而降低？

6. 布雷顿循环的效率随增压比 π 和增温比 τ 的提高是如何变化的？为什么？

7. 随着锅炉压力的提高和冷凝温度的降低，朗肯循环的效率是如何变化的？为什么？

8. 有人说，卡诺循环的吸热与放热过程均为定温过程。但是，朗肯循环中，工质的吸热和放热过程也近似是定温的，为什么蒸汽动力循环有时反而比柴油机循环效率更低？

9. 热泵循环的供热系数与制冷系数有何区别？二者有何联系？

10. 提高冷凝温度或降低蒸发温度对蒸汽压缩式热泵循环的制冷或供热系数有何影响？为什么？

11. 如何辩证地分析过冷度对蒸汽压缩式热泵循环的制冷或供热系数的影响？

12. 提高过热度对蒸汽压缩式热泵循环的制冷或供热系数有何影响？为什么？

练习题

1. 活塞式内燃机的混合加热理想循环，工质可视为理想气体空气，$\gamma = 1.4$。若循环中定熵压缩比 $\varepsilon = 12$、定容增压比 $\lambda = 1.4$、定压膨胀比 $\rho = 1.8$，压缩过程初始状态为 100 kPa、27 ℃，试计算：(1)循环热效率；(2)循环中的最高温度和压力。

2. 假设奥托循环的压缩比为 $\varepsilon = 8$，加热量为 800 kJ/kg，压缩起始时空气压力为 90 kPa，温度为 8 ℃，空气为定比热容理想气体，求循环的最高温度、最高压力和循环热效率。

3. 某狄塞尔循环的压缩比是 19，压缩起始时工质状态为 $p_1 = 90$ kPa、$t_1 = 10$ ℃，循环最高温度为 1 500 K。假设工质为定比热容理想气体，$c_p = 1.005$ kJ/(kg · K)，$\gamma = 1.4$。试确定：(1)循环各点温度、压力及比体积；(2)定压膨胀比；(3)循环热效率。

4. 某柴油机定压加热循环中，气体压缩前的参数为 300 K、100 kPa，燃烧完成后气体循环最高温度和压力分别是 2 000 K、5 MPa，基于空气热力性质表的物性参数，求循环的压缩比和循环的热效率。

5. 以定比热理想气体空气为工质的布雷顿循环工作在 1 bar、300 K 和 5 bar、1 000 K 之间，涡轮式压缩机和膨胀机的效率均为 100%。请问：(1)循环热效率是多少？(2)输出净功是多少(kJ/kg 空气)？(3)压缩机消耗的能量占膨胀机输出能量的比例是多少？

6. 某太阳能动力装置利用水为工质，按照理想基本朗肯循环原理工作，从太阳能集热器出来的是 180 ℃的饱和水蒸气，在汽轮机内定熵膨胀后排向 8 kPa 的冷凝器，求理论循环的热效率。

7. 某蒸汽动力装置按照理想基本朗肯循环的原理工作，循环过程最高压力是 8 MPa，最低压力是 10 kPa，若汽轮机的排汽干度不能低于 0.95，输出功率不能低于 6 MW，忽略水泵功耗，试确定蒸汽发生器产出蒸汽的温度和质量流量。

8. 某发电厂采用的蒸汽动力装置，蒸汽以 $p_1 = 10$ MPa、$t_1 = 500$ ℃的初态进入汽轮机。受冷却水温的影响，冬天和夏天的冷凝温度不同。设冬天冷凝温度保持 10 ℃，夏天冷凝温度为 40 ℃，并假设蒸汽动力装置按基本朗肯循环工作，试比较冬、夏两季因冷凝器温度不同所导致的以下各项差别：(1)略去水泵功耗时的热效率；(2)单位质量工质的汽轮机做功量。

9. 某蒸汽压缩式热泵型空调器使用 R134a 为工质，设蒸发温度为 −5 ℃，冷凝温度为 30 ℃，工质进入节流阀时为饱和液体，进入压缩机时为饱和蒸汽，制冷剂质量流量为 0.15 kg/s，求热泵的理论耗功和循环供暖系数。

10. 某 R22 制冷循环，蒸发温度为 0 ℃，冷凝温度为 43 ℃，膨胀阀前的液体温度为 38 ℃，压缩机吸入的蒸汽温度为 8 ℃，试计算理论循环的制冷系数。

第十三章　换热器

通常，换热器是用来实现冷热流体之间热交换的设备，涉及的应用领域非常广泛，包括化工、动力、石油、轻工、食品加工、制药、采暖、通风与空调、原子能、机械与电气等。因此，换热器的种类和式样繁多。但是，绝大多数的热交换过程均需通过流体与某种相界面之间的对流换热来实现，比如气-固、液-固或气-液交界面。对流换热过程中，界面与流体之间的热交换还可能受热辐射或质扩散的影响。一般来说，热辐射可以增强换热效果。质扩散对换热的影响主要是由界面处的相变热引起的，耦合作用规律比较复杂。

第一节　复合换热

复合换热是指三种基本热传递机理中的几种同时发生的传热。本节将讨论如图 13-1 所示的辐射-对流复合换热。其中，对流换热量为

$$Q_c = A h_c (t_w - t_f) \tag{13-1}$$

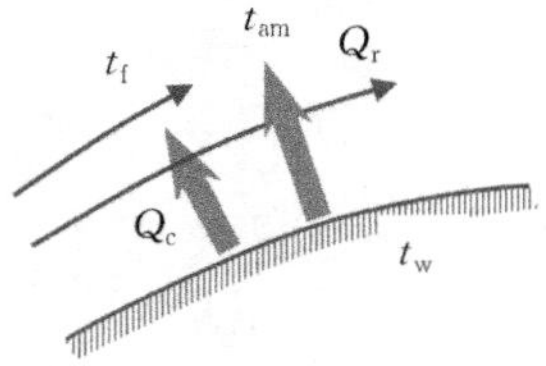

图 13-1　一种辐射-对流复合换热

辐射换热量计算为

$$Q_r = A \varepsilon \sigma_b (T_w^4 - T_{am}^4) \tag{13-2}$$

式中，A 为传热面积，t_w、T_w 为表面温度，分别以℃和 K 为单位，t_f 为流体温度，T_{am} 为与表面进行辐射热交换的环境综合温度，辐射常数 $\sigma_b = 5.67 \times 10^{-8}$ W/(m²·K⁴)，

ε 为与表面黑度相关的常数。环境热辐射综合温度有时很难准确确定，作为近似估计，常用流体温度代替。如果环境表面积很大，ε 近似等于表面黑度。

辐射换热量与纯对流换热量之和为总热交换量，设用 Q_t 表示，则计算表达式为

$$Q_t = Ah_c(t_w - t_f) + A\varepsilon\sigma_b(T_w^4 - T_f^4) \qquad (13\text{-}3)$$

该式亦可整理成

$$Q_t = Ah_t(t_w - t_f) \qquad (13\text{-}4)$$

式中，$h_t = h_c + h_r$ 称为复合换热系数，$h_r = \dfrac{\varepsilon\sigma_b(T_w^4 - T_f^4)}{t_w - t_f}$ 称为辐射换热当量换热系数。一些书籍或设计手册，如换热器设计手册，可能提供了某些场合复合换热系数的推荐值。

【例题 13-1】冬季某车间内，外墙内壁温度 $t_w = 10\ ℃$，室内其他物体表面热辐射综合温度 $t_{am} = 16.7\ ℃$，室内空气温度 $t_f = 20\ ℃$。已知外墙内壁表面平均发射率 0.9、表面传热系数 $h_c = 3.21\ \text{W}/(\text{m}^2 \cdot \text{K})$，试计算外墙内壁处的热流密度。

【解】外墙内壁处对流换热热流密度为

$$q_c = h_c(t_f - t_w) = 3.21 \times (20 - 10) = 32.1(\text{W}/\text{m}^2)$$

将外墙内壁与室内其他物体表面之间的辐射换热近似看成内包凸面物体与大空腔之间的辐射换热，则外墙内侧表面辐射换热热流密度为

$$q_r = \varepsilon\sigma_b(T_{am}^4 - T_w^4) = 0.9 \times 5.67 \times 10^{-8} \times (289.7^4 - 283^4) = 32.1\ (\text{W}/\text{m}^2)$$

因此，总热流密度

$$q = q_c + q_r = 64.2(\text{W}/\text{m}^2)$$

第二节　通过肋壁的传热

在两流体通过间壁进行热交换的过程中，如果间壁两侧的表面传热系数相差比较悬殊，往往需要在表面传热系数较小的一侧加肋片（也称"翅片"），扩展换热面积，使两侧的对流传热能力接近。比如空气与水、导热油或制冷剂之间进行热交换时，往往需要在空气侧加肋片，以优化换热器的传热能力和经济性。此时的传热过程就属于通过肋壁的传热过程。下面以如图 13-2 所示通过肋片管的传热过程为例介绍分析计算方法。

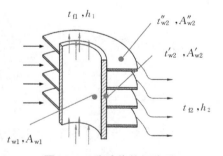

图 13-2　肋壁传热示意图

对于管内流体对流换热过程，t_{f1}、h_1 分别代表管内流体温度和表面传热系数，t_{w1}、A_{w1} 分别代表管内表面温度和传热面积，对流换热量计算为

$$Q = A_{w1} h_1 (t_{f1} - t_{w1}) \text{ 或 } Q = \frac{t_{f1} - t_{w1}}{\dfrac{1}{A_{w1} h_1}} \tag{13-5}$$

通过管壁的传热过程可按照通过圆筒壁的导热公式计算：

$$Q = \frac{t_{w1} - t'_{w2}}{\dfrac{1}{2\pi l \lambda} \ln \dfrac{d_2}{d_1}} \tag{13-6}$$

式中，l 表示管长，d_1、d_2 表示管内、外直径，λ 表示管壁的导热系数，t'_{w2} 表示管外表面温度。当管壁厚度相对于管直径很小时，也可以近似将管壁当成平壁计算导热量，即近似有

$$Q = \frac{t_{w1} - t'_{w2}}{\dfrac{\delta}{\lambda A_{w1}}} \tag{13-7}$$

式中，$\delta = \dfrac{d_2 - d_1}{2}$ 表示管壁厚度。事实上，当 $\dfrac{\delta}{d_1} < 0.05$ 时，上式计算误差小于 5%。

对于管外流体对流换热过程，分两项计算。一项是光管外表面与管外流体之间的对流换热量

$$Q' = A'_{w2} h_2 (t'_{w2} - t_{f2}) \tag{13-8}$$

式中，A'_{w2} 为光管外表面换热面积。另一项是肋片表面与管外流体之间的对流换热量

$$Q'' = A''_{w2} h_2 (t''_{w2} - t_{f2}) \tag{13-9}$$

式中，A''_{w2} 为肋片表面换热面积，t''_{w2} 为肋片表面平均温度。按照肋片效率 η_f 的定义，$t''_{w2} - t_{f2} = \eta_f (t'_{w2} - t_{f2})$。所以，式(13-9)可以改写为

$$Q'' = \eta_f A''_{w2} h_2 (t'_{w2} - t_{f2}) \tag{13-10}$$

两项合并得

$$Q = \eta A_{w2} h_2 (t'_{w2} - t_{f2}) \text{ 或 } Q = \frac{t'_{w2} - t_{f2}}{\dfrac{1}{\eta A_{w2} h_2}} \tag{13-11}$$

式中，$A_{w2} = A''_{w2} + A'_{w2}$ 为管外总换热面积，$\eta = \dfrac{\eta_f A''_{w2} + A'_{w2}}{A_{w2}}$ 称为肋壁总效率。

合并式(13-5)、式(13-6)、式(13-11)可得

$$Q = \frac{t_{f1} - t_{f2}}{\dfrac{1}{A_{w1} h_1} + \dfrac{1}{2\pi l \lambda} \ln \dfrac{d_2}{d_1} + \dfrac{1}{\eta A_{w2} h_2}} \tag{13-12}$$

这就是通过肋片管的传热计算公式。合并式(13-5)、式(13-7)、式(13-11)，则可得

$$Q=\frac{t_{f1}-t_{f2}}{\dfrac{1}{A_{w1}h_1}+\dfrac{\delta}{\lambda A_{w1}}+\dfrac{1}{\eta A_{w2}h_2}} \tag{13-13}$$

进一步可简写为

$$Q=A_{w1}K(t_{f1}-t_{f2}) \tag{13-14}$$

式中，K 是肋壁的总传热系数，且

$$K=\frac{1}{\dfrac{1}{h_1}+\dfrac{\delta}{\lambda}+\dfrac{1}{\eta\beta h_2}} \tag{13-15}$$

式中，$\beta=\dfrac{A_{w2}}{A_{w1}}$，称为肋化系数。

【例题 13-2】有一块 1 m×1 m 的平板，板厚 10 mm，导热系数为 35 W/(m·℃)，一侧表面嵌有直肋片，肋片高 30 mm、厚 5 mm，肋片中心距 25 mm。另外已知：光面一侧流体温度为 $t_{f1}=85$ ℃，换热系数为 $h_1=2\,500$ W/(m²·℃)；肋片侧流体温度为 $t_{f2}=350$ ℃，换热系数为 $h_2=40$ W/(m²·℃)。若肋片效率 $\eta_f=0.96$，试计算通过该平板的传热量。

【解】根据已知条件可得：平板面积 $A_{w1}=1$ m²，肋片数=1/0.025=40，肋化侧光表面积 $A'_{w2}=(0.025-0.005)\times1\times40=0.8(\text{m}^2)$、肋片面积 $A''_{w2}=2\times0.03\times1\times40+0.005\times1\times40=2.6(\text{m}^2)$。因此，

肋化侧总面积为

$$A_{w2}=A''_{w2}+A'_{w2}=3.4(\text{m}^2)$$

肋壁总效率为

$$\eta=\frac{A'_{w2}+\eta_f A''_{w2}}{A_{w2}}=\frac{0.8+0.96\times2.6}{3.4}=0.969$$

按照式(13-13)，通过平壁的传热量为

$$Q=\frac{|t_{f1}-t_{f2}|}{\dfrac{1}{A_{w1}h_1}+\dfrac{\delta}{\lambda A_{w1}}+\dfrac{1}{\eta A_{w2}h_2}}$$

$$=\frac{|85-350|}{\dfrac{1}{1\times2\,500}+\dfrac{0.01}{35\times1}+\dfrac{1}{0.969\times3.4\times40}}$$

$$=32\,028(\text{W})$$

第三节　换热器的基本形式

热交换器的种类和式样繁多，图 13-3 给出了一些换热器类型和分类的概览（注：部分图片来自互联网，仅供参考）。必须注意的是，换热器的设计也在不断创新和改进。

因此，图 13-3 所示的概览并不全面，只是反映了一些常用的换热形式。

图 13-3　换热器分类图谱示意图

首先，按照传热过程冷热流体之间的接触方式，可以将换热器分为间壁式、直接接触式、通过中间载热流体传递热能的间接接触式、通过蓄热体的间接接触式。间壁式换热器通常有板面式、管式或翅片管式的换热器。板面式换热器还可以细分为板式、板翅式和螺旋板式换热器。管式换热器则可以细分为蛇形管式、套管式、缠绕管式、管壳式换热器等。气液直接接触的换热器可以是塔式的或喷淋式的。冷却塔、洗涤塔或化工领域内的反应釜均属于气液直接接触式的。热管、环路式换热器是通过中间载热流体实现热交换的。有时，固体也可以作为中间传热媒体，一般做成多孔材料，且具有较好的蓄热能力。为实现热交换，冷热流体交替从多孔材料内部通过。热流体通过多孔材料时，加热蓄热体，蓄热体温度升高。冷流体通过蓄热体时，吸收热量，冷却蓄热体，蓄热体温度降低。所以，蓄热体处于周期性不稳定工作状态，通过蓄热体的吸、放热实现冷热流体之间的热交换。通常，带翅片的换热器用于一侧表面传热系数较小的场合，像制冷剂、水或油与气体之间的热交换，如空冷器等。

按照两股流体的相对流动方向，亦可将换热器分为逆流、顺流和叉流。当两股流体流动方向相反时为逆流，流动方向相同时为顺流，流动方向垂直交叉时为叉流。一般来说，从增加平均传热温差的角度来说，逆流的换热效果最好，叉流次之，顺流最差。所以，换热器设计中应优先考虑逆流方式。如果某一流体在整个热交换过程中保持温度恒定，比如相变换热过程，则逆流、顺流和叉流对平均传热温差的影响没有区别。

第四节　温度分布与平均温差

本节将讨论常热容量流体定常流动情况下逆流和顺流换热器内的传热过程，建立一维控制方程和分析解，分析传热和温度变化规律，为换热器计算方法的讨论做好铺垫。

图 13-4 展示了逆流和顺流换热器的基本特征和流体温度分布示意图。图中，$\dot{m}_{f1}$、t_{f1} 分别代表热流体质量流率和温度，$\dot{m}_{f2}$、t_{f2} 则代表了冷流体质量流率和温度，前缀 Δ 表示差值。为分析换热器内的温度变化规律和传热量，首先设想从换热器中任意取出一微元段，该微元段内的传热面积为 dA，传热量用 δQ 表示。由于传热的作用，冷热流体的温度均发生变化。沿流动方向，热流体温度降低，冷流体温度升高。微元段内的温度变化量均采用 dt 表示。温度微分项前面的负号是为了使表达式符合代数规则。

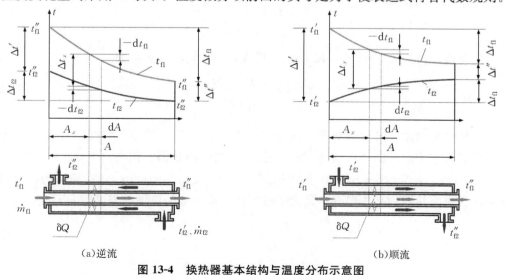

(a)逆流　　　　　　　　　　(b)顺流

图 13-4　换热器基本结构与温度分布示意图

下面以逆流换热器为例，进行理论分析。按照传热公式，对于任意微元段有

$$\delta Q = K \Delta t_x \mathrm{d}A \tag{13-16}$$

式中，$\Delta t_x = t_{f1} - t_{f2}$ 表示微元段内热流体与冷流体之间的温差，K 表示传热系数。设热流体和冷流体的比热容分别为 c_{p1}、c_{p2}，则按照能量守恒原理又有

$$\delta Q = -\dot{m}_{f1} c_{p1} \mathrm{d}t_{f1} \tag{13-17}$$

$$\delta Q = -\dot{m}_{f2} c_{p2} \mathrm{d}t_{f2} \tag{13-18}$$

由式(13-17)和式(13-18)可以导出

$$\delta Q \left(\frac{1}{\dot{m}_{f1} c_{p1}} - \frac{1}{\dot{m}_{f2} c_{p2}} \right) = -\mathrm{d}\Delta t_x \tag{13-19}$$

再将式(13-16)代入式(13-19)可得

$$\frac{\mathrm{d}\Delta t_x}{\Delta t_x} = -\left(\frac{1}{\dot{m}_{f1} c_{p1}} - \frac{1}{\dot{m}_{f2} c_{p2}} \right) K \mathrm{d}A \tag{13-20}$$

积分式(13-20)可得

$$\ln\left(\frac{\Delta t_x}{\Delta t'} \right) = -\left(\frac{1}{\dot{m}_{f1} c_{p1}} - \frac{1}{\dot{m}_{f2} c_{p2}} \right) K A_x \tag{13-21}$$

可见，换热器内的温差呈对数规律变化。对于整个换热器，式(13-21)可以写成

$$\ln\left(\frac{\Delta t''}{\Delta t'} \right) = -\left(\frac{1}{\dot{m}_{f1} c_{p1}} - \frac{1}{\dot{m}_{f2} c_{p2}} \right) K A \tag{13-22}$$

积分式(13-19)则可得

$$Q \left(\frac{1}{\dot{m}_{f1} c_{p1}} - \frac{1}{\dot{m}_{f2} c_{p2}} \right) = -(\Delta t'' - \Delta t') \tag{13-23}$$

结合式(13-22)与式(13-23)可得

$$Q = K A \frac{(\Delta t'' - \Delta t')}{\ln\left(\frac{\Delta t''}{\Delta t'} \right)} \tag{13-24}$$

如果将式(13-24)写成 $Q = K A \Delta \overline{t}$ 的形式，则平均传热温差为

$$\Delta \overline{t} = \frac{\Delta t'' - \Delta t'}{\ln\left(\frac{\Delta t''}{\Delta t'} \right)} \tag{13-25}$$

该平均传热温差又称为对数平均温差(LMTD)。以上推导虽然是以逆流换热器为例，但对数平均温差的计算表达式同样适用于顺流换热器。值得注意的是：对于逆流 $\Delta t' = t'_{f1} - t''_{f2}$，$\Delta t'' = t''_{f1} - t'_{f2}$；对于顺流 $\Delta t' = t'_{f1} - t'_{f2}$，$\Delta t'' = t''_{f1} - t''_{f2}$。在相同的进出口温度下，逆流换热器的平均温差总是大于顺流的，除非一种流体的温度恒定不变。

第五节 换热器计算

换热器计算问题可以简单地分为两类，一类是设计计算问题，另一类是校核计算问题，或者说是标定问题。设计计算的任务是根据要求的换热效果或性能指标计算所需的传热面积，校核计算的目的是根据已有换热器尺寸计算换热效果或性能指标。本节将介绍常热容量流体定常流动情况下两流体换热器的计算方法。

一个重要的换热器性能指标是换热器效能，习惯用 ε 表示。如果 $\dot{m}_{f1}c_{p1} < \dot{m}_{f2}c_{p2}$，则效能定义为

$$\varepsilon = \frac{t'_{f1} - t''_{f1}}{t'_{f1} - t'_{f2}} \tag{13-26}$$

反之，如果 $\dot{m}_{f1}c_{p1} > \dot{m}_{f2}c_{p2}$，则效能定义为

$$\varepsilon = \frac{t''_{f2} - t'_{f2}}{t'_{f1} - t'_{f2}} \tag{13-27}$$

参照图 13-4 中的变量表示方式，公式(13-22)可以改写成

$$\frac{(t'_{f1} - t'_{f2}) - \Delta t_{f1}}{(t'_{f1} - t'_{f2}) - \Delta t_{f2}} = e^{-\left(\frac{1}{\dot{m}_{f1}c_{p1}} - \frac{1}{\dot{m}_{f2}c_{p2}}\right)KA} \tag{13-28}$$

式中，$\Delta t_{f1} = t'_{f1} - t''_{f1}$，$\Delta t_{f2} = t''_{f2} - t'_{f2}$。如果 $\dot{m}_{f1}c_{p1} < \dot{m}_{f2}c_{p2}$，可将式(13-28)进一步改写为

$$\frac{1 - \varepsilon}{1 - \dfrac{\dot{m}_{f1}c_{p1}}{\dot{m}_{f2}c_{p2}}\varepsilon} = e^{-\left(\frac{1}{\dot{m}_{f1}c_{p1}} - \frac{1}{\dot{m}_{f2}c_{p2}}\right)KA} \tag{13-29}$$

如果 $\dot{m}_{f1}c_{p1} > \dot{m}_{f2}c_{p2}$，则可将(13-28)式改写为

$$\frac{1 - \dfrac{\dot{m}_{f2}c_{p2}}{\dot{m}_{f1}c_{p1}}\varepsilon}{1 - \varepsilon} = e^{-\left(\frac{1}{\dot{m}_{f1}c_{p1}} - \frac{1}{\dot{m}_{f2}c_{p2}}\right)KA} \tag{13-30}$$

为书写简便，今后如果 $\dot{m}_{f1}c_{p1} < \dot{m}_{f2}c_{p2}$，则令 $C_{\min} = \dot{m}_{f1}c_{p1}$，$C_{\max} = \dot{m}_{f2}c_{p2}$。反之，如果 $\dot{m}_{f1}c_{p1} > \dot{m}_{f2}c_{p2}$，则令 $C_{\min} = \dot{m}_{f2}c_{p2}$，$C_{\max} = \dot{m}_{f1}c_{p1}$。采用这样的简写规则后，式(13-29)和式(13-30)均可统一表示成如下的表达式：

$$\varepsilon = \frac{1 - e^{-\left(1 - \frac{C_{\min}}{C_{\max}}\right)NTU}}{1 - \dfrac{C_{\min}}{C_{\max}}e^{-\left(1 - \frac{C_{\min}}{C_{\max}}\right)NTU}} \tag{13-31}$$

式中，$NTU = \dfrac{KA}{C_{\min}}$，称为传热单元数(number of heat transfer units)。式(13-31)就是逆流换热器的效能-传热单元数关系式。对于顺流，相应的关系式为

$$\varepsilon = \frac{1 - \mathrm{e}^{-\left(1 + \frac{C_{\min}}{C_{\max}}\right) NTU}}{1 + \dfrac{C_{\min}}{C_{\max}}} \tag{13-32}$$

对于叉流或其他形式的换热器，一种比较简单的处理方式是：先按照逆流计算换热器效能，然后乘以一个修正系数，即 $\varepsilon = \varepsilon_\Delta \varepsilon_{逆流}$，其中 ε_Δ 为修正系数。更准确的处理方式是建立相应的数学物理模型，并通过数值积分产生计算结果。计算结果可以是数据表、曲线图或拟合公式。图 13-5 给出了部分参数范围内的逆流、顺流换热器效能-传热单元数曲线图。

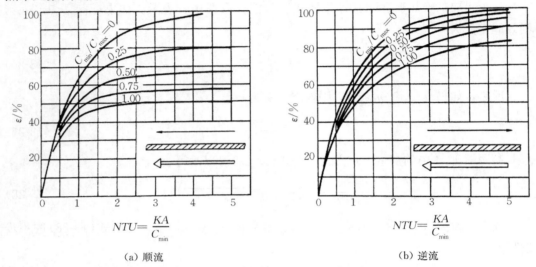

(a) 顺流   (b) 逆流

图 13-5   换热器效能-传热单元数曲线图

实际上，换热器设计计算问题有繁有简，主要取决于问题提出时相关条件的确定性程度。如果换热器的形式、微观结构特征、几何形状和相似比、传热系数均是确定的，问题相对比较简单。此时，计算的主要任务就是确定换热器面积，计算依据就是传热公式 $Q = KA\Delta \bar{t}$。计算过程中，先依据已知条件确定所需换热量 Q、平均传热温差 $\Delta \bar{t}$，再按照传热公式计算所需传热面积，即 $A = Q/(K\Delta \bar{t})$。如果传热系数不确定，那么就需要根据几何参数、流体性质、质流率、工作参数范围等条件先计算传热系数。如果上述条件也不确定，那就需要根据用途做出适当的选择，再按照上述方法计算传热系数和传热面积。这就需要一定的设计经验。如果经验不足，可能需要经过反复试算或试错才能达到满意的结果。校核计算也有类似的因素需要考虑。为了避免过于抽象的讨论，下面通过两个例题分别介绍设计计算和校核计算的基本方法和步骤。

【**例题 13-3**】在一逆流套管式油冷却器中，用冷却水冷却油。现已知：冷却油的入口温度为 80 ℃、质量流量为 1 kg/s、平均比热为 2 kJ/(kg·℃)；冷却水流量为 0.8 kg/s、入口温度为 35 ℃、平均比热为 4.2 kJ/(kg·℃)。设油冷却器内油水之间的总传热系数为 1 000 W/(m²·℃)，且须将导热油出口温度降低至 45 ℃，试问需要多大换热面积的油冷却器？

【解】本题为设计类型计算问题，求解过程中，参照图 13-4 中的变量命名，并以下标"f1"表示油的变量或性质参数，下标"f2"表示水的变量或性质参数。由能量守恒原理有

$$Q = \dot{m}_{f1} c_{p1} (t'_{f1} - t''_{f1}) = \dot{m}_{f2} c_{p2} (t''_{f2} - t'_{f2})$$

由上式可解得传热量与水的出口温度分别为

$$Q = \dot{m}_{f1} c_{p1} (t'_{f1} - t''_{f1}) = 1 \times 2 \times (80 - 45) = 70(kW)$$

$$t''_{f2} = t'_{f2} + \frac{\dot{m}_{f1} c_{p1}}{\dot{m}_{f2} c_{p2}} (t'_{f1} - t''_{f1}) = 35 + \frac{1 \times 2}{0.8 \times 4.2} \times (80 - 45) = 55.83(\text{℃})$$

对数平均温差

$$\Delta \bar{t} = \frac{\Delta t'' - \Delta t'}{\ln\left(\frac{\Delta t''}{\Delta t'}\right)} = \frac{(80 - 55.83) - (45 - 35)}{\ln\left(\frac{80 - 55.83}{45 - 35}\right)} = 16.06(\text{℃})$$

于是，油冷却器所需传热面积为

$$A = \frac{Q}{K \Delta t} = \frac{70 \times 1\,000}{1\,000 \times 16.06} = 4.36(m^2)$$

【例题 13-4】有一台铜管铝翅片式换热器，管外侧肋化系数为 21，肋壁效率为 0.9，欲用来实现热水与空气之间的热交换。已知：管内侧水的质量流量为 0.06 kg/s，比热为 4.2 kJ/(kg·℃)，入口温度为 60 ℃；管外侧空气质量流量为 0.2 kg/s，比热为 1.01 kJ/(kg·℃)，入口温度为 25 ℃；管外径为 7 mm，管壁厚度为 0.3 mm，铜管总长度为 50m，铜管导热系数为 380 W/(m·℃)。设管内对流换热系数为 900 W(m²·℃)，管外对流换热系数为 50 W(m²·℃)，换热器温差修正系数 ε_Δ 取为 0.9，试计算换热器出口空气温度。

【解】本题为校核类型计算问题，按照式(13-15)计算传热系数：

$$K = \frac{1}{\frac{1}{h_1} + \frac{\delta}{\lambda} + \frac{1}{\eta \beta h_2}} = \frac{1}{\frac{1}{900} + \frac{0.3 \times 10^{-3}}{380} + \frac{1}{0.9 \times 21 \times 50}} = 460[W/(m^2 \cdot ℃)]$$

铜管内表面积为

$$A_{w1} = \pi \times (7 - 2 \times 0.3)/1\,000 \times 50 = 1.005(m^2)$$

水的流动热容量为

$$\dot{m}_{f1} c_{p1} = 0.06 \times 4.2 = 0.252(kW/℃)$$

空气流动热容量为

$$\dot{m}_{f2} c_{p2} = 0.2 \times 1.01 = 0.202(kW/℃)$$

所以，$C_{min} = 0.202$ kW/℃，$C_{max} = 0.252$ kW/℃，$\frac{C_{min}}{C_{max}} = 0.802$，$NTU = \frac{KA}{C_{min}} = \frac{460 \times 1.005}{0.202 \times 1\,000} = 2.289$。按照式(13-31)以及题目给定的条件有

$$\varepsilon = \varepsilon_\Delta \frac{1 - e^{-\left(1 - \frac{C_{min}}{C_{max}}\right) NTU}}{1 - \frac{C_{min}}{C_{max}} e^{-\left(1 - \frac{C_{min}}{C_{max}}\right) NTU}} = 0.9 \times \frac{1 - e^{-(1 - 0.802) \times 2.289}}{1 - 0.802 \times e^{-(1 - 0.802) \times 2.289}} = 0.669$$

于是，空气出口温度

$$t''_{f2} = t'_{f2} + \varepsilon (t'_{f1} - t'_{f2}) = 25 + 0.669 \times (60 - 25) = 48.4(℃)$$

思考题

1. 什么是复合换热？复合换热系数与纯对流传热系数有何区别？如何确定复合换热系数？

2. 试分析冬季暖气片工作时外表面与室内进行热交换的途径。

3. 平板式采暖板表面、建筑物外表面与周围环境之间的换热可否按照纯对流换热处理？为什么？

4. 拟用加装翅片的方式提高气-液式热交换器的效率或降低设备成本，试问应在哪一侧加肋片？为什么？

5. 从传热角度分析，翅片管式换热器有什么特点？适用于什么样的场合？

6. 从传热角度分析，运行中产生的污垢对换热器性能有什么影响？

7. 稳定工作的热交换器中，热容量小的流体还是热容量大的流体进出口温度变化大？为什么？

8. 为强化一台油冷器的传热，有人用提高冷却水流速的办法。但是，当水流速提高到一定程度后，发现改善的作用越来越小，为什么？

9. 换热器计算分为设计计算和校核计算，试分析两种计算之间的区别。

10. 换热器计算有对数平均温差法、效能传热单元数法。试问：换热器的设计计算和校核计算分别采用什么方法好？为什么？

11. 从提高热交换效率或降低设备成本的角度考虑，换热器应该采用逆流、顺流还是叉流的形式好？为什么？

12. 如果汽-水式热交换器利用饱和蒸汽加热水，试问采用逆流、顺流或叉流形式对换热效果有什么影响？为什么？

13. 逆流、顺流或叉流形式对热电厂中的冷凝器、蒸汽压缩式热泵中的制冷剂蒸发器和冷凝器的热交换效率有何影响？

14. 气-液式热交换器一般应采用什么形式的换热器？为什么？

15. 板式换热器、管壳式换热器适用于什么介质之间的热交换？为什么？

16. 板翅式换热器适用于什么介质之间的热交换？为什么？

17. 冷却塔或洗涤塔中的换热，除了纯对流热交换，还受什么因素的影响？

18. 试从传热学角度列举一些提高热交换效率或降低设备制作成本的措施。

练习题

1. 某地夜间建筑物墙体外表面温度为 10 ℃，周围空气温度为 5 ℃，天空和周围环境的综合热辐射温度为—5 ℃，又已知建筑物墙体外表面黑度为 0.9、纯对流换热系数为 10 W/(m² · K)，试求墙体外表面辐射换热系数和复合换热系数。

2. 某办公室电热采暖板贴壁安装，高 2 m，表面发射率为 0.8，表面温度为 45 ℃，又已知周围空气温度为 25 ℃，室内其他物体表面综合辐射温度为 17 ℃，试计算采暖板表面纯自然对流换热系数、辐射换热系数和复合换热系数。

3. 某地夜间气温为 5 ℃，天空与周围环境热辐射综合温度为—20 ℃，试问：当表面纯对流换热系数为 10 W/(m² · K)、表面黑度为 0.9 时，树叶表面有没有结霜的可能？

4. 某翅片管式换热器，管内水流表面传热系数为 5 000 W/(m² · K)，管外空气对流传热系数为 50 W/(m² · K)，又已知肋化系数和翅片效率分别为 20 和 0.88，忽略管壁热阻，试计算基于管内表面的传热系数。

5. 一递流套管式水-水换热器，冷水的进口温度为 25 ℃，热水进口温度为 70 ℃，冷水出口温度为 55 ℃。若冷水的流量为热水流量的一半，试计算该换热器的对数平均温差。

6. 冷热流体的进、出口温度分别为 $t_1'=200$ ℃，$t_1''=100$ ℃，$t_2'=10$ ℃，$t_2''=90$ ℃，试计算顺流和逆流时的换热器对数平均温差。

7. 有一递流换热器用来冷却润滑油。流量为 2 kg/s 的冷却水在管内流动，进口温度为 10 ℃，出口温度为 60 ℃；热油的入口温度为 120 ℃，出口温度为 70 ℃。设油的比热为 2.1 kJ/(kg · K)，换热器的平均传热系数为 $K=350$ W/(m² · ℃)，试计算：(1)油的流量；(2)所传递的热量；(3)所需的传热面积。

8. 一个壳管式换热器用来冷凝 7 335 Pa 的饱和水蒸气，冷却水进入换热器时的温度为 20 ℃，离开时的温度为 35 ℃。设传热系数为 $K=2\ 000$ W/(m² · ℃)，且要求每小时凝结量为 20 kg，问所需要的换热器传热面积是多少？

9. 某油冷器总换热面积 60 m²，冷却水流量 2 kg/s、平均比热 4.17 kJ/(kg · K)、进口温度 10 ℃，油的流量 3 kg/s、平均比热 2.1 kJ/(kg · K)、入口温度 120 ℃，换热器的平均传热系数 $K=350$ W/(m² · ℃)，试计算油的出口温度。

参考文献

[1] 朱彤，安青松，刘晓华，等. 传热学[M]. 7 版. 北京：中国建筑工业出版社，2020.

[2] 戴锅生. 传热学[M]. 2 版. 北京：高等教育出版社，1999.

[3] J. P. 霍尔曼(J. P. Homan). 传热学[M]. 英文版(原书第 10 版). 北京：机械工业出版社，2011.

[4] 蔡祖恢. 工程热力学[M]. 北京：高等教育出版社，1995.

[5] 谭羽非，吴家正，朱彤. 工程热力学[M]. 6 版. 北京：中国建筑工业出版社，2016.

[6] 曾丹芩，敖越，张新铭，等. 工程热力学[M]. 3 版. 北京：高等教育出版社，2002.

[7] 童钧耕，范云良. 工程热力学学习辅导与习题解答[M]. 2 版. 北京：高等教育出版社，2008.

[8] 童钧耕，赵镇南. 热工基础[M]. 2 版. 北京：高等教育出版社，2020.

[9] 傅秦生，何雅玲. 热工基础[M]. 西安：西安交通大学出版社，1995.

[10] 俞佐平，陆煜. 传热学[M]. 3 版. 北京：高等教育出版社，1995.

[11] 赵玉珍. 热工原理[M]. 哈尔滨：哈尔滨工业大学出版社，1995.

[12] 庞麓鸣，汪孟乐，冯海仙. 工程热力学[M]. 2 版. 北京：高等教育出版社，1986.

[13] 张学学. 热工基础[M]. 3 版. 北京：高等教育出版社，2015.

[14] 沈维道，童钧耕. 工程热力学[M]. 5 版. 北京：高等教育出版社，2016.

[15] 何雅玲. 工程热力学重点难点及典型题精解[M]. 2 版. 西安：西安交通大学出版社，2008.

[16] 陶文铨. 传热学[M]. 5 版. 北京：高等教育出版社，2019.

[17] 严家騄，王永青，张亚宁. 工程热力学[M]. 6 版. 北京：高等教育出版社，2021.

[18] 刘桂玉，刘志刚，阴建民，等. 工程热力学[M]. 北京：高等教育出版社，1998.

[19] 华自强，张忠进，高青，等. 工程热力学[M]. 4 版. 北京：高等教育出版社，2010.

[20] 朱明善，陈宏芳. 热力学分析[M]. 北京：高等教育出版社，1992.

[21] 朱明善，刘颖，林兆庄，等. 工程热力学[M]. 2 版. 北京：清华大学出版社，2011.

[22] YUNUS A C, MICHAEL A B, Thermodynamics-An Engineering Approach [M]. 4th ed. McGraw—Hill, 2002.

［23］朱彤，安青松，刘晓华，等. 传热学［M］. 7 版. 北京：中国建筑工业出版社，2021.

［24］王秋旺. 传热学重点难点及典型题精解［M］. 西安：西安交通大学出版社，2001.

［25］王厚华，周根明，李新禹. 传热学［M］. 重庆：重庆大学出版社，2006.

［26］苏亚欣. 传热学［M］. 武汉：华中科技大学出版社，2009.

［27］严家騄，余晓福，王永青，等. 水和水蒸气热力性质图表［M］. 4 版. 北京：高等教育出版社，2021.

附　录

附表 1　常用单位换算表

附表 1-1　力单位换算

牛顿 /N	公斤力 /kgf	达因 /dyn
1	0.102	10^5
9.806 65	1	$9.806\ 65 \times 10^5$
10^{-5}	1.02×10^{-6}	1

附表 1-2　压力单位换算表

帕斯卡 /Pa	兆帕 /MPa	巴 /bar	工程大气压(at) /(kgf/cm²)	标准大气压 /atm	毫米水柱 /mmH$_2$O	毫米汞柱 /mmHg
1	10^{-6}	10^{-5}	$0.101\ 972 \times 10^{-4}$	$9.869\ 23 \times 10^{-6}$	0.101 972	$7.500\ 62 \times 10^{-3}$
10^6	1	10	10.197 2	9.869 23	$1.019\ 72 \times 10^5$	7 500.62

续表

帕斯卡/Pa	兆帕/MPa	巴/bar	工程大气压(at)/(kgf/cm²)	标准大气压/atm	毫米水柱/mmH₂O	毫米汞柱/mmHg
10^5	0.1	1	1.019 72	0.986 923	$1.019\ 72\times10^4$	750.062
$9.806\ 65\times10^4$	0.098 066 5	0.980 665	1	0.967 841	10^4	735.559
101 325	0.101 325	1.013 25	1.033 23	1	10 332.3	760
9.806 65	$9.806\ 65\times10^{-6}$	$9.806\ 65\times10^{-5}$	1.0×10^{-4}	$9.678\ 41\times10^{-5}$	1	$7.355\ 59\times10^{-2}$
133.322	$1.333\ 22\times10^{-4}$	$1.333\ 22\times10^{-3}$	$1.359\ 5\times10^{-3}$	$1.315\ 79\times10^{-3}$	13.595	1

注：英制压力单位采用磅力/英寸²(lbf/in²)，1 lbf/in²＝6 894.7 Pa。

附表 1-3　功、能和热量的单位换算表

千焦/kJ	千卡/kcal	公斤力·米/(kgf·m)	千瓦·时/(kW·h)	马力·时/(PS·h)	英热单位/Btu
1	0.238 8	101.972	2.777×10^{-4}	$3.776\ 7\times10^{-4}$	0.947 8
4.186 8	1	426.94	1.163×10^{-3}	1.581×10^{-3}	3.968 32
9.807×10^{-3}	2.342×10^{-3}	1	2.724×10^{-6}	3.703×10^{-6}	9.294×10^{-3}
3 600	859.845	367 097.8	1	1.359 6	3 412.14
2 647.796	632.415	270 000	0.735 5	1	2 509.63
1.055 06	0.251 99	107.586 2	$2.930\ 7\times10^{-4}$	3.985×10^{-4}	1

附表 1-4　功率单位换算

千瓦 /kW	(公斤力·米)/秒 /[(kgf·m)/s]	马力 /PS	千卡/小时 /(kcal/h)	英热单位/小时 /(Btu/h)	(英尺·磅力)/秒 /[(ft·lbf)/s]
1	$1.019\ 72\times10^{2}$	1.359 62	859.854	$3.412\ 14\times10^{3}$	$7.375\ 62\times10^{2}$
$9.806\ 65\times10^{-3}$	1	$1.333\ 33\times10^{-2}$	8.432 2	33.461 7	7.233 01
735.499×10^{-3}	75	1	632.415	2 509.63	542.476
1.163×10^{-3}	0.118 593	$1.581\ 24\times10^{-3}$	1	3.968 32	0.857 783
$2.930\ 71\times10^{-4}$	$2.988\ 49\times10^{-2}$	$3.984\ 66\times10^{-4}$	0.251 996	1	0.216 158
$1.355\ 82\times10^{-3}$	0.138 255	$1.843\ 40\times10^{-3}$	1.165 80	4.626 25	1

附表 1-5　运动黏度单位换算

米²/秒 /(m²/s)	厘米²/秒(沲) /St	毫米²/秒(厘沲) /cSt	米²/时 /(m²/h)
1	10^{4}	10^{6}	3 600
10^{-4}	1	100	0.36
10^{-6}	0.01	1	3.6×10^{-3}
2.778×10^{-4}	2.778	277.8	1

注："沲"是"斯托克斯"(Stokes)的习惯称呼。

附表 1-6 动力黏度单位换算

(公斤力·秒)/米² /[(kgf·s)/m²]	(牛顿·秒)/米² /[(N·s)/m²]	(达因·秒)/厘米²(泊) /P	(公斤力·时)/米² /[(kgf·h)/m²]
1	9.81	98.1	278×10^{-6}
0.102	1	10	28.3×10^{-6}
10.2×10^{-3}	0.1	1	2.83×10^{-6}
3 600	35.3×10^3	353×10^3	1

注：$\mu = v \cdot \rho$，式中，μ 为动力黏度，v 为运动黏度，ρ 为密度。

附表 2　常用气体的某些基本热力性质

气体	摩尔质量 M /(g/mol)	气体常数 R_g /[kJ/(kg·K)]	气体常数 R_g /[kgf·m/(kg·K)]	密度 ρ_0 (0 ℃, 101 325 Pa) /(kg/m³)	比定压热容 (25 ℃) C_{p0} /[kJ/(kg·K)]	比定容热容 (25 ℃) C_{v0} /[kJ/(kg·K)]	热容比 γ_0(25 ℃)
He	4.003	2.077 1	211.80	0.179	5.196	3.119	1.666
Ar	39.948	0.208 1	21.22	1.784	0.521	0.313	1.665
H_2	2.016	4.124 3	420.55	0.090	14.03	10.180	1.405
O_2	32.000	0.259 8	26.50	1.429	0.917	0.657	1.396
N_2	28.016	0.296 8	30.26	1.251	1.039	0.742	1.400
空气	28.965	0.287 1	29.27	1.293	1.005	0.718	1.400
CO	28.011	0.296 8	30.27	1.250	1.041	0.744	1.399
CO_2	44.011	0.188 9	19.26	1.977	0.844	0.655	1.289
H_2O	18.016	0.461 5	47.06	0.804	1.863	1.402	1.329
CH_4	16.043	0.518 3	52.85	0.717	2.227	1.709	1.303
C_2H_4	28.054	0.296 4	30.22	1.261	1.551	1.255	1.236
C_2H_6	30.070	0.276 5	28.20	1.357	1.752	1.475	1.188
C_3H_8	44.097	0.188 6	19.23	2.005	1.667	1.478	1.128

附表 3　某些常用气体在理想气体状态下的比定压热容与温度的关系式

$$\{c_p\}_{kJ/(kg\cdot K)} = a_0 + a_1\{T\}_K + a_2\{T\}_K^2 + a_3\{T\}_K^3$$

气体	a_0	$a_1\times10^3$	$a_2\times10^6$	$a_3\times10^9$	适用温度范围/K	最大误差/%
H_2	14.4390	-0.9504	1.9861	-0.4318	273~1800	1.01
O_2	0.8056	0.4341	-0.1810	0.0275	273~1800	1.09
N_2	1.0316	-0.0561	0.2884	-0.1025	273~1800	0.59
空气	0.9705	0.0679	0.1658	-0.0679	273~1800	0.72
CO	1.0053	0.0598	0.1918	-0.0793	273~1800	0.89
CO_2	0.5058	1.3590	-0.7955	0.1697	273~1800	0.65
H_2O	1.7895	0.1068	0.5861	-0.1995	273~1500	0.52
CH_4	1.2398	3.1315	0.7910	-0.6863	273~1500	1.33
C_2H_4	0.1471	5.525	-2.907	0.6053	298~1500	0.30
C_2H_6	0.1801	5.923	-2.307	0.2897	298~1500	0.70
C_3H_6	0.0890	5.561	-2.735	0.5164	298~1500	0.44
C_3H_8	-0.0957	0.1500	-3.597	0.7291	298~1500	0.28

附表 4　某些常用气体在理想气体状态下的平均比定压热容

$$\bar{c}_{p0}\big|_0^t / [\text{kJ}/(\text{kg} \cdot ℃)]$$

温度/℃	H_2	O_2	N_2	空气	CO	CO_2	H_2O
0	14.195	0.915	1.039	1.004	1.040	0.815	1.859
100	14.353	0.923	1.040	1.006	1.042	0.866	1.873
200	14.421	0.935	1.043	1.012	1.046	0.910	1.894
300	14.446	0.950	1.049	1.019	1.054	0.949	1.919
400	14.447	0.965	1.057	1.028	1.063	0.983	1.948
500	14.509	0.979	1.066	1.039	1.075	1.013	1.978
600	14.542	0.993	1.076	1.050	1.086	1.040	2.009
700	14.587	1.005	1.087	1.061	1.098	1.064	2.042
800	14.641	1.016	1.097	1.071	1.109	1.085	2.075
900	14.706	1.026	1.108	1.081	1.120	1.104	2.110
1 000	14.776	1.035	1.118	1.091	1.130	1.122	2.144
1 100	14.853	1.043	1.127	1.100	1.140	1.138	2.177
1 200	14.934	1.051	1.136	1.108	1.149	1.153	2.211
1 300	15.023	1.058	1.145	1.117	1.158	1.166	2.243

续表

温度/℃	H_2	O_2	N_2	空气	CO	CO_2	H_2O
1 400	15.113	1.065	1.153	1.124	1.166	1.178	2.274
1 500	15.202	1.071	1.160	1.131	1.173	1.189	2.305
1 600	15.294	1.077	1.167	1.138	1.180	1.200	2.335
1 700	15.383	1.083	1.174	1.144	1.187	1.209	2.363
1 800	15.472	1.089	1.180	1.150	1.192	1.218	2.391
1 900	15.561	1.094	1.186	1.156	1.198	1.226	2.417
2 000	15.649	1.099	1.191	1.161	1.203	1.233	2.442
2 100	15.736	1.104	1.197	1.166	1.208	1.241	2.466
2 200	15.819	1.109	1.201	1.171	1.213	1.247	2.489
2 300	15.902	1.114	1.206	1.176	1.218	1.253	2.512
2 400	15.983	1.118	1.210	1.180	1.222	1.259	2.533
2 500	16.064	1.123	1.214	1.184	1.226	1.264	2.554

附表 5 某些常用气体在理想气体状态下的平均比定容热容

$$\bar{c}_{v0}\big|_0^t \,/\,[\text{kJ}/(\text{kg}\cdot{}^\circ\text{C})]$$

温度/℃	H₂	O₂	N₂	空气	CO	CO₂	H₂O
0	10.071	0.655	0.742	0.716	0.743	0.626	1.398
100	10.228	0.663	0.744	0.719	0.745	0.677	1.411
200	10.297	0.675	0.747	0.724	0.749	0.721	1.432
300	10.322	0.690	0.752	0.732	0.757	0.760	1.457
400	10.353	0.705	0.760	0.741	0.767	0.794	1.486
500	10.384	0.719	0.769	0.752	0.777	0.824	1.516
600	10.417	0.733	0.779	0.762	0.789	0.851	1.547
700	10.463	0.745	0.790	0.773	0.801	0.875	1.581
800	10.517	0.756	0.801	0.784	0.812	0.896	1.614
900	10.581	0.766	0.811	0.794	0.823	0.916	1.648
1 000	10.652	0.775	0.821	0.804	0.834	0.933	1.682
1 100	10.729	0.783	0.830	0.813	0.843	0.950	1.716
1 200	10.809	0.791	0.839	0.821	0.857	0.964	1.749
1 300	10.899	0.798	0.848	0.829	0.861	0.977	1.781

续表

温度/℃	H_2	O_2	N_2	空气	CO	CO_2	H_2O
1 400	10.988	0.805	0.856	0.837	0.869	0.989	1.813
1 500	11.077	0.811	0.863	0.844	0.876	1.001	1.843
1 600	11.169	0.817	0.870	0.851	0.883	1.010	1.873
1 700	11.258	0.823	0.877	0.857	0.889	1.020	1.902
1 800	11.347	0.829	0.883	0.863	0.896	1.029	1.929
1 900	11.437	0.834	0.889	0.869	0.901	1.037	1.955
2 000	11.524	0.839	0.894	0.874	0.906	1.045	1.980
2 100	11.611	0.844	0.900	0.879	0.911	1.052	2.005
2 200	11.698	0.849	0.905	0.884	0.916	1.058	2.028
2 300	11.798	0.854	0.909	0.889	0.921	1.064	2.050
2 400	11.858	0.858	0.914	0.893	0.925	1.070	2.072
2 500	11.939	0.863	0.918	0.897	0.929	1.075	2.093

附表 6　饱和水和饱和水蒸气热力性质（按温度排列）

温度	压力	比体积		比焓		汽化潜热	比熵	
		液体	蒸汽	液体	蒸汽		液体	蒸汽
t	p	v'	v''	h'	h''	r	s'	s''
/℃	/MPa	/(m³/kg)	/(m³/kg)	/(kJ/kg)	/(kJ/kg)	/(kJ/kg)	/[kJ/(kg·K)]	/[kJ/(kg·K)]
0	0.000 611 2	0.001 000 22	206.154	−0.05	2 500.51	2 500.6	−0.000 2	9.154 4
0.01	0.000 611 7	0.001 000 21	206.012	0.00	2 500.53	2 500.5	0.000 0	9.154 1
1	0.000 657 1	0.001 000 18	192.464	4.18	2 502.35	2 498.2	0.015 3	9.127 8
2	0.000 705 9	0.001 000 13	179.787	8.39	2 504.19	2 495.8	0.030 6	9.101 4
3	0.000 758 0	0.001 000 09	168.041	12.61	2 506.03	2 493.4	0.045 9	9.075 2
4	0.000 813 5	0.001 000 08	157.151	16.82	2 507.87	2 491.1	0.061 1	9.049 3
5	0.000 872 5	0.001 000 08	147.048	21.02	2 509.71	2 488.7	0.076 3	9.023 6
6	0.000 935 2	0.001 000 10	137.670	25.22	2 511.55	2 486.3	0.091 3	8.998 2
7	0.001 001 9	0.001 000 14	128.961	29.42	2 513.39	2 484.0	0.106 3	8.973 0
8	0.001 072 8	0.001 000 19	120.868	33.62	2 515.23	2 481.6	0.121 3	8.948 0
9	0.001 148 0	0.001 000 26	113.342	37.81	2 517.06	2 479.3	0.136 2	8.923 3
10	0.001 227 9	0.001 000 34	106.341	42.00	2 518.90	2 476.9	0.151 0	8.898 8
11	0.001 312 6	0.001 000 43	99.825	46.19	2 520.74	2 474.5	0.165 8	8.874 5
12	0.001 402 5	0.001 000 54	93.756	50.38	2 522.57	2 472.2	0.180 5	8.850 4
13	0.001 497 7	0.001 000 66	88.101	54.57	2 524.41	2 469.8	0.195 2	8.826 5

续表 1

温度	压力	比体积		比焓		汽化潜热	比熵	
		液体	蒸汽	液体	蒸汽		液体	蒸汽
t	p	v'	v''	h'	h''	r	s'	s''
/℃	/MPa	/(m³/kg)	/(m³/kg)	/(kJ/kg)	/(kJ/kg)	/(kJ/kg)	/[kJ/(kg·K)]	/[kJ/(kg·K)]
14	0.001 598 5	0.001 000 80	82.828	58.76	2 526.24	2 467.5	0.209 8	8.802 9
15	0.001 705 3	0.001 000 94	77.910	62.95	2 528.07	2 465.1	0.224 3	8.779 4
16	0.001 818 3	0.001 001 10	73.320	67.13	2 529.90	2 462.8	0.238 8	8.756 2
17	0.001 937 7	0.001 001 27	69.034	71.32	2 531.72	2 460.4	0.253 3	8.733 1
18	0.002 064 0	0.001 001 45	65.029	75.50	2 533.55	2 458.1	0.267 7	8.710 3
19	0.002 197 5	0.001 001 65	61.287	79.68	2 535.37	2 455.7	0.282 0	8.687 7
20	0.002 338 5	0.001 001 85	57.786	83.86	2 537.20	2 453.3	0.296 3	8.665 2
22	0.002 644 4	0.001 002 29	51.445	92.23	2 540.84	2 448.6	0.324 7	8.621 0
24	0.002 984 6	0.001 002 76	45.884	100.59	2 544.47	2 443.9	0.353 0	8.577 4
26	0.003 362 5	0.001 003 28	40.997	108.95	2 548.10	2 439.2	0.381 0	8.534 7
28	0.003 781 4	0.001 003 83	36.694	117.32	2 551.73	2 434.4	0.408 9	8.492 7
30	0.004 245 1	0.001 004 42	32.899	125.68	2 555.35	2 429.7	0.436 6	8.451 4
35	0.005 626 3	0.001 006 05	25.222	146.59	2 564.38	2 417.8	0.505 0	8.351 1
40	0.007 381 1	0.001 007 89	19.529	167.50	2 573.36	2 405.9	0.572 3	8.255 1
45	0.009 589 7	0.001 009 93	15.263 6	188.42	2 582.30	2 393.9	0.638 6	8.163 0

续表 2

温度	压力	比体积		比焓		汽化潜热	比熵	
		液体	蒸汽	液体	蒸汽		液体	蒸汽
t	p	v'	v''	h'	h''	r	s'	s''
/℃	/MPa	/(m³/kg)	/(m³/kg)	/(kJ/kg)	/(kJ/kg)	/(kJ/kg)	/[kJ/(kg·K)]	/[kJ/(kg·K)]
50	0.012 344 6	0.001 012 16	12.036 5	209.33	2 591.19	2 381.9	0.703 8	8.074 5
55	0.015 752	0.001 014 55	9.572 3	230.24	2 600.02	2 369.8	0.768 0	7.989 6
60	0.019 933	0.001 017 13	7.674 0	251.15	2 608.79	2 357.6	0.831 2	7.908 0
65	0.025 024	0.001 019 86	6.199 2	272.08	2 617.48	2 345.4	0.893 5	7.829 5
70	0.031 178	0.001 022 76	5.044 3	293.01	2 626.10	2 333.1	0.955 0	7.754 0
75	0.038 565	0.001 025 82	4.133 0	313.96	2 634.63	2 320.7	1.015 6	7.681 2
80	0.047 376	0.001 029 03	3.408 6	334.93	2 643.06	2 308.1	1.075 3	7.611 2
85	0.057 818	0.001 032 40	2.828 8	355.92	2 651.40	2 295.5	1.134 3	7.543 6
90	0.070 121	0.001 035 93	2.361 6	376.94	2 659.63	2 282.7	1.192 6	7.478 3
95	0.084 533	0.001 039 61	1.982 7	397.98	2 667.73	2 269.7	1.250 1	7.415 4
100	0.101 325	0.001 043 44	1.673 6	419.06	2 675.71	2 256.6	1.306 9	7.354 5
110	0.143 243	0.001 051 56	1.210 6	461.33	2 691.26	2 229.9	1.418 6	7.238 6
120	0.198 483	0.001 060 31	0.892 19	503.76	2 706.18	2 202.4	1.527 7	7.129 7
130	0.270 018	0.001 069 68	0.668 73	546.38	2 720.39	2 174.0	1.634 6	7.027 2
140	0.361 190	0.001 079 72	0.509 00	589.21	2 733.81	2 144.6	1.739 3	6.930 2

续表 3

温度	压力	比体积		比焓		汽化潜热	比熵	
		液体	蒸汽	液体	蒸汽		液体	蒸汽
t	p	v'	v''	h'	h''	r	s'	s''
/°C	/MPa	/(m³/kg)	/(m³/kg)	/(kJ/kg)	/(kJ/kg)	/(kJ/kg)	/[kJ/(kg·K)]	/[kJ/(kg·K)]
150	0.475 71	0.001 090 46	0.392 86	632.28	2 746.35	2 114.1	1.842 0	6.838 1
160	0.617 66	0.001 101 93	0.307 09	675.62	2 757.92	2 082.3	1.942 9	6.750 2
170	0.791 47	0.001 114 20	0.242 83	719.25	2 768.42	2 049.2	2.042 0	6.666 1
180	1.001 93	0.001 127 32	0.194 03	763.22	2 777.74	2 014.5	2.139 6	6.585 2
190	1.254 17	0.001 141 36	0.156 50	807.56	2 785.80	1 978.2	2.235 8	6.507 1
200	1.553 66	0.001 156 41	0.127 32	852.34	2 792.47	1 940.1	2.330 7	6.431 2
210	1.906 17	0.001 172 58	0.104 38	897.62	2 797.65	1 900.0	2.424 5	6.357 1
220	2.317 83	0.001 190 00	0.086 157	943.46	2 801.20	1 857.7	2.517 5	6.284 6
230	2.795 05	0.001 208 82	0.071 553	989.95	2 803.00	1 813.0	2.609 6	6.213 0
240	3.344 59	0.001 229 22	0.059 743	1 037.2	2 802.88	1 765.7	2.701 3	6.142 2
250	3.973 51	0.001 251 45	0.050 112	1 085.3	2 800.66	1 715.4	2.792 6	6.071 6
260	4.689 23	0.001 275 79	0.042 195	1 134.3	2 796.14	1 661.8	2.883 7	6.000 7
270	5.499 56	0.001 302 62	0.035 637	1 184.5	2 789.05	1 604.5	2.975 1	5.929 2
280	6.412 73	0.001 332 42	0.030 165	1 236.0	2 779.08	1 543.1	3.066 8	5.856 4
290	7.437 46	0.001 365 82	0.025 565	1 289.1	2 765.81	1 476.7	3.159 4	5.781 7

续表4

温度	压力	比体积		比焓		汽化潜热	比熵	
		液体	蒸汽	液体	蒸汽		液体	蒸汽
t	p	v'	v''	h'	h''	r	s'	s''
/℃	/MPa	/(m³/kg)	/(m³/kg)	/(kJ/kg)	/(kJ/kg)	/(kJ/kg)	/[kJ/(kg·K)]	/[kJ/(kg·K)]
300	8.583 08	0.001 403 69	0.021 669	1 344.0	2 748.71	1 404.7	3.253 3	5.704 2
310	9.859 7	0.001 447 28	0.018 343	1 401.2	2 727.01	1 325.9	3.349 0	5.622 6
320	11.278	0.001 498 41	0.015 479	1 461.2	2 699.72	1 238.5	3.447 5	5.535 6
330	12.851	0.001 560 08	0.012 987	1 524.9	2 665.30	1 140.4	3.550 0	5.440 8
340	14.593	0.001 637 28	0.010 790	1 593.7	2 621.32	1 027.6	3.658 6	5.334 5
350	16.521	0.001 740 08	0.008 812	1 670.3	2 563.39	893.0	3.777 3	5.210 4
360	18.657	0.001 894 23	0.006 958	1 761.1	2 481.68	720.6	3.915 5	5.053 6
370	21.033	0.002 214 80	0.004 982	1 891.7	2 338.79	447.1	4.112 5	4.807 6
371	21.286	0.002 279 69	0.004 735	1 911.8	2 314.11	402.3	4.142 9	4.767 4
372	21.542	0.002 365 30	0.004 451	1 936.1	2 282.99	346.9	4.179 6	4.717 3
373	21.802	0.002 496 00	0.000 87	1 968.8	2 237.98	269.2	4.229 2	4.645 8

附表 7 饱和水和饱和蒸气热力性质（按压力排列）

压力	温度	比体积		比焓		汽化潜热	比熵	
		液体	蒸汽	液体	蒸汽		液体	蒸汽
p	t	v'	v''	h'	h''	r	s'	s''
/MPa	/℃	/(m³/kg)	/(m³/kg)	/(kJ/kg)	/(kJ/kg)	/(kJ/kg)	/[kJ/(kg·K)]	/[kJ/(kg·K)]
0.001 0	6.949 1	0.001 000 1	129.185	29.21	2 513.29	2 484.1	0.105 6	8.973 5
0.002 0	17.540 3	0.001 001 4	67.008	73.58	2 532.71	2 459.1	0.261 1	8.722 0
0.003 0	24.114 2	0.001 002 8	45.666	101.07	2 544.68	2 443.6	0.354 6	8.575 8
0.004 0	28.953 3	0.001 004 1	34.796	121.30	2 553.45	2 432.2	0.422 1	8.472 5
0.005 0	32.879 3	0.001 005 3	28.101	137.72	2 560.55	2 422.8	0.476 1	8.393 0
0.006 0	36.166 3	0.001 006 5	23.738	151.47	2 566.48	2 415.0	0.520 8	8.328 3
0.007 0	38.996 7	0.001 007 5	20.528	163.31	2 571.56	2 408.3	0.558 9	8.273 7
0.008 0	41.507 5	0.001 008 5	18.102	173.81	2 576.06	2 402.3	0.592 4	8.226 6
0.009 0	43.790 1	0.001 009 4	16.204	183.36	2 580.15	2 396.8	0.622 6	8.185 4
0.010	45.798 8	0.001 010 3	14.673	191.76	2 583.72	2 392.0	0.649 0	8.148 1
0.015	53.970 5	0.001 014 0	10.022	225.93	2 598.21	2 372.3	0.754 8	8.006 5
0.020	60.065 0	0.001 017 2	7.649 7	251.43	2 608.90	2 357.5	0.832 0	7.906 8
0.025	64.972 6	0.001 019 8	6.204 7	271.96	2 617.43	2 345.5	0.893 2	7.829 8
0.030	69.104 1	0.001 022 2	5.229 6	289.26	2 624.56	2 335.3	0.944 0	7.767 1
0.040	75.872 0	0.001 026 4	3.993 9	317.61	2 636.10	2 318.5	1.026 0	7.668 8

续表 1

压力	温度	比体积		比焓		汽化潜热	比熵	
		液体	蒸汽	液体	蒸汽		液体	蒸汽
p	t	v'	v''	h'	h''	r	s'	s''
/MPa	/℃	/(m³/kg)	/(m³/kg)	/(kJ/kg)	/(kJ/kg)	/(kJ/kg)	/[kJ/(kg·K)]	/[kJ/(kg·K)]
0.050	81.338 8	0.001 029 9	3.240 9	340.55	2 645.31	2 304.8	1.091 2	7.592 8
0.060	85.949 6	0.001 033 1	2.732 4	359.91	2 652.97	2 293.1	1.145 4	7.531 0
0.070	89.955 6	0.001 035 9	2.365 4	376.75	2 659.55	2 282.8	1.192 1	7.478 9
0.080	93.510 7	0.001 038 5	2.087 6	391.71	2 665.33	2 273.6	1.233 0	7.433 9
0.090	96.712 1	0.001 040 9	1.869 8	405.20	2 670.48	2 265.3	1.269 6	7.394 3
0.10	99.634	0.001 043 2	1.694 3	417.52	2 675.14	2 257.6	1.302 8	7.358 9
0.12	104.810	0.001 047 3	1.428 7	439.37	2 683.26	2 243.9	1.360 9	7.297 8
0.14	109.318	0.001 051 0	1.236 8	458.44	2 690.22	2 231.8	1.411 0	7.246 2
0.16	113.326	0.001 054 4	1.091 59	475.42	2 696.29	2 220.9	1.455 2	7.201 6
0.18	116.941	0.001 057 6	0.977 67	490.76	2 701.69	2 210.9	1.494 6	7.162 3
0.20	120.240	0.001 060 5	0.885 85	504.78	2 706.53	2 201.7	1.530 3	7.127 2
0.25	127.444	0.001 067 2	0.718 79	535.47	2 716.83	2 181.4	1.607 5	7.052 8
0.30	133.556	0.001 073 2	0.605 87	561.58	2 725.26	2 163.7	1.672 1	6.992 1
0.35	138.891	0.001 078 6	0.524 27	584.45	2 732.37	2 147.9	1.727 8	6.940 7
0.40	143.642	0.001 083 5	0.462 46	604.87	2 738.49	2 133.6	1.776 9	6.896 1

续表 2

压力	温度	比体积		比焓		汽化潜热	比熵	
		液体	蒸汽	液体	蒸汽		液体	蒸汽
p	t	v'	v''	h'	h''	r	s'	s''
/MPa	/℃	/(m³/kg)	/(m³/kg)	/(kJ/kg)	/(kJ/kg)	/(kJ/kg)	/[kJ/(kg·K)]	/[kJ/(kg·K)]
0.50	151.867	0.001 092 5	0.374 86	640.35	2 748.59	2 108.2	1.861 0	6.821 4
0.60	158.863	0.001 100 6	0.315 63	670.67	2 756.66	2 086.0	1.931 5	6.760 0
0.70	164.983	0.001 107 9	0.272 81	697.32	2 763.29	2 066.0	1.992 5	6.707 9
0.80	170.444	0.001 114 8	0.240 37	721.20	2 768.86	2 047.7	2.046 4	6.662 5
0.90	175.389	0.001 121 2	0.214 91	742.90	2 773.59	2 030.7	2.094 8	6.622 2
1.00	179.916	0.001 127 2	0.194 38	762.84	2 777.67	2 014.8	2.138 8	6.585 9
1.10	184.100	0.001 133 0	0.177 47	781.35	2 781.21	999.9	2.179 2	6.552 9
1.20	187.995	0.001 138 5	0.163 28	798.64	2 784.29	985.7	2.216 6	6.522 5
1.30	191.644	0.001 143 8	0.151 20	814.89	2 786.99	972.1	2.251 5	6.494 4
1.40	195.078	0.001 148 9	0.140 79	830.24	2 789.37	959.1	2.284 1	6.468 3
1.50	198.327	0.001 153 8	0.131 72	844.82	2 791.46	946.6	2.314 9	6.443 7
1.60	201.410	0.001 158 6	0.123 75	858.69	2 793.29	934.6	2.344 0	6.420 6
1.70	204.346	0.001 163 3	0.116 68	871.96	2 794.91	923.0	2.371 6	6.398 8
1.80	207.151	0.001 167 9	0.110 37	884.67	2 796.33	911.7	2.397 9	6.378 1
1.90	209.838	0.001 172 3	0.104 707	896.88	2 797.58	900.7	2.423 0	6.358 3

续表 3

压力	温度	比体积		比焓		汽化潜热	比熵	
p	t	液体 v'	蒸汽 v''	液体 h'	蒸汽 h''	r	液体 s'	蒸汽 s''
/MPa	/°C	/(m³/kg)	/(m³/kg)	/(kJ/kg)	/(kJ/kg)	/(kJ/kg)	/[kJ/(kg·K)]	/[kJ/(kg·K)]
2.00	212.417	0.001 176 7	0.099 588	908.64	2 798.66	890.0	2.447 1	6.339 5
2.20	217.289	0.001 185 1	0.090 700	930.97	2 800.41	1 869.4	2.492 4	6.304 1
2.40	221.829	0.001 193 3	0.083 244	951.91	2 801.67	1 849.8	2.534 4	6.271 4
2.60	226.085	0.001 201 3	0.076 898	971.67	2 802.51	1 830.8	2.573 6	6.240 9
2.80	230.096	0.001 209 0	0.071 427	990.41	2 803.01	1 812.6	2.610 5	6.212 3
3.00	233.893	0.001 216 6	0.066 662	1 008.2	2 803.19	1 794.9	2.645 4	6.185 4
3.50	242.597	0.001 234 8	0.057 054	1 049.6	2 802.51	1 752.9	2.725 0	6.123 8
4.00	250.394	0.001 252 4	0.049 771	1 087.2	2 800.53	1 713.4	2.796 2	6.068 8
5.00	263.980	0.001 286 2	0.039 439	1 154.2	2 793.64	1 639.5	2.920 1	5.972 4
6.00	275.625	0.001 319 0	0.032 440	1 213.3	2 783.82	1 570.5	3.026 6	5.888 5
7.00	285.869	0.001 351 5	0.027 371	1 266.9	2 771.72	1 504.8	3.121 0	5.812 9
8.00	295.048	0.001 384 3	0.023 520	1 316.5	2 757.70	1 441.2	3.206 6	5.743 0
9.00	303.385	0.001 417 7	0.020 485	1 363.1	2 741.92	1 378.9	3.285 4	5.677 1
10.0	311.037	0.001 452 2	0.018 026	1 407.2	2 724.46	1 317.2	3.359 1	5.613 9
11.0	318.118	0.001 488 1	0.015 987	1 449.6	2 705.34	1 255.7	3.428 7	5.552 5

续表 4

| 压力 | 温度 | 比体积 | | 比焓 | | 汽化潜热 | 比熵 | |
| p | t | 液体 v' | 蒸汽 v" | 液体 h' | 蒸汽 h" | r | 液体 s' | 蒸汽 s" |
/MPa	/°C	/(m³/kg)	/(m³/kg)	/(kJ/kg)	/(kJ/kg)	/(kJ/kg)	/[kJ/(kg·K)]	/[kJ/(kg·K)]
12.0	324.715	0.001 526 0	0.014 263	1 490.7	2 684.50	1 193.8	3.495 2	5.492 0
13.0	330.894	0.001 566 2	0.012 780	1 530.8	2 661.80	1 131.0	3.559 4	5.431 8
14.0	336.707	0.001 609 7	0.011 486	1 570.4	2 637.07	1 066.7	3.622 0	5.371 1
15.0	342.196	0.001 657 1	0.010 340	1 609.8	2 610.01	1 000.2	3.683 6	5.309 1
16.0	347.396	0.001 709 9	0.009 311	1 649.4	2 580.21	930.8	3.745 1	5.245 0
17.0	352.334	0.001 770 1	0.008 373	1 690.0	2 547.01	857.1	3.807 3	5.177 6
18.0	357.034	0.001 840 2	0.007 503	1 732.0	2 509.45	777.4	3.871 5	5.105 1
19.0	361.514	0.001 925 8	0.006 679	1 776.9	2 465.87	688.9	3.939 5	5.025 0
20.0	365.789	0.002 037 9	0.005 870	1 827.2	2 413.05	585.9	4.015 3	4.932 2
21.0	369.868	0.002 207 3	0.005 012	1 889.2	2 341.67	452.4	4.108 8	4.812 4
22.0	373.752	0.002 704 0	0.003 684	2 013.0	2 084.02	71.0	4.296 9	4.406 6
22.064	373.99	0.003 106	0.003 106	2 085.9	2 085.9	0.0	4.409 2	4.409 2

附表 8 未饱和水与过热水蒸气热力性质表

p	0.001 MPa			0.005 MPa			0.01 MPa			0.1 MPa			0.5 MPa		
t / ℃	v / (m³/kg)	h / (kJ/kg)	s / (kJ/(kg·K))	v / (m³/kg)	h / (kJ/kg)	s / (kJ/(kg·K))	v / (m³/kg)	h / (kJ/kg)	s / (kJ/(kg·K))	v / (m³/kg)	h / (kJ/kg)	s / (kJ/(kg·K))	v / (m³/kg)	h / (kJ/kg)	s / (kJ/(kg·K))
0	0.001 002	−0.05	−0.000 2	0.001 000 2	−0.05	−0.000 2	0.001 000 2	−0.04	−0.000 2	0.001 000 2	0.05	−0.000 2	0.001 000 0	0.46	−0.000 1
10	130.598	2 519.0	8.993 8	0.001 000 3	42.01	0.151 0	0.001 000 3	42.01	0.151 0	0.001 000 3	42.10	0.151 0	0.001 000 1	42.49	0.151 0
20	135.226	2 537.7	9.058 8	0.001 001 8	83.87	0.296 3	0.001 001 8	83.87	0.296 3	0.001 001 8	83.96	0.296 3	0.001 001 6	84.33	0.296 2
40	144.475	2 575.2	9.182 3	28.854	2 574.0	8.434 7	0.001 007 9	167.51	0.572 3	0.001 007 8	167.59	0.572 3	0.001 007 7	167.94	0.572 1
60	153.717	2 612.7	9.298 4	30.712	2 611.8	8.553 7	15.336	2 610.8	8.231 3	0.001 017 1	251.22	0.831 2	0.001 016 9	251.56	0.831 0
80	162.956	2 650.3	9.408 0	32.566	2 649.7	8.663 9	16.268	2 648.9	8.342 2	0.001 029 0	334.97	1.075 3	0.001 028 8	335.29	1.075 0
100	172.192	2 688.0	9.512 0	34.418	2 687.5	8.768 2	17.196	2 686.9	8.447 1	1.696 1	2 675.9	7.360 9	0.001 043 2	419.36	1.306 6
120	181.426	2 725.9	9.610 9	36.269	2 725.5	8.867 4	18.124	2 725.1	8.546 6	1.793 1	2 716.3	7.466 5	0.001 060 1	503.97	1.527 5
140	190.660	2 764.0	9.705 4	38.118	2 763.7	8.962 0	19.050	2 763.3	8.641 4	1.888 9	2 756.2	7.565 4	0.001 079 6	589.30	1.739 2
160	199.893	2 802.3	9.795 9	39.967	2 802.0	9.052 6	19.976	2 801.7	8.732 2	1.983 8	2 795.8	7.659 0	0.383 58	2 767.2	6.864 7
180	209.126	2 840.7	9.882 7	41.815	2 840.5	9.139 6	20.901	2 840.2	8.819 2	2.078 3	2 835.3	7.748 2	0.404 50	2 811.7	6.965 1
200	218.358	2 879.4	9.966 2	43.662	2 879.2	9.223 2	21.826	2 879.0	8.902 9	2.172 3	2 874.8	7.833 4	0.424 87	2 854.9	7.058 5
220	227.590	2 918.3	10.046 8	45.510	2 918.2	9.303 8	22.750	2 918.0	8.983 5	2.265 9	2 914.3	7.915 2	0.444 85	2 897.3	7.146 2
240	236.821	2 957.5	10.124 6	47.357	2 957.3	9.381 6	23.674	2 957.1	9.061 4	2.359 4	2 953.9	7.994 0	0.464 55	2 939.2	7.229 5
260	246.053	2 996.8	10.199 8	49.204	2 996.7	9.456 9	24.598	2 996.5	9.136 7	2.452 7	2 993.7	8.070 1	0.484 04	2 980.8	7.309 1
280	255.284	3 036.4	10.272 7	51.051	3 036.3	9.529 8	25.522	3 036.2	9.209 7	2.545 8	3 033.6	8.143 6	0.503 36	3 022.2	7.385 3
300	264.515	3 076.2	10.343 4	52.898	3 076.1	9.600 5	26.446	3 076.0	9.280 5	2.638 8	3 073.8	8.214 8	0.522 55	3 063.6	7.458 8
350	287.592	3 176.8	10.511 7	57.514	3 176.7	9.768 8	28.755	3 176.6	9.448 8	2.870 9	3 174.9	8.384 0	0.570 12	3 167.0	7.631 9
400	310.669	3 278.9	10.669 2	62.131	3 278.8	9.926 4	31.063	3 278.7	9.606 4	3.102 7	3 277.3	8.542 2	0.617 29	3 271.1	7.792 4
420													0.636 08	3 312.9	7.853 7
440													0.654 83	3 354.9	7.913 5
450	333.746	3 382.4	10.817 6	66.747	3 382.4	10.074 7	33.372	3 382.3	9.754 8	3.334 2	3 381.2	8.690 9	0.664 20	3 376.0	7.942 8
460													0.673 56	3 397.2	7.971 9
480													0.692 26	3 439.6	8.028 9
500	356.823	3 487.5	10.958 1	71.362	3 487.5	10.215 3	35.680	3 487.4	9.895 3	3.565 6	3 486.5	8.831 7	0.710 94	3 482.2	8.084 8
550	379.900	3 594.4	11.092 1	75.978	3 594.4	10.349 3	37.988	3 594.3	10.029 3	3.796 8	3 593.5	8.965 9	0.757 55	3 589.9	8.219 8
600	402.976	3 703.4	11.220 6	80.594	3 703.4	10.477 8	40.296	3 703.4	10.157 9	4.027 9	3 702.7	9.094 6	0.804 08	3 699.6	8.349 1

续表 1

t/℃	1 MPa v/(m³/kg)	1 MPa h/(kJ/kg)	1 MPa s/(kJ/(kg·K))	3 MPa v/(m³/kg)	3 MPa h/(kJ/kg)	3 MPa s/(kJ/(kg·K))	5 MPa v/(m³/kg)	5 MPa h/(kJ/kg)	5 MPa s/(kJ/(kg·K))
0	0.000 999 7	0.97	−0.000 1	0.000 998 7	3.01	0.000 0	0.000 997 7	5.04	0.000 2
10	0.000 999 9	42.98	0.150 9	0.000 998 9	44.92	0.150 7	0.000 997 9	46.87	0.150 6
20	0.001 001 4	84.80	0.296 1	0.001 000 5	86.68	0.295 7	0.000 999 6	88.55	0.295 2
40	0.001 007 4	168.38	0.571 9	0.001 006 6	170.15	0.571 1	0.001 005 7	171.92	0.570 4
60	0.001 016 7	251.98	0.830 7	0.001 015 8	253.66	0.829 6	0.001 014 9	255.34	0.828 6
80	0.001 028 6	335.69	1.074 7	0.001 027 6	337.28	1.073 4	0.001 026 7	338.87	1.072 1
100	0.001 043 0	419.74	1.306 2	0.001 042 0	421.24	1.304 7	0.001 041 0	422.75	1.303 1
120	0.001 059 9	504.32	1.527 0	0.001 058 7	505.73	1.525 2	0.001 057 6	507.14	1.523 4
140	0.001 078 3	589.62	1.738 6	0.001 078 1	590.92	1.736 6	0.001 076 8	592.23	1.734 5
160	0.001 101 7	675.84	1.942 4	0.001 100 2	677.01	1.940 0	0.001 098 8	678.19	1.937 7
180	0.194 43	2 777.9	6.586 4	0.001 125 6	764.23	2.136 9	0.001 124 0	765.25	2.134 2
200	0.205 90	2 827.3	6.693 1	0.001 154 9	852.93	2.328 4	0.001 152 9	853.75	2.325 3
220	0.216 86	2 874.2	6.790 3	0.001 189 1	943.65	2.516 2	0.001 186 7	944.21	2.512 5
240	0.227 45	2 919.6	6.880 4	0.068 184	2 823.4	6.225 0	0.001 226 6	1 037.3	2.697 6
260	0.237 79	2 963.8	6.965 0	0.072 828	2 884.4	6.341 7	0.001 275 1	1 134.3	2.882 9
280	0.247 93	3 007.3	7.045 1	0.077 101	2 940.1	6.444 3	0.042 228	2 855.8	6.086 4
300	0.257 93	3 050.4	7.121 6	0.084 191	2 992.4	6.537 1	0.045 301	2 923.3	6.206 4
350	0.282 47	3 157.0	7.299 9	0.090 520	3 114.4	6.741 4	0.051 932	3 067.4	6.447 7
400	0.306 58	3 263.1	7.463 8	0.099 352	3 230.1	6.919 9	0.057 804	3 194.9	6.644 6
420	0.316 15	3 305.6	7.526 0	0.102 787	3 275.4	6.986 4	0.060 033	3 243.6	6.715 9
440	0.325 68	3 348.2	7.586 6	0.106 180	3 320.5	7.050 5	0.062 216	3 291.5	6.784 0
450	0.330 43	3 369.6	7.616 3	0.107 864	3 343.0	7.081 7	0.063 291	3 315.2	6.817 0
460	0.335 18	3 390.9	7.645 6	0.109 540	3 365.4	7.112 5	0.064 358	3 338.8	6.849 4
480	0.344 65	3 433.8	7.703 3	0.112 870	3 410.1	7.172 8	0.066 469	3 385.6	6.912 5
500	0.354 10	3 476.8	7.759 7	0.116 174	3 454.9	7.231 4	0.068 552	3 432.2	6.973 5
550	0.377 64	3 585.4	7.895 8	0.124 349	3 566.9	7.371 8	0.073 664	3 548.0	7.118 7
600	0.401 09	3 695.7	8.025 9	0.132 427	3 679.9	7.505 1	0.078 675	3 663.9	7.255 3

t/℃	7 MPa v/(m³/kg)	7 MPa h/(kJ/kg)	7 MPa s/(kJ/(kg·K))
0	0.000 996 7	7.07	0.000 3
10	0.000 997 0	48.80	0.150 4
20	0.000 998 6	90.42	0.294 8
40	0.001 004 8	173.69	0.569 6
60	0.001 014 0	257.01	0.827 5
80	0.001 025 8	340.46	1.070 8
100	0.001 039 9	424.25	1.301 6
120	0.001 056 5	508.55	1.521 6
140	0.001 075 6	593.54	1.732 5
160	0.001 097 4	679.37	1.935 3
180	0.001 122 3	766.28	2.131 5
200	0.001 151 0	854.59	2.322 2
220	0.001 184 2	944.79	2.508 9
240	0.001 223 5	1 037.6	2.693 3
260	0.001 271 0	1 134.0	2.877 6
280	0.001 330 7	1 235.7	3.064 8
300	0.029 457	2 837.5	5.929 1
350	0.035 225	3 014.8	6.226 5
400	0.039 917	3 157.3	6.446 5
450	0.044 143	3 286.2	6.631 4
500	0.048 110	3 408.9	6.795 4
520	0.049 649	3 457.0	6.856 9
540	0.051 166	3 504.8	6.916 4
550	0.051 917	3 528.7	6.945 6
560	0.052 664	3 552.4	6.974 3
580	0.054 147	3 600.0	7.030 6
600	0.055 617	3 647.5	7.085 7

续表 2

p	t	10 MPa			14 MPa			20 MPa			25 MPa			30 MPa		
	℃	v m³/kg	h kJ/kg	s kJ/(kg·K)	v m³/kg	h kJ/kg	s kJ/(kg·K)	v m³/kg	h kJ/kg	s kJ/(kg·K)	v m³/kg	h kJ/kg	s kJ/(kg·K)	v m³/kg	h kJ/kg	s kJ/(kg·K)
	0	0.000 995 2	10.09	0.000 4	0.000 993 3	14.10	0.000 5	0.000 990 4	20.08	0.000 6	0.000 988 0	25.01	0.000 6	0.000 985 7	29.92	0.000 5
	10	0.000 995 6	51.70	0.155 0	0.000 993 8	55.55	0.149 6	0.000 991 1	61.29	0.148 8	0.000 988 8	66.04	0.148 1	0.000 986 6	70.77	0.147 4
	20	0.000 997 3	93.22	0.294 2	0.000 995 5	96.95	0.293 2	0.000 992 9	102.50	0.291 9	0.000 990 8	107.11	0.290 7	0.000 988 7	111.71	0.289 5
	40	0.001 003 5	176.34	0.568 4	0.001 001 8	179.86	0.566 9	0.000 999 2	185.13	0.564 5	0.000 997 2	189.51	0.562 6	0.000 995 1	193.87	0.560 6
	60	0.001 012 7	259.53	0.825 9	0.001 010 9	262.88	0.823 9	0.001 008 4	267.90	0.820 7	0.001 006 3	272.08	0.818 2	0.001 004 2	276.25	0.815 6
	80	0.001 024 4	342.85	1.068 8	0.001 022 6	346.04	1.066 3	0.001 019 9	350.82	1.062 4	0.001 017 7	354.80	1.059 3	0.001 015 5	358.78	1.056 2
	100	0.001 038 5	426.51	1.299 3	0.001 036 5	429.53	1.296 2	0.001 033 6	434.06	1.291 7	0.001 031 3	437.85	1.288 0	0.001 029 0	441.64	1.284 4
	120	0.001 054 9	510.68	1.519 0	0.001 052 7	513.52	1.515 5	0.001 049 6	517.79	1.510 3	0.001 047 0	521.36	1.506 1	0.001 044 5	524.95	1.501 9
	140	0.001 073 8	595.50	1.792 4	0.001 071 4	598.14	1.725 4	0.001 067 9	602.12	1.719 5	0.001 065 0	605.46	1.714 7	0.001 062 2	608.82	1.710 0
	160	0.001 095 3	681.16	1.931 9	0.001 092 6	683.56	1.927 4	0.001 088 6	687.20	1.920 6	0.001 085 4	690.27	1.915 2	0.001 082 2	693.36	1.909 8
	180	0.001 119 9	767.84	2.127 5	0.001 116 7	769.96	2.122 3	0.001 112 1	773.19	2.114 7	0.001 108 4	775.94	2.108 5	0.001 104 8	778.72	2.102 4
	200	0.001 148 1	855.88	2.317 6	0.001 144 3	857.63	2.311 6	0.001 138 9	860.36	2.302 9	0.001 134 5	862.71	2.295 9	0.001 130 3	865.12	2.289 0
	220	0.001 180 7	945.71	2.503 6	0.001 176 1	947.00	2.496 6	0.001 169 5	949.07	2.486 5	0.001 164 3	950.91	2.478 5	0.001 159 3	952.85	2.470 6
	240	0.001 219 0	1 038.0	2.687 0	0.001 213 2	1 038.6	2.678 8	0.001 205 1	1 039.8	2.667 0	0.001 198 6	1 041.0	2.657 5	0.001 192 5	1 042.3	2.648 5
	260	0.001 265 0	1 133.6	2.869 8	0.001 257 4	1 133.4	2.859 9	0.001 246 9	1 133.4	2.845 7	0.001 238 7	1 133.6	2.834 6	0.001 231 1	1 134.1	2.823 9
	280	0.001 322 2	1 234.2	3.054 9	0.001 311 7	1 232.5	3.042 0	0.001 297 4	1 230.7	3.024 9	0.001 286 6	1 229.6	3.011 3	0.001 276 6	1 229.0	2.998 5
	300	0.001 397 5	1 342.3	3.246 9	0.001 381 4	1 338.2	3.230 0	0.001 360 5	1 333.4	3.207 2	0.001 345 3	1 330.3	3.190 1	0.001 331 7	1 327.9	3.174 2
	350	0.022 415	2 922.1	5.942 3	0.013 218	2 751.2	5.556 4	0.001 664 5	1 645.3	3.727 5	0.001 598 1	1 623.1	3.678 8	0.001 552 2	1 608.0	3.642 0
	400	0.026 402	3 095.8	6.210 9	0.017 218	3 001.1	5.943 6	0.009 945 8	2 816.8	5.552 0	0.006 001 4	2 578.0	5.138 6	0.002 792 9	2 150.6	4.472 1
	450	0.029 735	3 240.5	6.418 4	0.020 074	3 174.2	6.191 9	0.012 701 3	3 060.7	5.902 5	0.009 166 6	2 950.5	5.675 4	0.006 736 3	2 822.1	5.443 3
	500	0.032 750	3 372.8	6.595 4	0.022 512	3 322.3	6.390 0	0.014 768 1	3 239.3	6.141 5	0.011 122 9	3 164.1	5.961 4	0.008 676 1	3 083.3	5.793 4
	520	0.033 900	3 423.8	6.660 5	0.023 418	3 377.9	6.461 0	0.015 504 6	3 303.0	6.222 9	0.011 789 7	3 236.1	6.053 4	0.009 303 3	3 165.4	5.898 2
	540	0.035 027	3 474.1	6.723 2	0.024 295	3 432.1	6.528 5	0.016 206 7	3 364.0	6.298 9	0.012 415 6	3 303.8	6.137 7	0.009 882 5	3 240.8	5.992 1
	550	0.035 582	3 499.1	6.753 7	0.024 724	3 458.7	6.561 1	0.016 547 1	3 393.7	6.335 2	0.012 716 1	3 336.4	6.177 5	0.010 158 0	3 276.6	6.035 9
	560	0.036 133	3 523.9	6.783 7	0.025 147	3 485.2	6.593 1	0.016 881 5	3 422.9	6.370 5	0.013 009 5	3 368.2	6.216 0	0.010 425 4	3 311.4	6.078 0
	580	0.037 222	3 573.3	6.842 3	0.025 978	3 537.5	6.655 1	0.017 532 8	3 480.3	6.438 5	0.013 577 8	3 430.2	6.289 5	0.010 939 7	3 378.5	6.157 6
	600	0.038 297	3 622.5	6.899 2	0.026 792	3 589.1	6.714 9	0.018 165 5	3 536.3	6.503 5	0.014 124 9	3 490.2	6.359 1	0.011 431 0	3 442.9	6.232 1

附表 9　一些物质的摩尔质量和临界参数

物质	分子式	$M/(\mathrm{kg/kmol})$	$R_g/[\mathrm{J}/(\mathrm{kg} \cdot \mathrm{K})]$	T_c/K	p_c/MPa	Z_c
乙炔	C_2H_2	26.04	319	309	6.28	0.274
空气		28.97	287	133	3.77	0.284
氨气	NH_3	17.04	488	406	11.28	0.242
氩气	Ar	39.94	208	151	4.86	0.290
苯	C_6H_6	78.11	106	563	4.93	0.274
正丁烷	C_4H_{10}	58.12	143	425	380	0.274
二氧化碳	CO_2	44.01	189	304	7.39	0.276
一氧化碳	CO	28.01	297	133	3.50	0.29 4
乙烷	C_2H_6	30.07	277	305	4.88	0.285
乙醇	C_2H_5OH	46.07	188	516	6.38	0.249
乙烯	C_2H_4	28.05	296	283	5.12	0.270
氦气	He	4.003	2 077	5.2	0.23	0.300
氢气	H_2	2.018	41.24	33.2	1.30	0.304
甲烷	CH_4	16.04	518	191	4.64	0.290
甲醇	CH_3OH	32.05	259	513	795	0.220
氮气	N_2	28.01	297	126	3.39	0.291
正辛烷	C_8H_{18}	114.22	73	569	249	0.258
氧气	O_2	32.00	260	154	5.05	0.290
丙烷	C_3H_8	44.09	189	370	4.247	0.276

续表

物质	分子式	$M/(\text{kg}/\text{kmol})$	$R_g/[\text{J}/(\text{kg} \cdot \text{K})]$	T_c/K	p_c/MPa	Z_c
丙烯	C_3H_6	42.08	198	365	4.62	0.276
R12	CCl_2F_2	120.92	69	385	4.12	0.278
R22	$CHClF_2$	86.48	96	369	4.98	0.267
R134a	CF_3CH_2F	102.03	81	374	4.07	0.260
二氧化硫	SO_2	64.06	130	431	7.87	0.268
水	H_2O	18.02	461	647.3	22.09	0.233

附表 10　一些固体材料的热物理性质

材料名称	温度 t /℃	密度 ρ /(kg/m³)	热导率 λ /[W/(m·K)]	比热容 c /[kJ/(kg·K)]	蓄热系数 s(24 h) /[W/(m²·K)]	导温系数 $a \times 10^7$ /(m²/s)
钢(0.5%C)	20	7 833	54	0.465	120	148.26
钢(1.5%C)	20	7 753	36	0.486	99	95.54
铸钢	20	7 830	50.7	0.469	116	138.06
镍铬钢(18%Cr, 8%Ni)	20	7 817	16.3	0.46	65.3	45.33
铸铁(0.4%C)	20	7 272	52	0.42	107	170.26
纯铜	20	8 954	398	0.384	315	1 157.54
黄铜(30%Zn)	20	8 522	109	0.385	161	332.22
青铜(25%Sn)	20	8 666	26	0.343	75.0	87.47
康铜(40%Ni)	20	8 922	22	0.41	76.5	60.14
纯铝	27	2 702	237	0.903	205	971.35
铸铝(4.5%Cu)	27	2 790	168	0.883	173	681.94
硬铝(4.5%Cu, 1.5%Mg, 0.6%Mn)	27	2 770	177	0.875	177	730.27
硅	27	2 330	148	0.712	134	892.13
金	20	19 320	315	0.129	239	1 263.90
银(99.9%)	20	10 524	411	0.236	272	1 654.81
泡沫混凝土	20	232	0.077	0.88	1.07	3.77
泡沫混凝土	20	627	0.29	1.59	4.59	2.91
钢筋混凝土	20	2 400	1.54	0.84	15.03	7.64
碎石混凝土	20	2 344	1.84	0.75	15.34	10.47
普通黏土砖	20	1 800	0.81	0.88	9.66	5.11
红黏土砖	20	1 668	0.43	0.75	6.25	3.44

金　属

建　材

续表 1

材料名称	温度 t /℃	密度 ρ /(kg/m³)	热导率 λ /[W/(m·K)]	比热容 c /[kJ/(kg·K)]	蓄热系数 s (24 h) /[W/(m²·K)]	导温系数 $a \times 10^7$ /(m²/s)
铬砖	900	3 000	1.99	0.84	19.10	7.90
耐火黏土砖	800	2 000	1.07	0.96	12.22	5.57
水泥砂浆	20	1 800	0.93	0.84	10.11	6.15
石灰砂浆	20	1 600	0.81	0.84	8.90	6.03
黄土	20	880	0.94	1.17	8.39	9.13
菱苦土	20	1 374	0.63	1.38	9.32	3.32
砂土	12	1 420	0.59	1.51	9.59	2.75
黏土	10	1 850	1.41	1.84	18.68	4.14
微孔硅酸钙	50	182	0.049	0.867	0.75	3.11
钦超轻硅酸钙	25	158	0.046 5			
岩棉板	50	118	0.035 5	0.787	0.49	3.82
珍珠岩粉料	20	44	0.042	1.59	0.46	6.00
珍珠岩粉料	20	288	0.078	1.17	138	2.31
水玻璃珍珠岩制品	20	200	0.058	0.92	0.88	3.15
防水珍珠岩制品	25	229	0.063 9			
水泥珍珠岩制品	20	1 023	0.35	1.38	5.99	2.48
玻璃棉	20	100	0.058	0.75	0.56	7.73
石棉水泥板	20	300	0.093	0.34	0.83	9.12
石膏板	20	1 100	0.41	0.84	5.25	4.44
有机玻璃	20	1 188	0.2	1.46		
玻璃钢	20	1 780	0.5			
平板玻璃	20	2 500	0.76	0.84	10.77	3.62

续表 2

材料名称	温度 t /℃	密度 ρ /(kg/m³)	热导率 λ /[W/(m·K)]	比热容 c /[kJ/(kg·K)]	蓄热系数 s(24 h) /[W/(m²·K)]	导温系数 a×10⁷ /(m²/s)
聚苯乙烯塑料	20	1 040	0.1~0.16	1.35	3.2~4.04	0.71~1.14
高密度聚乙烯塑料	常温	960	0.33	2.26	7.22	1.52
低密度聚乙烯塑料	常温	920	0.33	2.1	6.81	1.71
聚四氟乙烯塑料	20	2 200	0.25	1.05	6.48	1.08
聚氯乙烯塑料（PVC）	25	1 300~1 600	0.16	0.9	7.0~7.7	1.11~1.36
聚苯乙烯硬质泡沫塑料	20	50	0.02~0.035	2.1	0.39~0.52	1.90~3.33
聚乙烯硬质泡沫塑料	常温	80~120	0.035~0.038	2.26	0.68~0.87	1.10~1.94
聚氨酯硬质泡沫塑料	20	45	0.02~0.035	1.72	0.34~0.44	2.58~4.52
红松（热流垂直木纹）	20	377	0.11	1.93	2.41	1.51
刨花（压实）	20	300	0.12	2.5	2.56	1.60
软木	20	230	0.057	1.84	1.32	1.35
硬橡胶		1 200	0.15	2.01	5.13	0.62
棉花	20	50	0.027~0.064	0.88~1.84	0.29~0.65	6.14~6.96
松散稻壳	常温	127	0.12	0.75	0.91	12.6
松散锯末	常温	304	0.148	0.75	1.57	6.49
冰		920	2.26	2.26	18.49	10.87
新降雪		200	0.11	2.1	1.83	2.62
厚纸板		700	0.17	1.47	3.57	1.65
油毛毡	20	600	0.17	1.47	3.30	1.93

塑料

其他

附表 11　几种保温、耐火材料的导热率与温度的关系

材料名称	材料最高允许温度 t/℃	密度 ρ/(kg/m³)	热导率 λ/[W/(m·K)]
超细玻璃棉毡、管	400	18~20	0.033+0.000 23t
矿渣棉	550~600	350	0.067 4+0.000 215t
水泥蛭石制品	800	420~450	0.103+0.000 198t
水泥珍珠岩制品	600	300~400	0.065 1+0.000 105t
膨胀珍珠岩	1 000	55	0.042 4+0.000 137t
岩棉保温板	560	118	0.027+0.000 17t
岩棉玻璃布缝板	600	100	0.031 4+0.000 198t
A级硅藻土制品	900	500	0.039 5+0.000 19t
B级硅藻土制品	900	550	0.047 7+0.000 2t
粉煤灰泡沫砖	300	300	0.099+0.000 2t
微孔硅酸钙	560	182	0.044+0.000 1t
微孔硅酸钙制品	650	≤250	0.041+0.000 2t
耐火黏土砖	1 350~1 450	1 800~2 040	(0.7~0.84)+0.000 58t
轻质耐火黏土砖	1 250~1 300	800~1 300	(0.29~0.41)+0.000 26t
超轻质耐火黏土砖	1 150~1 300	540~610	0.093+0.000 16t
超轻质耐火黏土砖	1 100	270~330	0.058+0.000 17t
硅砖	1 700	1 900~1 950	0.93+0.000 7t
镁砖	1 600~1 700	2 300~2 600	2.1+0.000 19t
铝砖	1 600~1 700	2 600~2 800	4.7+0.000 17t

附表 12　干空气的热物理性质($p = 1.013 \times 10^3$ Pa)

$t/℃$	$\rho/(\mathrm{kg/m^3})$	$c_p/[\mathrm{kJ/(kg \cdot K)}]$	$\lambda \times 10^2/[\mathrm{W/(m \cdot K)}]$	$a \times 10^6/(\mathrm{m^2/s})$	$\mu \times 10^6/(\mathrm{N \cdot s/m^2})$	$\nu \times 10^6/(\mathrm{m^2/s})$	Pr
-50	1.584	1.013	2.04	12.7	14.6	9.23	0.728
-40	1.515	1.013	2.12	13.8	15.2	10.01	0.780
-30	1.453	1.013	2.20	14.9	15.7	10.80	0.723
-20	1.395	1.009	2.28	16.2	16.2	11.61	0.716
-10	1.342	1.009	2.36	17.4	16.7	12.43	0.712
0	1.293	1.005	2.41	18.8	17.2	13.28	0.707
10	1.247	1.005	2.51	20.0	17.6	14.16	0.705
20	1.205	1.005	2.59	21.4	18.1	15.06	0.703
30	1.165	1.005	2.67	22.9	18.6	16.00	0.701
40	1.128	1.005	2.76	24.3	19.1	16.96	0.699
50	1.093	1.005	2.83	25.7	19.6	17.95	0.698
60	1.060	1.005	2.90	27.2	20.1	18.97	0.696
70	1.029	1.009	2.96	28.6	20.1	20.02	0.694
80	1.000	1.009	3.05	30.2	21.1	21.09	0.692
90	0.972	1.009	3.13	31.9	21.5	22.10	0.690
100	0.946	1.009	3.21	33.6	21.9	23.13	0.688
120	0.898	1.009	3.34	36.8	22.8	25.45	0.686
140	0.854	1.013	3.49	40.3	23.7	27.80	0.684
160	0.815	1.017	3.64	43.9	24.5	30.09	0.682

续表

$t/℃$	$\rho/(\mathrm{kg/m^3})$	$c_p/[\mathrm{kJ/(kg \cdot K)}]$	$\lambda \times 10^2/[\mathrm{W/(m \cdot K)}]$	$a \times 10^6/(\mathrm{m^2/s})$	$\mu \times 10^6/(\mathrm{N \cdot s/m^2})$	$\nu \times 10^6/(\mathrm{m^2/s})$	Pr
180	0.779	1.022	3.78	47.5	25.3	32.49	0.681
200	0.746	1.026	3.93	51.4	26.0	34.85	0.680
250	0.674	1.038	4.27	61.0	27.4	40.61	0.677
300	0.615	1.047	4.60	71.6	29.7	48.33	0.674
350	0.566	1.059	4.91	81.9	31.4	55.46	0.676
400	0.524	1.068	5.21	93.1	33.0	63.09	0.678
500	0.456	1.093	5.74	115.3	36.2	79.38	0.687
600	0.404	1.114	6.22	138.3	39.1	96.89	0.699
700	0.362	1.135	6.71	163.4	41.8	115.4	0.706
800	0.329	1.156	7.18	138.8	44.3	134.8	0.713
900	0.301	1.172	7.63	216.2	46.7	155.1	0.717
1 000	0.277	1.185	8.07	245.9	49.0	177.1	0.719
1 100	0.257	1.197	8.50	276.2	51.2	199.3	0.722
1 200	0.239	1.210	9.15	316.5	53.5	233.7	0.724

附表 13　饱和水的热物理性质

t /℃	$p \times 10^{-5}$ /Pa	ρ /(kg/m³)	h' /(kJ/kg)	c_p /[kJ/(kg·K)]	$\lambda \times 10^2$ /[W/(m·K)]	$a \times 10^8$ /(m²/s)	$\mu \times 10^6$ /[(N·s)/m²]	$\nu \times 10^6$ /(m²/s)	$\alpha \times 10^4$ /(1/K)	$\sigma \times 10^4$ /(N/m)	Pr
0	0.006 11	999.9	0	4.212	55.1	13.1	1788	1.789	−0.81	756.4	13.67
10	0.012 27	999.7	42.04	4.191	57.4	13.7	1306	1.306	0.87	741.6	9.52
20	0.023 38	998.2	83.91	4.183	59.9	14.3	1004	1.006	2.09	726.9	7.02
30	0.042 41	995.7	125.7	4.174	61.8	14.9	801.5	0.805	3.05	712.2	5.42
40	0.073 75	992.2	167.5	4.174	63.5	15.3	653.3	0.659	3.86	696.5	4.31
50	0.123 36	988.1	209.3	4.174	64.8	15.7	549.4	0.556	4.57	676.9	3.54
60	0.199 20	983.1	251.1	4.179	65.9	16.0	469.9	0.478	5.22	662.2	2.99
70	0.311 6	977.8	293.0	4.187	66.8	16.3	406.1	0.415	5.83	643.5	2.55
80	0.473 6	971.8	355.0	4.195	67.4	16.6	355.1	0.365	6.40	625.9	2.21
90	0.701 1	965.3	377.0	4.208	68.0	16.8	314.9	0.326	6.96	607.2	1.95
100	1.013	958.4	419.1	4.220	68.3	16.9	282.5	0.295	7.50	588.6	1.75
110	1.43	951.0	461.4	4.233	68.5	17.0	259.0	0.272	8.04	569.0	1.60
120	1.98	943.1	503.7	4.250	68.6	17.1	237.1	0.252	8.58	548.4	1.47
130	2.70	934.8	546.4	4.266	68.6	17.2	217.8	0.233	9.12	528.8	1.36
140	3.61	926.1	589.1	4.287	68.5	17.2	201.1	0.217	9.68	507.2	1.26
150	4.76	917.0	632.2	4.313	68.4	17.3	186.4	0.203	10.26	486.6	1.10
160	6.18	907.0	675.4	4.346	68.3	17.3	173.6	0.191	10.87	466.0	1.10
170	7.92	897.3	719.3	4.380	67.9	17.3	162.8	0.181	11.52	443.4	1.01
180	10.03	886.9	763.3	4.417	67.4	17.2	153.0	0.173	12.21	422.8	1.00

续表

t /℃	$p\times10^{-5}$ /Pa	ρ /(kg/m³)	h' /(kJ/kg)	c_p /[kJ/(kg·K)]	$\lambda\times10^2$ /[W/(m·K)]	$a\times10^8$ /(m²/s)	$\mu\times10^6$ /[(N·s)/m²]	$\nu\times10^6$ /(m²/s)	$\alpha\times10^4$ /(1/K)	$\sigma\times10^4$ /(N/m)	Pr
190	12.55	876.0	807.8	4.459	67.0	17.1	144.2	0.165	12.96	400.2	0.96
200	15.55	863.0	852.8	4.505	66.3	17.0	136.4	0.158	13.77	376.7	0.93
210	19.08	852.3	897.7	4.555	65.5	16.9	130.5	0.153	14.67	354.1	0.91
220	23.20	840.3	943.7	4.614	64.5	16.6	124.6	0.148	15.67	331.6	0.89
230	27.98	827.3	990.2	4.681	63.7	16.4	119.7	0.15	16.80	310.0	0.88
240	33.48	813.6	1 037.5	4.756	62.8	16.2	114.8	0.141	18.08	285.5	0.87
250	39.78	799.0	1 085.7	4.844	61.8	15.9	109.9	0.137	19.55	261.9	0.86
260	46.94	784.0	1 135.7	4.949	60.5	15.6	105.9	0.135	21.27	237.4	0.80
270	55.05	767.9	1 185.7	5.070	59.0	15.1	102.0	0.133	23.31	214.8	0.88
280	64.19	750.7	1 236.8	5.230	57.4	14.6	98.1	0.131	25.79	191.3	0.90
290	74.45	732.3	1 290.0	5.485	55.8	13.9	94.2	0.129	28.8	168.7	0.93
300	85.92	712.5	1 344.9	5.736	54.0	13.2	91.2	0.128	32.73	144.2	0.97
310	98.70	691.1	1 402.2	6.071	52.3	12.5	88.3	0.128	37.85	120.7	1.03
320	112.90	667.1	1 462.1	6.574	50.6	11.5	85.3	0.128	44.91	98.10	1.11
330	128.65	640.2	1 526.2	7.244	48.4	10.4	81.4	0.127	55.31	76.71	1.22
340	146.08	610.1	1 594.8	8.165	45.7	9.17	77.5	0.127	72.10	56.70	1.39
350	165.37	574.4	1 671.4	9.504	43.0	7.88	72.6	0.126	103.7	38.16	1.60
360	186.74	528.0	1 761.5	13.984	39.5	5.36	66.7	0.126	182.9	20.21	2.35
370	210.53	450.5	1 892.5	40.321	33.7	1.86	56.9	0.126	676.7	4.709	6.79

附表 14　干饱和蒸汽的热物理性质

t /℃	$p \times 10^{-5}$ /Pa	ρ'' /(kg/m³)	h'' /(kJ/kg)	r /(kJ/kg)	c_p /[kJ/(kg·K)]	$\lambda \times 10^2$ /[W/(m·K)]	$a \times 10^3$ /(m²/s)	$\mu \times 10^6$ /[(N·s)/m²]	$\nu \times 10^6$ /(m²/s)	Pr
0	0.006 11	0.004 847	2 501.6	2 501.6	1.854 3	1.83	7 313.0	8.022	1 655.01	0.815
10	0.012 27	0.009 396	2 520.0	2 477.7	1.859 4	1.88	3 881.3	8.424	896.54	0.831
20	0.023 38	0.017 29	2 538.0	2 454.3	1.866 1	1.94	2 167.2	8.84	509.90	0.847
30	0.042 41	0.030 37	2 556.5	2 430.9	1.874 4	2.00	1 265.1	9.218	303.53	0.863
40	0.073 75	0.051 16	2 574.5	2 407.0	1.885 3	2.06	768.45	9.620	188.04	0.883
50	0.123 35	0.083 02	2 592.0	2 382.7	1.898 7	2.12	483.59	10.022	120.72	0.896
60	0.199 20	0.130 2	2 609.6	2 358.4	1.915 5	2.19	315.55	10.424	80.07	0.913
70	0.311 6	0.198 2	2 626.8	2 334.1	1.936 4	2.25	210.57	10.817	54.57	0.930
80	0.473 6	0.293 3	2 643.5	2 309.0	1.961 5	2.33	145.53	11.219	38.25	0.947
90	0.701 1	0.423 5	2 660.3	2 283.1	1.992 1	2.40	102.22	11.621	27.44	0.966
100	1.013	0.597 7	2 676.2	2 257.1	2.028 1	2.48	73.57	12.023	20.12	0.984
110	1.43	0.826 5	2 691.1	2 229.9	2.070 4	2.56	53.83	12.425	15.03	1.00
120	1.99	1.122	2 705.9	2 202.3	2.119 8	2.65	40.15	12.798	11.41	1.02
130	2.70	1.497	2 719.7	2 173.8	2.176 3	2.76	30.46	13.170	8.80	1.04
140	3.61	1.967	2 733.1	2 144.1	2.240 8	2.85	23.28	13.543	6.89	1.06
150	4.76	2.548	2 745.3	2 113.1	2.314 5	2.97	18.10	13.896	5.45	1.08
160	6.18	3.260	2 756.6	2 081.3	2.397 4	3.08	14.20	14.249	4.37	1.11
170	7.92	4.123	2 767.1	2 047.8	2.491 1	3.21	11.25	14.612	3.54	1.13
180	10.03	5.160	2 776.3	2 013.0	2.595 8	3.36	9.03	14.965	2.90	1.15

续表

t /℃	$p\times10^{-5}$ /Pa	ρ'' /(kg/m³)	h'' /(kJ/kg)	r /(kJ/kg)	c_p /[kJ/(kg·K)]	$\lambda\times10^2$ /[W/(m·K)]	$a\times10^3$ /(m²/s)	$\mu\times10^6$ /[(N·s)/m²]	$\nu\times10^6$ /(m²/s)	Pr
190	12.55	6.397	2 784.2	1 976.6	2.712 6	3.51	7.29	15.298	2.39	1.18
200	15.55	7.864	2 790.9	1 938.5	2.842 8	3.68	5.92	15.651	1.99	1.21
210	19.08	9.593	2 796.4	1 898.3	2.987 7	3.87	4.86	15.995	1.67	1.24
220	23.20	11.62	2 799.7	1 856.4	3.149 7	4.07	4.00	16.338	1.41	1.26
230	27.98	14.00	2 801.8	1 811.6	3.331 0	4.30	3.32	16.701	1.19	1.29
240	33.48	16.76	2 802.2	1 764.7	3.536 6	4.54	2.76	17.073	1.02	1.33
250	39.78	19.99	2 800.6	1 714.4	3.772 3	4.84	2.31	17.446	0.873	1.36
260	46.94	23.73	2 796.4	1 661.3	4.047 0	5.18	1.94	17.848	0.752	1.40
270	55.05	28.10	2 789.7	1 604.8	4.373 5	5.55	1.63	18.280	0.651	1.44
280	64.19	33.19	2 780.5	1 543.7	4.767 5	6.00	1.37	18.750	0.565	1.49
290	74.45	39.16	2 767.5	1 477.5	5.252 8	6.55	1.15	19.270	0.492	1.54
300	85.92	46.19	2 751.1	1 405.9	5.863 2	7.22	0.96	19.839	0.430	1.61
310	98.70	54.54	2 730.2	1 327.6	6.650 3	8.06	0.80	20.691	0.380	1.71
320	112.90	64.60	2 703.8	1 241.0	7.721 7	8.65	0.62	21.691	0.336	1.94
330	128.65	76.99	2 670.3	1 143.8	9.361 3	9.61	0.48	23.093	0.300	2.24
340	146.08	92.76	2 626.0	1 030.8	12.210 8	10.70	0.34	24.692	0.266	2.82
350	165.37	113.6	2 567.8	895.6	17.150 4	11.90	0.22	26.594	0.234	3.83
360	186.74	144.1	2 485.3	721.4	25.116 2	13.70	0.14	29.193	0.203	5.34
370	210.53	201.1	2 342.9	452.6	76.915 7	16.60	0.04	33.989	0.169	15.7
374.15	221.20	315.5	2 107.2	0.0		23.79	0.0	44.992	0.143	

附表 15 几种饱和液体的热物理性质

液体名称	t /℃	$p\times10^{-5}$ /Pa	ρ /(kg/m³)	r /(kJ/kg)	c_p /[kJ/(kg·K)]	λ /[W/(m·K)]	$a\times10^7$ /(m²/s)	$\nu\times10^6$ /(m²/s)	$\alpha\times10^4$ /(1/K)	Pr
	-40	1.055 2	1 411	233.8	1.046 7	0.111 6	0.753	0.249	19.84	3.31
	-30	1.646 6	1 382	227.6	1.080 2	0.108 1	0.722	0.232	20.82	3.20
	-20	2.461 6	1 350	220.9	1.113 7	0.103 5	0.689	0.218	23.74	3.17
	-10	3.559 9	1 318	214.4	1.147 2	0.100 0	0.661	0.210	24.52	3.18
氟利昂-22	0	5.001 6	1 285	207.0	1.180 7	0.095 3	0.628	0.204	29.72	3.25
(CHF_2Cl)	10	6.855 1	1 249	198.3	1.214 2	0.090 7	0.608	0.199	29.53	3.32
	20	9.169 5	1 213	188.4	1.247 7	0.087 2	0.578	0.197	30.51	3.41
	30	12.023 3	1 176	177.3	1.277 0	0.082 6	0.550	0.196	33.70	3.55
	40	15.485 2	1 132	164.8	1.310 5	0.079 1	0.531	0.196	39.95	3.67
	-60	0.649 6	1 235.7	390.73	1.575 8	0.194 21	0.997	0.248 6	21.9	2.492
	-40	1.774 1	1 180.2	368.79	1.607 7	0.177 79	0.937	0.202 2	24.4	2.158
	-20	4.057 5	1 120.6	344.03	1.660 7	0.161 35	0.867	0.168 2	28.1	1.940
R32	0	8.131 0	1 055.3	315.30	1.745 0	0.145 25	0.789	0.142 6	33.6	1.808
	20	14.745 7	981.4	280.78	1.885 9	0.129 70	0.701	0.122 6	43.0	1.750
	40	24.783 1	893.0	237.09	2.162 9	0.114 58	0.593	0.106 4	62.6	1.793
	60	39.332 3	773.3	175.51	3.000 7	0.099 38	0.428	0.092 3	128.6	2.155

续表

液体名称	t /℃	$p\times10^{-5}$ /Pa	ρ /(kg/m³)	r /(kJ/kg)	c_p /[kJ/(kg·K)]	λ /[W/(m·K)]	$a\times10^7$ /(m²/s)	$\nu\times10^6$ /(m²/s)	$\alpha\times10^4$ /(1/K)	Pr
R152a	−50	0.280 8	1 063.3	351.69	1.560			0.382 2	16.25	
	−30	0.779 9	1 023.3	335.01	1.617			0.300 7	18.30	
	−10	1.821	981.1	316.63	1.674	0.121 3	0.739	0.244 9	21.23	3.314
	0	2.642	958.9	306.66	1.707	0.115 5	0.706	0.223 5	23.17	3.166
	10	3.726	935.9	296.04	1.743	0.109 7	0.673	0.205 2	25.50	3.049
	30	6.890	886.3	272.77	1.834	0.098 2	0.604	0.175 6	31.94	2.907
	50	11.770	830.6	244.58	1.963	0.087 2	0.535	0.152 8	42.21	2.856
R134a	−50	0.299 0	1 443.1	231.62	1.229	0.116 5	0.657	0.411 8	18.81	6.268
	−30	0.847 4	1 385.9	219.35	1.260	0.107 3	0.614	0.310 6	20.94	5.059
	−10	2.007 3	1 325.6	205.97	1.306	0.098 0	0.566	0.246 2	24.14	4.350
	0	2.928 2	1 293.7	198.68	1.335	0.093 4	0.541	0.222 2	26.33	4.107
	10	4.145 5	1 260.2	190.87	1.367	0.088 8	0.515	0.201 8	29.05	3.910
	30	7.700 6	1 187.2	173.29	1.447	0.079 6	0.463	0.169 1	36.98	3.652
	50	13.176	1 102.0	152.04	1.569	0.070 4	0.407	0.143 1	50.93	3.516

附表 16　几种油的热物理性质

油类名称	t /℃	ρ /(kg/m³)	c_p /[kJ/(kg·K)]	λ /[W/(m·K)]	$a \times 10^7$ /(m²/s)	$\nu \times 10^6$ /(m²/s)	Pr
汽油	0	900	1.800	0.145	0.897		
	50		1.842	0.137	0.667		
柴油	20	908.4	1.838	0.128	0.947	620	8 000
	40	895.5	1.909	0.126	1.094	135	1 840
	60	882.4	1.980	0.124	1.236	45	630
	80	870.0	2.052	0.123	1.367	20	290
	100	857.0	2.123	0.122	1.506	10.8	162
润滑油	0	899	1.796	0.148	0.894	4 280	47 100
	40	876	1.955	0.144	0.861	242	2 870
	80	852	2.131	0.138	0.806	37.5	490
	120	829	2.307	0.135	0.750	12.4	175
锭子油	20	871	1.851	0.144	0.894	15.0	168
	40	858	1.931	0.143	0.861	7.93	92.0
	80	832	2.102	0.141	0.806	3.40	42.1
	120	807	2.269	0.138	0.750	1.91	25.5
变压器油	20	866	1.892	0.124	0.758	36.5	481
	40	852	1.993	0.123	0.725	16.7	230
	60	842	2.093	0.122	0.692	8.7	126
	80	830	2.198	0.120	0.656	5.2	79.4
	100	818	2.294	0.119	0.633	3.8	60.3

附表 17　常用材料的表面法向辐射率

材料名称及表面状况		温度/℃	ε_n
铝	高度抛光（纯度 98%）	50~500	0.04~0.06
	工业用铝板	100	0.09
	严重氧化的	100~150	0.2~0.31
黄铜	高度抛光的	260	0.03
	无光泽的	40~260	0.22
铜	氧化的	40~260	0.46~0.56
铬	（抛光板）	40~550	0.08~0.27
铜	高度抛光的电解铜	100	0.02
	轻度微抛光的	40	0.12
	氧化变黑的	40	0.76
金	（高度抛光的纯金）	100~600	0.02~0.035
钢	钢板（抛光的）	40~260	0.07~0.1
	钢板（轧制的）	40	0.65
	钢板（严重氧化的）	40	0.8
铁	铸铁（抛光的）	200	0.21
	铸铁（新车削的）	40	0.44
	铸铁（氧化的）	40~260	0.57~0.68
	不锈钢（抛光的）	40	0.07~0.17
银	抛光的或蒸汽镀	40~540	0.01~0.03
锡	光亮的镀锡铁皮	40	0.04~0.06
锌	（镀锌，灰色的）	40	0.28
铂	（抛光的）	230~600	0.05~0.1
	铂带	950~1600	0.12~0.17
	铂丝	30~1200	0.036~0.19
水银		0~100	0.09~0.12

材料名称及表面状况		温度/℃	ε_n
砖	粗糙红砖	40	0.88~0.93
	耐火黏土砖	500~1000	0.80~0.90
木材	板	40	0.80~0.90
石棉	板	40	0.90
	石棉水泥	40	0.96
	石棉瓦	40	0.97
碳	（灯黑）	40	0.95~0.97
	石灰砂浆（白色，粗糙）	40~260	0.87~0.92
黏土	耐火黏土	100	0.91
	土壤（干）	20	0.92
	土壤（湿）	20	0.95
	混凝土（粗糙表面）	40	0.94
玻璃	平板玻璃	40	0.94
	派热克斯玻璃	260~540	0.85~0.95
	瓷（上釉的）	40	0.93
石膏	大理石（浅色，磨光的）	40	0.80~0.90
油漆	各种油漆	40	0.92~0.96
	白色喷漆	40	0.80~0.95
	光亮黑漆	40	0.9
纸	白纸	40	0.95
	粗糙屋面焦油纸毡	40	0.9
	橡胶（硬质的）	40	0.94
	雪	-12~-7	0.82
水（厚度 0.1 mm 以上）		0~100	0.96
人体皮肤		32	0.98

附表 18　不同材料表面的绝对粗糙度 k_s

材料	管子内壁状态	k_s/mm
黄铜、铜、铝、塑料、玻璃	新的、光滑的	0.0015～0.01
钢	新的冷拔无缝钢管	0.01～0.03
	新的热拉无缝钢管	0.05～0.10
	新的轧制无缝钢管	0.05～0.111
	新的纵缝焊接钢管	0.05～0.10
	新的螺旋焊接钢管	0.10
	轻微锈蚀的	0.10～0.20
	锈蚀的	0.20～0.30
	长硬皮的	0.5～2.0
	严重起皮的	＞2
	新的涂沥青的	0.03～0.05
	一般的涂沥青的	0.10～0.20
	镀锌的	0.12～0.15
铸铁	新的	0.25
	锈蚀的	1.0～1.5
	起皮的	1.5～3.0
	新的涂沥青的	0.10～0.15
木材	光滑	0.2～1.0
混凝土	新的抹光的	＜0.15
	新的不抹光的	0.2～0.8

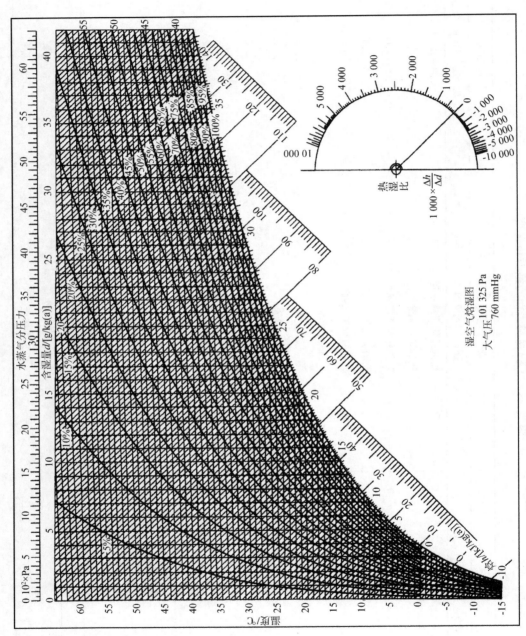

附图 1 湿空气焓湿图

附图 2　制冷剂 R134a 压焓图

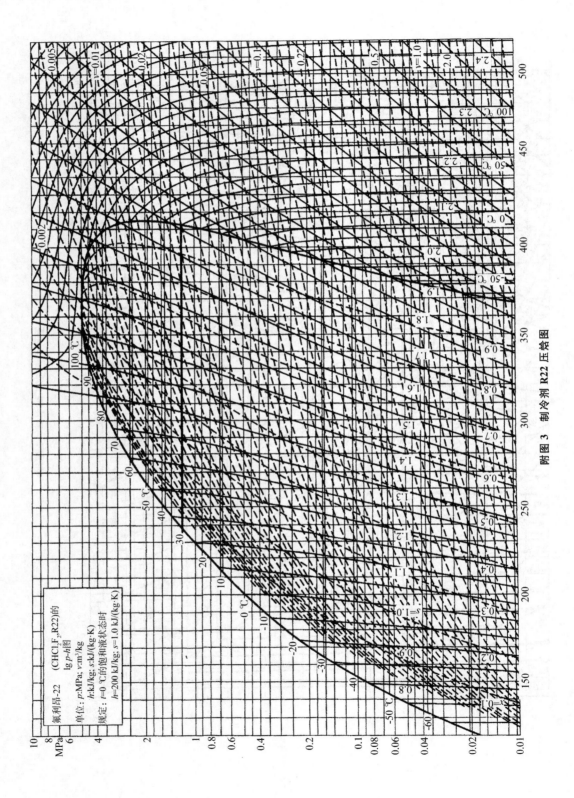

附图 3 制冷剂 R22 压焓图

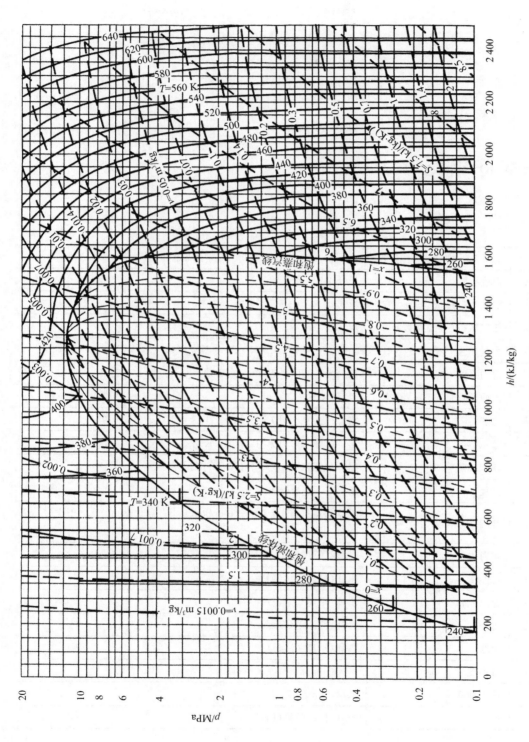

附图 4　制冷剂 R717 压焓图

基本符号表

符号	物理量	常用单位
A	温度振幅	开(K)
A	表面积、截面积	米²(m²)
a	热扩散率(导温系数)	米²/秒 (m²/s)
B	大气压强	帕(Pa)；牛顿/米²(N/m²)；千克/(米·秒²) [kg/(m·s²)]
C	辐射系数	瓦/(米²·开⁴)[W/(m²·K⁴)]；[J/(m²·s·K⁴)]
c	工质流速	米/秒 (m/s)
c	比热容	焦耳/(千克·开) [J/(kg·K)]
c_m	摩尔热容	焦耳/(摩尔·开) [J/(mol·K)]
c'	体积比热容	焦耳/(标米³·开) [J/(Nm³·K)]
d	直径	米(m)；毫米(mm)
d	含湿量	千克水蒸气/千克干空气[kg/kg(a)]；克水蒸气/千克干空气[g/kg(a)]
E	辐射力	瓦/米²(W/m²)
E	总能量	焦耳(J)；千焦(kJ)
e	比总能量	焦耳/千克 (J/kg)
Ex	㶲	焦耳(J)；千焦(kJ)
ex	比㶲	焦耳/千克 (J/kg)
f	自由度	
g	重力加速度	米/秒²(m/s²)
H	焓	焦耳(J)；千焦(kJ)

续表1

符号	物理量	常用单位
h	比焓	焦耳/千克(J/kg)
h	表面传热系数	瓦/(米²·开)[W/(m²·K)]
I	辐射强度	瓦/(米²·球面度)[W/(m²·sr)]
J	有效辐射	瓦/米²(W/m²)
K	传热系数	瓦/(米²·开)[W/(m²·K)]
L	㶲损失	焦耳(J)；千焦(kJ)
l	长度、定型尺寸	米(m)
M	摩尔质量、马赫数	
m	质量	千克(kg)
$\dot{m}$	质量流率(质量流量)	千克/秒(kg/s)
NTU	传热单元数	
n	物质的量(摩尔数)	摩尔(mol)
n	多变指数	
$\dot{n}$	摩尔流率	摩尔/秒(mol/s)
P	功率	瓦(W)；焦耳/秒(J/s)
p	压强	帕(Pa)；牛顿/米²(N/m²)；千克/(米·秒²)[kg/(m·s²)]
Q	吸热量	焦耳(J)
Q	热流量	焦/秒(J/s)；瓦(W)
q	每千克物质吸收的热量	焦耳/千克(J/kg)
q	热流密度	瓦/米²(W/m²)
R	热阻	米²·开/瓦(m²·K/W)
R	摩尔气体常数(通用气体常数)	焦耳/(摩尔·开)[J/(mol·K)]；焦耳/(千摩尔·开)[J/(kmol·K)]
R_g	气体常数	焦耳/(千克·开)[J/(kg·K)]
r	半径	米(m)；毫米(mm)
r	汽化潜热	焦耳/千克(J/kg)
S	位移、距离	米(m)
S	熵	焦耳/开(J/K)
s	比熵	焦耳/(千克·开)[J/(kg·K)]
T	热力学温度	开尔文(K)
T	周期	秒(s)；时(h)

续表2

符号	物理量	常用单位
t	摄氏温度	度(℃)
U	热力学能	焦耳(J)；千焦(kJ)
u	比热力学能	焦耳/千克(J/kg)
V	体积	米³(m³)
$\dot{V}$	体积流率	米³/秒(m³/s)
v	比体积	米³/千克 (m³/kg)
W	功	焦耳(J)；千焦(kJ)
w	比功	焦耳/千克(J/kg)
w_i	组分 i 的质量分数	
x	干度、摩尔分数	
Z	压缩因子	
z	高度	米(m)
α	吸收率	
α	体积膨胀系数	1/开(1/K)
β	肋化系数、升压比	
γ	比热容比、绝热指数	
δ	厚度	米(m)；毫米(mm)
δ	微小变化量、变分符号	
ε	发射率、制冷系数、供热系数、换热器效能	
η	效率	
θ	过余温度	开(K)
λ	热导率	瓦/(米·开)〔W/(m·K)〕
μ	动力黏度	牛顿·秒/米²(N·s/m²)；帕·秒(Pa·s)；千克/(秒·米)〔kg/(m·s)〕
ν	运动黏度	米²/秒(m²/s)
ν	温度波振幅衰减度	
ξ	温度波延迟时间	秒(s)；小时(h)；天(d)
ρ	密度、质量浓度	千克/米³(kg/m³)
ρ	反射率	
σ	表面张力	牛顿/米(N/m)

续表 3

符号	物理量	常用单位
τ	透射率	
τ	时间	秒(s)；小时(h)
τ	剪应力	牛顿/米²(N/m²)
φ	角系数、相数、体积分数，相对湿度	
ω	角速度	弧度/秒(rad/s)
ω	立体角	球面度(sr)
Θ	无量纲过余温度	

相似准则名称：

$Bi = \dfrac{hl}{\lambda}$ 或 $\dfrac{h\delta}{\lambda}$ ——毕渥(Biot)准则(λ 为固体的热导率，l、δ 均为特征尺寸)

$Co = h\left[\dfrac{\lambda^3 \rho^2 g}{\mu^2}\right]^{-\frac{1}{3}}$ ——凝结(Condensation)准则(λ 为凝结液的热导率)

$Fo = \dfrac{a\tau}{l^2}$ 或 $\dfrac{a\tau}{\delta^2}$ ——傅立叶(Fourier)准则(l、δ 均为特征尺寸)

$Gr = \dfrac{g\alpha\Delta t l^3}{\nu^2}$ ——格拉晓夫(Grashof)准则

$Nu = \dfrac{hl}{\lambda}$ ——努塞尔(Nusselt)准则(λ 为流体的热导率)

$Pr = \dfrac{\nu}{a}$ ——普朗特(Prandtl)准则

$Pe = Re \cdot Pr = \dfrac{ul}{a}$ ——佩克莱(Peclet)准则

$Ra = Gr \cdot Pr$ ——瑞利(Rayleigh)准则

$Re = \dfrac{ul}{\nu}$ ——雷诺(Reynolds)准则

主要注角符号：

a——空气(air)、干空气(dry air)、音速

c——临界(critical)、卡诺循环(Carnot cycle)

cv——控制体(control volume)

e、eq——当量，等效(equivalent)

f——流体(fluid)

ir——不可逆过程(irreversible process)

l——液体(liquid)

m——平均(mean)、比摩尔量(per mole)

min——最小(minimum)

max——最大(maximum)

p——投射(projection)

r——对比态(corresponding state)

re、rev——可逆过程(reversible process)

s——饱和(saturation)、轴功(shaft work)

t——技术功(technical work)

v——蒸汽(vapor)

w——壁面(wall)

此外，本书还使用基本符号做注角，如对流传热热阻 R_h、容积效率 η_v、定容比热 c_v、定压比热 c_p 等。